教育部高等学校文科计算机基础教学指导委员会立项教材

■ 大学计算机基础与应用系列立体化教材

大学计算机应用基础

（第三版）

尤晓东　闫　俐　叶　向　吴燕华　等◎编著

中国人民大学出版社
·北京·

内容简介

本书旨在使学生掌握计算机应用基础的知识和技能，较熟练地使用计算机处理日常工作，初步处理与专业相关的问题。主要内容包括：计算机基础知识、Windows 操作系统、互联网典型应用、Word 文档处理、PowerPoint 演示文稿应用、多媒体基础与应用、Excel 电子表格应用。本书依托的系统和软件平台是 Windows 7 系统和 Office 2010 软件包。

本书适合各级各类学校计算机应用基础类课程的教学和自学使用，更多教学资源参见配套教学辅助网站：http://ruc.com.cn。

总序

随着计算机与互联网应用的普及、信息技术的发展及中小学对信息技术基础课程的普遍开设，针对大学计算机基础与应用教育的方向和重点，我们认为应该研究新的教育与教学模式，使得计算机基础与应用课程摆脱传统的课堂上课＋课后上机这种简单、低效的教学方式，逐步转向以实践性教学和互动式教学为手段，利用现代化的计算机实现辅助教学、管理与考核，同时提供包括教材、教辅、教案、习题、实验、网络资源在内的丰富的立体化教学资源和实时或在线答疑系统，使得学生乐于学习、易于学习、学有成效、学有所用，同时减轻教师备课、授课、布置作业与考核、阅卷的工作量，提高教学效率。这是我们建设这套“大学计算机基础与应用系列立体化教材”的初衷。

根据大学非计算机专业学生的社会需求和教育部对计算机基础与应用教育的指导意见，中国人民大学从2005年开始对计算机公共课进行大规模改革，包括增设课程、改革教学方式和考核方式、进行教材建设等多个方面的内容。在最新的《中国人民大学本科生计算机教学指导纲要（2008年版）》中，将与计算机教育有关的内容分为三个层次。第一层次为“计算机应用基础”课程，第二层次为“计算机应用类”课程（包含约10门课程），第三层次纳入专业基础课或专业课教学范畴，形成1＋X＋Y的计算机基础与应用教育格局。其中，第一层次的“计算机应用基础”课程和第二层次的“计算机应用类”课程，作为分类分层教学中的核心课程，走在教学改革的前列，同时结合中国人民大学计算机教学改革中开展的其他项目，已经形成了教材（部分课程）、教案、教学网站、教学系统、作业系统、考试系统、答疑系统等多层次、立体化的教学资源。同时，部分项目获得了学校、北京市、全国各级教学成果奖励和立项。

为了巩固我们的计算机基础与应用教学改革成果并使其进一步深化，我们认为有必要系统地建立一套更合理的教材，同时将前述各项立体化、多层次的教学资源整合到一起。为此，我们组织中国人民大学、中央财经大学、天津财经大学、河北大学、东华大学、华北电力大学等多所院校中从事计算机基础与应用课程教学的一线骨干教师，共同建设“大学计算机基础与应用系列立体化教材”项目。

本项目对中国人民大学及合作院校的计算机公共课教学改革和课程建设起着非常关键的作用，得到了各校领导和相关部门的大力支持。该项目将在原来的应用教学的基础上，更进一步地加强实践性教学、实验和考核环节，让学生真正地做到学以致用，与信息技术的发展同步成长。

本系列教材覆盖了“计算机应用基础”（第一层次）和“计算机应用类”（第二层次）的十余门课程，包括：

- 大学计算机应用基础

- Internet 应用教程
- 多媒体技术与应用
- 网站设计与开发
- 数据库技术与应用
- 管理信息系统
- Excel 在经济管理中的应用
- 统计数据分析基础教程
- 信息检索与应用
- C 程序设计教程
- 电子商务基础与应用

每门课程均编写了教材和配套的习题与实验指导。

随着信息化技术的发展，许多新的应用不断涌现，同时数字化的网络教学手段也在发展和成熟。我们将为此项目全面、系统地构建立体化的课程与教学资源体系，以方便学生学习、教师备课、师生交流。具体措施如下：

- 教材建设：在教材中减少纯概念性理论的内容，加强案例和实验指导的分量；增加关于最新的信息技术应用的内容并将其系统化，增加互联网和多媒体应用方面的内容；密切跟踪和反映信息技术的新应用，使学生学到的知识马上就可以使用，充分体现“应用”的特点。
- 教辅建设：针对教材内容，精心编制习题与实验指导。每门课程均安排大量针对性很强的实验，充分体现课程的实践性特点。
- 教学视频：针对主要教学要点，我们将逐步录制教学操作视频，使得学生的学习和复习更为方便。
- 电子教案：我们为教师提供电子教案，针对不同专业和不同的课时安排提出合理化的教学备课建议。
- 教学网站：纸质课本容量有限，更多更全面的教学内容可以从我们的教学网站上查阅。同时，新的知识、技巧和经验不断涌现，我们亦将它们及时地更新到教学网站上。
- 教学辅助系统：针对采用本教材的院校，我们开发了教学辅助系统。通过该系统，可以完成课程的教学、作业、实验、测试、答疑、考试等工作，极大地减轻教师的工作量，方便学生的学习和测试，同时网络的交流环境使师生交流答疑更为便利。（对本教学辅助系统有兴趣的院校，可联系 yxd@yxd. cn 了解详情。）
- 自学自测系统：针对个人读者，可以通过我们提供的自学自测系统来了解自己学习的情况，调整学习进度和重点。
- 在线交流与答疑系统：及时为学生答疑解惑，全方位地为学生（读者）服务。

相信本套教材和教学管理系统不仅对参与编写的院校的计算机基础与应用教学改革起到促进作用，而且对全国其他高校的计算机教学工作也具有参考和借鉴意义。

杨小平

2011 年 6 月

前言

从 20 世纪中期到现在，以信息技术为代表的现代高科技以令人难以置信的速度向前发展，以计算机技术为核心的信息技术已成为社会发展的标志，计算机早已不再仅作为专业人员和工程师手中的工具，计算机已经全面普及应用于各学科和领域，人文和社会科学中的信息技术应用越来越广泛，这就要求大学生应该是既有传统文化素养、又有计算机素养的复合型人才才能适应社会需求，因此，高校计算机基础教育迫切需要发展完善，非专业的计算机基础教育应根据专业特点办出自己的特色。教育部针对大学本科非计算机专业的计算机教育，也先后成立了计算机基础课程教学指导委员会和文科计算机基础教学指导委员会，并发布了《普通高等学校文科专业计算机基础课程教学大纲》，对规范计算机基础教育，提高教学质量起到了指导性作用，而文科计算机基础教学指导委员会也制定了四版《高等学校文科类专业大学计算机教学基本要求》（2003、2006、2008、2011 年版）。我校根据文科类学生的社会需求和教育部对大学计算机基础教育的指导意见，针对中国人民大学以人文社会科学专业为主的特点，以如何提高文科类大学生的创新和实践能力为目标，对计算机课程教学进行改革实践。在分层分类体系、互动式教学方式和教学管理平台建设，以及教材建设、实践环节、教学辅导、课件和无纸化考试等教学和实践的各个环节相互衔接的基础上，突出自主创新和实践，使用现代化教学设备和教学手段，以多样性的教学方法，落实应用为主的教学方针，实现了一教、二练、三考的教学新思路。

我校文科计算机课的教学改革实践主要从课程体系、教学方法、管理方式等方面出发，立足面向学生创新和实践能力的培养。

1. 建立分层教学体系，实施分类规范化与个性化相结合教学方案

首先，我们将大学非计算机类本科生计算机知识的要求分成三个层次：第一层次是计算机应用基础，第二层次是计算机应用，第三层次是计算机新技术与新应用。其中，第一层次计算机应用基础包括：计算机基础知识、操作系统应用、办公软件应用、多媒体应用基础、Internet 应用基础、数据库基础、程序设计基础等内容。第二层次计算机应用包括：多媒体技术及应用、Internet 应用、数据库应用技术、SPSS（SAS）统计软件包、C 语言程序设计、Visual Basic 语言程序设计、管理信息系统、电子商务、电子政务、金融证券分析软件等内容；该层次的课程可根据专业特点选择若干门学习。第三层次计算机新技术与新应用是计算机与专业的融合，介绍计算机与本专业相结合应用的新技术和新进展。

其次，由于我国中小学信息技术普及水平发展不均衡，所以大学新生入学计算机

水平差别较大，而且各专业对应用内容要求不同，因此我们提出按模块划分知识层次和专业类别的教学方案。

例如第一层次的计算机应用基础课实行模块化教学和模块化考试与提前结课考试相结合的措施，我们将基础课分为三个模块进行教学：计算机基础知识、操作系统及基本应用、Internet 基本应用为第一模块，文档编辑（Word）、演示文稿（PowerPoint）、多媒体基础知识及应用（Flash 入门、PhotoShop 入门）为第二模块，电子表格（Excel）、数据库基础知识及 Access 基本应用为第三模块。在各模块中制定统一的基本要求，提出较高要求，还可考虑专业需求特点进行微调。例如我校艺术学院的学生，第二模块中多媒体部分的内容对他们专业更为实用，学生兴趣较大，可以适当加重分量，而第三模块内容则可以适当简化，够用即可。据此，教师在设计讲课内容、驱动案例及课程实验时，就要根据不同层次学生的需要和专业特点有所侧重，做到因材施教，每一模块教学实验完成后即可进行该模块的考试。而对于入学时已经有了较高计算机水平的同学，如果能通过提前结课考试，并完成课程所有实验，可以免予课堂学习。这样就较好地考虑了目前大学学生的入学计算机水平的不同，以及他们所学专业的特点，解决了学生个性化需求。

2. 问题驱动的启发式互动教学方式

基于面向创新重视实践，落实应用为主的教学方针，我们提出了问题驱动的启发式互动教学方式改革。目前我校计算机应用基础课全部在网络机房进行互动式教学，每个学生都有一台计算机，这样学生不仅能在多媒体环境中听课，更重要的是，他们可以及时参与教学，彻底改变了以往教师讲、学生听的被动教学模式。教师在课堂上除讲授基本知识外，重点放在教会学生如何应用知识解决问题，所以我们采用一教、二练、三考的教学新思路。一教即教师启发式设定问题、启发式案例讲解，二练即学生当场练习、互动讨论，发现问题，解决问题，三考即学生完成设定实验作业，考查解决问题的能力，引导创新实践。这样我们将背景讲授、启发式案例、启发式设定问题、当场练习、互动讨论、启发创新实践、完成实验作业设计成一个整体，从讲解概念到完成一个作品有机地结合起来，充分发挥学生的主动性、创造性，有效提高了学生的计算机应用水平。从成绩评定的角度，我们更注重学习过程的考核，即课堂学习过程和实验的考核占课程最终成绩的 70%，而考试成绩只占 30%，这激发了文科学生进行实践创新的动力。

为了进一步增强我校非计算机专业学生的实际动手能力，从 2009 年秋季开始，我校的计算机基础课程教学将增设课外实践环节，该环节分数占计算机基础课程总成绩的 10%。具体要求是第一层次计算机应用基础课程及第二层次计算机应用类课程的学生，除完成课堂教学与考核任务外，还要参加校内每年举办的计算机应用与设计大赛。参赛作品类别包括网站设计、数据库设计、课件设计、平面媒体设计、动画设计、DV 作品设计等，学生可以任选其中一个类别参加。该项实践活动对激发学生的学习兴趣、提高教学质量、完善教学环境都有很大的促进作用。同时，由于该大赛还是“中国大学生计算机设计大赛”的预选赛，客观上更多学生的参与对提高我校参赛作品的整体质量也有很大帮助。

3. 综合性教学管理平台的建设与应用

我们开发的通用教学管理系统与一般考试系统不同，除了能进行无纸化考试外，平台还完成与教学工作相关的课程、学生、教师和教学班管理，以及作业、答疑、实验、考试、判卷、查分、查阅教案等工作的管理，提出了教学管理规范。在教学管理平台的支持下，许多好的教学改革思路很容易地得以实现，特别体现在互动和自主学习上，除了增加师生交流渠道，提供课程的课件下载、作业实验提交、答疑讨论、自学自测、优秀作业范例公示等内容外，还营造了学生创新实践的好环境，如计算机设计与制作竞赛、作品观摩、学生评议等。教学管理平台从全面的教学管理出发，从编排教学班开始，将教学的全过程管理放入系统中，实现学、教、管三位一体的计算机教学管理平台，该平台的建设大大提高了我校计算机教学管理的现代化水平，提高了教学工作效率和学生学习效果。该平台除了在我校安装使用外，已推广到国内多个院校，并被全国性的大学生计算机设计大赛选用为基础知识与技能测试平台。（对本教学辅助系统有兴趣的院校，可通过邮箱 yxd@yxd. cn 联系作者了解详情。）

本书作为计算机应用基础类课程的教学用书，在我校已有多年教学实践。2011 年第二版配合教育部高等学校文科计算机基础教学指导委员会的教材立项，根据《高等学校文科类专业大学计算机教学基本要求》重新进行了系统的梳理和重编，适合各级各类高校非计算机专业学生学习使用。本次第三版根据系统平台及相关软件的流行版本进行了更新，以更好地适应日常学以致用的需求。

本书作者均为中国人民大学从事计算机基础教学工作的骨干教师和流行软件的熟练应用人员。第 1 章计算机基础知识由闫俐编写，第 2 章 Windows 操作系统由尤晓东编写，第 3 章互联网典型应用由尤晓东、尤玮秋负责编写，第 4 章 Word 文档处理由吴燕华编写，第 5 章 PowerPoint 演示文稿应用由闫俐编写，第 6 章多媒体基础与应用由尤晓东、尤玮秋、肖林、覃雄派编写，第 7 章 Excel 电子表格应用由叶向编写，全书由尤晓东统稿。虽然我们希望能够为读者提供最好的教材和教学资源，也是以非常认真的态度进行本书的编写工作的，但由于水平和经验有限，错误和不当之处难免，恳请各位专家和读者予以指正。同时欢迎同行进行交流。作者联系信箱是：yxd@yxd. cn。

编者

2013 年秋

目录 CONTENTS

第 1 章

计算机基础知识

当今社会是信息时代，计算机已经成为人们工作和生活中不可或缺的、使用非常普遍的一种工具，熟练使用计算机来获取、传递和处理信息，是信息时代对社会中每个人提出的要求。计算机早已不再是奢侈品，个人拥有计算机已经是非常平常的事情。因此无论是在使用还是选择计算机时，都非常有必要了解一些计算机的基本知识。本章介绍计算机的产生与发展、计算机系统的组成、工作原理及其各部分的特性等基本知识。

1.1 概述

计算机的使用提高了人们工作、学习、生活的效率。在瞬息万变的信息社会中，要想自如地借助计算机的强大功能来解决实际问题，就需要有意识地培养自己的计算机思维素养和实际能力。本节介绍计算机的产生及发展历程。

1.1.1 计算机的产生

电子计算机是近代的产物，不过计算机的起源可以追溯到公元前 500 年中国使用的算盘。2 000 多年后，直到 1642 年，法国数学家和物理学家帕斯卡（Blaise Pascal）才发明了齿轮式加减法器。1673 年，德国数学家莱布尼兹（Gottfried Wilhelm Leibniz）在帕斯卡的加减法器的基础上增加了乘除法器，制成能进行四则运算的机械式计算器。1840 年，英国数学家巴贝奇（Charles Babbage）设计了一台分析引擎（analytical engine），它由穿孔卡片输入装置、存储器、计算部件和自动输出装置组成，更重要的是有一套可以控制分析引擎运行的指令。巴贝奇被认为是世界上第一个发明计算机编程的人。他提出了自动计算机的概念，为现代数字计算机的发展奠定了基础。

1946 年 2 月，大家公认的第一台通用电子计算机 ENIAC（electronic numerical integrator and computer）诞生，是由美国宾夕法尼亚大学莫尔学院的埃克特（Presper Eckert）和莫克利（John Mauchly）领导研制的，用了 18 000 多个电子管、70 000 只电阻和 1 500 个电磁继电器，占地约 160 平方米，重 30 吨。ENIAC 采用十进制，每秒仅能处理 300 次乘法运算，而且不能存储程序，需要在机外用线路连接的方法来编排程序，非常烦琐费时。

为了改进程序的输入方法，ENIAC 课题组讨论了用数字存储的方法来表示程序，并以此作为将来计算机的研究方向。数学家冯·诺依曼（John von Neumann）整理了这些想法，提出两个非常重要的思想：（1）采用二进制表示数据和指令；（2）采用存储器存储数据和指令序列（程序），指令依次被执行，控制计算机运行。冯·诺依曼在一篇报告中提出了上述思想，并描述了一个称为 EDVAC 的计算机模型，它是人类第一台具有内部存储程序功能的计算机。而且他进一步指出，计算机由运算器、控制器、存储器、输入设备和输出设备五大基本功能部件组成，随后的计算机的设计尽管在元器件、体积、运算速度、精度、具体形态等方面存在形形色色的差异，但在逻辑（或功能）上基本都遵循着冯·诺依曼提出的思想，被称为“冯·诺依曼计算机”，现代计算机绝大多数还是采用冯·诺依曼计算机体系结构。

1.1.2 计算机的发展历史

ENIAC 的问世标志着计算机进入了电子时代。ENIAC 奠定了电子计算机发展的基础，在计算机的发展史上具有划时代的意义。迄今为止，电子计算机的发展主要以硬件的进步为标志，基本结构没有大的变化，所以按照计算机采用的物理器件的不同，人们一般将计算机的发展划分成四代。

1. 第一代计算机

第一代计算机又称为电子管计算机（1946—1958），其主要特征是采用电子管制作计算机的基本逻辑部件，体积大、耗电量大、寿命短、可靠性差、成本高；采用电子射线管、磁鼓存储信息，容量很小、输入输出设备落后；使用机器语言编制程序，后期采用汇编语言，主要用于军事和科研方面的数值计算。

2. 第二代计算机

第二代计算机也称为晶体管计算机（1959—1964）。这一时期的计算机采用晶体管制作其基本逻辑部件，体积小、重量轻、成本下降、可靠性和运算速度明显提高；普遍采用磁芯作为主存储器，采用磁盘和磁鼓作为外存储器；开始有了系统软件，提出了操作系统的概念，出现了高级程序设计语言（FORTRAN 等）。这一阶段的发展使计算机以既经济又有效的姿态进入了商用时期。

3. 第三代计算机

第三代计算机属于中小规模集成电路计算机（1965—1971）。这一阶段由于集成电路的开发与元器件的微小型化，使计算机体积更小、速度更快、价格更便宜；采用半导体存储器代替磁芯存储器作为主存储器，使存储容量和存储速度大幅度提高，增加了系统的处理能力；磁盘存储技术也在不断提高，磁盘越来越便宜、可靠，存储容量更大、存取速度更快；系统软件有了很大的发展，出现了分时操作系统，多用户可共享计算机资源；这一时期可称为计算机的扩展时期，计算机开始在科学和商用领域得以推广。

4. 第四代计算机

第四代计算机属于大、超大、极大规模集成电路计算机（1972 年至今），采用 VLSID（超大规模集成电路）和 ULSID（极大规模集成电路）、中央处理器（CPU）高度集成化是这一代计算机的主要特征。计算机的体积更小、功能更强、造价更低，这使计算机的应用进入了一个全新的时代。

微型计算机在这一阶段诞生并得到飞速发展，微型计算机以其功能强、软件丰富、价格低等优势，迅速得到普及。后面我们要学习的就是微型计算机的使用，所以有必要了解微型计算机的发展历史。

微型计算机是伴随着集成电路技术不断提高而出现和发展的，集成电路技术将计算机的核心部件 CPU 集成在一块很小的芯片上，这样的芯片称为微处理器，微型计算机就是指以微处理器为中央处理单元的计算机系统。微型计算机的发展一般以字长（计算机一次能处理的二进制数的位数）和微处理器芯片为标志。1971 年，美国 Intel 公司首次把中央处理器制作在一块集成电路芯片上，研制出了第一个 4 位的单片微处理器 Intel 4004，并以它为核心组成了世界上第一台微型计算机。这一芯片集成了 2 250 个晶体管组成的电路，其功能相当于 ENIAC。1972 年，Intel 公司又利用 8 位微处理器 Intel 8008 组成了第一台 8 位微型机。自 1978 年开始，各公司相继推出 16 位微处理器。1981 年，IBM 公司推出最早的 IBM PC 机（Personal Computer，个人计算机）；后来发展成 IBM PC/AT、IBM PC/XT，都是 16 位机；1985 年，推出了 32 位微型机；1993 年，32 位的微处理器“Pentium”（奔腾）芯片集成了 7.2 亿多个晶体管，Pentium 4 每秒可执行 22 亿条指令，Pentium PC 机一次可以处理 64 位信息。2000 年，Intel 公司在微机的高端产品服务器中使用了 64 位微处理器 Itanium（安腾），2005 年以后，采用 64 位技术的 PC 机逐渐获得用户青睐，此时，在一个芯片上已经可以制作两个微处理器核心，微型计算机系统开始向多核处理器发展。

通常称 IBM 生产的微型计算机和 IBM 兼容机（与 IBM 微型计算机功能相似，而且运行相同软件的微型机，称为 IBM 兼容机）为 PC 机或桌面 PC。自微型计算机普及以来，商务性应用得到了普及和发展，计算机更多地被民众通俗地称为电脑。

微型计算机的一个更新发展是开发了高度便携的笔记本电脑（notebook）。笔记本电脑小得可以装入公文包，为商业计算来带了真正的便携性。

微型化的一个最近发展则是手持设备的出现。掌上型电脑（palmtop）带有一个小的液晶显示器和输入笔，处理器类似于低档次的微型计算机，拥有数兆至数十兆 RAM（最新型的 PocketPC 和 UMPC 已经可以拥有中档微机的性能）。

目前正在研制第五代计算机，人们预测它将是一台像人一样能看、能听、能思考的智能化的计算机。

从计算机的发展历程可以体会到，计算机的更新换代是非常快的，所以除了从书本上获得一些基本知识外，我们还要充分利用 Internet（国际互联网）上的丰富资源，通过网上各种搜索引擎获取更多更新的知识、方法和经验；勇于尝试和体验，学习他人操作技巧，善于总结分析，将计算机的特点和自己的专业性质有机结合起来，提高对新技术的应变能力。

1.2 了解计算机

计算机的种类有很多，如果按照计算机的规模和性能划分，计算机可以分成（超）大型机、小型机、微型机、手持式计算机等。现在使用最广的就是微型机，经典的机型包括台式机和笔记本电脑，近年来平板电脑与移动终端（Pad、手机等）也得到了广泛的应用。本节我们先了解计算机的基本组成、内部结构及工作原理。

1.2.1 外观组成形式

图1—1给出了我们现在生活中非常熟悉的微型机外观形式。从外观上可以看出，计算机一般由主机、键盘、鼠标、显示器等组成。计算机许多核心部件都在主机内。

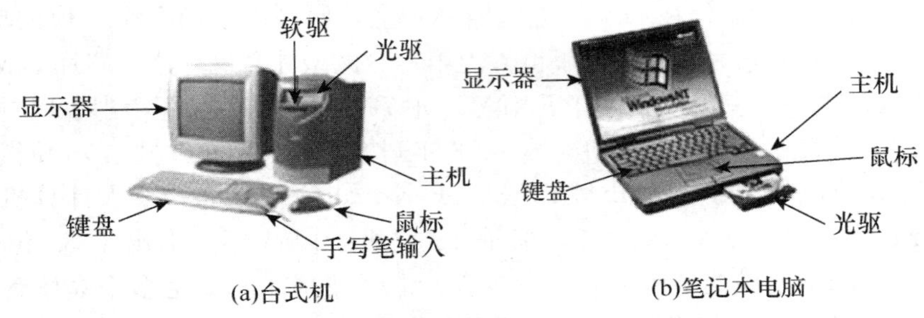

图1—1 微型计算机外观

对于冯·诺依曼体系结构中所说的计算机的5大部件（控制器、运算器、存储器、输入设备和输出设备），很多人可能无法与自己使用的计算机的相应部分对应起来。在微机系统中，控制器和运算器集成在一块称为中央处理器（CPU）的微芯片上，CPU插入主机机箱内的主板（一块较大的印刷电路板）上，图1—2显示了两块主板。冯·诺依曼体系结构中所指的存储器主要是指主（内）存储器，它也插于主板上。硬盘、软盘、U盘和光盘都属于辅助（外）存储器。硬盘位于主机机箱内，通过连线与主板连接，软盘需要通过软驱进行使用，U盘需要通过USB接口使用，光盘需要通过光驱进行使用，软驱和光驱也都安装在主机箱内。键盘和鼠标是最常用的输入设备，用于

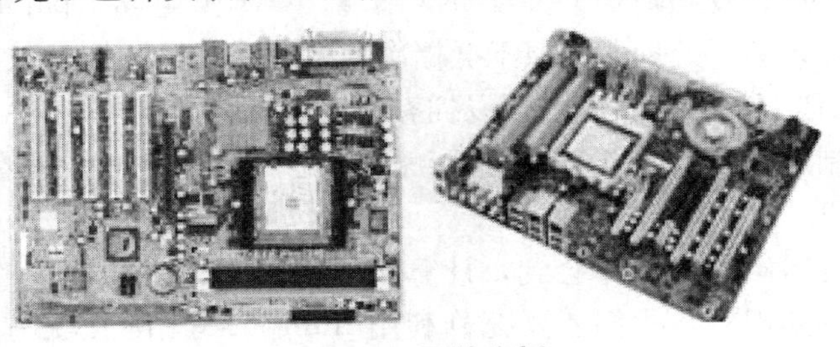

图1—2 两块主板

输入数据和操作指令。最常见的输出设备是显示器和打印机，它们以用户能够理解的形式将计算机内的二进制数据（信息）展示在屏幕上或打印到纸上。

图1—3（a）所示的是主机机箱内部的结构，图1—3（b）所示的是一个主机机箱背板，背板上提供了许多接口，用以连接外部设备。1.3节将进一步介绍计算机硬件的有关知识。

（a）主机机箱内部

（b）主机机箱背板

图1—3 主机机箱

1.2.2 内部结构及工作原理

冯·诺依曼思想的核心内容是：计算机都由控制器、运算器、存储器、输入设备和输出设备5大基本部件组成（如图1—4所示），采用存储器存储数据和指令序列（程序），指令依次被执行，控制计算机运行。

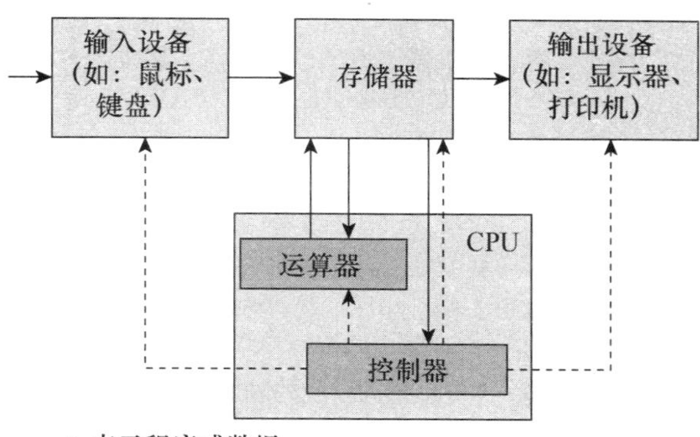

图1—4 计算机的功能组成

从图1—4中可以看出，控制器根据计算机要处理的任务对其他4个部件进行控制，它们之间的工作原理可以简单描述如下：

（1）在控制器的控制下，操作人员通过输入设备把程序和数据输入计算机，存储在存储器中；

（2）控制器从存储器中取出程序指令，对指令进行分析后，控制运算器执行相应指令，从存储器中取出初始数据，完成计算，中间结果和最终结果仍然存储在存储器中；

（3）计算完毕后，通过输出设备将计算结果按需要的形式输出。

计算机可以按编制好的程序自动、连续地工作，中间不需要人工干预，因此具有很高的效率。但是在必要的时候，也可以进行人工干预，例如错误处理等。

1.2.3 计算机系统组成

从前面的叙述可以看到，输入设备、输出设备、存储器和运算器在控制器的控制下协调完成各种任务，但是控制器却是通过分析、执行指令（程序）来实现这种控制的，也就是说，计算机能够完成规定的任务，除了各种看得见、摸得着的物理设备（硬件）外，还有看不见、摸不着的程序和数据（软件）。一个完整的计算机系统是由硬件（hardware）和软件（software）两大部分组成的。硬件和软件相互结合才能充分发挥计算机系统的功能。一个完整的计算机系统的基本组成可用图 1—5 来描述。

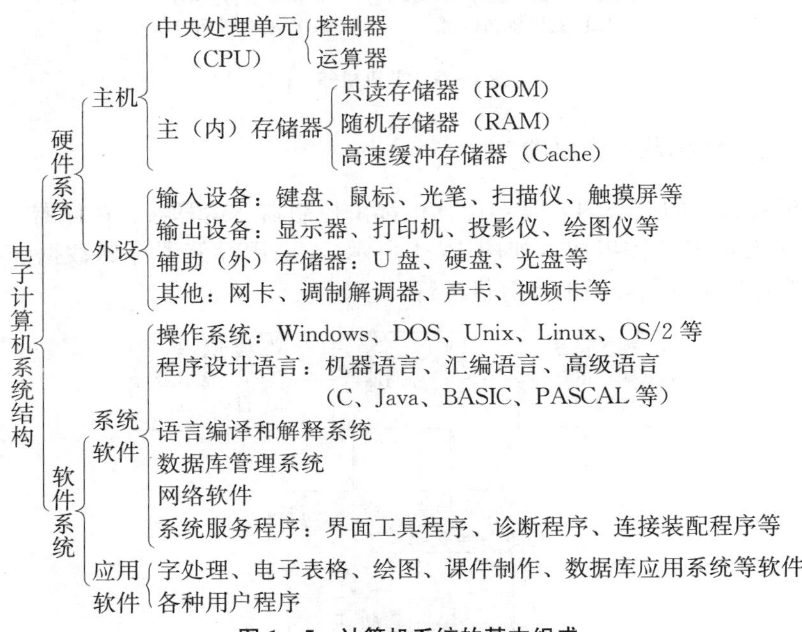

图 1—5 计算机系统的基本组成

1.2.4 计算机中信息的表示

如前所述，通过计算机的输入设备可以将数据或程序输入计算机并存储在存储器中。例如，当你在键盘上按下一个数字键或者一个西文字母键时，它们会通过键盘电路送入到计算机的主机中去处理，那么这些信息在计算机中是如何存储的呢？由冯·诺依曼的思想可知，计算机采用二进制来处理数据和信息，所以进入计算机的任何数据和信息都要转换成二进制数进行存储、处理和传输，经计算机运算处理后的结果再经过逆变换，还原成人们习惯用的表示方式输出。

1. 二进制数字系统

计算机中为什么使用人们不习惯的二进制而不使用熟悉的十进制呢？大家知道，

计算机是由许多电子电路组成的，计算机处理数值运算必须十分准确，所以要求存储数据的物理器件的工作状态必须非常稳定。二进制计数制只有 0 和 1 两个数字，计算机采用二进制主要是因为它容易用电子器件的稳定物理状态来表示，如晶体管的导通和截止，磁芯沿不同方向的磁化，电容的充电和放电，开关的接通和断开，等等，都可以表示为 1 和 0。而且二进制运算规则简单，易于在机器中实现。

2. 信息存储单位

计算机内存储的所有数据或信息都是以二进制数表示的，二进制数中的 0 和 1 是存储信息的最小单位，称为二进制位（bit，比特）。

连续 8 位二进制数组成一个字节（byte，简写为 B）。字节是计算机中用于衡量存储容量大小的最基本的单位。当容量很大时，用字节作为单位表示起来不方便，因此引入了 KB、MB、GB、TB 和 PB 等更大的单位。它们之间的关系是 1KB=1 024B，1MB=1 024KB，1GB=1 024MB，1TB=1 024GB，1PB=1 024TB。1 024 等于 2^{10}，约等于 10^{3}，即 1 000，因此也经常约称为“千”，如“千兆”等。

计算机处理信息时，一般是以一个字（word）为整体进行的。字是由若干字节组成的，也就是说它是字节的整数倍。微型计算机的字长有 8 位、16 位、32 位、64 位等，例如通常所说的 32 位机，指的是字长是 32 位的，即 4 个字节。字长反映了计算机的性能。字长越大，同时存取数的范围就越大，精度越高，内存容量越大，运算速度越快，功能越强。

3. 计算机中数值信息的表示

日常生活中，人们使用的是十进制计数制，所以一般习惯于十进制的表示方法和运算，但到计算机中，数值信息需要转换成二进制数才能进行存储和运算。现在，二进制与十进制的转换是由计算机自动完成的。

除了十进制、二进制外，还有八进制、十六进制，等等，它们都是进位计数制，不同数制的转换也很简单，各种进制之间的关系见表 1—1。在计算机中，一般在数字的后面用特定字母表示该数的进制，具体表示方法为：B 表示二进制；D 表示十进制（D 可省略）；Q 表示八进制；H 表示十六进制。无论是哪种进位制，都涉及两个最基本的概念：基数和权。

表 1—1　各种进制之间的关系

十进制	二进制	八进制	十六进制
00	0 000	00	0
01	0 001	01	1
02	0 010	02	2
03	0 011	03	3
04	0 100	04	4
05	0 101	05	5
06	0 110	06	6
07	0 111	07	7
08	1 000	10	8

续前表

十进制	二进制	八进制	十六进制
09	1 001	11	9
10	1 010	12	A
11	1 011	13	B
12	1 100	14	C
13	1 101	15	D
14	1 110	16	E
15	1 111	17	F

基数是指进位制中允许使用的基本数码的个数，例如：

- 十进制允许使用 10 个数码：0、1、2、3、4、5、6、7、8、9，基数为 10。
- 二进制允许使用 2 个数码：0 和 1，基数为 2。
- 八进制允许使用 8 个数码：0、1、2、3、4、5、6、7，基数为 8。
- 十六进制允许使用 16 个数码：0、1、2、3、4、5、6、7、8、9、A、B、C、D、E、F，基数为 16。

权是数制中每一固定位置对应的单位值。例如十进制中，小数点左边第 1 位是“个位”，权是 10^0；小数点左边第 2 位是“十位”，权是 10^1；小数点左边第 3 位是“百位”，权是 10^2。那么十进制数 896 的值就应该为：

$$8\times10^2+9\times10^1+6\times10^0=896$$

同样的道理，二进制数 11 100 100 转换为 10 进制为：

$$1\times2^7+1\times2^6+1\times2^5+0\times2^4+0\times2^3+1\times2^2+0\times2^1+0\times2^0=228$$

为了表示方便，常用八进制或十六进制表示数值，这样可以缩短数值表示长度，易于读写。因为 8 和 16 分别是 2 的 3 次方和 4 次方，所以八进制和十六进制与二进制之间的换算十分方便。3 个二进制位对应一个八进制位，4 个二进制位对应一个十六进制位，反之亦然。

例如，二进制数 11 100 100 转换成八进制数，可以按 3 位为一组进行转换，见表 1—2，结果为八进制数 344，即 11 100 100B=344Q。又如，二进制数 11 100 100 转换成十六进制数，可以按 4 位为一组进行转换，见表 1—3，结果为十六进制数 E4，即 11 100 100B=E4H。

表 1—2　　二进制数 11 100 100 转换成八进制数

3 位一组	11	100	100	结果
转换成八进制	3	4	4	344

表 1—3　　二进制数 11 100 100 转换成十六进制数

4 位一组	1 110	0 100	结果
转换成十六进制	E	4	E4

4. 计算机中非数值信息的表示

除了数值信息，计算机还可以处理文本、图形、图像、声音等其他信息。在计算机内部，这些非数值信息必须通过某种编码标准变换成二进制数来处理。所谓“编码”，就是对各种信息的原形式到二进制数码的变换操作。不同信息按不同规则编码，同样的信息也可按不同的编码规则用不同的数码表示，以便计算机进行不同的处理。

（1）西文信息编码。

微型计算机上常用的西文信息（包括大、小写字母、数字和符号等）采用的编码是美国标准信息交换码（American Standard Code for Information Interchange，ASCII），该编码已被国际标准化组织（ISO）确定为国际标准。ASCII 码采用七位二进制数编码，可表示 $2^7=128$ 种状态，代表 94 个字符和 34 个控制操作。由于计算机中 8 个二进制位为一个字节，所以可用一个字节存储一个 ASCII 码，其中最高位被置为 0，例如：大写字母“A”的 ASCII 码是 01000001，数字“9”的 ASCII 码是 00111001，符号“!”的 ASCII 码是 00100001。信息传送时，最高位通常作为奇偶校验位，以便提高字符信息传输的可靠性。

（2）汉字信息编码。

计算机只识别由 0、1 组成的代码，ASCII 码是英文信息处理的标准编码，汉字信息处理也必须有一个统一的标准编码。

- 国标码（也称交换码）：指不同的具有汉字处理功能的计算机系统间交换中文信息时使用的统一标准编码。它以国家标准局 1981 年 5 月公布的《GB2312－1980 信息交换用汉字编码字符集》作为标准，共对 6 763 个汉字和 682 个图形字符进行了编码。国标码的编码原则为：汉字用两个字节表示，每个字节用七位码（国标码的两个字节的最高位为 0 时会与 1 个字节的 ASCII 码发生冲突，所以将国标码的两个字节的最高位都置成 1，这就是所谓的汉字机内码）。
- 机内码：指计算机内部存储、处理加工汉字时所用的编码。每个汉字的机内码用 2 个字节的二进制数表示。每个字节的最高位为 1，大约可表示 16 000 多个汉字。
- 机外码（又称输入码）：指操作人员通过西文键盘输入汉字时所用的信息编码。它由键盘上的字母（如汉语拼音或五笔字型的笔画部件）、数字（如区位码）及特殊符号组合构成。典型的输入码有：郑码输入法、五笔字型、全拼输入法、双拼输入法、微软输入法、智能 ABC 输入法等，是用户与计算机进行汉字交流的第一接口。输入码通过键盘被接受后就由汉字操作系统的“输入码转换模块”转换为机内码，尽管某一汉字在用不同的汉字输入方法时其外码各不相同，但其内码是统一的。

（3）文字信息的输出编码。

文字信息通过编码变换成计算机能识别的二进制码，计算机对文字信息的处理就是对其二进制编码进行操作处理，如：将对文字信息的编辑、排版、查找、复制、传输等操作转化为与、或、非、异或、移位、分离、合并、比较等逻辑运算。计算机对各种文字信息的二进制编码运算处理后的结果是人无法看懂的，必须通过字形码（又称输出编码）转换为人能看懂且能表示为各种字形字体的文字，然后在输出设备上输出。字形有两种描述方式，即点阵描述和矢量描述，前者缩放效果很差，而后者可以进行无极缩放。一个字不论笔画多少，都可以用一组点阵表示，每个点即二进制的一个位，由 0 和 1 可以表示两种不同状态，用两种状态的明、暗或不同颜色等特征能够表现字的形和体，这就是点阵字形码，如图 1—6 所示。所有字形码的集合构成字库。

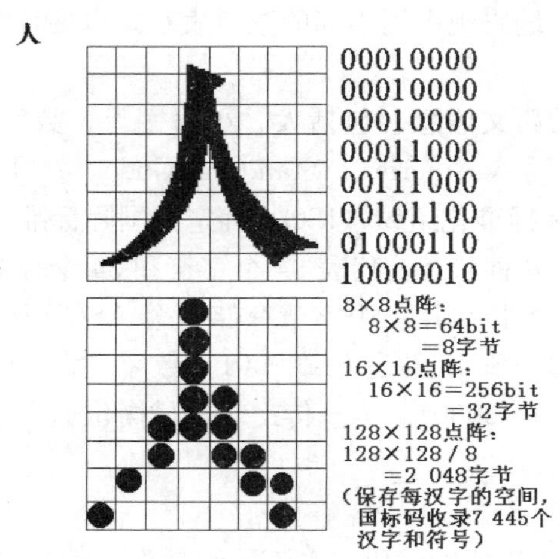

图 1—6　汉字字形点阵表示

根据输出精度的要求不同，字符点阵密度也不同，点阵越大，点数越多，分辨率越高，输出的字形越清晰美观。汉字字形点阵有 16×16 点阵、128×128 点阵，等等；不同字体的汉字需要不同的字库。早期的计算机中，点阵字库存储在字模发生器或字模存储器中，现在一般是存储在字模文件中。字模点阵的信息量是很大的，所占存储空间也很大，以 16×16 点阵为例，每个汉字就要占用 32 个字节。

（4）多媒体信息编码。

图形、图像、声音、视频等多媒体信息在计算机中也是以某种二进制编码表示和存储的，多媒体信息的编码方法与媒体本身特性有关，比较复杂。例如，一个静态图像可以用被称为像素的显示点的矩阵来描述，一个像素点用一位二进制数表示其亮度，每一像素点再用一个定长的二进制数表示颜色。

1.3 计算机硬件

一个完整的计算机系统由硬件和软件两大部分组成。硬件是计算机系统的物质基础。计算机的性能主要由硬件配置决定，包括主板、CPU、内存、硬盘、光驱、显示器、显卡等部件，了解计算机各部件的基本功能特性，有助于更好地使用计算机，也可以帮助我们在选择计算机时做到心中有数。计算机的硬件配置应从自己的实际需求出发有所侧重，不必过分追求高档。因为计算机技术发展迅速，时下一台顶级电脑经过 1～2 年也就会落后，3～5 年后基本就会被淘汰。

1.3.1　主板

主板（如图 1—2 所示）是一块比较大的印刷电路板，计算机上其他所有部件，如 CPU、内存、硬盘、风扇、光驱、软驱等，都要以某种形式和它连接才能工作，如图 1—3 所示。所以说主板是机箱内非常重要的一个部件。电脑出现的各种问题，很多都和它有关，所以主板一定要以性能稳定为第一。Intel、精英、富士康这些品牌主板稳定性都很好，华硕、微星等用的也比较多。

1.3.2　中央处理器

运算器和控制器一起称为中央处理器（central processing unit，CPU），它们集成在一块微芯片上。图 1—7 显示了几款 CPU，从计算机外部看不到 CPU，它在计算机的机箱内部，插在计算机的主板上，如图 1—8 所示。

图 1—7　几款 CPU

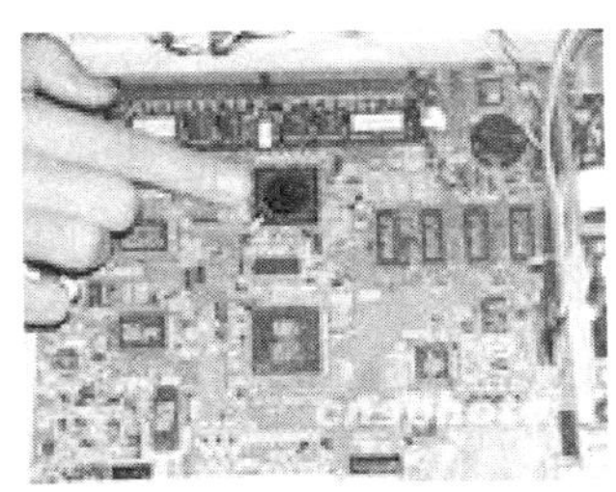

图 1—8　插在主板上的 CPU

CPU 是微型计算机系统的控制中心和运算中心，相当于人的大脑的作用。它是决定微型计算机档次的一个最主要的性能指标。CPU 中决定微型计算机性能的主要指标有：

（1）主频。

主频是 CPU 内部时钟晶体振荡频率，用 MHz 或 GHz 表示，它是控制和同步各部件行动的基准。主频越高，CPU 运算速度越快，计算机的工作速度就越快。它是衡量电脑性能的重要指标。用人作比方的话，就是说这个人的脑子灵活，反应快。如"Intel Pentium 4 3.06GHz"就是指 Intel 公司生产的主频为 3.06GHz 的奔腾 4 CPU 芯片。

（2）总线性能。

总线是 CPU 连接微型计算机各部件的枢纽和 CPU 传送数据的通道。在微型计算机中，CPU 发出的控制信号和处理的数据通过总线传送到系统的各个部分，而系统各部件的协调与联系也是通过总线来实现的。在总线上，通常传送 3 种信号：数据、地址和控制信号，相应地，总线也分为数据总线（data bus，DB）、地址总线（address bus，AB）和控制总线（control bus ，CB）。显而易见，微型计算机性能的优劣直接依赖于总线的宽度（总线的条数）、质量以及传输速度，这些可以用总线的带宽、时钟和传输率来衡量。目前总线的带宽已从 16 位扩展到 64 位以上，其传输速率也已经从早期的 MB/s 级达到了 GB/s 级别。

另外，CPU 支持多媒体扩展的能力、高速缓存的容量及速度、生产工艺和插槽类型等也是影响 CPU 性能的指标。

Intel 公司一直是世界上最大的半导体芯片制造商。当前微型机中的 CPU 广泛采用的是 Intel 公司的产品，从 8088/8086、80286、80386、80486、奔腾 586（Pentium）、Pentium Ⅱ、Pentium Ⅲ、Pentium 4 到现在的多核处理器。现在许多公司如 IBM，AMD，Cyrix 也都生产了与 Intel 公司系列 CPU 兼容的芯片。随着 CPU 型号的升级，微型计算机的集成度与性能也越来越高。

1.3.3 存储器

冯·诺依曼体系结构的一个核心思想是采用存储器存储数据和指令序列（程序），所以存储器是非常重要的部件。CPU 从存储器中取出程序（指令），按顺序执行后，再将结果存储到存储器中。存储器通常分为内存储器和外存储器两大类。

内存储器的地位类似于人脑的存储单元，而外存储器可以看成是书籍、笔记本等其他可以存储信息的媒体。当大脑进行思考时，处理的是存储于大脑存储单元的信息。如果所需信息没有存储于大脑，则可以通过查找相应书籍或笔记本等信息媒体，把相应信息读取到大脑的存储单元，然后再进行加工，大脑思考（处理）后的结果仍然存储在大脑的存储单元；如果需要把它们长期保存，则可以将之记录在笔记本上，或者写成书籍等。

1. 内存储器

内存储器又称主存储器（简称内存或主存），用于存放当前执行的数据和程序，是 CPU 直接访问的存储器。内存是以字节为单位存储信息的，可存放的信息总量称为内存容量。随着计算机软件的不断更新，系统对内存的要求也越来越高，内存容量的大小直接影响计算机的整体性能。

内存根据基本功能分为随机存取存储器（random access memory，RAM）、只读存储器（read-only memory，ROM）和高速缓冲存储器（简称高速缓存，cache）。

(1) RAM。

RAM 就是通常所说的内存条，计算机的内存性能主要取决于 RAM，如图 1—9 所示。它的特点是其中存放的内容可随时供 CPU 读写，但断电后，存放的内容就会全部丢失。内存条通常插入主板上的内存插槽中。目前，常见的 RAM 容量有 1G、2G、4G、8G 等，随着计算机的发展，RAM 的容量也在不断增大。

目前，市场上的内存品牌主要有：金士顿、金邦、威刚、现代、胜创、宇瞻、三星等。

(a) 内存条1

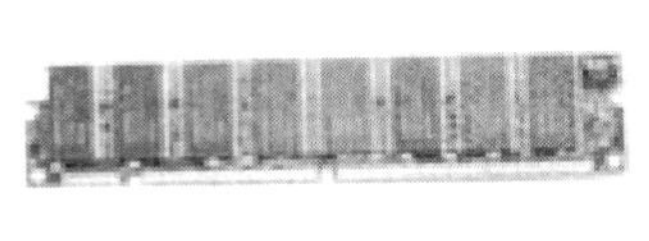
(b) 内存条2

(c) 内存条插入主板上的内存插槽中

图 1—9 内存条

(2) ROM。

ROM 是一种只能读出不能写入的存储器，断电后，其中的内容不会丢失。通常用于存放固定不变的、执行特殊任务的程序。例如，系统的初始化及引导程序就是由厂家固化在 ROM 中，每当系统启动时，首先运行的就是这段引导程序，以完成系统的一些初始化工作。目前，常用的只读存储器是可擦除、可编程的只读存储器（EPROM），用户可通过编程器将数据或程序写入 EPROM。

(3) cache。

在微型计算机中，RAM 的存取速度一般会比 CPU 的速度慢一个等级，这一现象严重影响了微型计算机的运算速度。为此，引入了高速缓冲存储器（cache），它的存取速度与 CPU 的速度相当。cache 在逻辑上位于 CPU 与内存之间，其作用是加快 CPU 与 RAM 之间的数据交换速率。cache 技术的原理是：将当前急需执行及使用频繁的程序段和数据复制到 cache 中，CPU 读写时，首先访问 cache。因此，cache 就像是内存与 CPU 之间的“转接站”。如果 CPU 能在 cache 中找到大部分要访问的数据，就能大大提高系统的速度。

2. 外存储器

外存储器又称辅助存储器（简称外存或辅存）。相对于内存来说，外存的容量大，价格便宜，但存取速度慢，主要用于存放待运行的或需要永久保存的程序和数据。它既可以作为输入设备，也可以作为输出设备，是内存的后备和补充。CPU 不能直接访问外存储器，必须将外存储器的内容调入内存后，才能被 CPU 读取。常见的外存有硬盘、U 盘、移动硬盘、固态硬盘和光盘（微机发展初期的软盘目前已经基本被淘汰）。它们和内存一样，也是以字节为单位存储信息的。

(1) 硬盘存储器。

硬盘存储器是微机中必不可少的外存储器。主要用于存放操作系统及其他系统软件、各种应用软件和用户数据文件等。它是由若干个同样大小的、涂有磁性材料的铝合金圆盘片环绕一个共同的轴心组成。每个盘片上下两面各有一个读写磁头，其写入和读出数据的原理类似于录音机录音和放音过程。从外形看，硬盘如同一个四方形的金属盒子。硬盘一般从“C:”开始标识。硬盘优点是容量大、存取速度快、可靠性高、存储成本低等。图 1—10 所示的就是一个硬盘。从性价比考虑，目前微机一般配置 500GB 以上的硬盘。另外，选择硬盘还要考虑其转速，转速越快，硬盘的存取速度越快，价格相对也高一点。

图 1—10　硬盘

（2）移动硬盘和 U 盘。

移动硬盘（如图 1—11 所示）、固态硬盘和 U 盘（全称为闪存存储器，flash memory）（如图 1—12 所示）是几种可随身携带的外存储器，通过 USB 接口（USB 是 universal serial bus 的缩写，中文含义是“通用串行总线”，是一种高速的通用接口）与主机相连，可像在硬盘上一样地读写，它无需驱动器和额外电源，只需从其采用的标准 USB 接口总线取电，可以热拔插，真正做到了即插即用。在各种操作系统下均不需要驱动程序，可以直接使用。

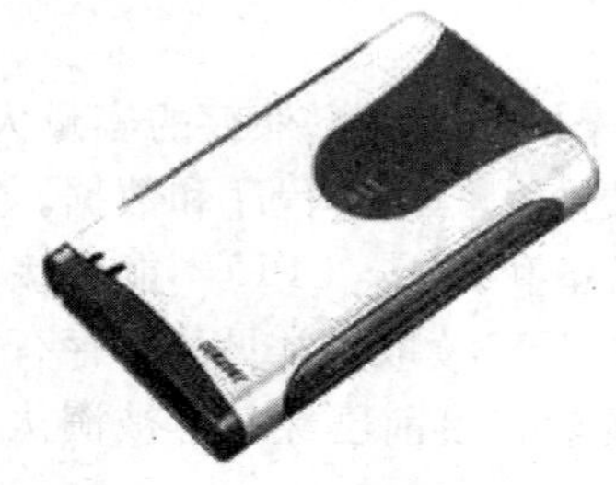

图 1—11　移动硬盘

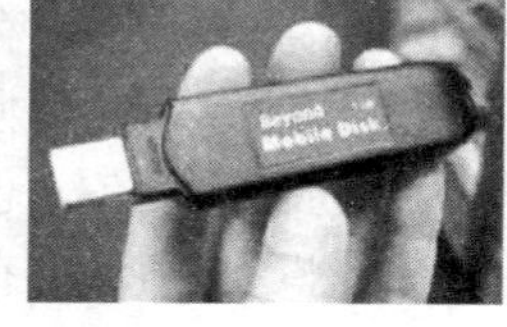

图 1—12　U 盘

目前，移动硬盘的容量一般在几十 GB 到几个 TB，容量大，可用来备份数据。U 盘通用性高，容量一般为数 GB 到几十 GB，市场上也已经有了上百 GB 的 U 盘。U 盘读写速度快；很多品牌的 U 盘还带写保护开关、防病毒、安全可靠；体积小、轻巧精致、美观时尚、易于携带。

（3）固态硬盘（solid state disk）。

固态硬盘是用固态电子存储芯片阵列而制成的硬盘，由控制单元和存储单元（FLASH 芯片、DRAM 芯片）组成。固态硬盘的接口规范和定义、功能及使用方法与普通硬盘的完全相同。由于不采用磁头＋电机等机械装置，因此，具备速度快、无噪音、能耗低、不会发生机械故障、不怕碰撞冲击等优点。目前，固态硬盘的容量从几十 GB 到数 TB 不等。

（4）光盘存储器。

计算机常用的光盘存储器有 CD 光盘和 DVD 光盘（数字化视频光盘）两种类型。

CD 光盘的容量为 650MB 以上，其特点是价格便宜、制作容易、体积小、容量大、易长期存放等。

DVD 光盘与 CD 光盘外表很相似，但有本质区别。DVD 采用 MPEG-2 的压缩技术来存储数据，它能从单个盘片上读取 4.7GB～17GB 的数据量。光盘需放入光驱才能使用，根据光盘类型不同，目前市场上主要有 CD-ROM 光驱和 DVD-ROM 光驱，由于 DVD 光盘容量大，DVD 光驱已成为主流，它可以播放 CD 和 VCD，也可以读取 CD-ROM。

光盘利用激光照射来记录信息，光盘驱动器再将盘片上的光学信号读取出来。光盘存储器容量大、读取速度快、使用方便、价格低。它们又分为只读型光盘、只写一次型光盘和可擦写型光盘。

①只读型光盘：CD-ROM、DVD-ROM，出厂时信息已经写入盘中，用户只能从中读取信息。

②只写一次型光盘：CD-R、DVD-R，这种光盘可由用户写入信息，但只能写一次，写入后信息可以多次读出，不能修改。主要用于保存不允许随意修改的重要档案、历史性资料和文献等。

③可擦写型光盘：CD-RW、DVD-RW，这种光盘类似于磁盘，可以重复读写信息，是很有发展前途的辅助存储器。

只写一次型光盘和可擦写型光盘通过光盘刻录机进行信息写入或修改，光盘刻录机是一种比光驱更先进的光盘驱动设备，外观类似于光驱，除了具有光驱的全部功能外，还可以在光盘上写入或擦除数据。光盘刻录机也分为 CD 刻录机和 DVD 刻录机。

1.3.4　输入设备

输入设备的功能是将数据、程序或命令转换为计算机能够识别的形式送到计算机的存储器中。输入设备的种类很多，微型机上最常用的有键盘和鼠标。

（1）键盘。

在微机中，键盘是最常用的输入设备，它通过电缆插入键盘接口与主机相连接。当用户按下一个按键时，在键盘内的控制电路根据该键的位置，把该字符信号转换为二进制码送入主机。随着 USB 接口的广泛应用，很多厂商相继推出了 USB 接口接盘，使键盘也具备了即插即用的功能。

（2）鼠标。

鼠标是利用本身的平面移动来控制显示屏幕上光标移动位置，并向主机输送用户所选信号的一种手持式的常用输入设备，被广泛用于图形用户界面的使用环境中，可以实现良好的人机交互。目前，常见的鼠标接口有串口、PS/2 和 USB 三种类型，串口就是串行接口，即 COM 接口，这是最古老的鼠标接口；PS/2 接口是目前最常见的鼠标接口，最初是 IBM 公司的专利，是一种 6 针的圆形接口；USB 接口是高速的通用接口，目前许多鼠标产品采用了 USB 接口，与前两种接口相比，其优点是非常高的数据传输率，完全能够满足各种鼠标在刷新率和分辨率方面的要求，能够使各种中高档鼠标完全发挥其性能，支持热拔插。常用的鼠标有机械式和光电式，目前市场上还出现了无线鼠标和轨迹球。

鼠标上都带有两个键（左、右键）或三个键（左、中、右键），通常使用左键进行一般的输入和控制，如单击、双击、拖拽等，而把右键作为特殊功能之用（可根据人们的使用习惯调整）。在目前已广泛使用的便携式手提计算机中，使用一种与鼠标十分接近的跟踪球来控制输入。

市场上键盘和鼠标的品牌有：双飞燕、LG、罗技、爱国者、微软等。

其他多媒体输入设备有数码照相机、扫描仪、麦克风、录音机、手写笔识别系统、光学字符阅读器和触摸屏等。

1.3.5 输出设备

输出设备的功能是将内存中经 CPU 处理过的信息以人们能接受的形式输送出来。输出设备的种类也很多，显示器、打印机是计算机最基本的输出配置。

（1）显示器。

显示器是一种通过电子屏幕显示输出结果的输出设备。显示器分为两种：以阴极射线管为核心的 CRT 显示器和用液晶显示材料制成的 LCD 显示器。随着液晶显示器的价格不断下降，它已经基本取代 CRT 显示器。图 1—13 显示的是 CRT 显示器和液晶显示器。

图 1—13 显示器

显示器有两个指标：一个是屏幕尺寸，用屏幕对角线表示，以英寸为单位，目前使用 16∶9 比例的 20 英寸以上的液晶显示器成为主流。另一个是分辨率，屏幕上的所有字符或图形均是由一个个称为像素的显示点组成，分辨率就是指像素的数量。对于相同尺寸的屏幕，像素越密，像素间的距离越小，则像素数量越多，分辨率就越高，图像也就越清晰。

计算机的显示器与显卡相连。实际上，显示器的显示效果很大程度上取决于显卡，也叫图形加速卡，其作用是控制计算机图形输出。一台好的显示器应能在线支持多种分辨率和色彩模式，采用逐行方式扫描以抑制屏幕闪烁，采用刻蚀屏幕的方法来减少眩光效应，并在各种分辨率下均应支持 72Hz 以上的刷新率和自动多频扫描功能。

由于用户直接面对的就是显示器，因此，选择一款好的显示器十分必要。著名的显示器品牌很多，例如：三星、LG、优派、明基、AOC、飞利浦、长城、NEC 等。

（2）打印机。

打印机是将计算机的输出结果打印到纸上的输出设备。按印出方式分为击打式和非击打式两大类。最流行的击打式打印机有点阵式打印机和高速宽行打印机，非击打式打印机的主要代表有喷墨打印机和激光打印机两类，目前击打式已普遍被非击打式所取代。

①点阵式打印机：点阵式打印机价格较便宜，但其缺点是噪声大、字迹质量不高、针头易坏和打印速度慢等。

②喷墨打印机：喷墨打印机靠墨水通过精制的喷头喷射到纸面上而形成输出的字符或图形。喷墨打印机价格便宜、体积小、打印质量较高，但墨水的消耗量大。目前，常用的喷墨机有 HP、Canon 和 Epson 等品牌。

③激光打印机：激光打印机利用的是激光技术和电子照相技术。激光打印机分辨率高，速度快，印出的图形清晰美观，打印时无噪声。常用的激光打印机有 HP Laser Jet 系列、Canon Laser Jet 系列等。

其他多媒体输出设备还有投影仪、绘图仪、音箱、VCD 机、语音输出合成器和缩微胶片等。

1.4 计算机软件

计算机的性能主要由硬件配置决定，硬件是计算机系统的物质实体，而软件则是在其上运行的一系列程序，是对硬件功能的完善和扩充，所以其功能的强弱也与所配备的软件有关。

没有配置任何软件的计算机称为“裸机”，裸机几乎不能完成任何功能。用户使用的计算机实际上是经过若干层软件扩充后的计算机，这样的计算机才能变成功能强大的机器，通常用户使用计算机都是在与运行于计算机上的某种软件打交道，通过软件使计算机为我们所用，因此，“熟悉计算机应用”更大程度上是指熟悉各种计算机软件。

1.4.1 软件的分类

从软件功能的角度，一般将软件划分为系统软件和应用软件两大类。

1. 系统软件

系统软件负责管理、监控、维护、开发计算机的软硬件资源，为用户和计算机之间提供一个友好的操作界面和开发应用软件的环境，如操作系统、编译程序、解释程序、诊断程序等。这类软件是人与计算机联系的桥梁，其主要任务是简化计算机的操作，使得计算机硬件所提供的功能得到充分利用。有了这个桥梁，人们可方便地使用计算机。

系统软件有两个特点：一是通用性，其功能不依赖于特定的用户，无论哪个应用领域的用户都要用到它；二是基础性，其他软件要在系统软件的支持下编写和运行。

系统软件一般是由计算机开发商提供的，有的写入 ROM 芯片随机提供，有的存入磁盘或光盘随机提供或供用户选购。在同一类型的计算机上，软件配备得越丰富，机器发挥的功能就越充分，用户使用起来也越方便。对于计算机应用人员而言，熟悉系统软件的目的是为了更有效地使用和开发应用软件。

常用的系统软件主要包括操作系统、程序设计语言和语言处理程序、数据库管理系统、网络软件和系统服务程序等。

2. 应用软件

应用软件是为了解决某些具体问题而开发和研制的各种软件，是针对某一应用领域的、面向最终用户的软件。应用软件可以是应用软件包，也可以是用户定制的程序。

应用软件包是标准的商业软件。它通常由计算机制造商或软件开发公司为了向不同组织销售多份备份而开发出来的。购买者不拥有软件包的版权，而且通常不能随意复制和修改软件。应用软件包的种类繁多，几乎各种计算机应用领域都有，如文字处理软件（如 WPS、Word）、电子表格软件（如 Excel、Lotus 1-2-3）、辅助设计软件（如 Auto CAD）、图形软件（如 PhotoShop、Fireworks），等等。

用户定制的程序是面向特定用户，为解决特定的具体问题而开发的软件，如某单位的信息管理系统可以自己编制，也可委托第三方软件开发公司编制。委托编制的组织通常对开发出来的软件拥有版权。

无论是系统软件还是应用软件，大家应购买正版软件或到正规网站下载免费软件使用。

1.4.2 计算机语言

软件是程序的一种统称，让计算机做事实际上就是运行程序。而任何程序都是用一种专门的语言编写的，也就是说编程人员通过计算机语言与计算机交流，告诉计算机任务如何完成。随着计算机技术的发展，计算机语言的功能也在不断完善，其描述问题的方法也越来越接近人类的思维方式。计算机语言有很多种，按其发展过程，通常分为机器语言、汇编语言、高级语言和第四代语言。

1. 机器语言

机器语言是计算机发展初期使用的语言，是第一代计算机语言，它是一种用二进制代码 0 和 1 形式表示，能被计算机直接执行的语言。0110 1010 0110 1011 就是一种典型的机器语言指令。它是一种面向机器的低级语言，指令系统与硬件有关，即不同型号计算机的机器语言指令是不同的。

用机器语言编写程序十分困难，程序可读性很差，调试也很困难。现在程序很少直接用机器语言编写。

2. 汇编语言

为了克服机器语言难以记忆和识别的问题，汇编语言的指令采用助记符（如 ADD、STO）来取代二进制的机器指令。例如，“ADD R1，R2，R4”就是一种典型的汇编语言指令，其操作为将寄存器 1 和寄存器 2 中的数据相加，并将结果保存到寄存器 4 中。用存储空间的名字来表示其相应的存储地址，用十进制或十六进制取代机器语言的二进制。这种代替使得机器语言“符号化”，所以汇编语言也叫符号语言。

用汇编语言编写程序比用机器语言要容易得多。但汇编语言也是面向机器的，不同型号的计算机有不同的汇编语言指令，每条汇编语言的指令对应一条机器语言的代码。因为计算机只能“理解”它自己的机器语言，所以用汇编语言编写出来的程序（源程序）不能直接运行，需要经过汇编程序汇编生成目标程序，再由连接程序连接形成可执行程序（. exe 程序）才能执行。

由于指令功能不强，用汇编语言编写程序仍很烦琐，但用汇编语言编写程序的优点是运行效率高，所以主要用于一些底层软件及实时控制软件的编写。

3. 高级语言

高级语言是一种接近于自然语言和数学描述语言的程序设计语言，高级语言是为了提高程序员的开发效率而产生的。这些语言主要是面向任务、面向过程的，而不是面向机器的，也就是说高级语言的指令更适于程序员开发的应用程序，而不是程序最后运行的计算机。

不同类型的应用设计了不同的高级语言。如为商业数据处理设计的 COBOL 语言、为科学和数学计算而设计的 FORTRAN 语言、为学生提供的易于学习和理解的计算机语言 BASIC，还有 C 语言等。

高级语言具有的共同特点是脱离特定的机器，编程效率高，而且编写出的程序可以从一种类型的计算机移植到另一种类型的计算机上。

因为计算机只能“理解”它自己的机器语言，所以也必须把用高级语言编写的程序（源程序）转换成相应的机器语言形式的目标程序，计算机才能执行。通常可以用解释方式或编译方式来实现这种转换。不论何种方式，转换工作都是由软件实现的。解释程序时，将程序中的每一条指令转换成目标代码，然后立即执行；而编译程序则是将整个程序转换成目标代码，即目标程序（如. exe、. com 程序）。目标程序一旦生成，就可以独立于源代码反复执行。应用软件开发商是以编译后的目标代码的形式发布其软件包的。目标代码难以理解，因此也不易于修改，这样就可以保护软件不被非法篡改。

4. 第四代语言

计算机语言随着计算机技术和用户需求的发展而发展，目前面向对象的程序设计思想已经主导程序设计语言的发展，另外还有数据库编程语言、网络语言等。

C＋＋、Java 等都是当前流行的面向对象语言。另外，Visual Basic、Visual C＋＋是面向对象与可视化的程序设计语言，确切地说，是一种基于某种面向对象语言的开发环境，这类语言通常提供可视化开发环境，使很多编程工作可以通过可视化操作实现，而对应的代码由系统自动生成。这类语言特别适合开发图形用户界面，能够做到所见即所得，使编程过程简化，编程效率高。

1.5 计算机安全与道德

1.5.1 计算机安全

在普及计算机知识和应用的今天，计算机安全正成为社会治安问题的新领域。计算机安全也已成为衡量计算机系统性能的一个重要指标。

1. 计算机犯罪

计算机犯罪可以认为是借助于计算机知识或使用计算机技术进行的犯罪行为。计算机犯罪的范围很广。许多计算机犯罪都是在人们无察觉下进行的。据保守估计，目前全球每年由于计算机犯罪而导致的损失达数百亿美元。

中国的计算机犯罪，也正以很快的速度猛增。最初，危害领域主要是金融系统，现在，已发展到邮电、科研、卫生、生产等几乎所有使用计算机的领域；受害的往往是行业系统、整个地区、社会或国家。

目前，计算机犯罪已成为任何一个国家不得不予以关注的社会公共安全问题。

2. 病毒与黑客

（1）病毒。

20 世纪 50 年代，在计算机发明后不久，为了对生命的本质、复杂性、演化等进行探讨，科学家们就写出了能复制其自身的程序。1983 年 11 月美国学者 F. Cohon 第一次从科学的角度提出了“计算机病毒”这一概念。1987 年 10 月美国公开报道了首例造成灾害的计算机病毒。从此计算机病毒就无孔不入，四处泛滥。现在，只要有计算机，就要考虑如何防止感染病毒的问题。

《中华人民共和国计算机信息系统安全保护条例》中明确指出，“计算机病毒，是指编制或者在计算机程序中插入的破坏计算机功能或者毁坏数据，影响计算机使用，并能自我复制的一组计算机指令或者程序代码。”所谓计算机病毒是一种人为制造的、在计算机运行中对计算机信息或系统起破坏作用的程序。这种程序一般不是独立存在的，它隐蔽在其他可执行的程序之中，既有破坏性，又有传染性和潜伏性。轻则影响机器运行速度，使机器不能正常工作；重则使机器处于瘫痪，给用户带来不可估量的损失。

病毒具有非授权可执行性、传染性、隐蔽性、潜伏性、对用户不透明性、可激活性、破坏性和不可预见性。

（2）黑客。

黑客一词是英文单词“hacker”的音译，源于动词 hack，其引申意义是指“干了一件非常漂亮的事”。一般认为，黑客起源于 20 世纪 50 年代麻省理工学院的实验室中，他们精力充沛，热衷于解决难题。20 世纪六七十年代，“黑客”一词极富褒义，用于指代那些独立思考，精通网络、系统、外设以及软硬件技术的计算机高手。曾几何时，被人称为黑客是一件非常光荣的事，真正的黑客从不恶意入侵他人计算机，他们只是为了进一步提高安全性技术研究水平，乐于研究各种各样的安全漏洞，悄悄进入他人的系统并给系统打上安全补丁后悄悄离去，他们为电脑技术的发展做出了巨大贡献。

黑客群体发展到后来，其中不乏一些怀有恶意的人，他们利用计算机作为工具进行犯罪活动，对计算机信息系统、国际互联网安全构成危害。主要手段有：寻找系统漏洞，非法侵入涉及国家机密的计算机信息系统，非法获取口令，偷取特权，侵入他人计算机信息系统，非法控制他人的计算机；窃取他人商业秘密、隐私；

挪用、盗窃公私财产；对计算机资料进行删除、修改、增加；传播计算机病毒等破坏活动。传统意义上的黑客称这种人为骇客（cracker，破坏者），并以他们为耻。

黑客和骇客并没有一个十分明显的界限，他们都入侵网络，破解密码，但他们入侵的目的有本质区别，前者是为了维护网络安全，而后者却从事恶意攻击。但人们还是很难分辨，所以现在已经把黑客和骇客混为一谈了，黑客已被认为是威胁计算机系统安全的因素之一，需要严加防范。

《中华人民共和国公共安全行业标准》中，将黑客定义为“对计算机信息系统进行非授权访问的人员”。也有人把黑客分为“黑帽子黑客”（指骇客）、“白帽子黑客”。

黑客的非法行为招致行政乃至刑事处罚，理应受到法律的制裁。此外，黑客还应该赔偿其侵权行为给国家、集体或他人造成的损失。当然，这并不意味着被黑客用作攻击的商业网站可以免除其应负的赔偿责任。

（3）防范措施。

要防止病毒感染和黑客的入侵，可以从软件、硬件和管理的角度进行防范。

软件方法主要是使用计算机病毒防疫程序，监督系统运行并防止某些病毒入侵。比如，在机器和网上安装杀毒软件和防火墙。目前常见的国外杀毒软件有Norton Anti-Virus、Mcafee、PC-Cillin、Kaspersky等，国内杀毒软件有瑞星、金山毒霸、KV3000和江民等，杀毒软件还要经常更新。防火墙有天网、瑞星、Norton等，Windows XP也提供了防火墙。

硬件方法主要有两种：一是改变计算机系统结构，二是插入附加固件，如将防毒卡插到主板上，当系统启动后先自动执行，从而取得CPU的控制权。硬件方法的优点是能时刻检测系统的操作情况，对危害系统的操作及时发出报警，并能自动杀毒或带毒运行等。缺点是误报较多，有些则与系统的兼容性较差，有些还会降低系统的运行速度。

此外是管理预防，这也是最有效的预防措施之一。管理预防的主要途径有制定防治病毒的法律手段；建立专门机构负责检查发行软件和流入软件有无病毒；让用户了解计算机病毒的常识和危害性；尊重知识产权，不随意复制软件，尽量不使用外来磁盘和不知来源的程序。

1.5.2 知识产权

信息（包括图片、音乐、卡通及教材等）是创作成果，属于知识产权，在大多数国家都受法律保护。知识产权有多种形式，在此主要讨论软件和网上信息的版权。两者对如何使用信息技术有较大影响。

1. 软件的使用许可

很多人在购买软件时并没有注意软件的法律条款，如果仔细阅读这些条款，就会注意到一个事实：你并没有购买这个软件，只是租用了它，即只是授予你软件使用许可。软件使用许可的实质是用户可以使用软件，但软件的所有权仍然属于卖出这个软件的公司。如果协议允许使用软件，那就可以在自己的任何一台计算机上使用它，即可以在自己所有的计算机上安装软件。个人使用软件一般是指每次只使用软件的一个实例。安装多个实例以便于使用，也是可以的。如果一个公司需要某个特定的专业软件，公司也许会为这个软件买 n 个许可证，这样一来，n 个工程师就可以同时使用这个软件。重点不在于购买多少个某个软件的拷贝，而是多少人可以同时使用这个软件。因为购买软件的人并不拥有商业软件，所以不能把它送给朋友，这样做就违反了打开软件包时已经接受的使用条款。

在 Internet 上可以看到很多共享软件。人们可以通过 Internet 免费下载共享软件，也可以将它复制给朋友。共享软件的思想是，用户可以试用软件，如果喜欢并打算使用这个软件，可以向软件作者支付一定的费用。下载共享软件，却在不支付费用的情况下使用它是不道德的。

还有一种软件是自由软件（free software）。自由软件是指允许任何人使用、复制、修改、分发（免费/少许收费）的软件。尤其是这种软件的源代码必须是可得到的。从某种意义上说，“没有源代码，就称不上是（自由）软件”。免费软件（freeware）没有一个清晰的定义，通常指那些允许分发、不允许修改的软件包（不提供源代码）。这些包不是自由软件，因此不能用 freeware 来指自由软件。

2. 网上的版权

在许多国家与地区，一个构建的网页或创作的动画作品使制作人自动拥有对这个作品的“版权”。版权法保护拥有者拥有复制权、改编权、发行权（包括电子版的发行)、公演权和公开展示权。版权一般归作者所有，如果创作过程是在受雇佣期间进行的，版权就属于雇主，通常为公司。例如，如果某人创建了一个个人网页，他就拥有这个网页的版权。如果构建网页是某人的工作职责，那么公司就拥有版权。在论坛上发帖子也是一种出版形式，尽管还没有为此制订版权法和其他规定，但一般假设网上的信息都是有版权的。

人们可以享用别人拥有版权的作品。作品已发布在网上这一事实表明人们可以免费阅读、观看这些作品，也可打印出来方便阅读，在自己的计算机上保留一个备份供以后享用，把 URL（统一资源定位符，俗称网址）发送给自己的朋友等。

许多网站都写有版权条款：有的允许任何人以任何形式免费使用；有的是要求使用者在其他地方使用时必须注明出处；也有的网站对自己发布的信息保留所有权利，即如果想以版权法中规定的任何一种形式使用网站上的内容，必须获得其拥有者的许可。

在个人免费使用与需要获得使用许可之间，有一个灰色区域，即允许使用受版权保护的部分内容，无需征求著作权人的许可。这个概念称为“合理使用”（fair use）。在版权法中，合理使用的定义为：对受著作权保护的作品，可以将其用作批评、评论、新闻报道、教学（包括在课堂上分发多份拷贝）、学术交流或研究之目的。

许多人错误地认为可以将受版权保护的信息用于非商业用途。其实不管是否销售了这些信息，都侵犯了版权，不过将其用于商业用途常常会被起诉并处以高额罚金或被惩罚。

1.6 大学计算机教育与计算思维培养①

以目前的认识，在科学思维的谱系中，真正具备了系统和完善的表达体系的思维模式只有三个，分别是实证思维、逻辑思维和计算思维。其中，计算思维是最晚一个被研究和整理的思维模式。

尽管在人类思维发展的历史上，常常会看见计算思维的影子，同时计算思维一些重要内容也在不同的时期被研究，但是严格地说，只是在最近的 10 年里，计算思维才真正得到重视和关注。与实证思维和逻辑思维不同，计算思维关注的是人类思维中有关可行性、可构造性和可评价性的部分。当一个原始人面对一块石头准备加工工具时，他脑子里的思维既不是对石头本身属性的物理认识，也不是对这件工具用途的逻辑推理，他所想到的是实实在在的加工这件工具的操作细节，是如何一步一步完成从石头到工具的过程、这些步骤之间的顺序、每一个步骤完成的标准，以及某一步骤失败后的替代措施，就是现代意义上的可操作性和可验证性。原始人把这些思维逐步地映射到具体的加工工程，一定是先有工程的思维，后有工程的实践。这样的思维就包含了计算思维所有的核心内容。尽管从程度上来说，原始人类的思维还是低浅的和简单的，但是计算思维确实存在于人类的自然思维之中，是人类思维活动中固有的和先天的成分。没有计算机之前，就有了计算思维的萌芽和表现，只是在有了计算机之后，计算思维的问题才被真正关注，得到了突飞猛进的发展，成为现代人类必须掌握的基本思维能力。

计算思维以表示的形式化和执行的机械化为特点，抽象和自动化是其本质内容，在问题求解、系统设计和人类行为理解等方面具有重要的作用。计算思维与实证思维、逻辑思维鼎足而立，在各种科学和工程以及社会经济技术领域有着独特的意义和无可替代性。也就是说，三种思维各有所长，各有所重，合在一起形成了人类认识世界和改造世界的强大工具。

随着计算机逐步成为每一个人日常无法离开的工具，随着各种事务，无论是自然的还是人工的、经济的还是社会的，都被数字化为计算机处理的对象时，信息处理已经成为人们日常工作和生活的基本手段，因此计算思维必然与实证思维和逻辑思维一样，成为一个现代公民必须掌握的基本思维模式。同时，由于人和社会的活动越来越依赖计算机和各种通信设备，这些大量数据的存在已经迫使我们必须从新的角度看待个人的权利和隐私、社会的结构和行为，以及国家的经济安全和政治稳定，从这个意义上讲，计算思维教育已经不仅是个人能力提升的问题，而且是影响到国家的发展战略和安全的一个严重而急迫的大事。国内外一些专家敏锐地捕捉到了这一影响全球未来的新动向，提出了加强计算思维研究和教育的建议。

2005 年 6 月美国总统信息技术咨询委员会（PITAC）提交了一份题为《计算科学：

① 本节内容主要摘自教育部高等学校大学计算机课程教学指导委员会于 2013 年 5 月发表的《计算思维教学改革宣言》。

确保美国的竞争力》的报告。报告认为，21 世纪科学上最重要、经济上最有前途的研究前沿都有可能通过熟练掌握先进的计算技术和运用计算科学而得以解决，因而建议将计算科学长期置于美国科技领域的中心地位。美国国家科学基金会（NSF）也建议全面改革美国的计算教育，确保美国的国际竞争力，并在 2008 年启动了一项涉及所有学科的以计算思维为核心的国家重大科学研究计划 CDI（cyber-enable discovery and innovation），将计算思维拓展到美国的各个研究领域。CDI 计划支持的三个主题域是：从数据到知识（from data to knowledge），理解自然、人工及社会系统的复杂性（understanding complexity in natural，built，and social systems），虚拟组织（virtual organizations）。其中，“从数据到知识”将增进人类的认知和从丰富的异构的数字化数据中产生新知识；“理解自然、人工及社会系统的复杂性”将对三大系统产生根本性的新认识；“虚拟组织”将不同结构、不同地域和不同文化的人们和资源联系在一起进行科学发现及创新。2011 年，NSF 又启动了 CE21（the computing education for the 21st century）计划，其目的是提高 K-14（中小学和大学一、二年级）老师与学生的计算思维能力。NSF 希望通过 CDI 等研究计划，使人们在科学与工程领域，以及社会经济技术等领域的思维范式产生根本性的改变，为美国创造更多的新财富，并最终提高美国人民的生活质量。

在中国，众多科学家已广泛关注计算思维，在介绍国外相关动态的同时，也发表了大量关于计算思维的观点。他们普遍认为，计算机科学最具有基础性和长期性的思想是计算思维，到 2050 年，每一个地球上的公民都应该具备计算思维的能力。虽然从小学、中学开始，计算思维的概念已经被朦朦胧胧地使用着，但是人们从来没有像今天这么认识到其重要性。2010 年，清华大学、西安交通大学等高校在西安召开了首届“九校联盟（C9）计算机基础课程研讨会”。会后发表了《九校联盟（C9）计算机基础教学发展战略联合声明》，达成 4 点共识：（1）计算机基础教学是培养大学生综合素质和创新能力不可或缺的重要环节，是培养复合型创新人才的重要组成部分；（2）旗帜鲜明地把“计算思维能力的培养”作为计算机基础教学的核心任务；（3）进一步确立计算机基础教学的基础地位，加强队伍和机制建设；（4）加强以计算思维能力培养为核心的计算机基础教学课程体系和教学内容的研究。围绕这一共识，近年来，高校和科研院所的一批教师和研究人员在计算思维研究方面做了大量工作，积极推动有关计算思维理论、体系以及方法论的研究，并逐步渗透到科学与工程领域以及社会经济技术等领域。使用计算思维的概念与方法，可以产生革命性的新理解、新成果、新技术，从而推动社会、经济、文化、科学的全面发展，并由此成为建设创新型国家的最重要的软实力之一。

近年来，移动通信、普适计算、物联网、云计算、大数据这些新概念和新技术的出现，在社会经济、人文科学、自然科学的许多领域引发了一系列革命性的突破，极大地改变了人们对于计算和计算机的认识。在商业、经济及其他领域中，决策将日益基于数据和分析而做出，而并非基于经验和直觉。庞大的数据资源使得学术界、商界和政府等各个领域都开始了数字化的进程。随着这一进程的全面深入，无处不在、无事不用的计算思维成为人们认识和解决问题的基本能力之一。

计算思维，不仅是计算机专业的学生应该具备的能力，而且也是所有大学生应该具备的能力。在这样的背景下，究竟给学生讲什么、怎么讲，成为一个尖锐的问题。当前社会的发展，已经越来越多地把计算机作为分析和解决问题的工具。在这个过程中，最重要的不是解决问题的具体技巧，而是如何把问题转化成能够用计算机解决的形式，这正好是计算思维的培养所强调的内容，学会使用计算思维的基本方法解决问题与学会具体解决问题的技术相比，显然前者更加重要和基础。计算思维的深刻知识内涵正在被当今社会的发展进一步揭示。学生接受计算机课程的培养已经不仅是为了学会应用计算机，而且是由此学会一种思维方式。并非每一个学生都要成为计算机科学家，但是我们期望他们能够正确掌握计算思维的基本方法，这种思维方式对于学生从事任何事业都是有益的。思维的培养可以造就具有良好知识修养和自由独立精神、敢于创新、善于创新的一代新人。

对于我国大学生计算思维素质方面的调查显示，从一般意义上讲，当前学生在掌握具体的计算机技术方面有着很好的表现，但在计算思维方面的培养滞后，使得学生在解决具体问题时，擅长于用现成的技术手段而不是用科学的思维方式来寻求解决问题的方案。这导致学生在解决问题的思路上习惯于沿用已有方法，缺乏革命性的突破；也造成当前在计算机应用方面的创新不足，在很多领域跟着国外的技术发展路线走，缺少原创性成果，更加缺乏引领技术发展潮流的能力。以培养计算思维意识和方法为目标的教学改革，则着眼于培养学生从本质上和全局上来建立对于问题的解决思路，从而达到提高计算机应用水平的目的。这样的例子并不鲜见，一些表面上看来不大可能用计算机来解决的问题，通过深刻的剖析，仍然可以实现通过计算机来解决，而且所取得的成果往往是突破性和开创性的，这更加说明了“计算无处不在”这样一个永恒的真理。

在这项改革中，我们面临的最大挑战就是构建培养计算思维能力的教学体系。这就需要解决计算思维的基本内容如何表达的问题，清楚地描述计算思维相关的知识内容及其之间的关系；把有关计算思维的相关思维特征和方法分解到每一个具体的教学内容，通过一堂一堂课程的讲授，使得学生在学会知识的过程中，逐步理解和掌握计算思维的一些基本内容和方法。这个教学体系的建设十分重要，涉及教学内容的组织与呈现、师资队伍建设、教学方法改革以及实践体系建设等方面的内容，它是这一轮课程改革最重要、最基本同时也是最复杂的任务。在这个教学体系中，应正确处理好知识、能力和思维的关系。计算思维的培养并不是要代替对于知识和能力的培养，相反，它与知识和能力的培养呈递进的关系。思维的培养必须置身于知识和能力培养的基础之上，而知识和能力的培养必须置身于思维培养的视野之下。通过讲授计算机的具体理论和技术，揭示有关计算思维的内容。比如，在讲授数据库的内容时，要揭示如何根据数据的性质，建立合适的数据库结构，使得在数据存储中实现既能少占资源，又能快速方便地查询；在讲授算法内容时，揭示如何通过归纳的方法，把问题求解的困难程度进行科学的划分，使得关注的重点集中在最重要和最核心的问题上。这就是计算思维解决实际问题所体现出来的引人入胜的美妙特征，在每一门计算机课程中，都有这样的反映计算思维精髓而在过去的教学中被忽略的内容。这次改革希望开发出体现计算思维精华和魅力的全新的教材。计算机课程不仅要教给学生有用的知识，更要教给学生这些知识背后的思想。学会了这些思维的方法，就掌握了解决各种问题（科学的、社会的、政治的、经济的）的有效武器，无论学生将来从事什么工作，都会因此而受益终身。

1.7 小结

本章主要介绍了计算机系统的组成、工作原理以及计算机硬件和软件的基础知识。

一个完整的计算机系统是由硬件和软件两大部分组成的。硬件是软件建立和依托的基础，软件是计算机系统的灵魂。硬件和软件相互结合才能充分发挥计算机系统的功能。本章详细介绍了计算机硬件的主要组成部分及性能。计算机软件一般分为系统软件和应用软件两大类。操作系统是系统软件的重要组成部分。

最后，本章介绍了大学计算机教育与计算思维培养的话题。

1.8 思考与练习

1. 简述计算机系统组成及计算机的工作原理。
2. 影响计算机性能的主要指标有哪些？
3. 简述计算机软件的分类。
4. 什么是计算机病毒？如何防范？
5. 如何在计算机学习中自觉地培养计算思维？

第 2 章

Windows 操作系统

操作系统的目标是为用户提供一个良好的界面，方便用户使用计算机，同时能够对内部各种软硬件资源进行有效的管理和分配，使整个系统能高效率地运行。用户通过操作系统提供的界面（接口）操作计算机，用户只需告诉操作系统“做什么”，而不必关心计算机硬件细节和处理过程，操作系统知道“怎么做”，因而使计算机操作简单又方便。目前较为流行的操作系统主要有 Android、BSD、iOS、Linux、Mac OS X、Windows、Windows Phone 和 z/OS 等，除了 Windows 和 z/OS 等少数操作系统外，大部分操作系统都为类 Unix 操作系统。

本章先概要地介绍操作系统的主要作用、功能，然后简单介绍 Windows 系统的主要功能和操作。

2.1 操作系统功能概述

操作系统的主要功能是：处理器管理、存储器管理、设备管理、文件管理和用户接口。每个功能都是通过一组相关的程序来实现的。这些程序完整地组合在一起就构成了操作系统。操作系统作为一个综合化的管理软件，可以将所有的计算机系统的软硬件资源、用户的程序和数据，都置于统一的管理和控制之下，用户通过操作系统可以用相当简单的方式操纵和使用计算机。

（1）处理器管理。

处理器管理主要是对中央处理器（CPU）进行动态管理，实质上是对处理器执行“时间”的管理，即如何将 CPU 真正合理地分配给每个任务。用过计算机的人都有体会，可以使用计算机同时运行多个程序，如可以一边听音乐一边编辑文档，同时还可以上网查找所需资料。

任何程序只有占有了 CPU 才能运行，要在计算机上运行多个程序，那么每个程序在什么时候使用CPU，这需要合理地分配协调才行，操作系统关于处理机的分配有相应的调度算法，这些工作都由操作系统完成。

（2）存储器管理。

存储器管理实质是对存储“空间”的管理，主要指对内存的管理。内存储器是存放程序与数据的，只有被装入主存储器的程序才有可能去竞争中央处理器。因此，同时运行多个程序，如何存放才能井井有条，互不干扰，而且能充分合理地利用有限空间，这都由操作系统负责。

存储器管理要根据用户程序的要求为用户分配主存储区域。当多个程序共享有限的内存资源时，操作系统就按照某种分配原则，为每个程序分配内存空间，使各用户的程序和数据彼此隔离、互不干扰及破坏；当某个用户程序工作结束时，要及时收回它所占的主存区域，以便再装入其他程序。另外，操作系统利用虚拟内存技术，把内、外存结合起来，共同管理。

（3）设备管理。

设备管理负责管理计算机系统中除了中央处理机和主存储器以外的其他硬件资源。当用户要使用设备的时候，例如要使用打印机，只要单击打印机按钮即可将内容传到打印机进行后台打印，这一切都是因为有了操作系统，才可以这么轻松地调用外部设备，还不影响当前处理的工作，所以对设备的管理也是非常重要的。操作系统对设备的管理主要体现在两个方面：一方面，它提供了用户和外设的接口。用户只需通过键盘命令或程序向操作系统提出申请，操作系统中设备管理程序就可实现对外部设备的分配、启动、回收和故障处理；另一方面，为了提高设备的效率和利用率，操作系统还采取了缓冲技术和虚拟设备技术，尽可能使外设与处理器并行工作，以解决快速CPU与慢速外设的矛盾。

（4）文件管理。

文件管理是操作系统对计算机系统中软件资源的管理。通常由操作系统中的文件系统来完成这一功能。文件系统是由文件、管理文件的软件和相应的数据结构组成的。文件的操作对于每个用户来说是家常便饭，每次存取文件只需知道地点和文件名即可，你可曾想过你要存取的文件是放在哪个道哪个扇区上吗？有时你不想让自己的文件被外人看到，还可设置权限。这些幕后的工作都由操作系统完成，你只需要使用文件名对文件进行操作就可以了。

操作系统将逻辑上有完整意义的信息资源（程序和数据）以文件的形式存放在外存储器（如磁盘、U盘、光盘等）上，并赋予一个名字，称为文件。文件管理有效地支持文件的存储、检索和修改等操作，解决文件的共享、保密和保护问题，并提供方便的用户界面，使用户能实现按名存取，这使得用户不必考虑文件如何保存以及存放的位置，但同时也要求用户按照操作系统规定的步骤使用文件。

（5）用户接口。

用户都是通过操作系统提供的用户接口来与计算机交互的。一般操作系统都提供了图形化用户接口和命令接口。

图形化用户接口采用了图形化的操作界面，用非常容易识别的各种图标将系统各项功能、各种应用程序和文件，直观、逼真地表示出来。用户可通过鼠标、菜单和对话框来完成对应程序和文件的操作。

命令接口可使用户交互地使用计算机，敲入一条命令，系统响应返回结果，用户根据结果再敲入下一条命令，如此反复。Windows 的“开始”菜单中的“运行”命令，就可执行命令。

另外，操作系统为编程人员提供了系统调用，每个系统调用都是一个能完成特定功能的子程序，这为应用程序的开发提供了方便，所有的功能无需都从头编起。

2.2 Windows 操作系统

世界上一切事物都是在发展的，Windows 操作系统也不例外。Windows 的操作界面非常形象、直观，所以对于大多数用户，操作 Windows 并非是一件困难的事情，也不需要死记硬背大量的命令。下面将以 Windows 7（简称 Win 7）为例介绍 Windows 的基本知识和基本操作。

2.2.1 Windows 的启动和退出

正常安装 Windows 后，只要打开计算机电源，就会自动启动 Windows 操作系统。

若要退出 Windows，在“开始”菜单中单击“关机”按钮，即可关闭 Windows，这样能安全地关闭计算机。有许多计算机在长时间不操作时会自动进入休眠状态，以节省电能消耗。

2.2.2 Windows 主要界面

进入 Windows 系统以后，整个屏幕就称为桌面，如图 2—1 所示的是 Win 7 系统的桌面。通常可以把一些常用的应用程序放在桌面上，以便能够非常方便地使用。Win 7 将明亮鲜艳的新外观与简单易用的设计结合在一起。也可以把桌面看成是个性化的工作场所。

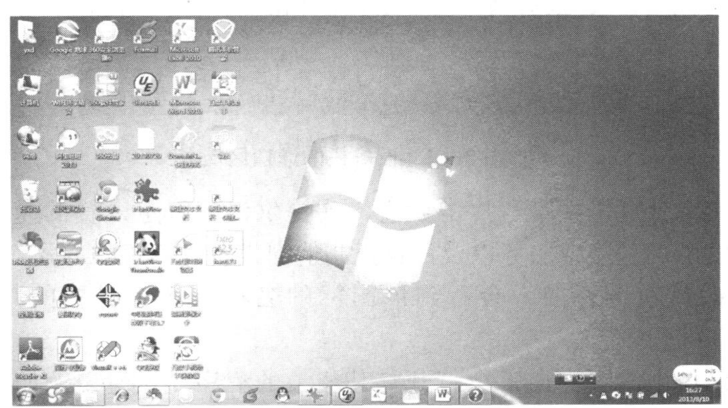

图 2—1 Win 7 的桌面

桌面左边一些排成竖行的小图块称为图标（也称快捷方式），每个图标都与一个 Windows 提供的功能相关联。例如，“计算机”是桌面上的一个图标，只要双击“计算机”的图标，就可以打开计算机资源管理程序窗口。一般情况下，Windows 中每打开一个程序，桌面上就会出现一个表示该程序的窗口。常见的桌面图标有“计算机”、“网络”、“回收站”、“控制面板”和“Internet Explorer”等。

桌面下方的蓝色条栏称为“任务栏”，如图 2—2 所示。任务栏是 Win 7 的一个重要组成部分。任务栏最常见的功能是暂时放置所有当前正在运行的应用程序。当桌面上的应用程序窗口最小化时，在任务栏上仍可以看到这些正在运行的程序。

图 2—2　Win 7 的任务栏

同时打开多个程序时，任务栏中就会挤满按钮，为了方便用户使用，Win 7 提供了任务栏组合功能。首先，同一程序打开的文档所对应的任务栏按钮总是显示在任务栏的同一区域，以便用户轻松地查找文档；其次，如果在同一程序中打开许多文档，Windows 就会将所有文档组合为一个任务栏按钮，该按钮的层叠边缘表示在该程序中打开了许多文档。例如，如果用资源管理器分别打开资源总览和某个目录，则将鼠标移到资源管理区的按钮时会显示多个应用打开的情况，如图 2—3 所示。单击该按钮，然后单击某个窗口，即可查看该窗口的内容。

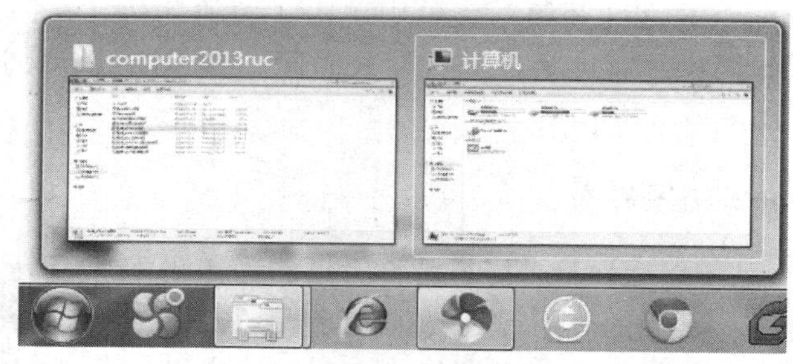

图 2—3　同一个程序打开多个文档或窗口

通知区域位于任务栏的最右侧，包括一个时钟和一组图标。它的外观如图 2—4 所示。

图 2—4　任务栏的通知区域

这些图标表示计算机上某程序的状态，或提供访问特定设置的途径。所显示的图标集取决于已安装的程序或服务以及计算机制造商设置计算机的方式。

将指针移向特定图标时，会看到该图标的名称或某个设置的状态，如图 2—5 所示。

双击通知区域中的图标通常会打开与其相关的程序或设置。例如，双击音量图标会打开音量控件，双击网络图标会打开“网络和共享中心”。

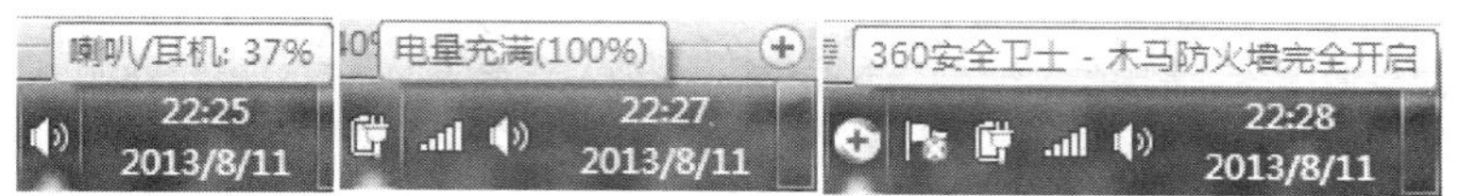

图 2—5　通知区域的信息

有时，通知区域中的图标会显示小的弹出窗口（称为通知），向你通知某些信息。例如，向计算机添加新的硬件设备之后，可能会看到如图 2—6 所示的信息。

图 2—6　安装新硬件后通知区域显示的信息

单击通知右上角的“关闭”按钮可关闭该信息。如果没有执行任何操作，则几秒钟之后，通知会自行消失。

为了减少任务栏的混乱程度，通知区域的图标若在一段时间内未被使用，就会隐藏起来。单击向上箭头可以临时显示隐藏的图标，如图 2—7 所示。

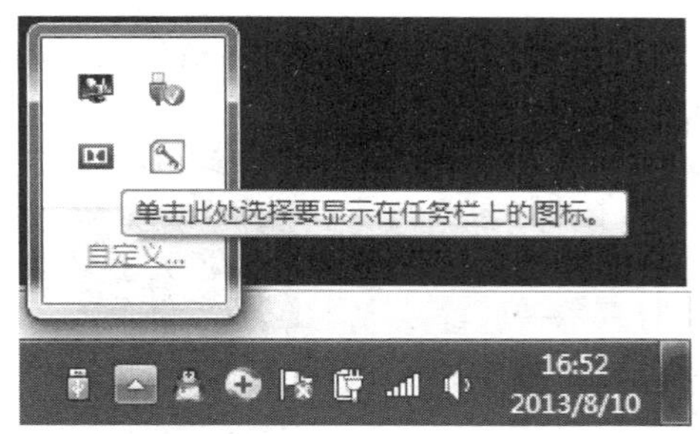

图 2—7　单击“显示隐藏的图标”按钮可在通知区域中显示所有图标

如果单击这些图标中的某一个，它将再次显示。如果希望该图标能够长期在通知区域显示，则单击图 2—7 中的“自定义”链接，将可以选择在任务栏上出现的图标和通知，如图 2—8 所示。

例如，在图 2—8 中，我们将插入的 U 盘图标的通知设置为“显示图标和通知”，则可在任务栏上长久地显示 U 盘标识，如图 2—9 所示，直到我们弹出该 U 盘。

任务栏的最左边有一个“开始”按钮，通过单击这个“开始”按钮，可以打开“开始”菜单（见图 2—10），访问到所有的程序和系统设置。

“开始”菜单上的“所有程序”列表分为两个部分：在分隔线上方显示的程序（也称为固定项目列表）和在分隔线下方显示的程序（也称为最常使用的程序列表）。固定项目列表中的程序保留在列表中，可以向固定项目列表中添加程序。所有程序包含了所有已经安装过的程序和 Windows 自带的工具。

可以通过将应用程序拖到任务栏的办法将该应用程序锁定到任务栏上，以便以后可以方便地快速启动该程序，如图 2—11 所示。

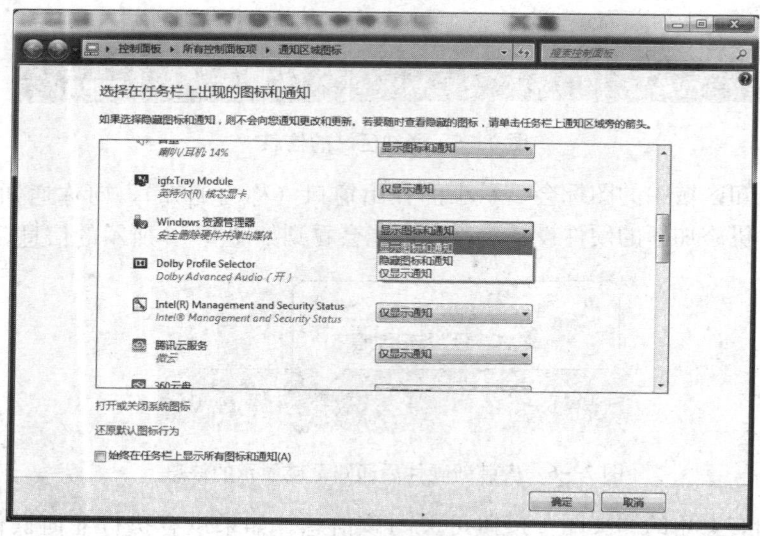

图 2—8　选择在任务栏上出现的图标和通知

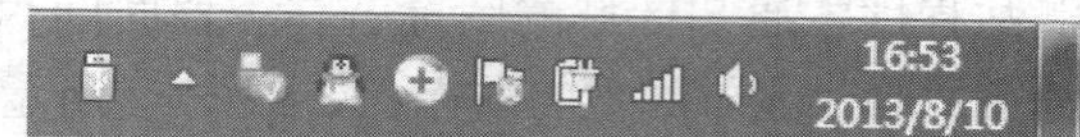

图 2—9　U 盘标识被设置为在任务栏上长久显示

图 2—10　Win 7 的“开始”菜单

图 2—11 左：将 Word 拖到任务栏上；右：Word 被锁定到任务栏上可以快速启动了

在任务栏的锁定快捷图标上单击鼠标右键，将出现如图 2—12 所示的窗口。从中我们可以看到该程序最近打开过的文档名称，点击任一文档名即可快速打开。如果某附加到任务栏上的快捷方式不再常用，也可以通过点击“将此程序从任务栏解锁”将其解除锁定。

图 2—12 任务栏快速链接右键菜单

桌面、“开始”菜单、任务栏是 Windows 为用户提供的最基本的操作界面，所以要熟练掌握。

2.2.3 Windows 窗口及操作

Windows 提供的各种工具以及 Windows 应用程序都以窗口的方式呈现给用户，每个应用程序都有一个相应的窗口区域（如图 2—13 所示）。

窗口通常包括标题栏、菜单栏、工具栏、状态栏和工作区。

（1）标题栏。

标题栏用于显示窗口的图标和名称，单击标题栏上的图标将弹出控制菜单。标题栏的最右端是与控制菜单对应的控制按钮，即最小化按钮、最大化（或向下还原）按钮、关闭按钮。

（2）菜单栏。

菜单栏上显示的是程序菜单命令，通过程序菜单命令可以对窗口中的对象进行各

图 2—13 Windows 的一个窗口

种操作。菜单具有以下一些约定规则：

- 菜单命令前面如果有小图标，表示该菜单命令将会以这个图标在工具栏上出现；
- 菜单命令后面如果显示了快捷键，如 Ctrl+C，则表示该菜单命令的快捷键为同时按下 Ctrl 和 C 键；
- 菜单命令后面有“…”，则表示选择该菜单命令会出现一个需要用户输入的对话框；
- 菜单命令后面有黑三角，表示该菜单命令还有下一级菜单。

Windows 及应用程序一般都具有“文件”菜单、“编辑”菜单、“视图”菜单（“查看”菜单）和“帮助”菜单。这些菜单所提供的命令也基本相同。“文件”菜单通常是关于文件的操作，如新建、打开、关闭、保存、另存为和打印等。“编辑”菜单通常是关于窗口内容的编辑操作，如复制、剪切、粘贴、查找、替换等。“视图”菜单或“查看”菜单通常是关于窗口内容的显示方式的，即同一个内容从不同角度或以不同方式呈现给用户。“帮助”菜单通常为用户提供联机帮助。了解通用菜单的一些基本命令，有助于更快地掌握新的应用程序。

除了程序菜单，Windows 还提供了快捷菜单，单击鼠标右键所打开的菜单即为快捷菜单。鼠标选定对象不同时，打开的快捷菜单中的菜单选项也不同。快捷菜单与选定对象是密切相关的，通常是关于该选定对象的操作命令的集合。

（3）工具栏。

工具栏上显示的是一组工具按钮，这些工具按钮实际上是程序菜单命令的图形化表示，通过这些工具按钮可以更方便地执行菜单命令所表示的各种操作。一个应用程序可以有多个工具栏，可以自定义显示哪个工具栏，也可以添加或删除工具栏中的图标按钮。

（4）状态栏。

状态栏上通常显示的是当前所选定对象的状态信息，以及与当前状态有关的其他一些信息。

（5）工作区。

不同应用程序的最大区别在于它们的工作区所表达的内容各不相同。工作区主要用于完成本应用程序所需执行的各种操作。

可以同时打开多个窗口，即可以让多个程序同时运行。在这多个窗口中，排在最前面的窗口是当前窗口，也称为活动窗口或前台窗口，其他窗口则称为非活动窗口或后台窗口。当前窗口的特点是其标题栏是蓝色的，而非当前窗口的标题栏都是灰色的。只能对当前窗口发布命令或执行各项操作。用鼠标单击窗口中的任意一个区域都可以实现各个窗口间的切换，或者通过直接单击任务栏中的窗口图标来完成各窗口间的相互切换，从而将非当前窗口转换成为当前窗口。

单击窗口的最小化按钮、最大化（或向下还原）按钮和关闭按钮，分别可以最小化、最大化（还原）和关闭窗口。窗口最小化后在任务栏上仍可以看到这些正在运行的程序。一般窗口都可以用鼠标来调整其大小和位置。在标题栏上按下鼠标左键，并拖动鼠标可以移动窗口。将鼠标置于窗口的 4 个顶角或 4 个边框上，鼠标指针将会变成双向箭头形状，此时拖动鼠标，可以调整窗口的大小。

窗口是 Windows 操作系统的基础，所以了解窗口的特性并熟练掌握其操作是非常重要的。

2.2.4　Windows 对话框

执行某些菜单命令时会出现对话框。通过对话框，用户可以将各种信息输入计算机，指挥计算机执行相应的操作。图 2—14 是一个对话框的例子。

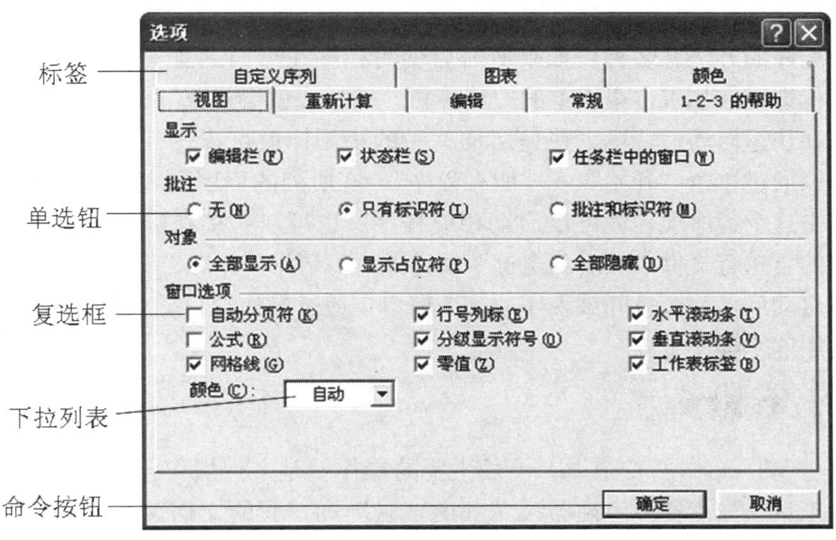

图 2—14　Windows 的对话框

对话框中通常含有以下内容。

（1）标签。

有些对话框是由多个标签组成的，每个标签的作用如同图书馆中的书目卡片一样，针对的是某一相同类别的操作。

（2）单选钮。

为圆形按钮。在同一组单选钮中，每次只能有一个按钮被选中。

（3）复选框。

为方框形按钮。在同一组复选框中，每次可以有多个框被选中。

（4）下拉列表。

可以让用户从列表选项中直接进行所需项目的选取，但用户不能直接修改列表选项中的内容。

（5）命令按钮。

如“确定”按钮、“取消”按钮等，用于确定、取消对话框的输入信息，或用于打开另一个对话框窗口。

2.3 Windows 常用工具及常见操作

Windows 操作系统为方便用户操作，提供了丰富的操作功能和工具。下面介绍一些常用工具和常见操作。

2.3.1 启动程序

使用 Windows，用户首先需要知道如何启动一个程序。程序可分为两大类：一种是 Windows 自带的程序；另一种是 Windows 的应用程序。

启动程序的方法有多种。如果所需启动的程序在桌面上有桌面图标，直接双击这个桌面图标即可，如双击桌面上的“计算机”图标，就会启动“计算机”。如果所需启动的程序在快速启动栏，单击快速启动栏中的小图标就可以打开相应程序。大多数程序通常可以通过单击“开始”→“所有程序”，在所列的程序列表中找到所需启动的程序项，单击这个程序项，就可以启动相应程序。也可以直接在资源管理器中找到所需启动程序的可执行文件，然后双击这个文件即可，请见“2.3.2　资源管理器”部分。

程序启动后，就会打开该程序的一个窗口，通过操作窗口提供的菜单、工具栏等，就可以使用这个程序了。

2.3.2 资源管理器

用户与 Windows 打交道，一个最主要的操作就是文件操作。Win 7 将以往的多种文件管理工具（如“资源管理器”、“我的电脑”和“我的文档”等）都集成到图标名为“计算机”的资源管理器中。

“资源管理器”是管理文件等计算机资源的重要手段。我们在此简单介绍如何完成文件夹和文件的基本操作，包括选定文件或文件夹、查看文件、创建、复制、移动、删除、搜索等各项操作。Windows 为用户提供了多种操作途径，如程序菜单、工具栏、快捷菜单、快捷键等，由于篇幅有限不能面面俱到。

1. 认识资源管理器

打开资源管理器有很多种方法，如：单击“开始”→“所有程序”→“附件”→“资源管理器”；右键单击“开始”按钮，再从出现的快捷菜单中选择“打开 Windows 资源管理器”；从桌面双击“计算机”图标等，都可以打开“资源管理器”。图 2—15 所示的就是一个打开的资源管理器窗口。

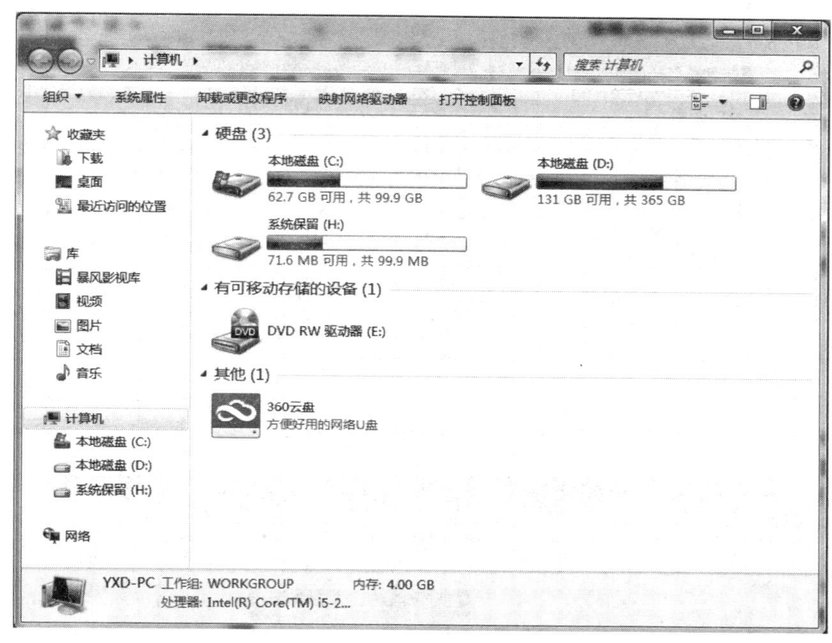

图 2—15　资源管理器

由图 2—15 可以看到，在窗口左侧的是计算机资源分类，右侧是当前选定的资源详情。

在 Windows 中，所有程序和数据都是以文件的形式进行保存的，而文件一般又通过文件夹的形式进行组织。文件夹是以树型结构来显示的（如图 2—16 所示），一个文件夹下面如果还有子文件夹，可以通过单击文件夹左侧的向右空心三角符号（称为“展开符号”）展开各子文件夹，也可以通过单击文件夹左侧的向右下实心三角符号（称为“折叠符号”）折叠各文件夹。一个文件夹左侧如果既没有展开符号也没有折叠符号，则表示该文件夹下面没有子文件夹。请读者注意观察一下：用上述不同的方式打开资源管理器时，窗口左侧的文件夹浏览区和地址栏中的内容有何不同？

在窗口右侧的文件浏览区中，可以显示当前选定文件夹下的子文件夹和文件。通过更改视图按钮右侧的向下箭头可以将视图调整为“超大图标”、“大图标”、“中等图标”、“小图标”、“列表”、“详细信息”、“平铺”、“内容”等，如图 2—17 所示。

2. 选定文件操作

在对某个或多个文件夹或文件进行操作之前，首先要选定待操作对象。如果要选定某个文件夹，只要在资源管理器的文件夹浏览区中单击该文件夹的图标即可。这时，

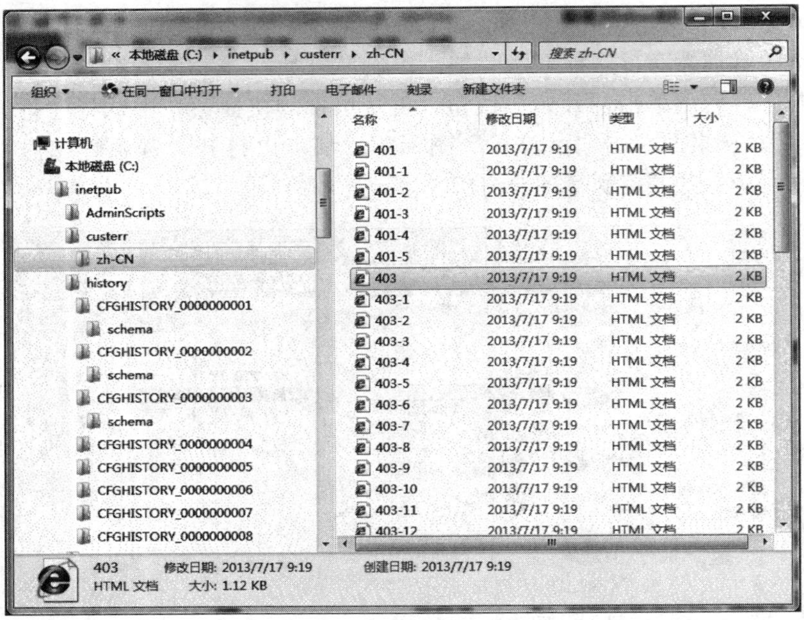

图 2—16　树形文件夹结构

图 2—17　更改资源管理器的视图

文件夹浏览区中的该文件夹图标呈现打开形状，同时该文件夹中的子文件夹和文件被列在窗口右侧的文件浏览区中。如果要选定某个文件也只需单击文件浏览区中的相应文件。

如果要选定多个连续的文件或文件夹，可以单击第一个文件或文件夹后，按下 Shift 键，再单击最后一个文件或文件夹。如果要选定多个不连续的文件或文件夹，可以按下 Ctrl 键，然后依次单击所需选定的文件或文件夹。这两种方法可以配合使用，完成多个文件或文件夹的选定操作。注意，在左侧的文件夹浏览区中是无法同时选中多个文件夹的。

3. 查看或运行文件

如果想了解有关文件或文件夹的一些情况，可以选择“查看”菜单下的“详细信息”命令，在文件浏览区就会显示当前文件夹下所有文件及文件夹的名称、大小、类型和修改日期等信息。也可以在所需查看的文件或文件夹下单击鼠标右键，选择弹出菜单上的“属性”命令，在出现的属性对话框中了解该文件或文件夹的类型、存储位置、大小、占用空间、创建时间等信息。

如果想打开或运行文件，直接双击相应文件即可。如果是可执行文件，如以.exe 和.com 为扩展名的文件，就会运行这个文件；如果不是可执行文件，就会运行与该文件类型关联的程序，然后打开这个文件。例如，双击一个 Word 文件，就会运行 Word 程序，然后在 Word 环境中打开这个 Word 文件；双击一个 MP3 文件，如果与 MP3 类型文件关联的是 RealOne Player，就会运行 RealOne Player 播放器，然后在其中播放这个 MP3 文件。

运行或打开文件还可以通过桌面上的快捷图标和“开始”菜单上的项目。单击“开始”菜单上的“运行”命令，在弹出的对话框中输入所要运行的程序路径和文件名也可以运行一个程序。

4. 创建文件夹和文件

创建新文件夹的步骤如下：

① 在左侧的文件夹浏览区中，单击驱动器名或某一文件夹名。

② 在右侧的文件浏览区单击鼠标右键，在弹出的快捷菜单上选择“新建”下的“文件夹”。

③ 这时，在右侧的文件夹浏览区中，出现一个名为“新建文件夹”的新文件夹，为其输入一个新的文件夹名即可。

创建新文件的步骤如下：

① 在左侧的文件夹浏览区中，单击驱动器名或某一文件夹名。

② 在右侧的文件浏览区单击鼠标右键，选择“新建”。

③ 在弹出的子菜单中，横线的下方列出了可以新建的各种文件的类型，如文本文档、Microsoft Word 文档、BMP 图像等。

④ 从中选择一个，就可以建立一个该类型的空白文档，此时可为其输入一个新的文件名。

5. 复制和移动

复制和移动文件或文件夹是 Win 7 在文件管理中经常要进行的操作，常用的复制和移动操作有两种方法，下面分别介绍。

（1）利用“复制”、“粘贴”和“剪切”命令。

步骤如下：

① 选中要复制或移动的文件或文件夹。

② 若要复制，单击“工具栏”中的“复制”按钮，或者按快捷键 Ctrl+C。

③ 若要移动，则单击“工具栏”中的“剪切”按钮，或者按快捷键 Ctrl+X。

④ 选中要复制到或移动到的目标驱动器或文件夹。

⑤ 单击“工具栏”中的“粘贴”按钮，或者按快捷键 Ctrl+V。

注意：

● 执行“复制”命令，实际上是将指定文件或文件夹（通常称为“源文件”或“源文件夹”）复制到内存中的一个称为“剪贴板”的临时空间中，同时原有位置上的文件或文件夹的内容不发生任何变化。

● 执行“剪贴”命令，也是将源文件或源文件夹复制到“剪贴板”中，但原来位置上的文件或文件夹在执行“粘贴”命令后将被删除。

● 执行“粘贴”命令，是将“剪贴板”中的文件或文件夹复制到指定的驱动器或文件夹上（在新位置上的文件和文件夹，也称为“目标文件”和“目标文件夹”）。

● 对文件夹无论是执行“复制”命令还是执行“剪切”命令，其复制到剪贴板中的对象都包括了该文件夹及该文件夹下的所有子文件夹和所有文件。

● 如果新复制的文件和源文件都是在同一个文件夹下，则所得到的新文件的名称格式是：源文件名＋“副本”的组合。例如：将源文件“abc. doc”复制到同一个文件夹下，则新复制出来的文件的名字是：“abc-副本. doc”。这是因为，在同一个文件夹下是不允许出现两个完全相同的文件名的。

（2）利用鼠标的拖拽技术。

步骤如下：

① 选定要复制或移动的文件或文件夹。

② 若要复制，则分以下两种不同的情况：

● 如果源文件或文件夹与目标文件或文件夹在同一个驱动器上，则需在按住 Ctrl 键的同时，用鼠标将选定的文件或文件夹拖拽到指定位置。

● 如果源文件或文件夹与目标文件或文件夹在不同的驱动器上，则用鼠标将选定的文件或文件夹直接拖到指定位置上即可。

③ 若要移动，则分以下两种不同的情况：

● 如果源文件或文件夹与目标文件或文件夹在同一个驱动器上，则用鼠标将选定的文件或文件夹直接拖到指定位置上即可。

● 如果源文件或文件夹与目标文件或文件夹在不同的驱动器上，则需在按住 Shift 键的同时，用鼠标将选定的文件或文件夹拖拽到指定位置。

6. 删除

对于磁盘中那些过时的、无用的文件和文件夹，可以随时将其清除。步骤如下：

① 选定要删除的文件或文件夹。

② 单击鼠标右键，在弹出菜单中选择“删除”命令或直接键入 Del 键，屏幕上将弹出“确认文件删除”或“确认文件夹删除”对话框。

③ 单击对话框中的“是”按钮，则所要删除的文件或文件夹被放入到“回收站”中，同时从文件浏览区或文件夹浏览区中消失。

注意：

- 若将某个文件夹删除，则该文件夹下的所有文件和所有子文件夹都将会同时被清除。
- “回收站”指的是磁盘中的一个临时存储空间，用来临时存放被删除的对象。
- 放在“回收站”里的内容并没有真正被删除掉。如果用户发现不小心删掉了不该删除的文件，只要还没有清空“回收站”，这些文件是可以再恢复回来的。
- 如果希望被删除的对象，并不是存放在“回收站”，而是马上就被真正地删除，则可以在选定对象后，在按住 Shift 键的同时，选择“删除”命令。这时，这些被删除的对象就无法再恢复回来了。

若要从“回收站”中恢复被删除的文件或文件夹，只需打开“回收站”窗口，选定所需恢复的文件或文件夹，单击鼠标右键，在弹出菜单上选择“还原”即可。若需要从磁盘上彻底清除选定的文件或文件夹，在弹出菜单上选择“删除”命令。若需清空“回收站”，在桌面上或“资源管理器”中右击“回收站”图标，选择弹出菜单上的“清空回收站”命令。

“回收站”实际上是临时存储被删除文件的一块磁盘空间，这块空间的大小是由 Windows 事先指定的。如果想要改变“回收站”的存储空间大小，可以通过改变“回收站”的属性来进行修改。

7. 重命名

更改文件和文件夹名称的操作步骤如下：

① 选定要更名的文件或文件夹。

② 单击鼠标右键，在弹出菜单中选择“重命名”。

③ 这时，光标在所选定的文件或文件夹的名称框中闪动，同时原有的名称被选中，在名称框中输入新的名称，按回车即可。

也可以在文件浏览区中选中某个文件或文件夹后，再单击一次该文件或文件夹的名称框，也会进入可以更名的状态下，输入新的名称，按回车即可。

8. 搜索文件与文件夹

有时用户需要知道某个文件或文件夹的具体位置，但是由于某种原因已经记不清文件或文件夹的具体位置了，这时可以利用资源管理器的搜索工具对文件或文件夹进行查找。单击“资源管理器”右上角的搜索框，即可添加搜索筛选器。随着在搜索框中输入信息，符合条件的搜索结果将逐次显示出来，如图 2—18 所示。

9. 快捷方式

快捷方式是一个指向某文件的链接，双击某个快捷方式等同于双击快捷方式指向的文件。创建快捷方式主要是为了方便操作。

如果想在桌面上创建快捷方式（桌面图标），可以在需要创建快捷方式的文件或文件夹上单击鼠标右键，在弹出菜单中选择“发送到”下的“桌面快捷方式”命令就可以了。如果在弹出菜单中选择“创建快捷方式”命令，则在该文件或文件夹所在的文件夹下创建一个快捷方式。

对快捷方式的选定、复制、移动、删除、重命名和查找等操作与普通文件是一样的。

图 2—18　资源管理器的搜索功能

2.3.3　个性化设置

本节我们介绍如何对 Windows 系统进行个性化设置。在桌面空白处单击鼠标右键，在出现的快捷菜单中选择“个性化”命令，出现外观与个性化设置窗口，如图 2—19 所示。

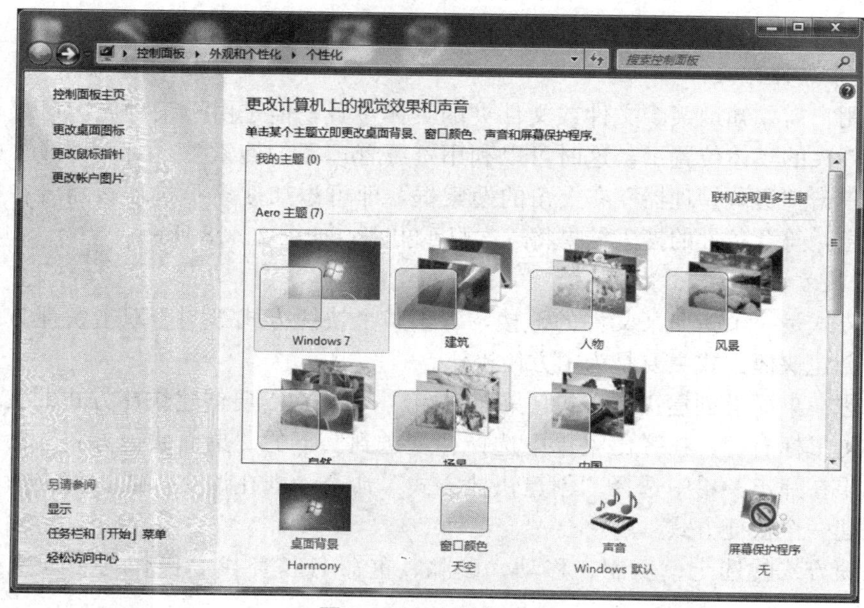

图 2—19　个性化设置

1. 主题设置

首先可以进行主题设置。Win 7 中自带了很多主题，用户也可以自行设计创建主题。Win 7 安装后默认附带以下主题：

（1）Aero 主题：Windows 7、建筑、人物、风景、自然、场景和国家主题，如图 2—20 所示。

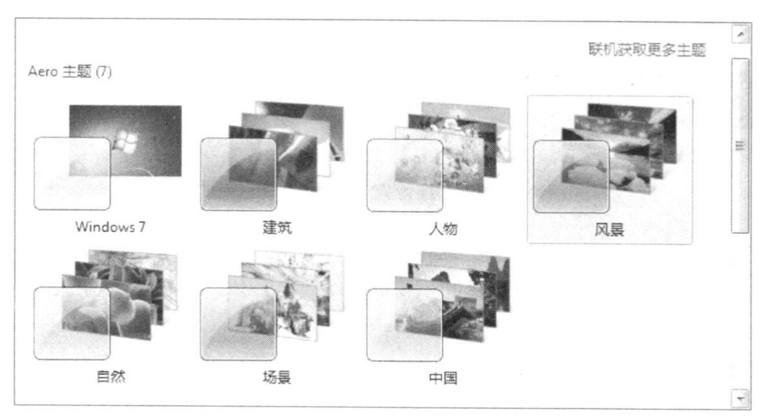

图 2—20　Aero 主题

通过点击右上角的“联机获取更多主题”链接，可以在 Windows 官方网站上下载更多的主题，如图 2—21 所示。

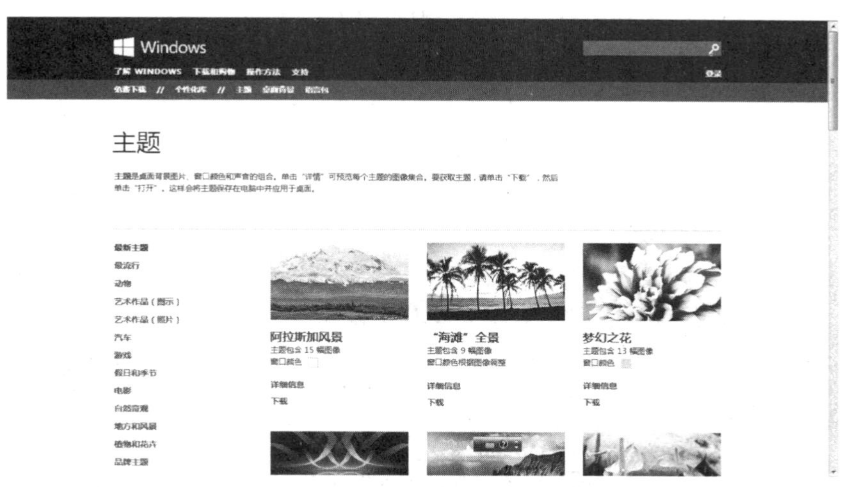

图 2—21　联机获取更多主题

（2）基本和高对比度主题：Windows 7 Basic、Windows 经典、高对比度＃1、高对比度＃2、高对比黑色、高对比白色，如图 2—22 所示。

Win 7 的国家主题是依赖于你所选的 Win 7 语言版本，但是也有可能会包含一些其他的主题。例如，Win 7 的英文版中一共包含 5 个主题：澳大利亚、加拿大、南非、英国和美国。在默认情况下，Win 7 的个性化窗口中将仅显示一个国家主题，其他的将会默认被隐藏。

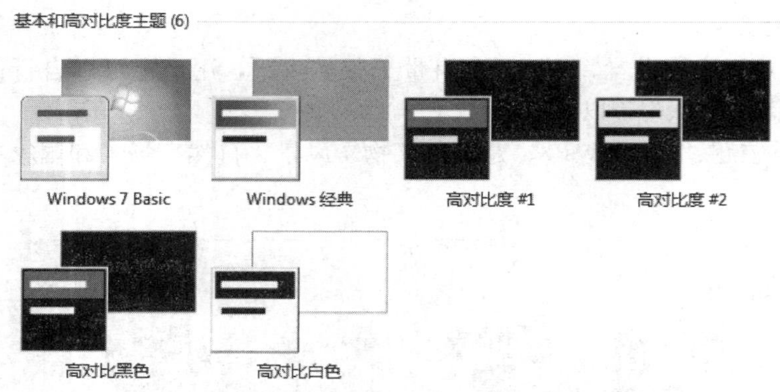

图 2—22 基本和高对比度主题

2. 修改桌面背景

用户可以针对主题选择不同的桌面背景图案，也可以添加自选的图片作为桌面背景图案，以达到美化桌面的效果。具体操作步骤如下：

（1）在如图 2—19 所示的个性化设置窗口中，选择“桌面背景”按钮，即可进入重新设置桌面背景图案的界面，如图 2—23 所示。

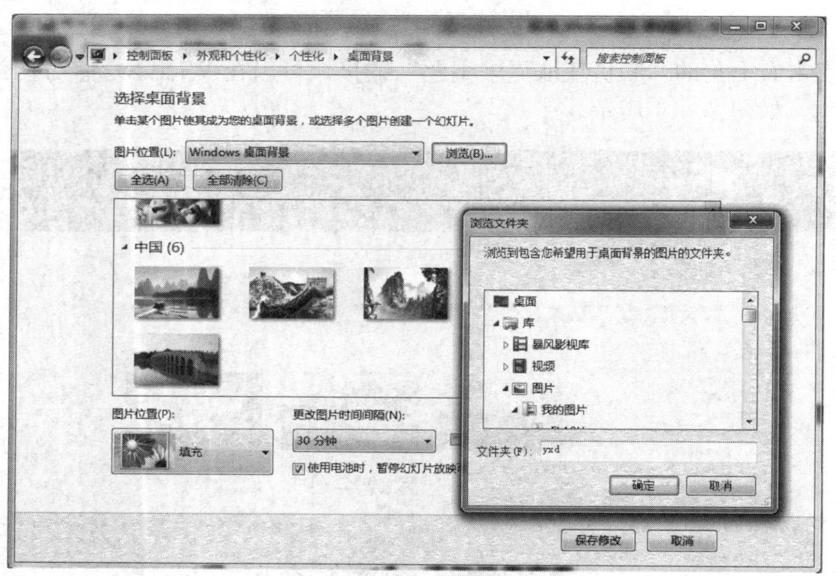

图 2—23 修改桌面图案设置

（2）除了在系统图片中进行选择外，还可以在“图片位置”后单击“浏览”按钮，选择自己的图片作为桌面背景。

（3）如果选择多幅图片，则这些图片将按你设置的时间间隔进行自动更换。

3. 设置窗口颜色

在如图 2—19 所示的个性化设置窗口，单击“窗口颜色”按钮，可以更改窗口边框、“开始”菜单和任务栏的颜色，可以确定颜色的浓度，还可以确定是否启动透明效果，如图 2—24 所示。

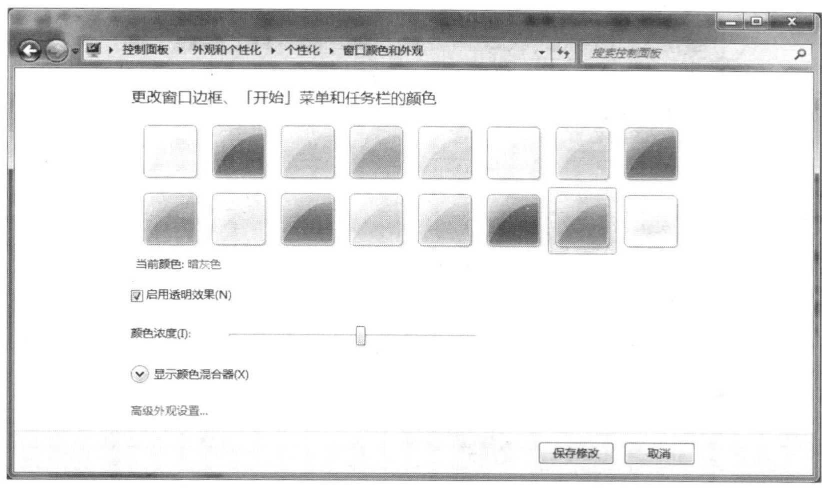

图 2—24 更改窗口边框、“开始”菜单和任务栏的颜色

单击该窗口下部的“高级外观设置”，可以对窗口颜色和外观进行更细致的设置，如图 2—25 所示。

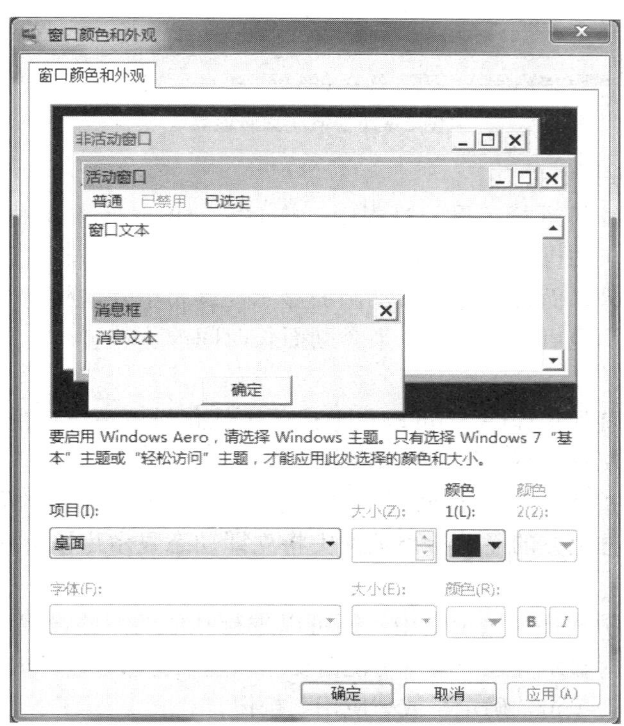

图 2—25 窗口颜色和外观的高级设置

4. 设置系统声音

在如图 2—19 所示的个性化设置窗口，单击“声音”按钮，可以对系统的各类提示音进行设置，如图 2—26 所示。

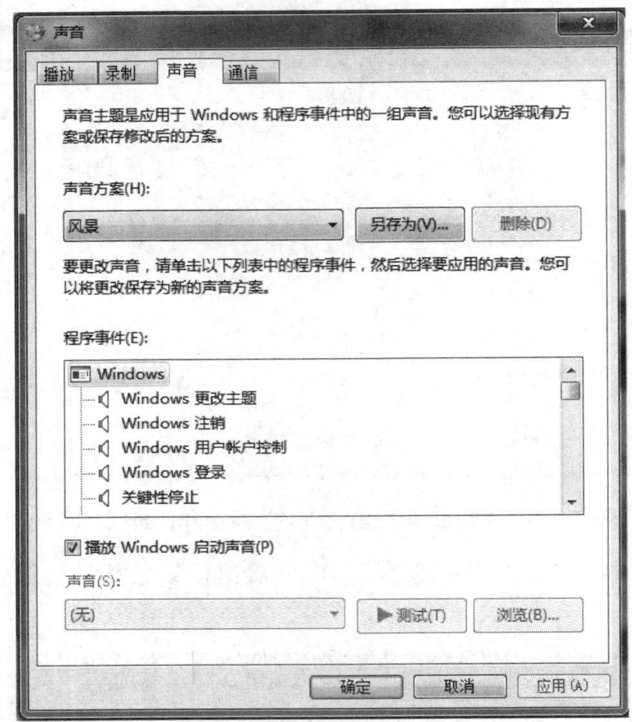

图 2—26　系统声音设置

5. *设置屏幕保护方式*

如果在使用计算机进行工作的过程中，临时有一段时间需要做一些其他的事情，从而中断了对计算机的操作，这时就可以启动屏幕保护程序，将屏幕上正在进行的工作状况画面隐藏起来，而将另外的活动画面显示在屏幕上，这样一方面可以增强工作的保密性，另一方面也可以避免由于某个画面长时间静止在屏幕上而造成的对显示器的伤害。

若要启动“屏幕保护程序”，可以在上述的个性化设置窗口中的“屏幕保护程序”标签（如图 2—27 所示）下进行以下操作：

①在“屏幕保护程序”下拉列表框中，选择某一个屏幕保护程序（如“三维文字”），这时，对话框上方的显示器预览框中将立即动态显示出该屏幕保护程序的模拟效果。

②在“屏幕保护程序”选项组中，还可以进行其他的一些设置，如：设置等待时间的长短、在恢复时显示登录屏幕（可能需要输入登录密码才能完成恢复）等。

③设置完成后，单击“确定”或“应用”按钮。

一旦等待时间（即停止操作计算机后的时间段）超过了规定的等待时间长度，则屏幕保护程序便会被启动。这时，屏幕上将会出现屏幕保护的活动画面。如果用户想要中止程序保护画面，只需移动一下鼠标或者敲一下键盘，这时屏幕上就会立即出现屏幕被保护前的窗口画面。如果在设置窗中勾选了“在恢复时显示登录屏幕”，则可能需要在出现的登录屏幕上输入正确的登录密码，屏幕保护程序才能够被解除。

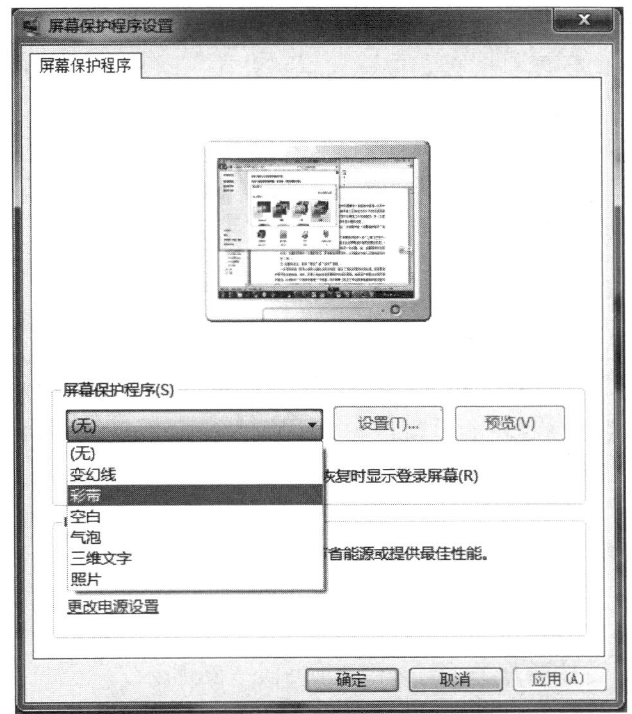

图 2—27　设置屏幕保护程序

2.3.4　自定义任务栏与“开始”菜单

用户可以根据自己的喜好对任务栏和“开始”菜单进行自定义。

1. 自定义任务栏

在任务栏的空白区域单击鼠标右键，在弹出的快捷菜单上选择“属性”命令，会出现“任务栏和［开始］菜单属性”对话框，此时可以对任务栏属性进行调整。

选择“自动隐藏任务栏”复选框可以将任务栏隐藏起来。设置后，任务栏缩小为屏幕底部的一条线。要重新显示任务栏，需要用鼠标指向该线。当鼠标离开屏幕底部时，任务栏又会消失。

选择“显示快速启动”，则在“开始”按钮的右侧显示快速启动按钮。默认情况下是不显示的。若要添加快速启动按钮，直接从桌面或资源管理器中拖动相应图标到此区域即可。若要删除某个快速启动按钮，在该按钮上单击鼠标右键，从弹出菜单中选择“删除”命令即可。

2. 自定义“开始”菜单

在 Windows 中，“开始”菜单的组成也是可以调整的。用户可以根据自己的实际需要对“开始”菜单栏中的菜单选项进行设置。右键单击“开始”按钮，然后单击“属性”，出现“任务栏和［开始］菜单属性”对话框。

更改开始菜单的样式，可以在默认的“［开始］菜单”和 Windows 早期版本中的“经典［开始］菜单”中选择。下次单击“开始”时，“开始”菜单就会显示新样式。

单击“自定义”按钮，打开“自定义［开始］菜单”对话框，在“常规”标签下可以为程序选择大图标或小图标，可以设置“开始”菜单的程序数目等。在“高级”标签下可以设置“开始”菜单项目，列出和清除最近打开的文档等。

如果想往“开始”菜单上增加项目，只需拖动相应图标到“开始”菜单的相应位置上即可。如果想删除或重命名某个项目，只需在该项目上单击鼠标右键，在弹出的快捷菜单上选择“从列表中删除”/“删除”或“重命名”即可。

2.3.5 控制面板

“控制面板”提供了丰富的专门用于更改 Windows 外观和行为方式的工具，其中很多工具十分有用，所以要熟悉掌握 Windows 应该了解“控制面板”的功能。不过，“控制面板”中提供的有些功能也可以通过其他途径进行操作。如设置桌面背景，在“控制面板”中可以单击“外观和主题”分类，然后再选择“更改桌面背景”属性，在弹出的“显示属性”窗口中进行设置。也可以直接在桌面上单击鼠标右键，然后在弹出菜单上选择“属性”命令。所以学习软件时，一定要透过表面，看其本质，这样才能融会贯通。

单击“开始”，然后单击“控制面板”，就可以打开“控制面板”。Windows 中将“控制面板”中的项目按照分类进行组织，如图 2—28 所示。

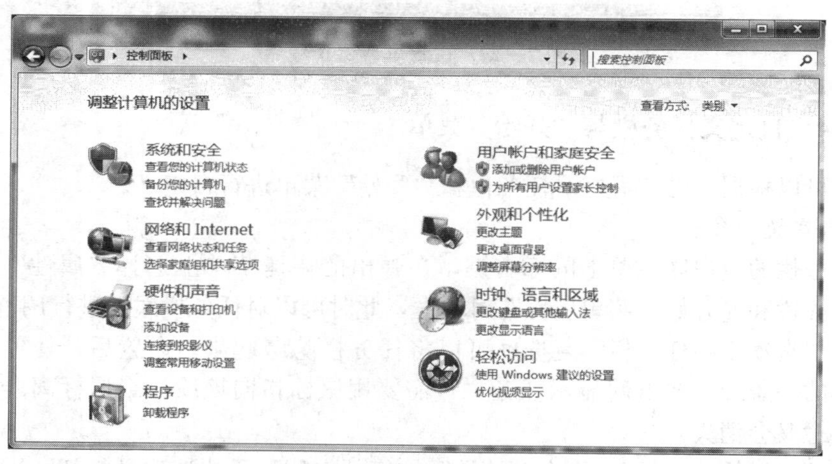

图 2—28 “控制面板”

也可以点击右上角“查看方式”选择以大图标或以小图标排列的方式来显示控制面板，如图 2—29 所示。

要在“分类”视图下查看“控制面板”中某一项目的详细信息，可以用鼠标指针按住该图标或类别名称，然后阅读显示的文本。要打开某个项目，请单击该项目图标或类别名。某些项目会打开可执行的任务列表和选择的单个控制面板项目。图 2—30 所示的是网络和共享中心的功能设置面板。

“控制面板”中有些工具可帮你调整计算机设置，从而使得操作计算机更加有趣。例如，可以通过“鼠标”将标准鼠标指针替换为可以在屏幕上移动的动画图标，或通

图 2—29 以小图标排列的方式显示控制面板

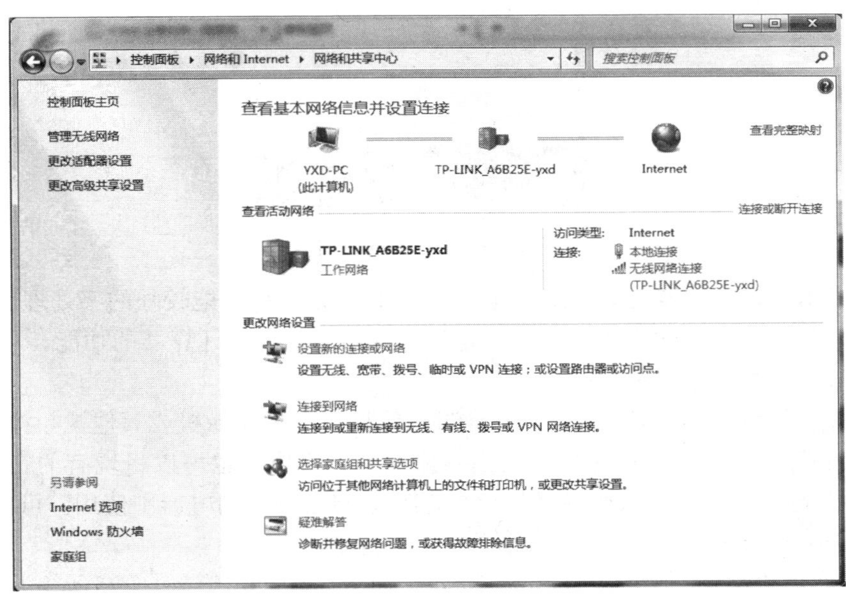

图 2—30 网络和共享中心的功能设置面板

过“声音和音频设备”将标准的系统声音替换为自己选择的声音。其他工具可以帮助用户将 Windows 设置得更容易使用。例如，如果习惯使用左手，则可以利用“鼠标”更改鼠标按钮，以便利用右键执行选择和拖放等主要功能。

“控制面板”的各项具体功能请大家自己去尝试，一定会有所收获。

2.3.6 附件

Windows 附件中包含了许多有用的工具软件。单击“开始”菜单下的“所有程序”，然后选择“附件”，就可以看到这些工具软件，如图 2—31 所示。

图 2—31 Windows 附件

“记事本”是一个纯文本编辑工具；“写字板”是一个功能较强的字处理软件；“画图”可以用来绘图及处理图像；“计算器”可以提供类似于计算器的功能；“命令提示符”可以进入 DOS 操作界面。

可以使用 Windows Movie Maker 通过摄像机、Web 摄像机或其他视频源将音频和视频捕获到计算机上，然后将捕获的内容应用到电影中。也可以将现有的音频、视频或静止图片导入 Windows Movie Maker，然后在自己制作的电影中使用。可以在 Windows Movie Maker 中完成对音频与视频内容的编辑。

可以使用“娱乐”中的 Windows Media Player 播放和组织计算机及 Internet 上的数字媒体文件。还可以使用此播放器收听全世界的电台广播、播放和复制 CD、创建自己的 CD、播放 DVD 以及将音乐或视频复制到便携设备中。“录音机”可以用来录制声音。

“系统工具”可以执行磁盘清理、磁盘碎片整理等操作。磁盘清理程序帮助释放硬盘驱动器空间，将临时文件、Internet 缓存文件和可以安全删除的不需要的程序文件从磁盘清除。磁盘碎片整理程序将计算机硬盘上的碎片文件和文件夹合并在一起，以便每一项在卷上分别占据单个和连续的空间。这样，系统就可以更有效地访问文件和文件夹，更有效地保存新的文件和文件夹。

当遇到输入法不支持的汉字或特殊符号时，可以利用“TrueType 造字程序”来造出所需汉字或符号，造出的汉字或符号可以通过区位输入法进行输入。

2.4 小结

通过本章的学习，读者应该能够初步了解操作系统的重要性、主要设计特点、主要作用及 Win 7 的常用操作方法，并能够熟练地利用 Win 7 所提供的便捷手段来完成对计算机系统的各种常见软、硬件资源的有效管理，以便为利用计算机做更深入的工作（如编程、办公自动化、高级程序应用等）建立良好的基础。

应该说明的是 Win 7 的功能十分丰富，远非本章所能涵盖。大家在学习过程中多注意观察、思考，充分利用 Win 7 提供的“帮助和支持”功能，一定能掌握更多本章没有介绍的内容。

2.5 思考与练习

1. 简述操作系统的主要功能。
2. Ctrl 键和 Shift 键在 Windows 的鼠标操作中都有哪些用法？
3. 在 Win 7 中，“任务栏”的作用是什么。
4. 在 Win 7 中，请尝试用多种方法打开“资源管理器”窗口。
5. 利用“控制面板”能完成什么工作？对鼠标、键盘、声音和视频设备能进行什么设置？
6. 为自己的桌面设置背景和屏幕保护方式。

第 3 章

互联网典型应用

2013 年 7 月，中国互联网络信息中心（CNNIC）发布的《第 32 次中国互联网络发展状况统计报告》显示，截至 2013 年 6 月 30 日，我国网民规模（5.91 亿人）、手机网民规模（4.64 亿人）、域名注册量（1 470 万个）三项指标稳居世界第一，互联网普及率稳步提升。

随着互联网的普及，信息时代的每一个人都有必要掌握互联网的基础应用，了解互联网的典型应用。本章将向读者简单介绍一些互联网的基础和典型应用。更多内容，请读者参阅由中国人民大学出版社出版的《大学计算机应用基础习题与指导》及《Internet 应用教程》一书。

3.1 网页浏览器

在互联网的各项应用中，WWW（World Wide Web，简称 Web 或万维网）是其中最主要的信息服务形式，它是建立在客户机/服务器模型之上，以 HTML 语言和 HTTP 协议为基础，能够提供面向各种互联网服务的、一致的用户界面的信息浏览系统。其中 WWW 服务器利用超文本链路来链接信息页。文本链路由统一资源定位符（URL，俗称“网址”）维持。WWW 客户端软件（WWW 浏览器，即 Web 浏览器或网页浏览器）负责信息显示和向服务器发送请求。

WWW 浏览的过程是这样实现的：通过 TCP/IP 网络，WWW 浏览器首先与 WWW 服务器建立连接，浏览器发送客户请求，WWW 服务器做出相应的响应，回送应答数据，最后关闭连接，这样一次基于 HTTP 协议的会话完成。WWW 浏览器能够处理 HTML 超文本，提供图形用户界面。

图 3—1 所示为微软推出的 IE 浏览器。由其他厂商推出的比较流行的浏览器还有 Google Chrome 浏览器、360 安全浏览器、360 极速浏览器、Safari 浏览器、遨游浏览器、搜狗浏览器、世界之窗浏览器、QQ 浏览器、火狐浏览器、Opera 浏览器等。

图 3—1　浏览器（IE）

由于目前上网在中小学阶段已经基本普及，在此我们对浏览器的使用不再做过多说明。

3.1.1　浏览器选项设置

在浏览器中，一般都有一个对浏览器功能和性能进行设置的选项。以 IE 8 为例，在其“工具”菜单下有“Internet 选项”命令，点击后即可调出“Internet 选项”对话框，如图 3—2 所示。

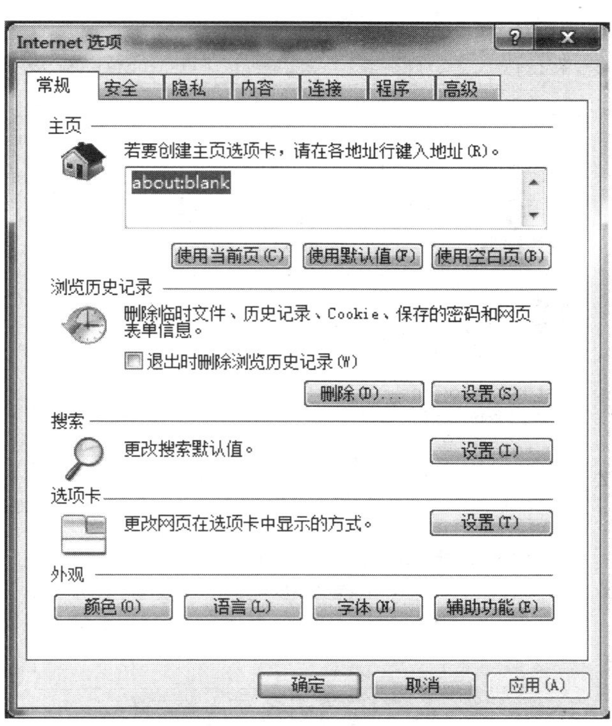

图 3—2　IE 8 的“Internet 选项”对话框

在这个“Internet 选项”对话框里，可以对 IE 浏览器进行常规、安全、隐私、内容、连接、程序、高级等功能设置。例如，在“常规”选项卡里，可以设置浏览器启动时同时打开的网页地址（主页）、浏览历史记录的操作（删除、设置存储位置）、搜索栏调用的搜索程序（如图 3—3 所示）、选项卡与外观等。

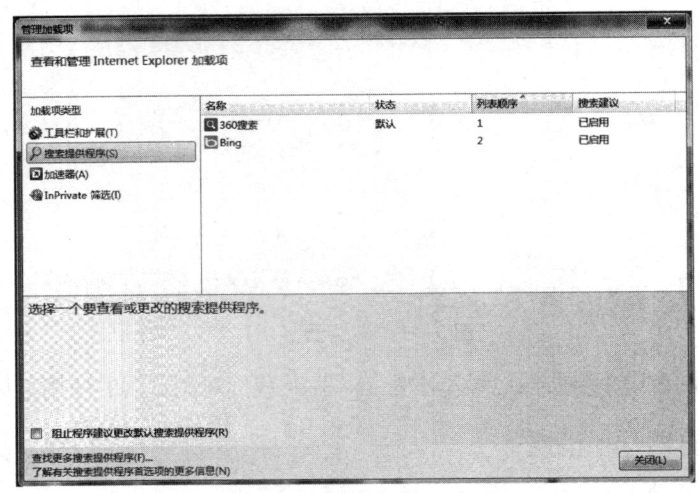

图 3—3 IE 浏览器搜索调用程序设置

图 3—4～图 3—9 为“Internet 选项”对话框中各选项卡的功能图示，有些选项下还有二级甚至三级设置项，在此不一一说明。

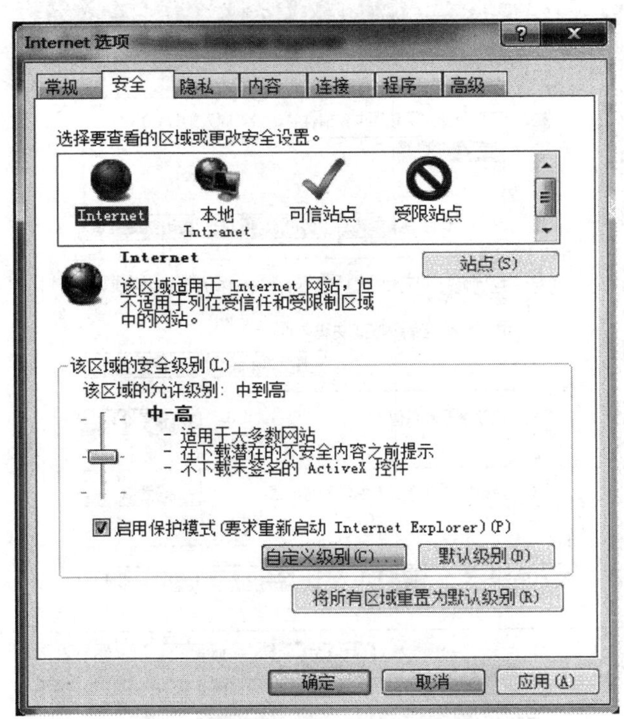

图 3—4 IE 浏览器“Internet 选项”的“安全”选项卡

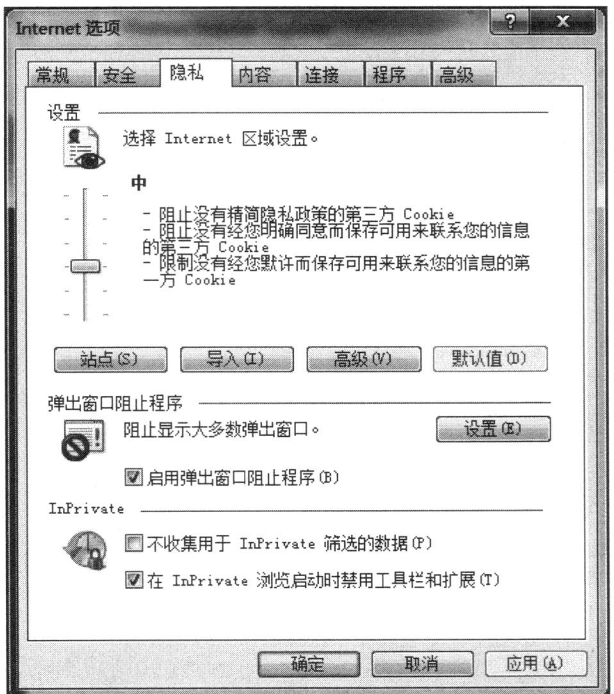

图 3—5 IE 浏览器“Internet 选项”的“隐私”选项卡

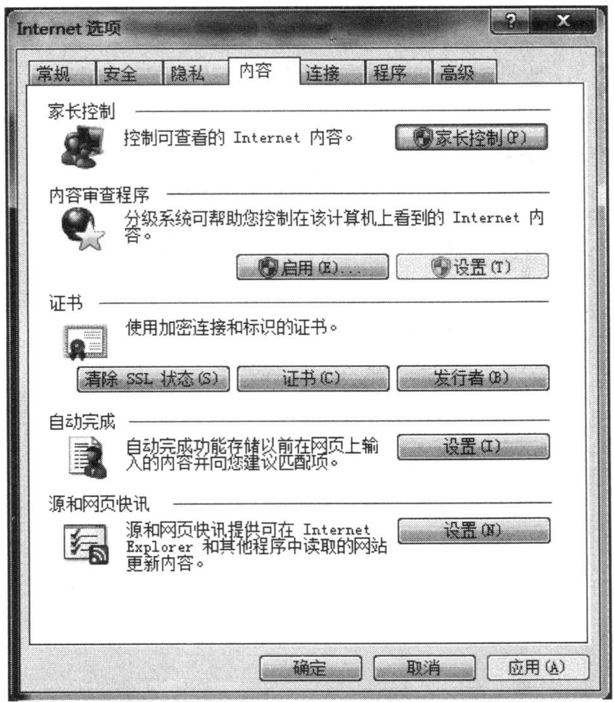

图 3—6 IE 浏览器“Internet 选项”的“内容”选项卡

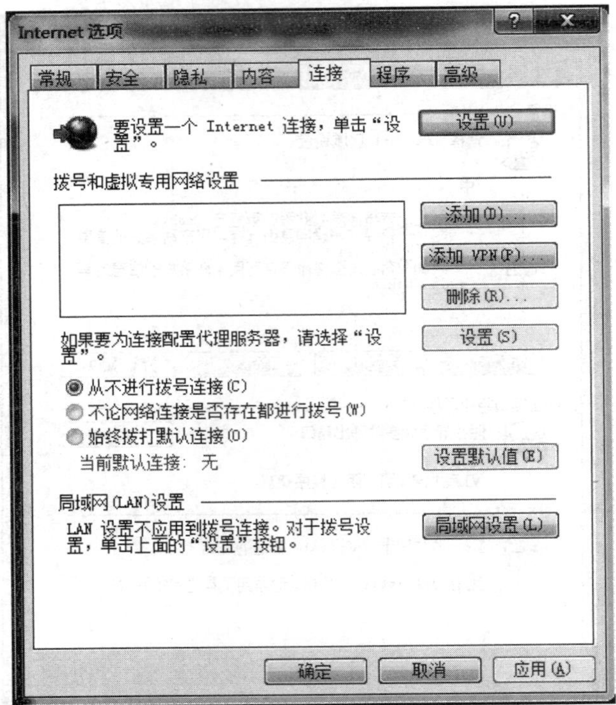

图 3—7　IE 浏览器“Internet 选项”的“连接”选项卡

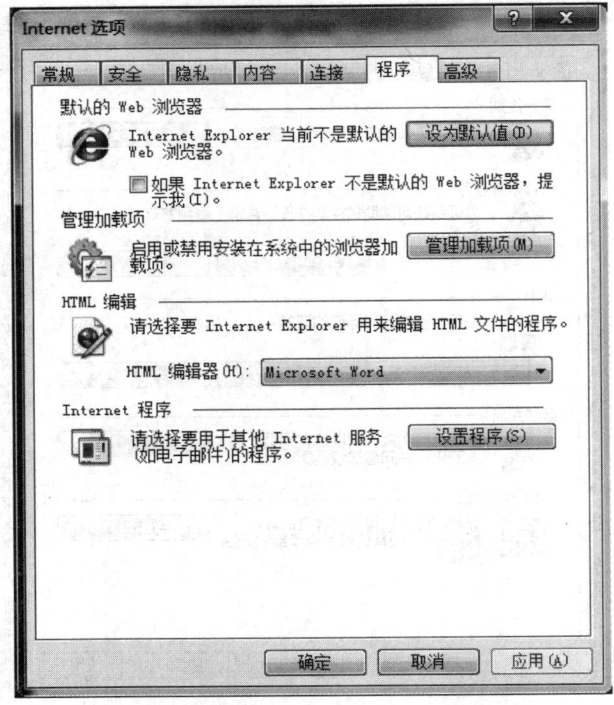

图 3—8　IE 浏览器“Internet 选项”的“程序”选项卡

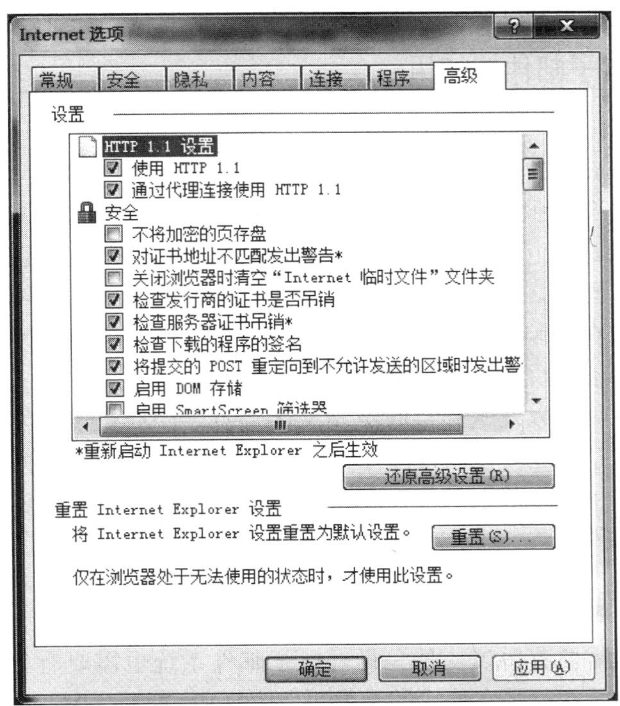

图 3—9　IE 浏览器“Internet 选项”的“高级”选项卡

3.1.2　收藏夹（书签）

如果想把喜欢的网页位置记录下来，以便以后可以再次方便地访问，可以通过浏览器的收藏夹（即网络书签功能）来实现，如图 3—10 所示。具体操作不做详述。

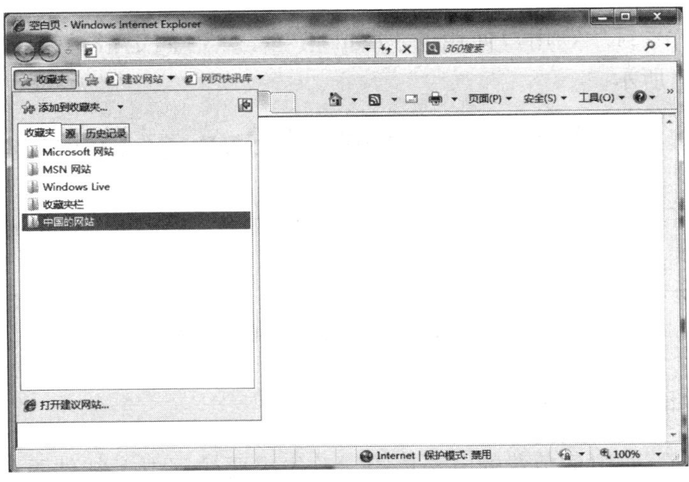

图 3—10　浏览器的页面收藏功能

3.2 电子邮件的使用

电子邮件（Email）服务是 Internet 最重要的信息服务方式之一，它为世界各地的 Internet 用户提供了一种极为快速、简便和经济的通信方式和信息交换手段。

与常规信函相比，电子邮件非常迅速，它把信息传递的时间由数以天计减少到几分钟甚至几秒钟。同时，电子邮件的使用是非常方便和自由的，不需要跑邮局，不需要另付邮费，一切在电脑上就可以完成了。正是由于这些优点，大部分 Internet 用户都有自己的 Email 信箱，不少人甚至拥有多个 Email 信箱。

使用 Email 不仅可以发送和接收英文文字信息，同样也可以发送和接收中文及其他各种语言文字信息，还可以收发图像、声音、可执行程序等各种类型的文件。

除了为用户提供基本的电子邮件服务外，还可以使用邮件列表（mailing list）功能给多个成员分发邮件。

3.2.1 电子邮件系统有关协议

和访问网页时需要有协议支持一样，电子邮件系统也需要有相应的协议支持。在目前的电子邮件系统中，最常使用的是 POP3 协议和 SMTP 协议，其作用如下：

- POP3（post office protocol）即邮局协议，目前是第 3 版，一般用于收信。
- SMTP（simple mail transfer protocol）即简单邮件传输协议，一般用于发信。

此外，还有其他一些协议，如 IMAP、MIME 等，在此不多叙述。

3.2.2 Email 信箱格式

Email 信箱是以域为基础的，如 abc@ruc. edu. cn 就是中国人民大学网站中使用的 Email 信箱。

在电子邮件系统中，用户使用的 Email 信箱是具有固定格式的，一般分为 3 个部分，如图 3—11 所示。

图 3—11 Email 信箱的组成格式

3.2.3 申请免费 Email 信箱

一般情况下，要申请免费的电子信箱，首先需要访问电子邮件服务提供商的网站，找到申请入口，选择适当的用户名，填写密码及其他注册资料后即可。以下是一些可以申请免费电子信箱的网址：

网易邮箱：http://mail.163.com

搜狐邮箱：http://mail.sohu.com

新浪邮箱：http://mail.sina.com

申请到 Email 信箱后，用户即可使用电子邮件系统的各项功能。下面简单介绍电子邮件系统的使用方法。

3.2.4　电子邮件的使用方式

电子邮件的使用，一般可以分为网页方式和客户端软件方式两种。

所谓网页方式电子邮件系统，是指使用浏览器访问电子邮件服务商的电子邮件系统网址，在该电子邮件系统网址上，输入用户名和密码，进入用户的电子邮件信箱，然后处理用户的电子邮件。这样，用户无需特别准备设备或软件，只要有机会浏览互联网，即可使用电子邮件服务商提供的电子邮件服务。

所谓客户端软件方式电子邮件的使用，是指用户使用一些安装在个人计算机上的支持电子邮件基本协议的软件产品，使用和管理电子邮件。这些软件产品（例如，微软公司推出的 Outlook 和腾讯公司的 Foxmail）往往融合了最先进、全面的电子邮件功能，利用这些客户端软件可以进行远程电子邮件操作，还可以同时处理多个账号电子邮件。

远程 Email 信箱操作有时是很重要的。在下载电子邮件之前，对信箱中的电子邮件根据发信人、收信人、标题等内容进行检查，以决定是下载还是删除，这样可以防止把联网时间浪费在下载大量垃圾邮件上，还可以防止病毒的侵扰。

1. 网页方式电子邮件系统

首先找到邮箱服务首页，例如 http://mail.163.com。输入用户名和密码，登录成功后，进入电子邮件系统的工作页面，如图 3—12 所示。一般来说，该工作页面分为左边的目录区和右边的工作区。

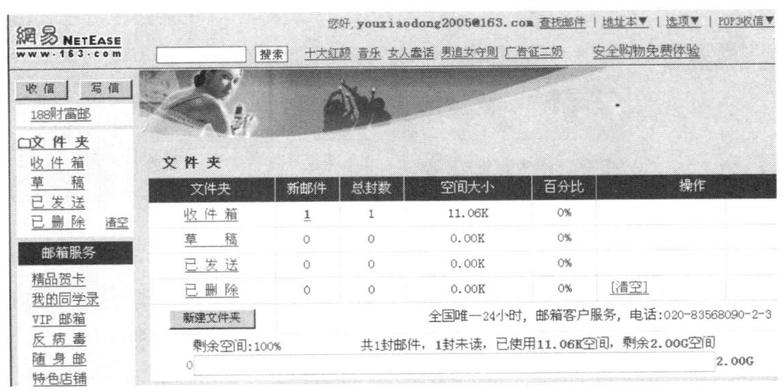

图 3—12　邮箱首页

点击左上角“写信”按钮，即出现如图 3—13 所示的写信页面，在“收信人”一栏中填入收信人的 Email 信箱，在“主题”一栏中填入信件的主题，在正文区中写入信件的正文。另外，还可以通过“抄送”和“暗送”功能将信件抄送给第三方，通过“附件”将更多的附件文件发送给收件人。

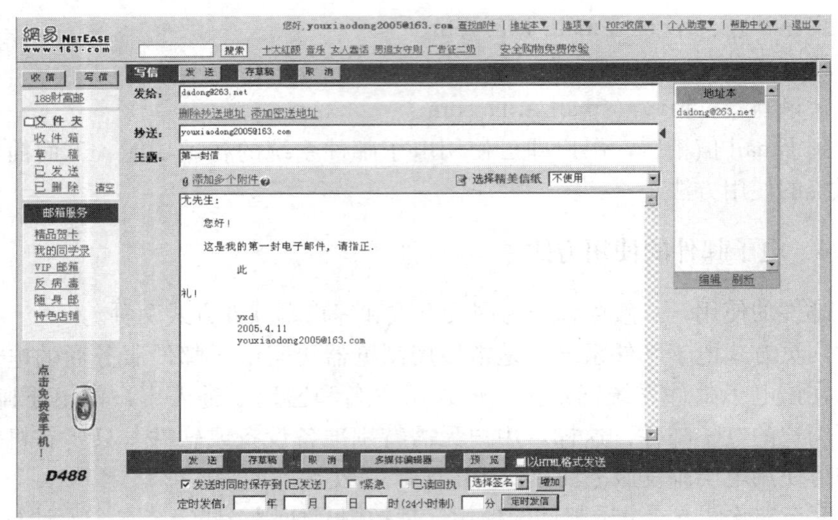

图 3—13　写信

信件写完后，点击页面上的“发送”按钮，即可将写好的信件发出。

如果想收信，只要点击左列的“收信”按钮即可，此时，右列工作区将出现如图 3—14 所示的收信页面，其中列出了收到的邮件的标题清单。

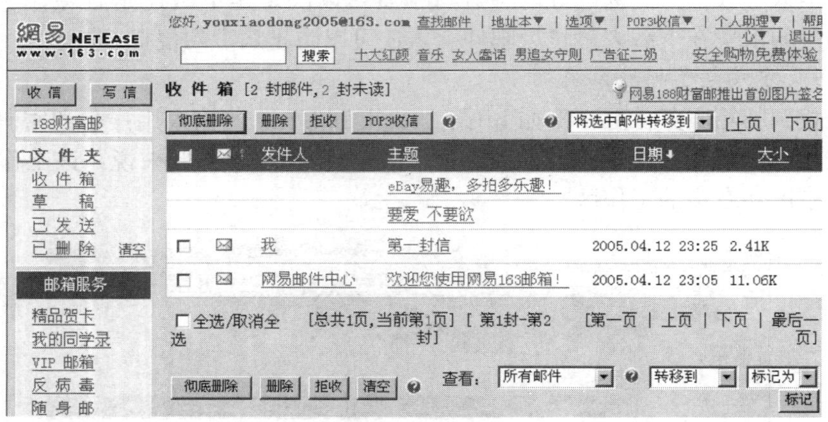

图 3—14　收信页面

点击其中的一个邮件标题，屏幕上将出现信件的内容。读信后，如果需要回复信件或将信件转发给其他人，只要分别选择信件顶行的相应选项即可。

其他更多的功能，如地址本、文件夹的管理等，使用起来非常方便，在此不多赘述。

网上的 Email 信箱使用完毕后一定要退出，以保障不丢失信息和不被别人盗用。

2. 电子邮件中抄送与暗送的区别

在电子邮件系统的使用过程中，很多初学者不太明白抄送（CC）和暗送（BC）的区别。抄送和暗送的地址都将收到邮件，不同之处在于被抄送的地址将会显示在收件中，而被暗送的地址不会显示在收件中。这样，其他收件人会知道该邮件被寄送给谁和抄送给谁，但不会知道该邮件被暗送给谁了。下面我们以实例来加以说明。

例：A 写信，寄送（To）给 B、C，抄送（CC）给 D、E，暗送（BC）给 F、G。如图 3—15 所示，此时：

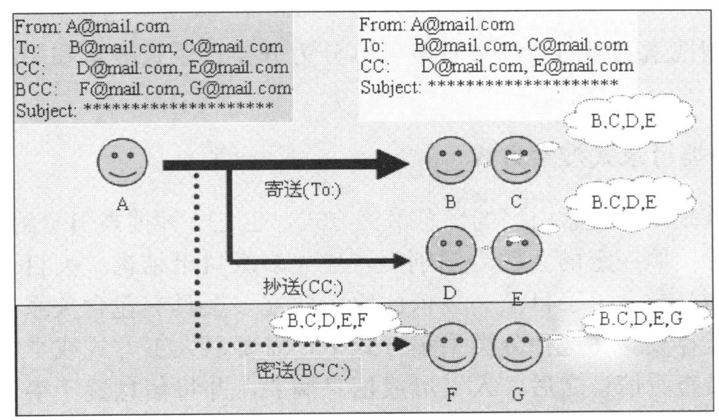

图 3—15　寄送、抄送和暗送的异同

- B、C、D、E、F、G 都会收到这封信。
- 信头部分会写着寄送 B、C，抄送 D、E。
- 所有人都知道 B、C、D、E 收到了这封信。
- 只有 F 知道除了 B、C、D、E 外，他自己也收到了这封信。
- 只有 G 知道除了 B、C、D、E 外，他自己也收到了这封信。
- B、C、D、E、G 不知道 F 也收到了这封信。
- B、C、D、E、F 不知道 G 也收到了这封信。

3.2.5　客户端电子邮件软件

使用客户端电子邮件软件，可以方便地使用和管理电子邮件。目前最常用的客户端电子邮件软件有 Microsoft Outlook 和 Foxmail 等。Outlook 是由微软公司出品的 Office 软件包中包含的客户端电子邮件软件。Foxmail 是由国内腾讯公司推出的客户端电子邮件软件，可以到以下网址自由下载和使用：http://www.Foxmail.com.cn。

关于客户端电子邮件软件的使用，可以参见软件的使用说明，亦可参见由中国人民大学出版社出版的《Internet 应用教程》一书，在此不再详述。

3.3　搜索引擎的使用

搜索引擎是一个对信息资源进行搜集整理，然后供用户查询的系统，它包括信息采集、信息整理和用户查询三个组成部分。传统搜索引擎是针对互联网上的信息资源的，但近年来迅猛发展的桌面搜索、邮件搜索、地图搜索等极大地扩展了搜索引擎的应用领域。

搜索引擎（search engines）是网民在互联网中获取所需信息的重要工具，是互联网中的基础应用。搜索引擎已经成为互联网的最主要应用之一和网民了解新网站的重要途径，我们有必要了解搜索引擎的使用方法，以便更好地利用搜索引擎这个工具。

从用户使用搜索引擎的方法来看，可以分为分类目录式搜索和关键词搜索两种使用方法。

3.3.1 分类目录式搜索方式

分类目录既是一种搜索引擎的信息采集方式，也是一种搜索引擎的搜索方法。

把信息资源按照一定的主题分门别类，建立多级目录结构。大目录下面包含子目录，子目录下面又包含子子目录……依此原则建立多层具有包含关系的分类目录，在采集信息时分类存放。在这种分类采集方式中，需要以人工方式或半自动方式采集信息，由编辑人员查看信息之后，人工形成信息摘要，并将信息置于事先确定的分类结构中。

“分类目录”既是一种信息采集的方式，也是一种搜索引擎的使用方式。用户查找信息时，采取逐层浏览的方式打开目录，逐步细化，就可以查到所需信息。

例如，某搜索引擎的分类如图 3—16 所示。

娱乐休闲	求职与招聘	艺术
电影、电视、明星、名车、音乐 游戏、笑话、动漫、星座、聊天 休闲、玩具、宠物、收藏、韩剧	招聘网、兼职、外企、各省招聘 招聘会、猎头、简历、专业人才 面试指导、论坛、中介、劳动法	人体艺术、摄影、书法、绘画 舞蹈、戏剧、工艺美术、雕塑 美术设计、画廊、艺术家
生活服务	**文学**	**计算机与互联网**
服装、地图、旅游景点、时尚 美容、旅游、模特、网上购物 手机指南、婚介交友、天气预报	小说、作家、散文、网上书库 诗歌、武侠小说、名著、科幻 纪实/传记、网络文学、言情小说	免费资源、软件、硬件、互联网 编程、IT认证、手机铃声、数码 壁纸、通讯、教程、网络安全
教育就业	**体育健身**	**医疗健康**
学校、论文、考试招生、大学 考研、留学、高考、成人高考 自考、题库、大学排行、英语	奥运会、足球、围棋、乒乓球 性感体坛、网球、健身、篮球 棋牌、武术、赛车、赛事、NBA	紧急救助、瘦身、性保健/知识 心理健康、医院、癌症、医学 营养品、养生保健、女性健康
社会文化	**科学技术**	**社会科学**
交友、婚姻情感、风俗习惯 爱情、恋爱技巧、人物、女性 人际关系、同学录、演讲与口才	生命科学、环境、生态学、谜 中科院、博物馆、天文、科普 航天工程、土木建筑、技术交易	心理测试、哲学、历史、经济学 管理学、会计学、心理学、周易 马克思主义、三个代表
政法军事	**新闻媒体**	**参考资料**
政府机构、军事、外交、法律 战争、武器、国情、律师 大使馆、情报间谍、法规检索	电视、期刊杂志、通讯社、广播 主持人、播音员、日报、出版 晨报/早报、综合新闻、晚报	图书馆、档案馆、统计、辞典 百科全书、电话号码、邮编 日历、交通时刻表、地图
个人主页	**商业经济**	**少儿搜索**
娱乐、音乐、随笔、摄影 游戏、学生生活、设计、黑客 明星、游戏、音乐、电脑网络	公司、电子商务、贸易、股票 供求信息、房地产、交通、广告 金融投资、信息产业、会议商展	卡通漫画、童话、儿童节、美术 体育、智力游戏、玩具、医院 育儿、少年报、科学普及

图 3—16 搜索引擎分类目录

如果要在其中查找关于著名作家金庸的网页信息，可以逐步搜索“文学＞小说＞武侠小说＞金庸”，即可实现目的。如图 3—17 所示。

搜索分类 > 文学 > 小说 > 武侠小说 > 金庸

- 非武侠作品(13)
- 评论和论坛(22)
- 飞狐外传(14)
- 雪山飞狐(12)
- 连城诀(12)
- 天龙八部(13)
- 射雕英雄传(13)
- 白马啸西风(11)
- 鹿鼎记(14)
- 笑傲江湖(12)
- 书剑恩仇录(11)
- 神雕侠侣(12)
- 侠客行(12)
- 倚天屠龙记(12)
- 碧血剑(14)
- 鸳鸯刀(12)
- 越女剑(6)

此目录下有网站25条，本页显示：第1至20条

- 金庸的江湖 完全解读金庸，亿万金迷共有的乐园。
- 明河社 金庸小传、金庸小说、漫画，电脑游戏等。
- 金庸传 这是第一部以平视的眼光写下的《金庸传》，作者：傅国涌。
- 金庸茶馆 含金庸文章、评论、相关下载等。
- 金庸作品-新世纪家园 金庸武侠在线与下载。
- 金庸作品集-爱书网 金庸的武侠小说和其他杂文。
- 金庸（查良镛） 金庸及其作品介绍。
- 金庸作品集 提供金庸作品，武侠类和非武侠类。
- 金庸茶馆 含藏经阁、经典欣赏、人在江湖、华山论剑、论坛、故事新编等内容。
- 只醉金迷-到金庸武侠小说中的地方去玩 提供金庸武侠小说。
- 大洋书城金庸作品集 金庸先生简介及其作品介绍。

图 3—17　从分类目录中查找信息

3.3.2　关键词搜索方式

关键词搜索引擎是针对用户搜索信息的方式而言的。它通过用户输入关键词来查找所需的信息资源，这种方式方便、直接，而且可以使用逻辑关系组合关键词，可以限制查找对象的地区、网络范围、数据类型、时间等，可对满足选定条件的资源准确定位。如图 3—18 所示的是百度网站的搜索入口。图 3—19 则是搜索关键词“金庸”所得的结果网页。

很多综合型网站提供的搜索引擎兼有分类目录和关键词两种搜索使用方式。既可直接输入关键词查找特定信息，又可浏览分类目录了解某领域范围的资源。而一些专业的搜索引擎门户，如 Google、百度等，虽然也有分类目录，但主要是以关键词搜索方式为网民服务。

图 3—18　在百度搜索引擎的搜索框中，键入要搜索的关键词

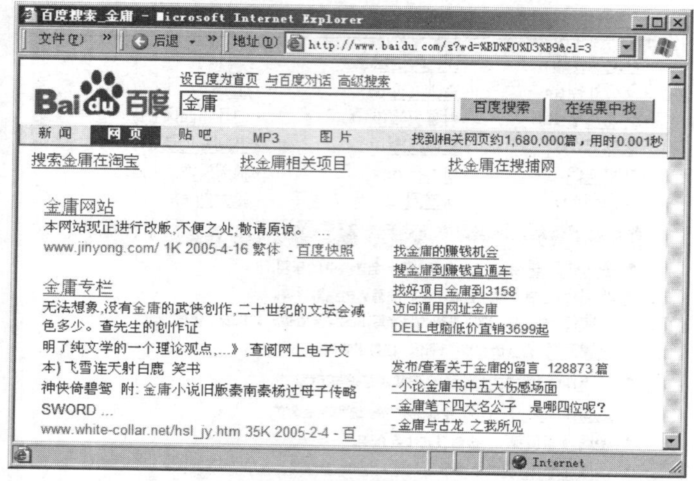

图 3—19　关键词型搜索引擎的搜索结果

3.4 文件下载

所谓文件下载，从本质上来说就是把网络上的文件（包括程序文件和网站页面）保存到本地的磁盘上。广义地讲，包括网页浏览和独立文件下载。狭义地理解，一般特指将独立的文件保存到本地磁盘上，而将网页的下载称为“浏览”。

常见的下载方式主要有直接保存和通过客户端软件下载两种方式。

3.4.1 直接保存文件

所谓直接保存方式，是指对要下载的文件链接，点击鼠标右键，在出现的快捷菜单中选择“目标另存为（A）...”命令项，如图 3—20 所示。

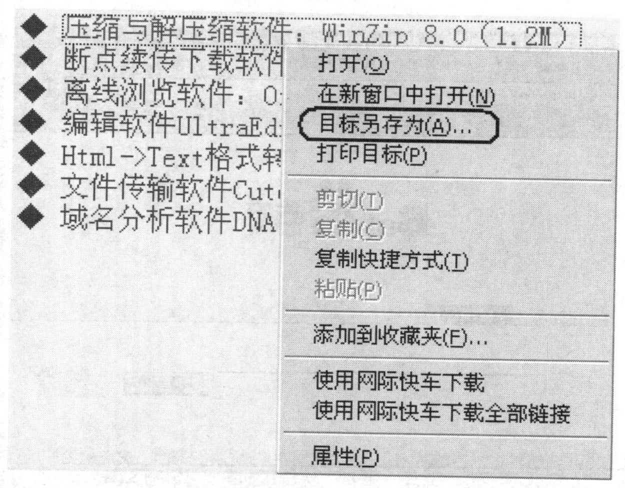

图 3—20　单击鼠标右键，保存文件

这时，将会显示一个“文件下载”信息框，搜索相关的文件信息。在随后出现的“另存为”对话框中，指定要将目标文件保存到的目录和文件名即可。

虽然直接下载的方式比较方便，不需要专门的软件，但对于较大的文件和网络状态不好的情况，这种办法不太理想。因为对于大型的文件，下载时间可能会很长，一次下载完可能会有困难；而对于网络状态不好的情况，如果经常断线，则需要重新进行下载，这也会浪费很多时间。

3.4.2 客户端软件下载

为了更好地下载和管理网络文件，人们开发出了专用的客户端下载软件。这类软件通常采用断点续传和多片段下载等技术，来保证可以安全、高效地执行下载活动。这类软件中，比较著名的有 QQ 旋风、网际快车、迅雷等。

断点续传是指把一下文件的下载划分为几个下载阶段（可以人为划分，也可能是因网络故障而强制划分），完成一个阶段的下载后软件会做相应的记录，下一次继续下载时会在上一次完成处继续进行，而不必重新开始。

多片段下载是指把一个文件分成几个部分（片段），同时下载，全部下载完后再把各个片段拼接成一个完整的文件。

下面我们以网际快车为例介绍这类软件的用法。

在安装了网际快车或类似的文件下载客户端软件后，只要对下载文件单击鼠标右键，并在快捷菜单中选择“使用网际快车下载”命令项即可。如图 3—21 所示。

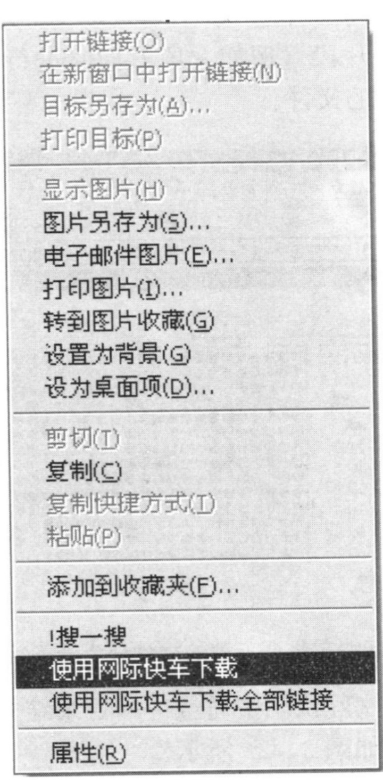

图 3—21　对下载链接单击鼠标右键，选其中的“使用网际快车下载”命令

之后，将会出现“添加新的下载任务”对话框，其中需要对一些下载参数进行设置。如图 3—22 所示。

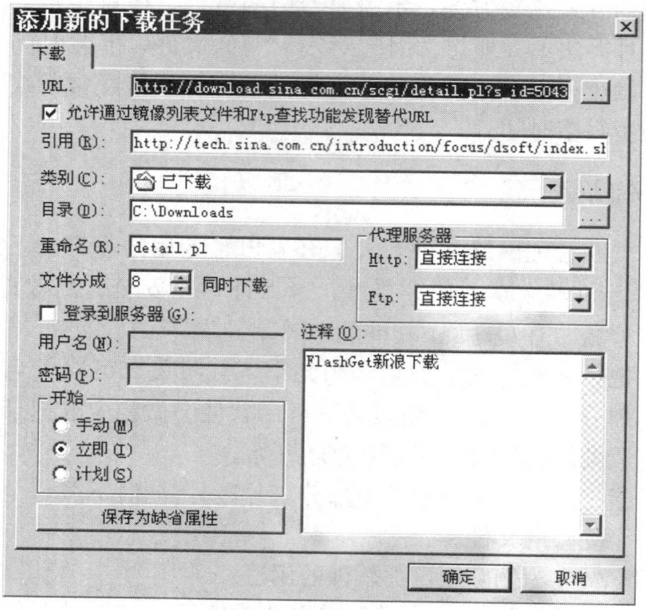

图 3—22　设置下载相关参数

设置完成后，即可进入下载阶段。图 3—23 是一幅文件下载过程中的工作画面。它把将要下载的文件分为若干片段（例如 8 段）同时进行下载，全部下载完成后再把这些文件片段拼合为一个完整的文件。

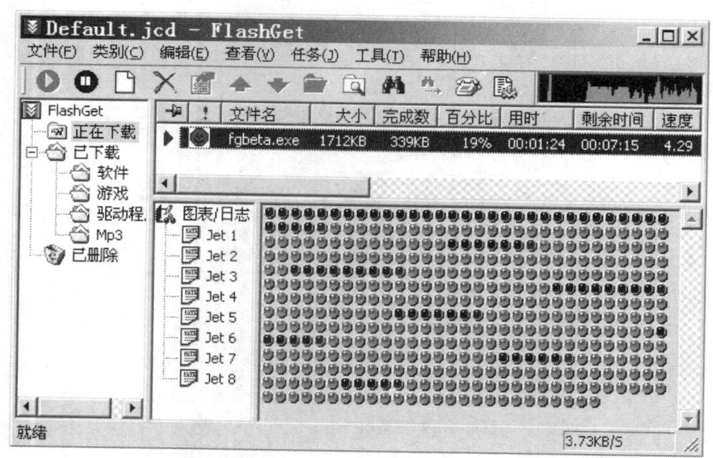

图 3—23　网际快车将要下载的文件分为若干片段进行下载

下载完成后，可以直接在网际快车中通过树形目录结构文件的存储管理打开文件，亦可直接双击文件来打开它。如图 3—24 所示。

目前很多浏览器本身也集成了下载器，不再需要借助外部程序即可实现客户端下

图 3—24　下载完成后文件的相关信息，用户可以直接进行管理和运行

载功能，使用起来非常方便，如图 3—25 所示。在此亦不再赘述。

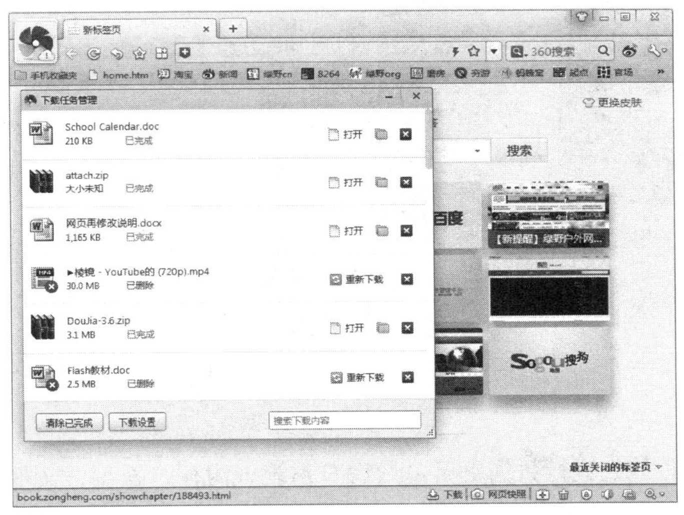

图 3—25　360 极速浏览器及其内嵌的下载任务管理器

3.5 个人计算机安全防护

随着 Internet 的普及，与计算机安全相关的一些问题也越来越突出，计算机病毒、木马、黑客、网络安全等术语为越来越多的人所了解。计算机病毒、木马和非法入侵已经成为妨碍我们正常和高效使用计算机和网络的主要障碍之一。

要想避免和降低计算机病毒、木马等的危害，应对它们的传播途径（文件、电子邮件、磁盘、网络）进行防范。在计算机中安装病毒和木马实时监控和防杀软件，并定时查杀计算机系统中的病毒是较好的防范方法。

计算机病毒和木马实时监控和防杀软件可以保护计算机免受病毒、蠕虫、木马程序以及可能有害的代码和程序的威胁。它可以配置为对本地驱动器和网络驱动器以及电子邮件和附件进行扫描，而且，还可以配置应用程序对扫描程序发现的所有病毒感染作出响应，并生成有关的操作报告。

下面我们以从网上可以免费下载和使用的流行杀毒软件之一 McAfee VirusScan 为例，简单说明防杀病毒软件的有关功能。

从正规下载网站下载 McAfee VirusScan 安装文件，运行后即可根据向导进行安装，如图 3—26 所示。

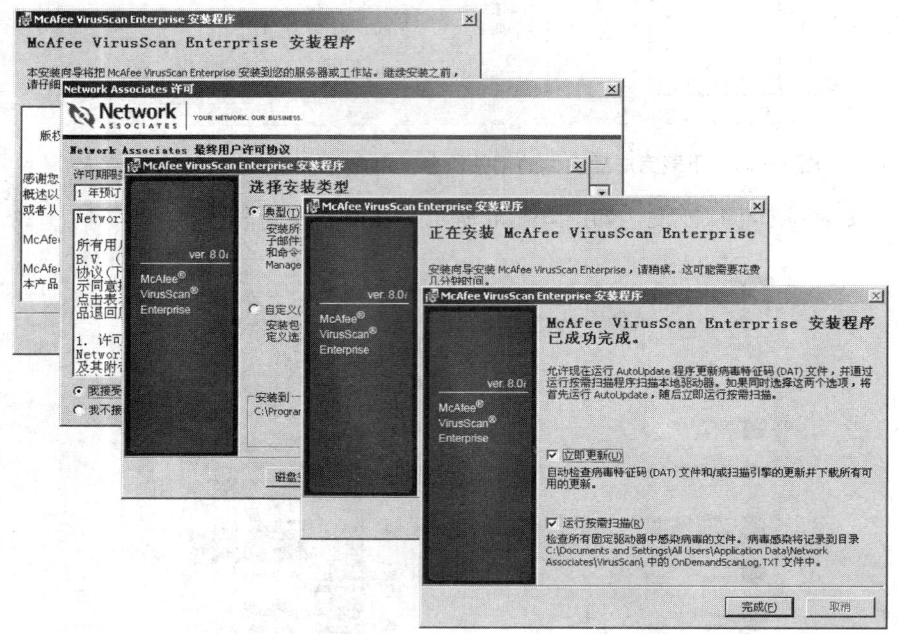

图 3—26 软件安装

安装完成后，首先进行数据更新，然后对系统（内存、磁盘、文件等）进行扫描，如图 3—27 所示。

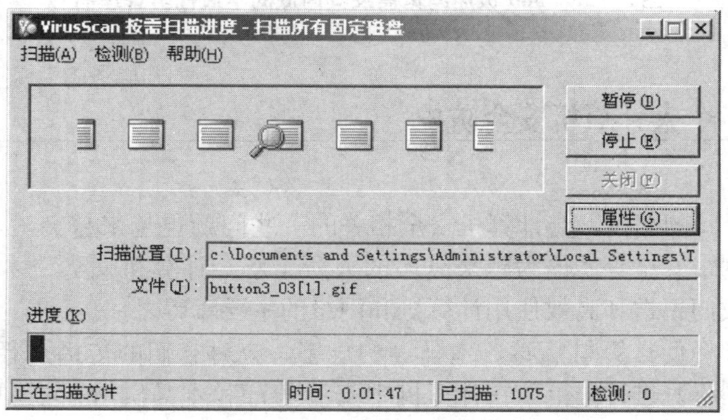

图 3—27 对系统进行扫描

安装完成后，在系统右下角的托盘区中，将出现该软件的 logo，如图 3—28 所示。这表明该软件已经常驻内存，可以对系统提供实时防护。

图 3—28 托盘中的 logo 表明防杀病毒软件已经常驻内存

要想对该软件进行配置，可以对托盘区中的 logo 单击鼠标右键，如图 3—29 所示。选择其中的“VirusScan 控制台（C）...”选项，出现该软件的配置控制台，如图 3—30 所示。

图 3—29 控制菜单

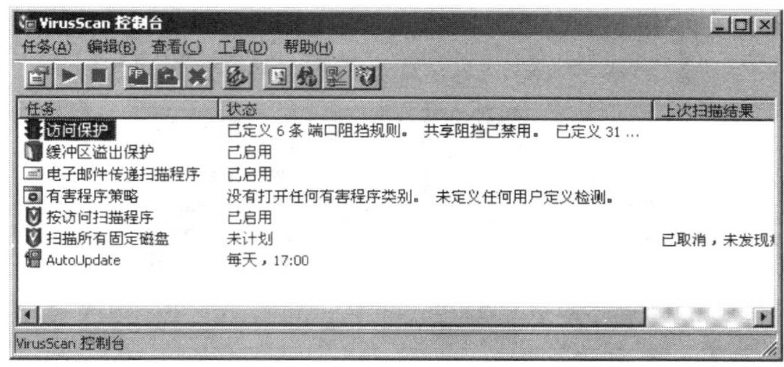

图 3—30 配置控制台

该软件的详细使用方法，请参见其帮助文件。在此不多叙述。

3.6 SNS 网站应用

随着互联网的发展，人们对网络的需求也在发生转变，从单纯地浏览网页，到与素昧平生的网友互动，再到将网络世界与现实世界相连接，在网上与现实中的朋友交流。因此，一种新的网络类型 SNS 诞生了。SNS（social networking services），即社会性网络服务，专指旨在帮助人们建立社会性网络的互联网应用服务。SNS 还有另外一种解释为 social network site（社交网站），人人网、开心网等都属于社交网站。这里将以目前国内领先的人人网为例简单介绍一下 SNS 平台。

人人网是一个实名制 SNS 社交中心，仿照美国的 facebook（脸谱网）建立，由只为在校大学生提供服务的“校内网”更名而来，现已发展成为为所有中国互联网用户提供服务的 SNS 社交网站，不同身份的人都可以在人人网进行互动交流。

3.6.1 主要功能

用户通过注册自己的人人网账号，在个人主页上发布状态、照片、日志等，并与朋友互动，分享、评论、收藏朋友的状态、照片、日志等。除了通过评论进行多人的公共讨论，还可以与单个用户进行私聊，私聊不会被其他用户看到。

由于人人网实行实名制，用户可以通过姓名、学校、工作单位等信息很方便地搜索到自己认识的人，并通过共同好友找到更多朋友或认识新朋友。实名制虽然有很多便利，但也带来了一些隐私保护问题，人人网通过登录方式和隐私设置等方式能较好地保护用户的隐私。

3.6.2 使用操作

1. 申请人人网账号

人人网的网址为 http://www.renren.com。在地址栏输入地址便可进入人人网登录界面，如图 3—31 所示。

图 3—31　人人网登录界面

点击注册并填写信息后即可获得自己的人人网账号，如图 3—32 所示。

图 3—32　人人网注册界面

可以选择验证邮箱或者暂不认证，验证邮箱可以便于在忘记密码或账号被盗时找回密码。如果不验证邮箱将只能使用人人网的部分资源。点击“登录邮箱验证”进入邮箱，点击链接即可完成注册，如图 3—33 所示。

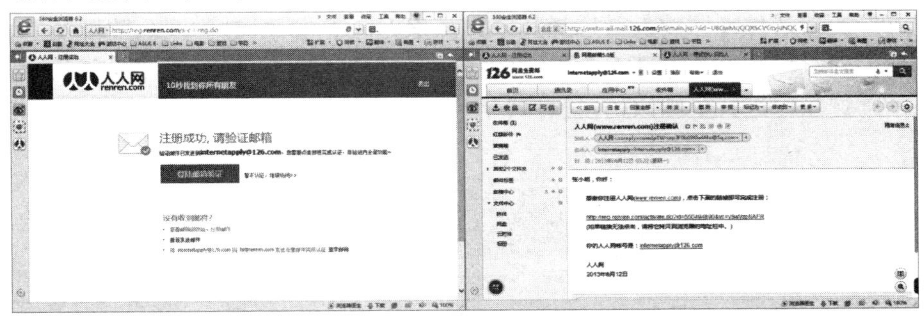

图 3—33　验证邮箱

系统会要求你填写工作单位和学校，并据此为你推荐你可能认识的好友，然后要求你提供头像以便更方便地找到好友，如图 3—34 所示。

图 3—34　填写个人信息

上传头像或者暂不上传头像后，点击确定就可以进入人人网了，如图 3—35 所示。中间偏上方的按钮可以让你发状态、传照片、发分享、评电影和写日志，中间部分根据你的资料为你推荐了一些好友，下面是新鲜事，即好友动态，新注册的用户会获得系统自动添加的一些好友，可以在好友管理中删除。左栏是各种应用，右上角是搜索栏。

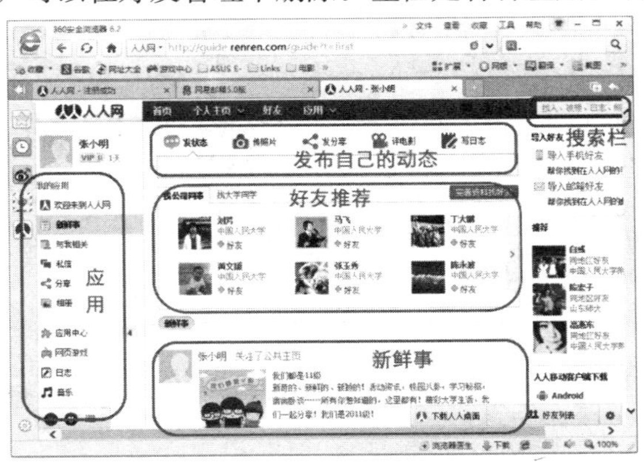

图 3—35　人人网主界面

2. 添加及管理好友

由于人人网实行实名制，所以用户如果填好了详细的个人信息将能很方便地找到好友。点击导航栏中的“好友”，然后点击“添加好友”，即可看到与你有相同工作经历、学习经历或居住地区的人，选择其中你认识的人点击“加好友”，即可发送好友请求，当他们通过你的好友请求后就成功添加他们为好友了，如图 3—36 所示。也可以用右边的筛选条件进行更细致的搜索。

图 3—36 添加好友

你也可以通过在右上角的搜索栏中直接搜索朋友的姓名来添加好友，如图 3—37 所示。

图 3—37 通过搜索栏搜索好友

通过“好友”—“管理好友”可以对好友进行分组和删除不想要的好友，如图 3—38 所示。

图 3—38　管理好友

除了添加好友，用户也可以关注一些公共主页。公共主页由对某一话题、名人、事物感兴趣的人创建，发布与主题有关的内容，引发网友讨论。关注公共主页不需要管理员批准，关注人数也不设上限。只要在搜索栏中搜索公共主页名称，并点击公共主页，即可关注自己喜欢的公共主页。图 3—39 中显示了以莫言和计算机为例搜索公共主页的结果。

图 3—39　关注公共主页

3. 发布个人动态

如果有简短的文字需要发送，可以直接点"发状态"按钮，在下面的框中输入文字，点击"发布"，就能轻松发送一条状态了，如图 3—40 所示，状态会出现在自己及好友的新鲜事里，如果有评论将会有消息提示。用户还可以通过传照片功能上传照片和视频，通过写日志功能发布文章。

图 3—40　发状态

当好友的动态显示在你的新鲜事中时，可以点击“分享”按钮将好友发的状态、照片、视频等转发到自己的主页上，其他好友也可以分享，如图 3—41 所示。分享时可以加上自己的评论，并且设置是否同时评论给好友。

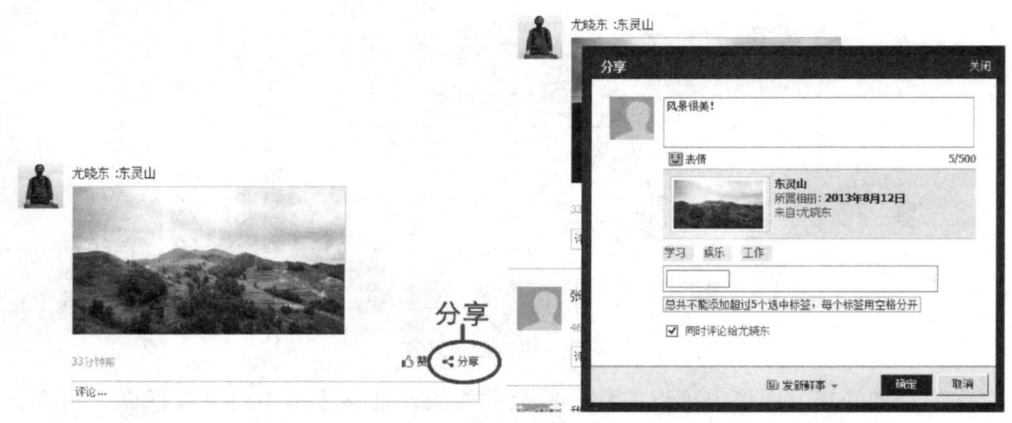

图 3—41　分享

4. 隐私保护

由于人人网是一个实名制网站，很多人对其隐私保护问题非常关心。人人网重视对用户隐私权的保护，承诺不会在未获得用户许可的情况下擅自将用户的个人资料信息出租或出售给任何第三方。人人网也提供了邮箱验证、手机验证等多种方式供用户找回密码，防止盗号。用户还可以通过设置隐私权限决定是否将主页公开，如果主页不公开，非好友的其他用户将无法看到主页内容。

以上是人人网的基本功能，更多功能可以自己探索或查看网站帮助。在此不多叙述。

3.7 知识问答平台

网络技术有一种应用为知识问答平台，用户可以在平台上提出自己的疑问，也可以帮助网友解答困惑。现在网络上常见的几种问答平台包括百度知道、天涯问答、搜狐问答、新浪爱问、雅虎知识堂等，下面以百度知道为例介绍一下知识问答分享平台。

百度知道是一个基于搜索的互动式知识问答分享平台。用户可以通过关键词搜索查找已经提出并获得解答的问题，如果自己的疑问没有得到解答也可以在平台上提出疑问，等待热心网友解答。百度知道独特的升级系统和奖励机制激励无数网友在平台上互动，分享知识。

3.7.1 主要功能

百度知道主要的功能就是提问和回答问题。由于百度知道是一个基于搜索的问答平台，用户可以通过搜索和分类查找两种方式查找问题。提问者可以设置悬赏金来吸引更多用户回答问题，答题者也会努力提供最好的回答以获得提问者的采纳。

3.7.2　使用操作

1. 直接搜索问题答案

在百度知道上搜索已有的问题不需要登录，但如果想提问就需要登录了。如果已经拥有百度账号就可以直接登录，没有账号将需要注册，注册方法类似于贴吧，在此不再赘述。

在地址栏输入 http://zhidao.baidu.com 进入百度知道首页，如图 3—42 所示。

图 3—42　百度知道首页

对于自己的疑问，用户可以先在搜索栏尝试搜索答案，如图 3—43 所示。

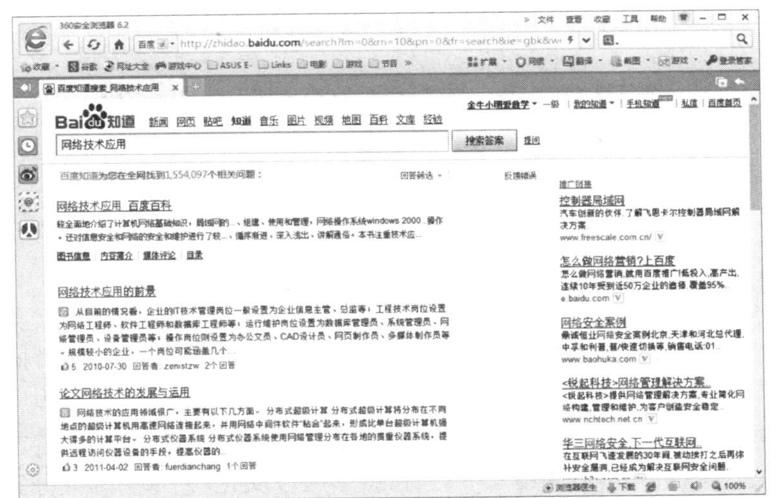

图 3—43　直接搜索答案

如果搜索后问题获得解答，就不用提出重复的问题了。

2. 提问

如果已有的问题不能解答你的疑问，你还可以自己提出问题。点击“搜索答案”按钮右边的“提问”按钮即可提问。如图 3—44 所示，你可以先用一句话描述你的疑问，再在问题补充中详细阐述问题，如果有必要，可以插入图片和地图对问题进行说明。为问题选择一个合适的分类可以让问题获得更快、更专业的解答；设置一定的悬赏能吸引高手来解答，也是对答题者的一种感谢。系统会搜索出一些类似的问题，如果你的疑问能在这些问题中得到解答就不必继续提问了，如果没有得到解答即可提交问题，等待解答。

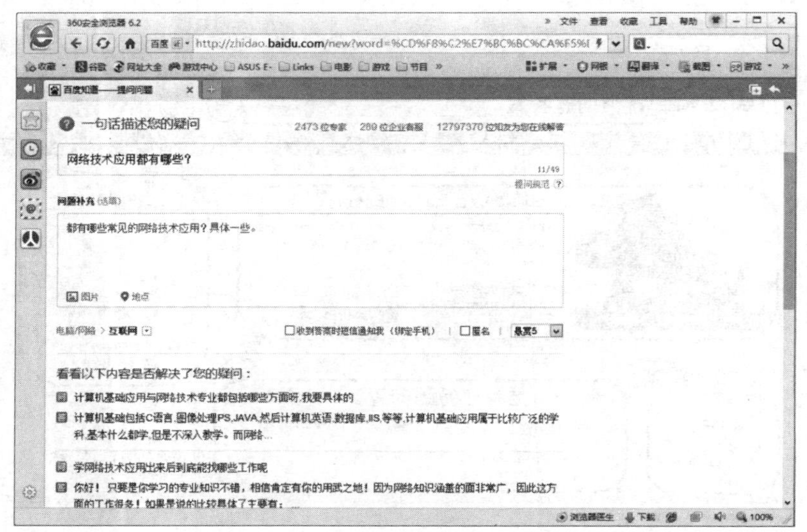

图 3—44　提问

过一段时间再去查看，可以在右上角“我的知道”—“我的提问”中找到你之前提的问题，如图 3—45 所示。

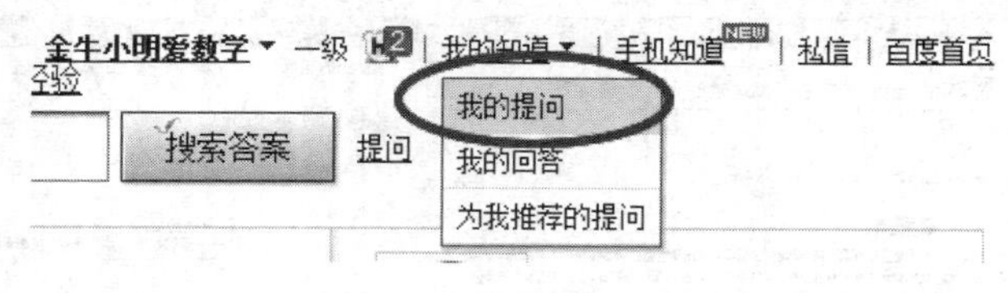

图 3—45　我的提问

如果已经有热心网友回答了问题，你可以选择其中较满意的点击“采纳为满意回答”，如图3—46所示。如果还有疑问，可以点击“继续追问”，对方可以继续回答你的问题。

3. 答题

用户如果想帮助别人，也可以回答其他人提出的问题。在百度知道首页左侧可以找到问题分类，包括“电脑/网络”、“教育/科学”、“文化/艺术”等大分类，在各个大分类下还有很多小分类，如图 3—47 所示。

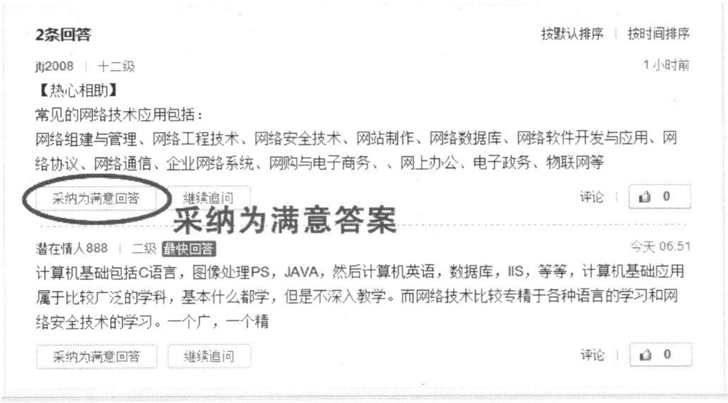

图 3—46　采纳满意答案

图 3—47　问题分类

点击进入你擅长的分类，即可找到你可能了解的问题，如图 3—48 所示。

图 3—48　分类下的问题

点开一个问题，如果你知道答案，即可在回答框中作答，回答完后点击“提交回答”就可以了，如图 3—49 所示。如果提问者对你的回答满意，就会采纳为满意答案，你将得到相应的财富值和经验值。

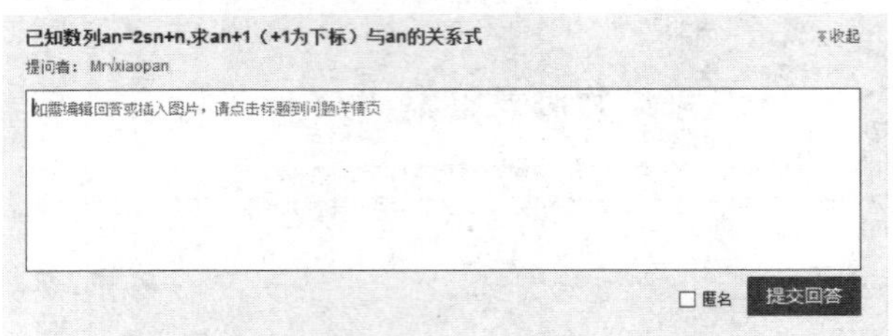

图 3—49 回答问题

以上就是百度知道的基本功能。用户还可以通过签到、做任务等方式获得经验值和财富值，财富值积累到一定程度还可以兑换成实物奖品。

3.8 关键词聚合交流社区

人们上网时不仅希望阅读网站上公布的信息，还希望发起自己的话题，与其他人对统一话题进行讨论交流。贴吧是百度旗下的独立品牌，是一个基于关键词的主题交流社区，用户可以通过用关键词搜索自己感兴趣的话题以进入相应贴吧。贴吧在功能上类似于论坛，用户可以发表主题表达自己的观点，并回复其他用户的贴子对相应问题进行讨论。在这个交流平台上，每个用户都可以畅所欲言。

3.8.1 主要功能

任何人都可以浏览百度贴吧的贴子，但只有注册成为用户才能参与交流。最基本的操作包括发贴和回贴，如有需要，用户还可以在贴子中上传图片、文件等来更好地表达贴子的内容。

每个百度用户在贴吧中都拥有自己的等级，通过登录、发贴、回贴、签到等操作可以提高自己的经验值，提升等级。任何想要管理某个贴吧的用户都可以申请吧主，在通过百度贴吧管理员和当前吧主的审核后就可以成为吧主管理该吧了。吧主可以将贴吧中较好的贴子加精，将重要的贴子置顶，方便用户浏览。吧主可以自己指定吧规，对不遵守吧规的用户有权限予以封禁。

用户之间也有多种方式可以互动。用户不但可以发私信来单独聊天，还可以“关注”其他用户，及时掌握他人的最新动态。

3.8.2 使用操作

1. 申请账号

浏览百度贴吧的内容并不需要拥有百度贴吧账号，但如果想要发贴、回贴就需要登录贴吧了。如果你已经拥有一个百度账号，就可以直接登录账号，在第一次进入贴吧时系统会提示你一步步设置自己的贴吧账号。如果你还没有百度账号，请在地址栏输入 http://tieba. baidu. com 进入百度贴吧首页，点击右上角的“注册”，如图 3—50 所示。

图 3—50　从百度贴吧首页进入注册页面

进入注册页面，跟随提示填写简单的注册信息并验证邮箱后，即可获得一个百度贴吧账号，如图 3—51 所示。

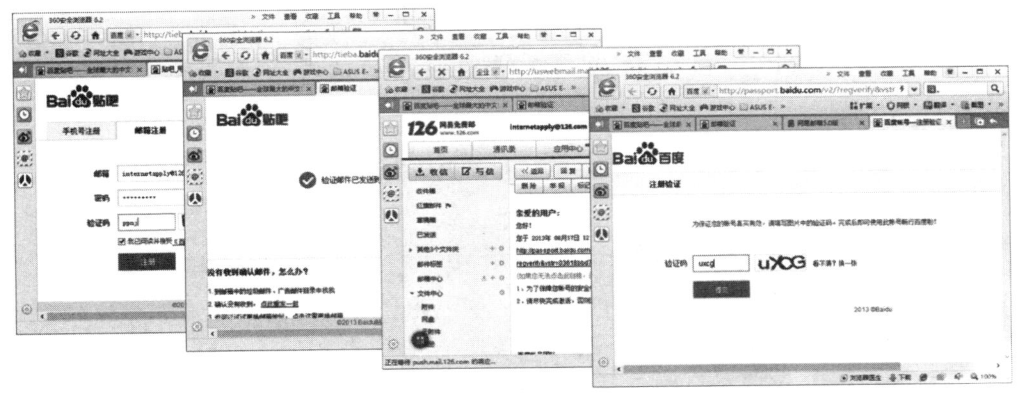

图 3—51　注册贴吧账号步骤

接下来你可以选择自己喜欢的用户名，不能跟已有的用户名重复，如果你想注册的用户名已被注册，系统将推荐其他类似的用户名供你选择，如图 3—52 所示。为了保护个人隐私，建议不要选择真实姓名作为用户名。

选择完用户名，即可进入“我的 i 贴吧”——各种与自己有关的贴吧信息汇集的地方，如图 3—53 所示。

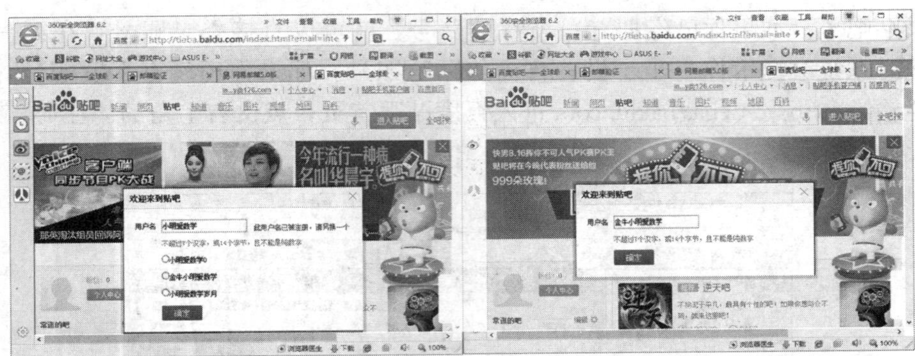

图 3—52　选择贴吧用户名

图 3—53　贴吧管理页面——我的 i 贴吧

2. 基本功能

下面以福尔摩斯吧为例简要介绍一下贴吧的使用，如图 3—54 所示。

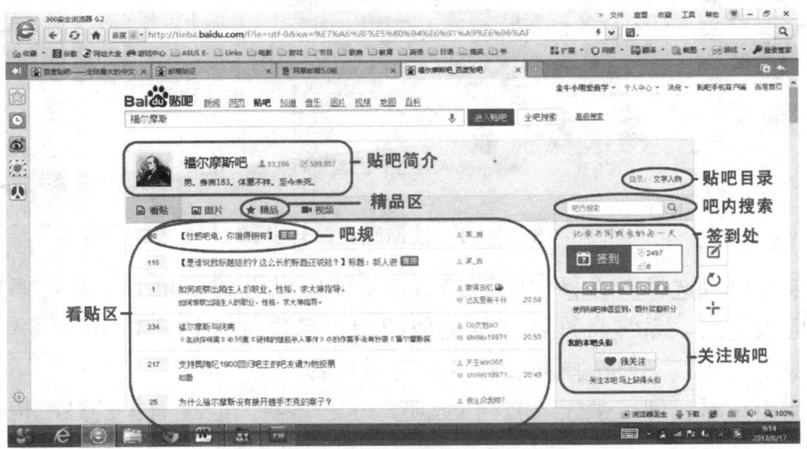

图 3—54　贴吧界面

在搜索栏输入“福尔摩斯”即可进入福尔摩斯吧。贴吧的最上方是该吧的简介，包括名称、人数、贴子数、简介、贴吧目录等。贴吧的主体部分是看贴区，用户可以在这里浏览贴子。最上方是置顶的贴子，置顶贴子中通常包括吧主自己制定的吧规以及最新资讯等。点击右方的“我关注”可以成为会员，关注后将会获得本吧头衔，随着经验值的提高，用户在该吧的等级也会不断提升，如图 3—55 所示。除发贴、回贴外，每天签到也能提高经验值。通过吧内搜索可以凭关键词在该吧内搜索到相应贴子。

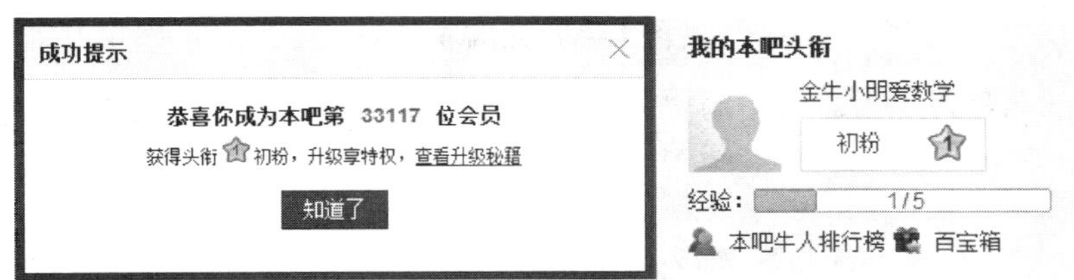

图 3—55 成为会员

当用户想要发表自己的贴子时，翻到页面最底部，即可撰写自己的贴子并发表，如图 3—56 所示。贴子中还可以插入图片、视频、音乐、表情、附件等，用户等级达到 6 级后还可插入涂鸦。达到 3 级后，用户不仅可以发表贴子，还能对想要统计的问题发起投票。

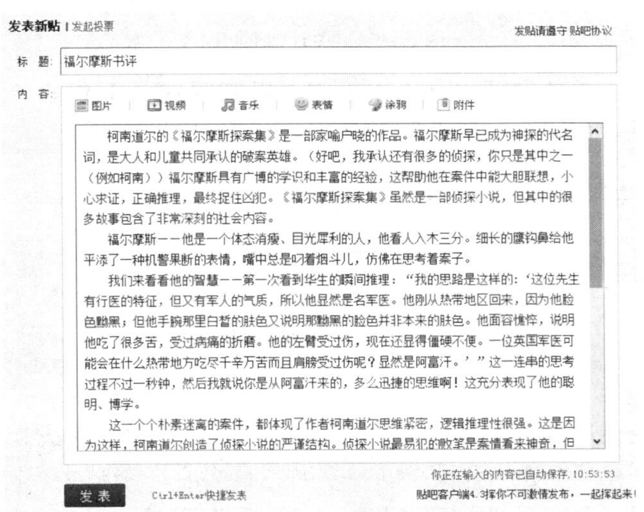

图 3—56 发表贴子

点击导航栏中的“精品”即可进入精品区，如图 3—57 所示。这里的贴子品质较高，并且由于经过分类，因而便于查找。希望加精的用户可以向吧主申请，只有吧主才有权限加精。

3. 与其他用户互动

贴吧不是一个人的世界。如果你对某个用户感兴趣，将鼠标放在他的用户名上，

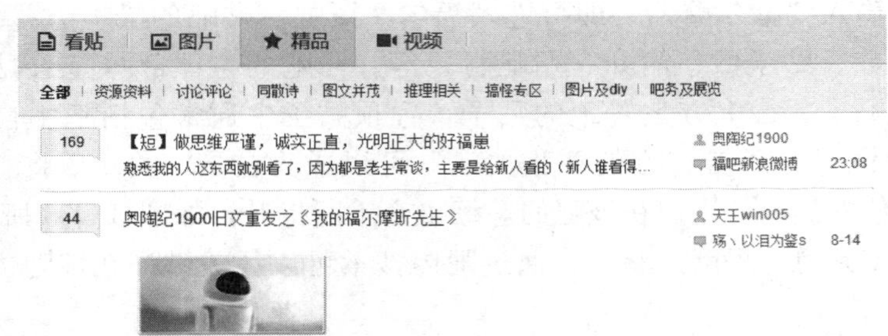

图 3—57　精品区

就会弹出他的名片，点击右下角的“关注他”即可在你的i贴吧中持续关注他了，如图3—58所示。

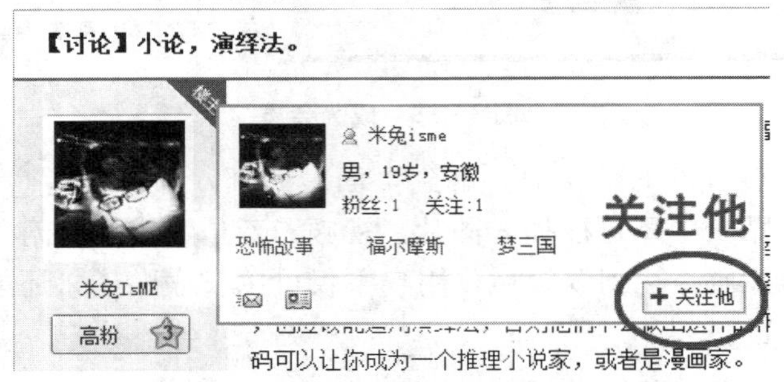

图 3—58　关注其他用户

如果想对某些人单独说话，可以点击整个贴吧界面右上角的“消息”—“私信”给别人单独发私信，如图3—59所示。

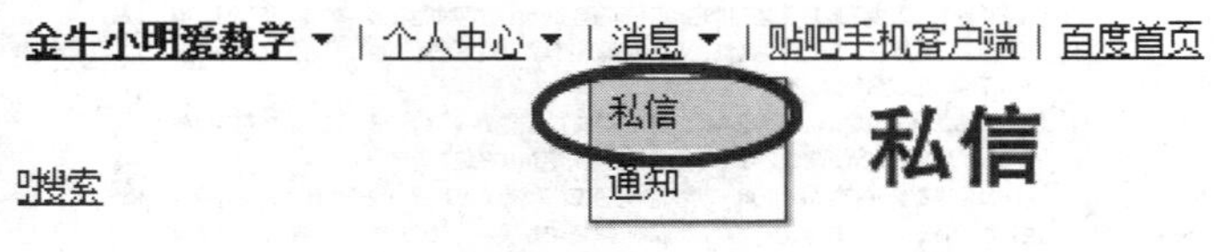

图 3—59　发送私信

4. 申请吧主

百度贴吧是由用户自己管理的社区。用户可以通过申请吧主成为某个吧的管理员，对贴子进行加精、置顶、删除等操作。一个贴吧最多有三个吧主，对于吧主名额未满的贴吧，用户可以点击右侧“本吧信息”中“吧主”里的“申请”按钮，提交相应材料即可进行申请。图3—60所示的是以计算机吧为例的“申请”按钮位置示意图。对于一个没有吧主的贴吧，用户只要通过百度贴吧管理员的审核即可，而对于已有吧主的贴吧，则还需要现任吧主的同意才能通过。

吧主可以指定其他吧友成为小吧主来协助管理贴吧。

以上是百度贴吧的基本功能，对于更多功能如果你感兴趣，可以自己探索或者查看帮助，在此不多叙述。

图 3—60　申请吧主

3.9 小结

本章简要介绍了几类互联网的典型应用，更多的应用需要学生自行了解和熟悉。俗话说，兴趣是最好的老师，对于众多的互联网应用，只要你有兴趣，就可以在短时间内了解、熟悉和掌握。而对于虽然热门但暂时用不到的应用，也没有必要赶时髦，毕竟人的精力是有限的。

3.10 思考与练习

1. 熟练掌握 IE 等浏览器的各种使用和功能设置方法。
2. Email 信箱的格式是怎样的？各部分的含义如何？
3. 电子邮件有哪些使用方式？各方式各自的优点和缺点是什么？
4. 有哪些常用的客户端电子邮件软件？
5. 在电子邮件中，抄送与暗送的区别是什么？
6. 你知道哪些知名的搜索网站？它们各有什么特点？
7. 查找一下一周内的天气预告信息。
8. 查找三天后从北京到上海的航班信息及机票打折信息。
9. 直接保存文件、用客户端软件下载各有什么优缺点？
10. 另选一款防杀病毒软件运行使用，比较其和 McAfee 的异同点。
11. 你还熟悉哪些 Internet 应用？请写一个简单的使用说明与同学们分享。

第 4 章

Word 文档处理

在所有办公软件中，文档处理软件是应用得最多的一种。而美国微软公司的 Microsoft Word 是当今最流行的优秀文档处理软件之一。

4.1 初识 Office 与 Word

微软公司所开发研制的 Microsoft Office 软件是一套用于办公自动化的集成软件，以功能完善、设计精良、应用范围广阔、操作方便、界面友好等优秀特点而著称于世，其中主要包括了文档处理软件、电子表格软件、演示文稿处理软件、数据库软件等。

而其中的 Microsoft Word 又是 Microsoft Office 中最重要的成员之一。它的主要功能是进行文档处理，包括了从文字的编辑排版、表格的制作、图形图像等对象的插入、文件的输出打印到对各种复杂文档的综合处理。

Word 的突出特点是功能强大，适用性强。人们不仅可以用 Word 编辑最普通的文档，也可以利用 Word 的模板和向导非常方便地编辑一类具有相同格式的文件，还可以用 Word 编排含有一定层次结构的论文和篇幅很长的书稿，可以插入注释、超链接、图像、表格、声音等各种对象，可以自动生成目录，甚至还可以用 Word 处理邮件等成批的文档。

Word 是一种很容易入门的软件，所以深受大众的欢迎。如果仅仅是编辑一般的文章，Word 是相当容易操作的，掌握起来也很快。但是由于它的功能非常强大，因而很多人并没有真正完全精通 Word，对其中很多优秀的功能知之甚少，甚至完全不了解。这就需要在使用过程中不断学习、不断提高，其中学会利用 Word 的帮助功能也是非常有益的。

Word 和 Microsoft Office 的其他软件一样，有很强的“帮助”功能。可以通过帮助命令，从目录查找相应的帮助指导，或用关键词搜索有关的帮助信息；也可以打开“Office 助手”，在需要时助手会自动提供提示，协助查找帮助信息；如果连接 Internet，还可以得到微软公司的在线帮助。

Word 的版本也与 Microsoft Office 的版本一样，一直在不断更新。最早的中文版是 Word 5.0，真正实用并开始普及的是 Word 6.0。之后，有 Word 7.0（即 Word 95）、Word 97、Word 2000、Word XP 以及 Word 2003、Word 2007 等，目前在国内最流行的版本是 Word 2010。随着版本的不断升级，Word 的功能也越来越完善，使用起来也越来越轻松。尽管从 Word 2007 开始，Word 的界面较之前面的版本有了较大的改观，但是，Word 文档处理的基本功能以及特色功能自始至终保持不变。在本章的讨论中，主要以 Word 2010 为例进行各种功能的说明，重点是理解 Word 的主要特色，而尽量避免纠缠不同版本的细节差异。

1. Word 的窗口

在使用 Windows 的“开始”菜单进入到 Office 2010 Word 时，我们通常看到的是显示有一张空白纸的工作窗口，如图 4—1 所示，现在我们马上就可以在这张纸上输入内容，从而创建一个属于我们自己的新的文档了。

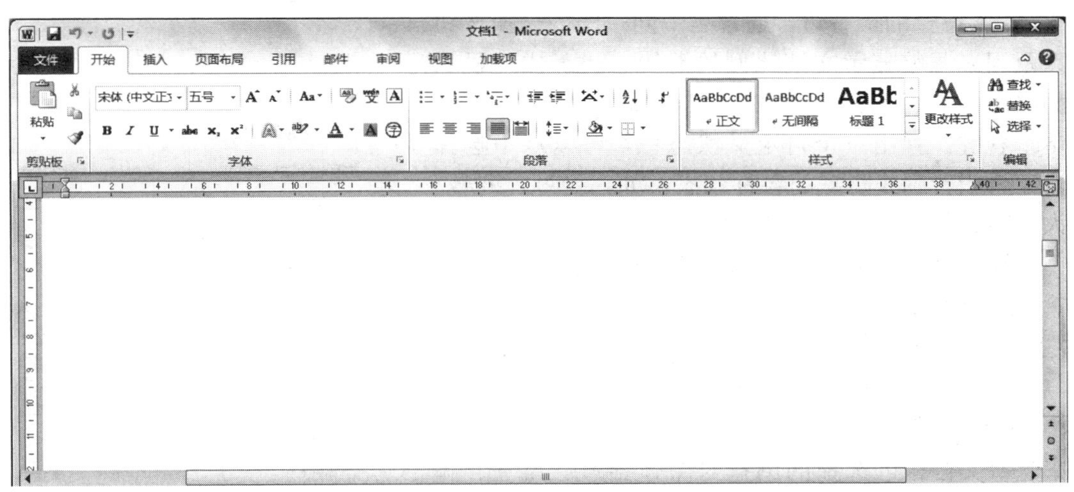

图 4—1　Word 窗口

Word 的窗口，与其他 Windows 应用软件的窗口相类似，位于窗口最上方的是标题栏，标题栏的中间是当前处理的文档的名字。每当我们创建一个新文档时，在保存并为其指定一个特定的名称之前，此文档的名称是默认名：文档 1。当我们需要保存这个文档时，可以随时为这个新创建的文档起一个更合适的名字。标题栏的最左边是“快速访问工具栏”，用于放置命令按钮，使用户快速启动经常使用的命令。默认情况下，快速访问工具栏中只有数量较少的命令，用户可以通过单击“文件”→“选项”，对快速访问工具栏进行自定义操作，根据需要添加或删除快速访问工具栏中的命令。

“快速访问工具栏”下方最左边的按钮是“文件”按钮，点击“文件”按钮可以完成新建文档、打开文档、保存文档、打印文档、关闭文档等操作。

Word 2010 取消了早期版本中传统的菜单操作方式，取而代之的是各种功能区。在“文件”按钮右边、看起来像菜单的这一栏称为功能区。当单击这些功能区上的各个选项卡时并不会打开菜单，而是切换到与之相对应的功能区面板。每个功能区根据功能的不同又分为若干个组。功能区中包括的功能有：“开始”、“插入”、“页面布局”、“引用”、“邮件”、“审阅”、“视图”、“加载项”。我们可以运用 Word 2010 这些丰富的功能完成一个简单或复杂文档的全部制作工作。

在窗口的下部可以看到有一个状态栏，状态栏显示了当前文档所处的状态，如图 4—2 所示。

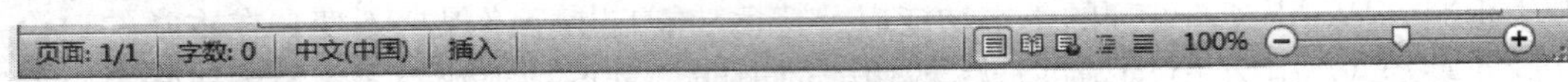

图 4—2　Word 窗口的状态栏

Word 状态栏的最左边，通常是一组有关当前在窗口中出现的文本的信息，包括目前显示的是文档中的第几页以及文档总共有多少页、多少字数，是否处于改写状态、当前输入符的语言类型等。而 Word 状态栏的最右边，通常是不同视图的切换按钮以及用来调整显示文档比例的滑块。状态栏中显示的状态内容是可以调整的，把鼠标放在状态栏上，单击右键，弹出一个自定义状态栏，可以从中选择自己希望看到或隐藏的各种状态，如：行号、列号、大小写状态等，如图 4—3 所示。

自定义状态栏		
	格式页的页码(F)	4
	节(E)	1
✓	页码(P)	4/76
	垂直页位置(V)	3.6厘米
	行号(B)	3
	列(C)	13
✓	字数统计(W)	53,309
✓	正在编辑的作者数(A)	
✓	拼写和语法检查(S)	正在检查
✓	语言(L)	中文(中国)
✓	签名(G)	关
✓	信息管理策略(I)	关
✓	权限(P)	关
✓	修订(T)	关闭
✓	大写(K)	关
✓	改写(O)	插入
	选定模式(D)	
	宏录制(M)	未录制
✓	上载状态(U)	
✓	可用的文档更新(U)	否
✓	视图快捷方式(V)	
✓	显示比例(Z)	130%
✓	缩放滑块(Z)	

图 4—3　自定义状态栏

Word 窗口中有水平滚动条和垂直滚动条。其中垂直滚动条比一般窗口的滚动条多了几个按钮，即“选择浏览对象”按钮、“前一对象”按钮和“后一对象”按钮。单击“选择浏览对象”按钮，可以从弹出的图形菜单中选择按何种浏览对象来查看文档，可选择的浏览对象包括域、尾注、脚注、批注、节、页、标题、图形、表格等。单击“前一对象”按钮，可向前查看前一个对象，单击“后一对象”按钮，可向后查看后一个对象。一般默认“页”作为浏览对象，单击一次按钮，翻到前一页；单击一次按钮，则翻到后一页。

在 Word 工作区的最左侧是“文本选择区”，鼠标指针移动到这里就会变成指向右上方的空心箭头。此时单击鼠标可以选中一行文本，双击鼠标可以选中一个段落的文本，三击鼠标可以选择整个文档。

浮动工具栏是 Word 2010 中一项极具人性化的功能。当 Word 2010 文档中的文字处于选中状态时，如果我们将鼠标指针移到被选中文字的右侧位置，将会出现一个半透明状态的浮动工具栏。该工具栏中包含了常用的设置文字格式的命令，如设置字体、字号、颜色、居中对齐等命令。将鼠标指针移动到浮动工具栏上可使这些命令完全显示，进而可以方便地设置文字格式，如图 4—4 所示。

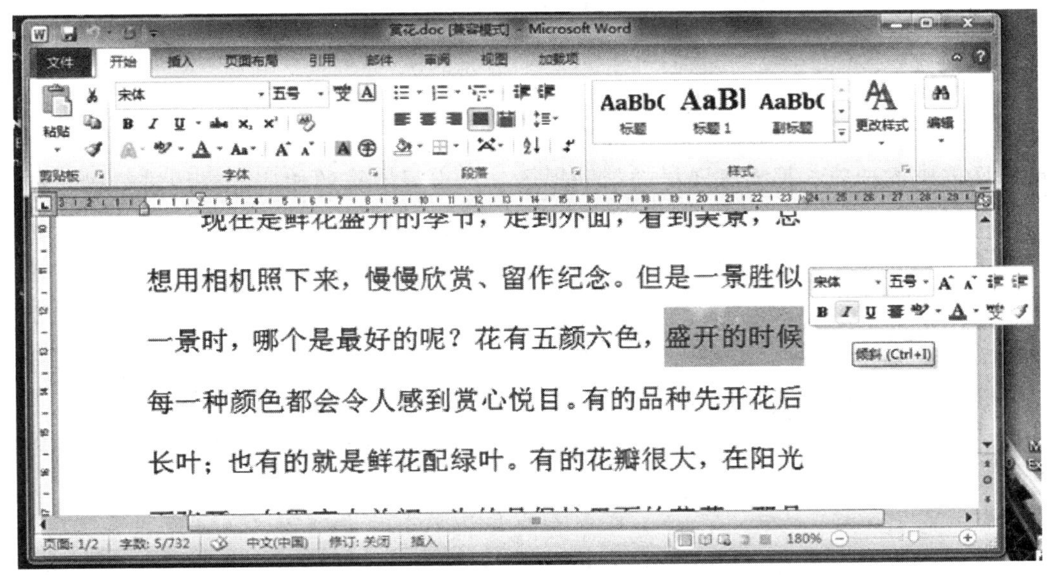

图 4—4　浮动工具栏

2. Word 中的视图

在 Word 2010 中，文档的内容可以用不同的“视图”来进行显示。这些视图模式包括“草稿视图”、“页面视图”、“阅读版式视图”、“Web 版式视图”和“大纲视图”五种视图模式。我们可以在“视图”功能区中选择需要的文档视图模式，也可以在状态栏的右侧单击“视图”按钮选择视图。

“草稿视图”取消了页面边距、分栏、页眉页脚和图片等元素，仅显示标题和正文，是最节省计算机系统硬件资源的视图方式，便于快速进行单纯的文字录入、编辑等。

“页面视图”便于设置格式，可以显示与打印结果基本相同的效果，包括页眉、页脚、图形对象、分栏设置、页面边距等元素。页面视图是最接近真实打印结果的视图，但在显示含有大量对象的文档时，页面视图速度可能会略慢于草稿视图。

“阅读版式视图”专门用于方便阅读，模仿传统的纸质书籍的阅读感觉，以图书的分栏样式显示 Word 文档。阅读版式视图中，“文件”按钮、功能区等窗口元素均被隐藏起来。在阅读版式视图中，我们还可以单击“工具”按钮选择各种阅读工具。

“Web 版式视图”用网页的形式显示 Word 文档，以达到在屏幕上查看文档时的视觉最佳感。不过，Web 版式视图下的有些效果往往是不能在打印机上打印的。Web 版式视图适用于发送电子邮件和创建网页。

“大纲视图”主要用于 Word 文档的设置和显示不同级别标题的层级结构，并可以方便地折叠和展开各种层级的文档。大纲视图特别适合于编辑有章节层次结构的长文档文体，当需要建立和修改文档结构时，用大纲视图会非常方便。

4.2 用 Word 来建立一个文档

由于 Word 是一个非常方便使用者操作的文档处理软件，因此在本章中，我们主要通过引入实例的方法来介绍 Word 的基本操作。事实上，在使用 Word 时，很多的命令或对话框中的选项，都会有详尽的帮助提示，用户只要按照相应的提示进行操作就可以了。简便易学是 Word 的一个很显著的特点。

下面我们通过具体的例子来介绍如何用 Word 建立一个文档。

示例 1：建立一个名为“赏花”的 Word 文档，本文档中含有以下文字内容：

> 花有五颜六色，盛开的时候每一种颜色都会令人感到赏心悦目。有的品种先开花后长叶；也有的就是鲜花配绿叶。有的花瓣很大，在阳光下张开、在黑夜中关闭，为的是保护里面的花蕊，那是一个生命的延续所需要的内容，或许还要借助蜜蜂的帮助。有的花瓣很多，层层叠叠，展现出何等的娇媚。虽然大多数的花都是向上开放、去追寻阳光，可也有的花从空中垂向地面，去汲取土地的营养。有的花从树上开放，有的仅像一棵小草，可也有花朵。有的花散发着沁人的芳香，也有的总是那么无声无息。

现在我们要做的事情主要有三个：①在电脑中建立一个文档；②在这个文档中进行文字的录入；③保存这个文档。具体的步骤如下。

4.2.1 建立新文档

如果启动 Word 的同时没有打开某个已存在的文档，Word 会自动新建一个名为“文档 1”的文件。但是有的时候，我们在编辑已有的文档时需要建立一个新的文档。这时可以用以下方法：

第 1 步：打开 Word 2010 文档窗口，依次单击“文件”→“新建”按钮。

第 2 步：在打开的“新建”面板中，选中需要创建的文档类型，例如可以选择“空白文档”、“博客文章”、“书法字帖”等文档；也可以为新建文档选择其他事先已存在的模板（即预先设置好的格式）。完成选择后单击“创建”按钮，新建的文档在第一次保存之前依次用“文档 1”、“文档 2”、“文档 3”等来命名。

执行新建文档的命令后，新的文档就建好了，但是其中还没有任何内容，也还没有存到外存储器上。不过这时已经可以进行录入文本等工作了。

4.2.2 文本的录入

文本的录入是所有字处理软件或文字编辑软件最基础的功能。在启动 Word 之后，文字的录入就可以立即开始。这时，在屏幕上可以看到有一个闪动的竖线，这就是“插入点”光标。录入的文字就放在插入点光标所在的位置，这个位置称为“插入点”。随着文字的录入，插入点的位置不断向右移动，总是跟随在刚刚录入的文字之后。当文字录入到了一行的末尾处，插入点会自动移到下一行的开头。

现在我们要录入的文字是中文，应当打开中文输入法。在 Windows 操作系统中一般都安装多种中文输入法供用户选择，常见的有：微软拼音输入法、智能 ABC 输入法、搜狗拼音输入法、五笔字型输入法等。通常在任务栏的右侧有语言和输入法的图标，可以用鼠标单击该图标，然后在弹出的菜单中选择一个自己熟悉的输入法，这时就可以逐字逐句地进行文字的输入了。

有时在输入的过程中，需要选择不同的输入法。如果需要在中、英文之间，或在不同的中文输入法之间进行切换，则可以用鼠标单击输入法的图标按钮，或者也可以使用键盘上的组合键。这些组合键是可以在 Windows 中通过控制面板事先进行设置的。一般情况下用组合键 Ctrl＋空格关闭或打开中文输入法；而用组合键 Ctrl＋Shift 在不同的输入法之间进行切换。当然，这也与 Windows 的版本有关。

如果需要输入某些键盘上没有的特殊符号，可以选择“插入”→“符号”，然后从中选择所需的符号；如果列出的符号不能满足要求，还可以继续选择“其他符号”，从“符号”对话框中选择某个字符集中的有关符号，如图 4—5 所示，然后单击“插入”按钮。

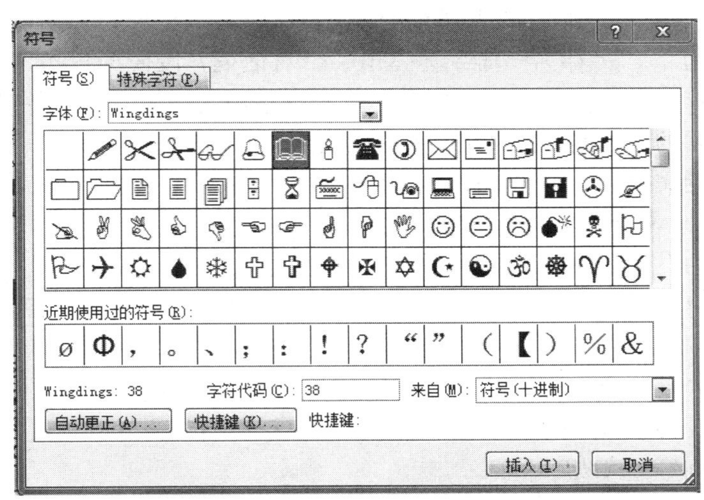

图 4—5　“符号”对话框

在文字录入的过程中，如果发生键入的错误，随时可以用退格键（Backspace 键）删除刚刚录入的错字。

当一个段落中的文字录入完成后，按 Enter 键，插入点光标自动转到下一个段落开始处，这时就可以继续进行下一个段落的文字录入工作了。

示例 1 中的文字录入结果如图 4—6 所示。

4.2.3　文档保存

随着文字录入工作的进行，文档中的内容越来越多。这时就应当经常对文档进行保存，避免由于意外而造成信息的丢失。

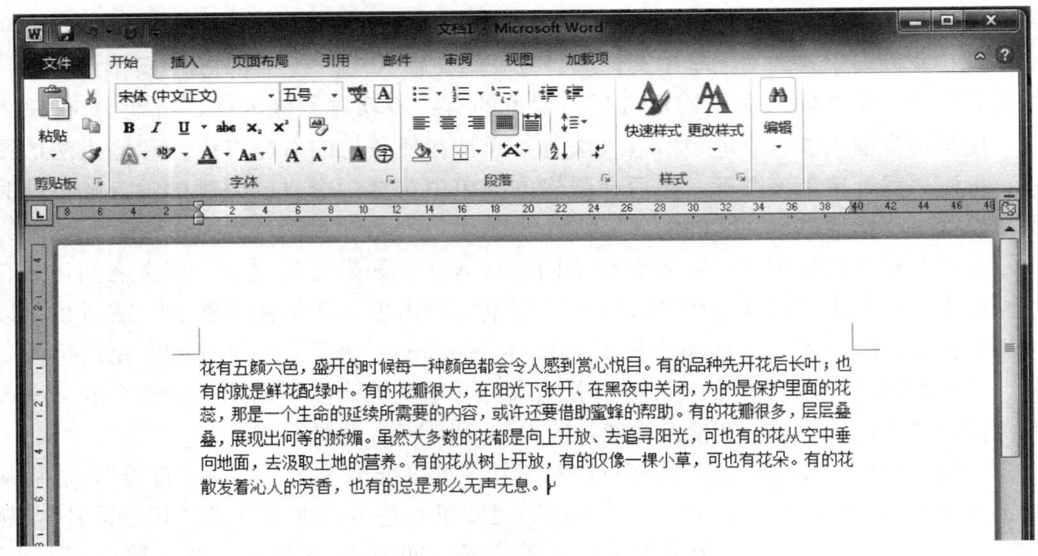

图 4—6　示例 1 中的文字录入结果

保存一个文档，最常用的方法就是单击“文件”→“保存”，也可以单击“文件”→“另存为”。“另存为”命令会弹出一个对话框，以便用户指定文档的文件名、保存类型和保存位置等信息；而“保存”命令则是用文档原有的文件名、按照原来的类型将经过编辑的文档继续保存在原来的位置上。

当一个新的文档第一次被保存的时候，无论是选择“另存为”命令还是选择“保存”命令，Word 都会弹出“另存为”对话框。

在“另存为”命令的对话框中，用户可以指定文档的“保存位置”、“文件名”和“保存类型”等信息，还可以在“另存为”对话框中单击右下方的“工具”按钮，然后单击“保存选项…”，在弹出的对话框中设置默认的保存位置。默认的文件名，一般是文档的标题或者是文档中的首句话。默认的保存类型，一般是扩展名为“.docx”的文件，即 Word 2010 文档。当然，也可以点击“保存类型”的下拉按钮，选择 Word 97-2003 文档或其他文档类型。

在示例 1 中，可以选择保存位置为 C 盘的“佳文收藏”文件夹，文件名为“赏花”，保存类型为“Word 文档（*.docx)”。这样，就在指定的文件夹中存放好了一个名为“赏花”的 Word 文档，如图 4—7 所示。

当新建文档进行过保存后，如果再次进行保存，可以单击“文件”→“保存”，这时 Word 不再弹出对话框，而是直接按照原来的类型、使用原有的文件名将文件保存在原来的位置上。因此，我们可以在录入文字的过程中经常进行保存操作。对一个已经保存过的文档，如果我们希望用另外一个文件名来保存，或者希望存成另一种类型，或者希望保存在另一个文件夹中，就必须单击“文件”→“另存为”了。

4.2.4　关闭和退出

保存文档后，如果暂时不打算再做其他工作了，可以关闭该文档，并且可以退出

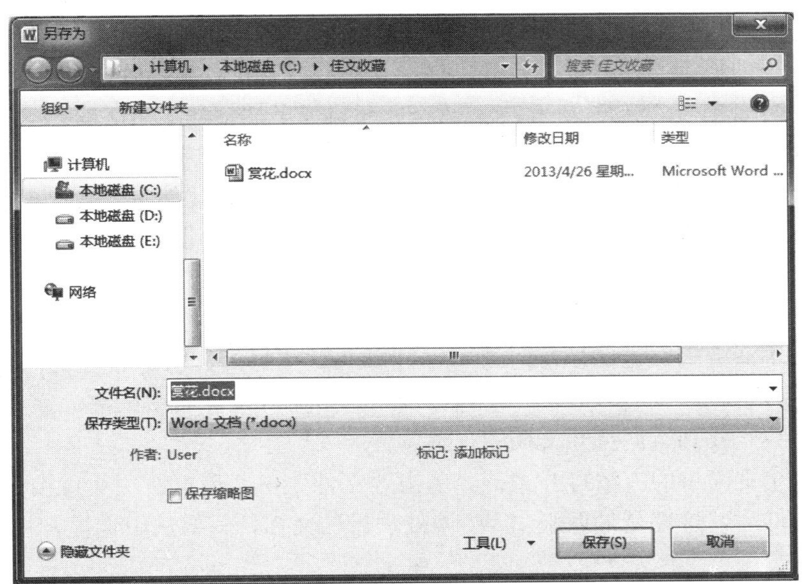

图 4—7　“另存为”对话框

Word。单击“文件”→“关闭”，可以关闭当前文档，但并没有退出 Word。单击标题栏右端的“关闭窗口”按钮，同样可以关闭当前文档；如果当前只有一个文档在用 Word 进行编辑，单击“关闭窗口”按钮，则会在关闭这个文档后立即退出 Word。

如果一个文档在进行了编辑之后没有保存，在关闭这个文档时，屏幕上就会弹出一个提示对话框，提问是否要将更改过的内容保存到当前文档。如果单击“保存”，则在执行“保存”命令之后再关闭文档；如果单击“不保存”，则直接关闭文档，不进行保存操作；如果单击“取消”，则不执行关闭命令，可以继续进行编辑。

单击“文件”→“退出”，则可以在关闭文档之后直接退出 Word。其中关闭文档的操作与执行“关闭”命令完全相同。

4.3 对文档进行加工

一般的文档，在文字录入的过程中或者在录入完成之后，往往需要做一定的修改。这包括增加、删除部分内容，更新部分内容，改变某些格式等。要对已有的文档进行编辑修改，首先要打开这个文档。Word 中提供了大量的编辑技术，包括基本的增、删、改，选定文本，文本块处理，以及查找和替换文本等。

4.3.1　打开已有的文档

如果是用文档驱动的方法来启动 Word，启动成功时，文档也就随之打开了，这是编辑文档时常用的方法。如果从“开始”菜单或 Word 快捷图标启动 Word，或者在用

Word 编辑一个文档时需要对另外一个文档进行编辑，那么这时尽管已经启动了 Word，但是需要编辑的那个文档并没有打开。如果希望在 Word 启动之后打开一个需要进行处理的文档，可以单击“文件”→“打开”，此时将弹出“打开”对话框。

当我们要打开一个文档时，首先需要知道这个文档的保存位置。“打开”对话框的中部是一个文件名浏览区，在浏览区的左半区找到正确的文件夹，要打开的文档的文件名和图标才有可能出现在浏览区的右半区。其次，一定要明确这个文档的文件类型，如果这个文档的文件类型与“文件名”框右侧的“文件类型”框中所指定的类型不符，那么这个文件的文件名和图标也不会在浏览区中出现。

如果记不清文档究竟保存在何处了，可以通过“打开”对话框上方右侧的“搜索文档”栏进行查找，我们只需在“搜索文档”栏中输入文件名中的部分字符，Word 就会按照这个线索找到所需打开文档的正确位置。

还有一个更简单的方法打开文档。单击“文件”→“最近所用文件”，屏幕上就会列出一组文件名，这都是最近刚用 Word 处理过的文档，只要从中选择，相应的文档就可以打开了。

4.3.2 基本的增、删、改操作

文档打开后就可以进行编辑了。最基本的文字编辑功能包括字符的增、删、改。

通常 Word 启动后的状态是“插入”状态，即新键入的文字总是出现在插入点光标所在的位置，如果在插入点的右侧已有文字，则这些文字将自动右移。此时，进行的是文字的“插入”。而 Word 的另外一种编辑状态是“改写”状态，即新键入的文字将覆盖紧靠插入点右侧的文字，此时，进行的是文字的“修改”。

如果希望能够在状态栏上看到当前究竟是在“插入”状态还是在“改写”状态，可以把鼠标放在状态栏上单击右键，在弹出的“自定义状态栏”中的“改写”选项前面打钩，这样状态栏的左侧就会显示出当前是“插入”状态还是“改写”状态。

“插入”和“改写”状态是可以相互转换的，可以通过单击键盘上的 Ins（或 Insert）键来进行“插入”和“改写”的转换，此时 Ins 键起到了开关键的作用（注：如果 Ins 键不起作用，可以单击“文件”→“选项”→“高级”，然后在“用 Insert 控制改写模式”选项前面打钩）。“插入”和“改写”的相互转换还可以用另外一种方法，即用鼠标点击状态栏上的“插入/改写”框，同样可以完成两种状态的转换。

文字的删除可以用 Delete 键或 Backspace 键。只要实际操作一下，这两个键的差异很容易搞明白，这里不再赘述。

为了防止误操作，Word 提供了编辑的撤消和恢复功能。在“快速访问工具栏”上有“撤消”按钮和“恢复”按钮。利用撤消功能，可以取消刚刚进行的错误操作，Word 的撤消功能可以连续多步进行。如果对所做的撤消操作不满意，还可以利用恢复功能恢复回来。同样，Word 的恢复功能也可以连续多步进行。

4.3.3 处理文字块

有时，我们不单是对一两个字符进行某种操作，而是需要对若干个字符进行同样

的操作，即对某个“文字块”进行同一种操作，如移动文字块的位置、复制文字块、删除文字块等。

要对某个文字块进行操作，首先要选定该文字块。选定文字块的最直接的方法是在要选定的文字的左端按下鼠标左键，再移动鼠标到要选定的文字的右端松开。如果要选定的是整行或整段文字，也可以用鼠标在选定区单击或拖动。

也可以将鼠标和按键结合使用来选定文字块。先单击要选定的文字块的左端，再按下 Shift 键不放，然后单击要选定的文字的右端。

还可以用 F8 功能键来进行文字的选定。单击 F8 键，状态栏右侧显示出“扩展式选定”字样，此时即进入“扩展式选定”状态，继续单击 F8 键，依次选定插入点右侧字符所属的一个词、一个句子、一个段落，直至整个文档的全部内容。用鼠标左键单击状态栏上的“扩展式选定”框，或者按键盘左上角的 Esc 键，就可以退出“扩展式选定”状态。

如果按住 Alt 键，再用鼠标拖过要选定的文本，则选定的是“垂直”文本块。

选好文字块后，就可以对它进行删除、移动、复制等操作了。

删除文字块的操作很简单，在选定文字块之后，单击 Backspace 键或 Delete 键即可。

移动文字块可以通过剪贴板来进行。操作步骤是：选定文字块，在“开始”功能区的面板上单击“剪贴板”组中的“剪切”按钮剪切，然后将插入点移到适当的位置，再单击面板上的“粘贴”按钮粘贴，即“先剪切，后粘贴”。如果要复制文字块，则只需将上述步骤中的“单击‘剪切’按钮剪切”改为“单击‘复制’按钮复制”，其余操作不变，即“先复制，后粘贴”。

“剪切”、“复制”和“粘贴”这三个命令是文字块操作中最常用到的命令，也可以通过单击快捷键“Ctrl＋X”（剪切）、“Ctrl＋C”（复制）、“Ctrl＋V”（粘贴）来进行。

Office 软件的剪贴板比 Windows 的剪贴板功能更强。在 Windows 的剪贴板上只能存放一项内容，而 Office 的剪贴板可以存放 24 项内容，这更便于重复利用剪贴板中的不同内容进行复制。操作方法如下：在“开始”功能区的面板上单击“剪贴板”组中的对话框启动器按钮，这时在工作区窗口的左侧就会打开“剪贴板”任务窗格，在“剪贴板”任务窗格中可以看到此前通过“复制”或“剪切”操作存放的若干项内容，单击其中的某一项，该项内容就会被粘贴在当前位置。粘贴之后，在粘贴的对象附近可能会出现“粘贴选项”按钮(Ctrl)，打开后可以选择其中出现的某个格式选项或其他选项。

另外，单击“粘贴”按钮下方的下拉按钮，可以看到还有一个“选择性粘贴…”命令，使用“选择性粘贴”命令可以在粘贴之前先确定对象的粘贴格式。

在 Word、Excel、PowerPoint 等 Office 软件中，还可以用鼠标拖动的方法进行文字块的移动或复制。选定文字块，将鼠标指针指向文字块，则指针形状会由原来大写“I”的形状变成指向左上方的空心箭头，此时就可以按下鼠标左键，拖动文字块。在拖动时，指针附近会出现虚竖线，表明若此时放开鼠标左键，文字块将放置的位置。如果移动文字块，直接这样拖动即可；如果复制文字块，则在松开鼠标左键之前要先按住 Ctrl 键（这时指针上多了一个“+”号，表示现在是复制状态）。

4.3.4　查找和替换

在文档的编辑工作中，有时需要查找某些特定的文本或者需要将某些文本用其他的内容进行替换，这时可以应用 Word 的查找和替换的功能。

如果仅仅是想查找有关内容，可以进行如下操作：在“开始”功能区的面板上单击最右侧“编辑”组中的“查找”选项，这时在工作区窗口的左侧就会打开一个“导航”任务窗格，在任务窗格的“搜索”框中输入要查找的文字信息，Word 就会将本文档中所有相匹配的文本用颜色突出显示出来。单击搜索框右侧的放大镜按钮，还可以搜索各种对象，如图形、表格、公式、批注等。

如果需要将查找到的内容用其他内容来进行替换，可以在“开始”功能区的面板上单击“编辑”组中的“替换”选项，这时会弹出一个“查找和替换”对话框，图 4—8 显示的是一个已经打开了“更多”按钮的“查找和替换”对话框。

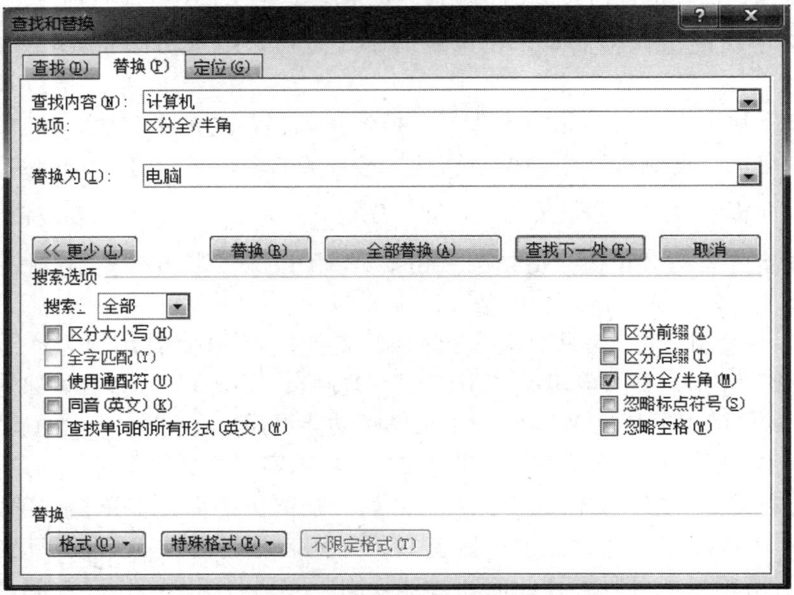

图 4—8　“查找和替换”对话框

当我们在“查找内容”框中键入要查找的文本后，“替换”、“全部替换”和“查找下一处”三个按钮就可以使用了。“替换为”框中应当键入要替换的新文本，如果不键入任何内容，就表示要删除查找到的文本。单击“替换”按钮后，将对搜索到的内容进行替换，并继续查找下一处。如果不希望对当前搜索到的文本进行替换，也可以单击“查找下一处”按钮，继续进行查找。如果单击“全部替换”按钮，可以不停顿地将文档中所有搜索到的文本用新文本进行替换。

无论是“查找”还是“替换”选项卡上，都能看到一个“更多”或“更少”按钮。如果这个按钮上面写着“更多”，单击这个按钮将使对话框变大，下部出现“搜索选项”并且有“格式”、“特殊格式”和“不限定格式”三个按钮；如果这个按钮上面显示“更少”，则单击它将使对话框变小，“搜索选项”部分就被隐藏起来。

利用“搜索选项”可以在搜索时进行一些设定，例如是否区分大小写、是否区分全角和半角、是否使用通配符等；利用“格式”按钮，可以查找具有指定格式的文字；利用“特殊格式”按钮，不仅可以查找分隔符、段落标记等特殊符号，还可以查找图形、脚注和尾注等项目。另外，在设置了查找或替换文字的格式后，还可以用“不限定格式”按钮取消已指定的所有格式。

4.4 编辑出美观的文档

文档中的文字录入、修改完成后，接下来就要考虑如何使得一篇文章更加漂亮、美观，并且方便阅览，这就需要进行适当的格式设置。文档的格式设置，通常可分为 3 个层次：最基础的是字符的格式设置，其次是段落格式设置，最后决定整体风格的是页面布局。

4.4.1 字符格式

字符格式包括字符的字体、字号、字形、颜色和字符修饰等。如果不作任何特别的设置，在一个普通空白文档中键入的字符通常是宋体五号字，并且没有任何修饰效果。但是在大多数情况下，我们总是希望根据文档的体裁，对其中某些文字的格式进行一些必要的设置，Word 提供了非常丰富的设置各种字符格式的功能。

要设置字符的格式，通常要先选定文字。如果没有选定，则所设置的格式只对之后立即键入的字符有效；如果在设置之后又执行了其他一些操作，则这次的设置就有可能不起作用。所以为了确保设置有效，应该是先选定文字再进行设置。

常用的字符格式大部分都可以在“开始”功能区的面板上通过单击“字体”组中的各个按钮来进行设置，如图 4—9 所示。利用这些按钮，可以设置“字体”（如楷体）、“字号”（如四号）、“字形”（如粗体、斜体、添加下划线）、“字体颜色”（如红色）、“文本效果”（如渐变填充）、“更改大小写”等，这些都是比较简单的操作。

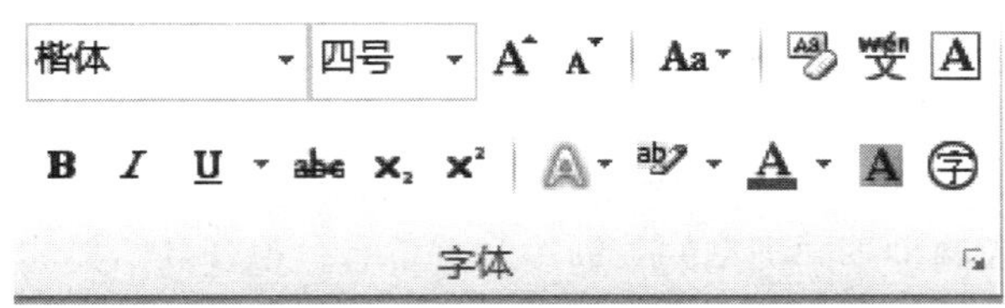

图 4—9 “字体”组

Word 2010 中的字体、字号、字体颜色等按钮提供了“实时预览”功能。实时预览能够显示已经选择（但尚未应用）的格式的效果。

一般情况下，“字体”组上的格式按钮足够用了，但如果想要设置更加完善的字符格式，可以单击“字体”组上的“字体对话框启动器”来打开“字体”对话框，如图

4—10 所示。几乎所有有关字符格式的设置，都可以在这个对话框中进行。

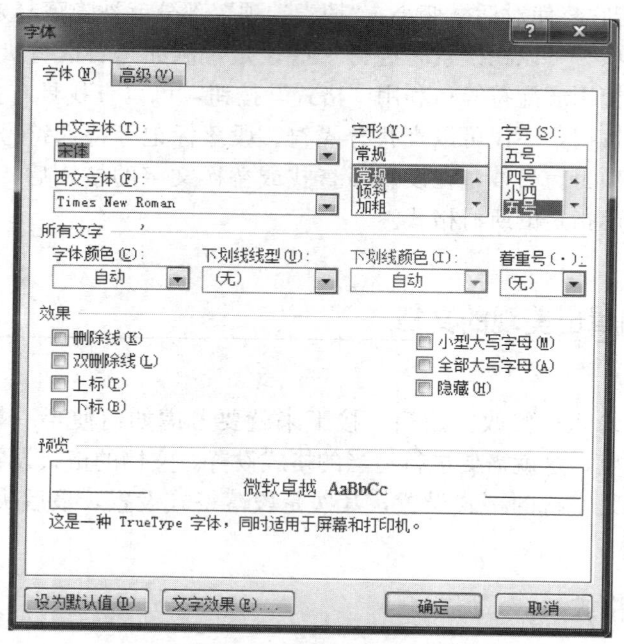

图 4—10 “字体”对话框

1. 字体、字号和字形

在“字体”对话框的“字体”选项卡上，上部是字体、字形和字号，中间是字符颜色、下划线和着重号，下部是修饰效果。从选项卡最下面的预览框中，可以看到所设置的字符格式的真实效果。

通常对字符格式设置的最多的是字体和字号的选择。在对话框上可以分别设置中文字体和英文字体。中文字体包括宋体、黑体、楷体、隶书和仿宋体等；英文字体也有多种。Word 将中文字号从大到小分为 16 级，最大字号为“初号”，最小字号为“八号”，而英文字号则是以“磅值”为单位，与中文字号相反，磅值越大，字就越大，反之就越小。除了可以在字号框的选择列表中选择已列出的磅值，也可以在字号框中直接键入一个数字来确定字号。

至于字形、字体颜色、下划线线型、着重号、效果等的设置都非常简单直观，只要在相应的选择框中分别进行设置就可以了。

示例 2：将示例 1 中的文字的字体设置为“微软雅黑”，字形设置为“加粗”，字号设置为“小三”，并加入两种不同类型的下划线和着重号，得到的结果如图 4—11 所示。

2. 字符的间距和文字效果

利用“字体”对话框，还可以设置字符的缩放率、间距、位置以及其他文字效果。在“字体”对话框的“高级”选项卡上，就可以看到“缩放”、“间距”、“位置”等控件。

“缩放”框用来改变字符的宽度，用百分率表示。正常字符的缩放率是 100%。当缩放率大于 100%时，表示字符的宽度比正常字符更宽；而当缩放率小于 100%时，则

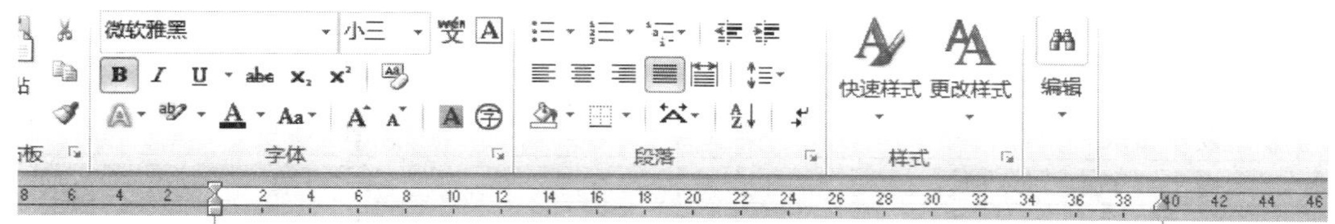

花有五颜六色，盛开的时候每一种颜色都会令人感到赏心悦目。有的品种先开花后长叶；也有的就是鲜花配绿叶。有的花瓣很大，在阳光下张开、在黑夜中关闭，为的是保护里面的花蕊，那是一个生命的延续所需要的内容，或许还要借助蜜蜂的帮助。有的花瓣很多，层层叠叠，展现出何等的娇媚。虽然大多数的花都是向上开放、去追寻阳光，可也有的花从空中垂向地面，去汲取土地的营养。有的花从树上开放，有的仅像一棵小草，可也有花朵。有的花散发着沁人的芳香，也有的总是那么无声无息。

图 4—11　示例 2 中对字符的格式设置

表示字符的宽度比正常字符更窄。

“间距”框用来改变字符之间的距离。默认的间距是“标准”，若要加大字符间距，应先选择“加宽”选项，再在右边的“磅值”文本框中输入一个适当的数值。类似地，若要缩小字符间距，应先选择“紧缩”选项，然后再在右边的“磅值”文本框中输入一个适当的数值。

“位置”框用来改变字符在行中的上下位置。默认的位置是“标准”，若要提升字符的位置选“提升”，若要降低字符的位置选“降低”。字符位置的具体高度，也是由右面的“磅值”决定的。

另外，单击“字体”对话框左下方的“文字效果”按钮，还可以设置其他文字效果，如设置文本的填充颜色、文本的边框线、文本的阴影、文本的轮廓样式、文本的三维格式等。这些漂亮的文字效果只要自己亲自动手操作一下，就能够体会到，使用起来非常方便。

3. 字符格式命令的快捷键

我们可以通过 Word 中内置的许多快捷键来使用相关的字符格式命令，这样可能会更有助于我们提高工作效率。表 4—1 中列出了一些常用的与字符格式有关的快捷键，以供参考。

表 4—1　　常用的与字符格式有关的快捷键

命令	快捷键
大、小写转换	Ctrl+Shift+A
加粗	Ctrl+B

续前表

命令	快捷键
复制格式	Ctrl＋C
弹出“字体”对话框	Ctrl＋D
以不同颜色突出显示文本	Alt＋Ctrl＋H
超链接	Ctrl＋K
倾斜	Ctrl＋I
粘贴格式	Ctrl＋V
字号：减小 1 磅	Ctrl＋[
字号：减小到下一预设值	Ctrl＋Shift＋＜
字号：增大 1 磅	Ctrl＋]
字号：增大到下一预设值	Ctrl＋Shift＋＞
小型大写字母	Ctrl＋Shift＋K
下标	Ctrl＋＝
上标	Ctrl＋Shift＋＝
下划线	Ctrl＋U

4.4.2 段落格式

段落格式是对整个段落进行某种格式的编排，比如段落左、右与页面打印区边界的距离（即段落缩进方式）、段落第一行是否与其他各行一致、段中各行如何对齐、段落前后是否增加距离、段中各行的距离等。

设置段落格式，也应当先选定段落。与设置字符格式不同的是，如果没有选定段落，则段落格式的设置就是针对插入点所在的段落。如果要对若干段落设置相同的格式，就必须先选定这些段落，然后再进行段落格式的设置。

1. 段落标记

在 Word 中，用段落结束标记（通常简称为“段落标记”）来区分不同的段落单位。每个段落在结束处都要键入一个 Enter 键，Enter 键实际上就是段落的结束标记，它表示一个段落的结束，其后的内容将属于另外一个段落。段落标记在屏幕上用符号↵表示。

如果不希望在屏幕上看到这些段落标记，可以选择“文件”→“选项”→“显示”，然后在“始终在屏幕上显示这些格式标记”选区中，将“段落标记”按钮☑ 段落标记(M)前面的勾去掉，这样在屏幕上就看不到这些段落标记的符号了。如果只是在某些情况下需要偶尔查看一下段落标记，可以在“开始”功能区中单击“段落”组中的“显示/隐藏编辑标记”按钮↵，这样就可以在文档中每个段落的结尾处看到段落标记的符号↵。如果删除段落标记，就会把其前后的两个段落合并成一个段落。合并后的段落将采用前一个段落的格式。

如果希望总是能够看到这些段落标记，那么可以再次选择“文件”→“选项”→“显示”，然后在“始终在屏幕上显示这些格式标记”选区中，在“段落标记”按钮☐ 段落标记(M)前面的框内打上钩。

2. 对齐方式

对齐方式是最基本的段落格式之一，有左对齐、右对齐、居中对齐、两端对齐和分散对齐 5 种方式。

左对齐是指段落中的各行左边对齐。左对齐常用于英文的文档。

右对齐是指段落中的各行右边对齐。右对齐用在单行的段落中比较多，常用于行文中的落款行。

居中对齐是指行中文字的两端到页面打印区左右边界的距离相同，这样可使得文字始终位于各行的中间。居中对齐也常用于单行中，最常见的用法是用于一篇文章的标题行。

两端对齐是指段落中的各行（不包括最后一行）的左边和右边都对齐。两端对齐在实际应用中用得最多，常用于中文的文档（也可用于英文文档）。

分散对齐是指段落中的各行（包括最后一行）的左边和右边都对齐。因此，当一行中的文字较少时，分散对齐将使其中的文字均匀拉开距离，将一行占满。分散对齐多用于表格中的单元格，可使得单元格中的文字均匀分布。

设置对齐方式可以直接用“开始”功能区的“段落”组中的一组对齐按钮。这组按钮从左到右依次为：“文本左对齐”按钮、“居中”按钮、“文本右对齐”按钮、“两端对齐”按钮和“分散对齐”按钮。

单击“段落”组上的“段落对话框启动器”，可以打开“段落”对话框，如图 4—12 所示。通过“段落”对话框，也可以设置对齐方式。在“段落”对话框的“缩进和间距”选项卡上，有“对齐方式”下拉列表框，拉开进行选择即可。

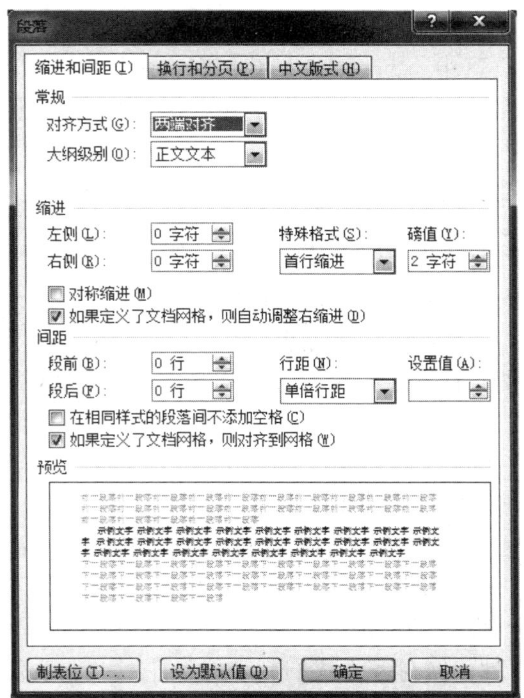

图 4—12　“段落”对话框

3. 缩进和间距

段落的缩进，是指段落中各行文字的两端到页面打印区域的边界（或窗口显示区边界）的距离。段落缩进包括左缩进、右缩进、首行缩进和悬挂缩进。

在页面视图下，单击垂直滚动条最上面的“标尺”按钮，便可以在页面的左侧显示一条垂直标尺，在页面的上方显示一条垂直标尺。在水平标尺上能够看到各种“缩进”标记，如图4—13所示。

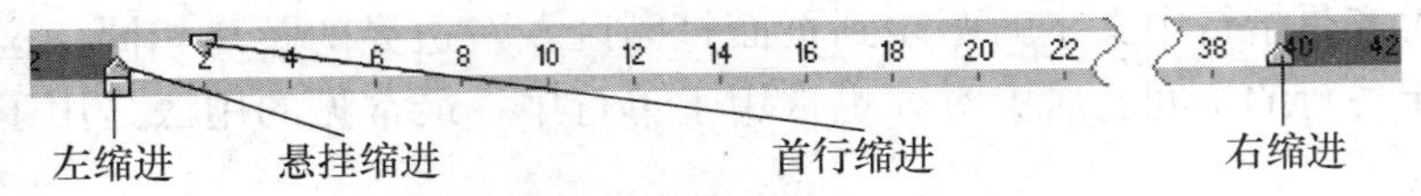

图4—13　水平标尺上的缩进标记

左缩进是段落各行文字左端到页面打印区域或窗口显示区域的左边界的距离，右缩进是段落各行文字的右端到页面打印区域或窗口显示区域的右边界的距离。

首行缩进是设置段落第一行的左端距左边界的距离，而其余行则保持原来的缩进方式不变。对于普通的中文文章，常常见到段落的第一行向内缩进两个汉字的距离，这时应用的就是首行缩进。

悬挂缩进是另外一种段落缩进格式，悬挂缩进设置的是除首行外，段落其余各行文字左端到页面打印区域或窗口显示区域的左边界的距离。

缩进格式可以直接用鼠标拖动水平标尺上有关标记进行设置，也可以通过“段落”对话框进行设置。用鼠标在标尺上设置的优点是直观、简单、速度快。利用“段落”对话框则可以进行很精确的设置。利用“段落”对话框的另一个好处是可以一次设置选定段落的多方面的格式。例如，可以在一次操作中既设置缩进格式，又设置段落中各行的行距等。

段落的行距是指段落中行与行之间的距离。一般采用“单倍行距”，即标准的行距。当然也可以设置为1.5倍行距、2倍行距、最小值、固定值、多倍行距等。

另外，若想设置所选段落与上一段之间的距离，可以进行段前间距的设置；若想设置所选段落与下一段之间的距离，可以进行段后间距的设置。

行距和段前、段后的间距可以利用“段落”组中的“行和段落间距”按钮进行设置，也可以在“段落”对话框中进行设置。

示例3：将示例2中的文字首行缩进2个字符，行距设为1.5倍行距，段前间距为0.5行，并在最后新增加了一行右对齐、华文新魏二号字体的文字，得到的结果如图4—14所示。

4. 制表位

所谓“制表位”是指按Tab键时，插入点所停留的位置。在默认情况下，每按一次Tab键，插入点向右前进两个汉字的距离（0.75cm），制表位常常用于在无表格线的列表中对齐每一列。如果默认的制表位距离较小，不能保证各列对齐，可以设置一些新的制表位，这样当按下Tab键后，插入点就可以快速地前进到所设置的制表位处。

Word中允许用5种不同对齐方式的制表位：左对齐制表位、居中制表位、右对齐制表位、小数点对齐制表位和竖线对齐制表位。

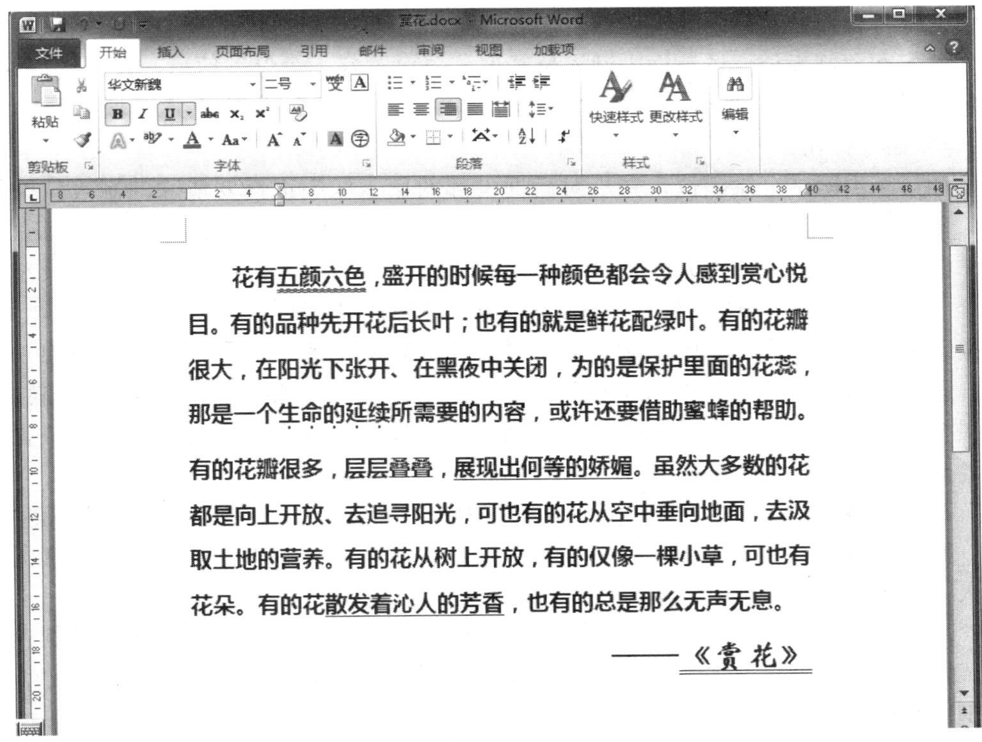

图 4—14　示例 3 中对段落的格式设置

设置制表位可以通过“段落”对话框，也可以在标尺上直接进行设置。

单击“段落”组上的“段落对话框启动器”，打开“段落”对话框。在“段落”对话框中，单击位于左下方的“制表位”按钮 制表位(T)... ，屏幕上将弹出一个“制表位”对话框，如图 4—15 所示。在这个对话框中可以设置或清除制表位，也可以设置默认制表位。在设置制表位时，应当先选择制表位的对齐方式，如果有必要，还可以为制

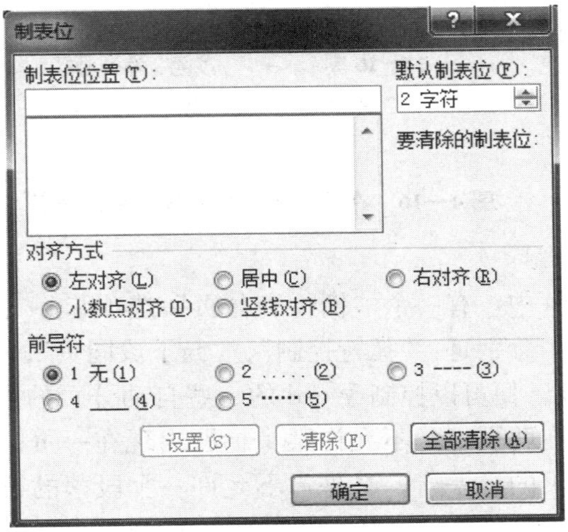

制表位
制表位位置(T)：
默认制表位(F)：
2 字符
要清除的制表位：
对齐方式
左对齐(L)　居中(C)　右对齐(R)
小数点对齐(D)　竖线对齐(B)
前导符
1 无(1)　2 ......(2)　3 ----(3)
4 ____(4)　5 ······(5)
设置(S)　清除(E)　全部清除(A)
确定　取消

图 4—15　“制表位”对话框

表位选择一种前导符，前导符可以将上一个制表位到本制表位之间的空白用该符号填满，然后在“制表位位置”框中键入位置值，每设置好一个位置值后，按一次“设置”按钮，制表位的位置值便出现在对话框中部的显示区中。全部设置完成之后，单击“确定”命令按钮。

如果想清除某个制表位，先从对话框中部的显示区中选择要清除的制表位的位置值，然后单击“清除”按钮。如果要清除全部制表位，则单击“全部清除”按钮。

设置制表位的另一种方法是直接利用水平标尺进行设置。在水平标尺的最左端有一个“制表位对齐方式”按钮，用鼠标单击该按钮可以循环切换各个制表位，其中，表示左对齐，表示居中，表示右对齐，表示小数点对齐，表示添加一条竖线。选择好对齐方式后，在水平标尺上的适当位置单击，就可以设置相应的制表位。如果要调整制表位的位置，可以直接拖动水平标尺上的制表位标记到所需的位置。如果要删除制表位，将水平标尺上的制表位标记拖离标尺即可。

当新的制表位设置完成后，Word 会在标尺上显示出每个制表位的位置及对齐方式，此时，每按一次 Tab 键，插入点便直接前进到下一个制表位的位置，在该位置上输入的内容按该位置上制表位的对齐方式排列。

示例 4：图 4—16 是一个用制表位设置的列表，表中灰色的右指箭头→是制表符的格式标记，通常情况下并不显示，当单击“段落”组中的“显示/隐藏编辑标记”按钮时，便可在列表中看到。

种类	品种	栽培周期	备注	等级
矮牵牛	梦幻、地毯	12～14 周	红、玫瑰红、蓝、粉、白、混色	A
万寿菊	安提瓜	11～13 周	黄、橙、金色、淡黄	A
银叶菊	银灰	13～14 周	白色；一串红镶边用之佳材	B
彩叶草	奇才、墨龙	11～13 周	小苗遇低温生长极为缓慢	B
石竹	完美、花边	12～14 周	深红	C
海棠	龙翅	16～19 周	红色	D
美女樱	水晶	14～15 周	混色、葡萄酒红	D
天竺葵	夏雨	14～16 周	玫瑰红、混色	D

图 4—16　在列表中使用制表位和制表符

5. 换行和分页控制

在“段落”对话框中，有一个“换行和分页”选项卡。在这个选项卡中有一组关于“分页”的复选框，分别是：“孤行控制”、“与下段同页”、“段中不分页”和“段前分页”。有了这些选项，便可以控制 Word 的一些自动分页的操作。例如，不允许某些重要的段落分别出现在两页上；不允许某个标题出现在一页的最后一行；文章中的大标题一定要显示在一页的第一行；另外，不允许一个段落的第一行和其余各行分别出现在前后两页上，也不允许将一个段落的最后一行与其余各行分放在两页。这时就可以使用这些关于“分页”的命令进行相应的设置。

选择了“孤行控制”，就不允许段落的第一行出现在某一页的末尾，或段落的最后一行出现在某页的开头。

选择了“段中不分页”，就不允许在段落中间分页，该段落的全部内容必须位于同一页中。

选择了“与下段同页”，就不允许下个段落出现在下页的开头，这是为了防止文章中的一些小标题出现在一页的最后一行。

选择了“段前分页”，则该段落一定要放在新的一页的第一行。

6. 轻松移动段落

如果需要快速交换两个段落，可以不必使用鼠标。更简捷的方法是将插入点置于两个段落中的任何一个段落上，然后按 Alt＋Shift＋Up 或 Alt＋Shift＋Down 组合键，将当前段落上移或下移，使之与上一个段落或下一个段落交换位置。这种方法也可以用于在表格中快速移动行。

4.4.3 格式的复制、查找和替换

在文档处理过程中，有时需要进行格式的复制，以及格式的查找和替换等工作。这些工作，Word 都可以很方便地实现。

1. 格式的复制

在较大的文档中，有时希望若干文本或若干段落都设置为某一种相同的格式，而这些文本和段落又比较分散，不方便一次都选定。这时就需要做多次相同的格式设置，很麻烦。为了解决这个问题，可以使用 Word 的格式刷工具。格式刷提供了格式复制功能，可以将设置好的格式复制到其他字符或其他段落上，非常方便。

“格式刷”按钮位于“开始”功能区的“剪贴板”组中，具体的操作有两种，一种是先选定已设置好格式的文本，单击“格式刷”按钮，再用鼠标拖过需要复制该格式的文本，这样就把选定文本的格式复制到后来拖过的文本上了。格式刷既可以复制字符格式，也可以复制段落格式。复制段落格式时，一定要注意包括段落标记，否则只能复制字符格式。

另一种操作与前者基本相同，不同之处是将单击“格式刷”按钮的操作改为双击“格式刷”按钮，这样就可以将选定的格式连续复制到多个位置，直到再次单击“格式刷”按钮或按“Esc”键为止。

2. 查找和替换格式

有时需要找到所有具有某种格式的文本，这要用到格式查找功能；有时又需要将某种格式的文本全部改成另一种格式，这就需要进行格式替换。

查找和替换格式的操作可以利用“查找和替换”命令来进行。例如，我们想要把文档中所有红色的字符都改成蓝色，可以在“开始”功能区的“编辑”组中单击“替换”按钮，在弹出的“查找和替换”对话框上单击“更多”按钮更多(M) >>，这样，“查找和替换”对话框中将显示出更多的内容。首先在“查找内容”框中设置插入点，再单击对话框左下方的“格式”按钮，选择“字体”项，在打开的对话框中设置字体颜色为红色，再单击“确定”按钮，关闭对话框；然后在“替换为”框中设置插入点，

用同样的方法将字体颜色设置为蓝色。之后单击“全部替换”按钮，就可以按照要求将文档中红色的字符全部换成蓝色字符了。

4.4.4 其他格式设置问题

本节介绍在实际应用中经常会遇到的其他一些有关格式的设置，如边框和底纹、项目符号和编号等。这些格式设置不是单纯的字符格式，也不完全是段落格式，但在实际应用中也是很常见的。

1. 边框和底纹

在 Word 中，既可以为某些字符设置边框和底纹，也可以为某个段落设置边框和底纹，还可以为整个页面设置边框和底纹。

设置边框和底纹，首先需要进行选定，选定的内容可以是一些字符，也可以是一些段落，或者是表格等。选好内容后，在“开始”功能区的“编辑”组中单击“边框”按钮的下拉列表，从中选择一种合适的边框线类型即可设置边框线。设置底纹可以在“编辑”组中单击“底纹”按钮的下拉列表，然后从中选择一种颜色。如果需要设置其他类型的边框或底纹，还可以单击下拉列表底部的“边框和底纹…”选项，在弹出的“边框和底纹”对话框中有三个选项卡，如图 4—17 所示。设置文本的边框用“边框”选项卡，设置底纹用“底纹”选项卡，而“页面边框”选项卡则用于设置页面的边框。

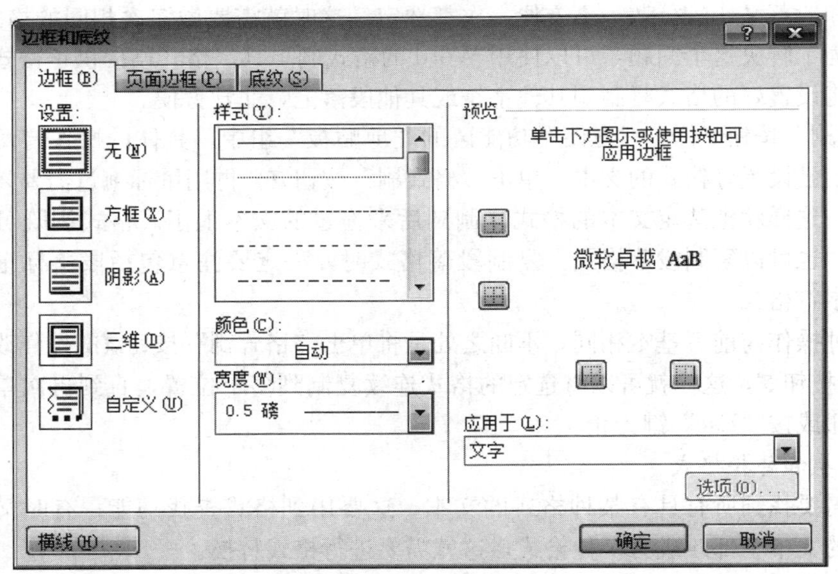

图 4—17 “边框和底纹”对话框

要设置文本的边框，可以在选项卡左部选择一种样式，也可以在选项卡中部选择不同的线型、不同的颜色和线的宽度。选项卡右部有效果的预览框，周围有若干按钮，分别表示不同部位的边框线。按下按钮，就按照左部和中部的设置添加边框线；抬起按钮则取消边框线。当预览效果满足要求时，单击“确定”按钮，边框就按照要求设置好了。选项卡右部有一个“应用于”下拉框，可以选择“文字”或“段落”。

要设置底纹，在“底纹”选项卡左部上面的“填充”下拉列表中选择某种填充颜色，还可以根据需要选择某种填充图案的样式及其颜色。右部同样有效果的预览框，以及“应用于”下拉列表。当然，可以同时对某一段文字既添加边框又添加底纹。

“页面边框”选项卡用于设置页面边框。页面不涉及选定的文本，但是与节有关。如果在“应用于”下拉列表中选择了“整篇文档”，那么所有页面都添加相同的边框。而如果选择“本节”，则只对本节中的各页添加边框；如果选择“本节—仅首页”，则只为本节的第一页添加边框；如果选择“本节—除首页外所有页”则为本节中除第一页以外的其余各页添加边框。在“页面边框”选项卡上，还可以选择“艺术型”边框，以增加页面美观的效果。

2. 项目符号和编号

项目符号和编号一般出现在多个段落中。当一个文档中出现若干并列的项目时，可以在每个项目前添加一个项目符号，也可以给项目依次添加编号。

Word 有自动为项目进行编号的功能。如果我们录入多个项目时，在第一个项目开头键入了数字 1 以及制表符或句号、逗号、顿号、右括号等符号，那么该段落结束时 Word 就会自动将其转化为编号格式，并且在下一个段落开头自动加上数字 2；在第二个段落结束时，又会在第三个段落开头出现数字 3，等等。要结束这种自动编号状态，只需在最后一项的段落结束时键入两次 Enter 键，或在最后一项结束后又出现新的编号时用 Backspace 键删除编号，或在“开始”功能区的“段落”组中单击“编号”按钮来取消这种自动编号。

要想在键入时自动加上项目符号，可以在第一个项目开头先键入星号以及空格或制表符，这时，开头的星号就会自动变为项目符号，并且在新的一段开头也会出现相同的项目符号。结束这种状态同样可以通过连续键入两次 Enter 键，或在新出现的下一个段落中删除自动出现的项目符号，或单击“段落”组中的“项目符号”按钮。

如果要给已经录入的若干项目添加项目符号或编号，可以先选定这些段落，然后单击“段落”组中的“项目符号”按钮或“编号”按钮。再次单击这些按钮则取消已有的项目符号或编号。利用“项目符号”按钮或“编号”按钮的下拉列表，还可以选择其他的项目符号格式或编号格式。

另外，利用“段落”组中的“多级列表符号”按钮还可以设置多级编号。当希望进入到下一个级别时，只需在新出现的下一个段落中单击 Tab 键；而当希望返回到上一个级别时，只需在新出现的下一个段落中单击 Shift＋Tab 键。多级编号在分章节的文档中是经常用到的。

注意：“项目符号”与“编号”都允许实时预览项目效果，但多级列表则没有实时预览的功能。

3. 首字下沉

首字下沉是一种特殊的格式，即一个段落的第一个字符明显大于本段落中其余的字符，并且第一个字符与其后的字符顶部对齐。这样，第一个字符的底部就大大低于段中其余的字符。

首字下沉是对段落的一种修饰，有两种格式：一种是第一个字下沉后，占据多行位置，使得所占据的各行的左端缩进，为第一个字空出位置；另一种是采用悬挂缩进，使得首字变大、下沉不受空间的限制。

要设置首字下沉，可以进入到“插入”功能区，在“文本”组中选择“首字下沉”按钮。单击“首字下沉”按钮，在其下拉列表中选择“首字下沉选项”，可以选择下沉的位置、下沉字符的字体、下沉的行数及距正文的距离等。

示例 5：在示例 3 中增加了文字，并设置了首字下沉，添加了边框线；另外，又增加了四行文字，并采用了项目符号及居中对齐方式。得到的结果如图 4—18 所示。

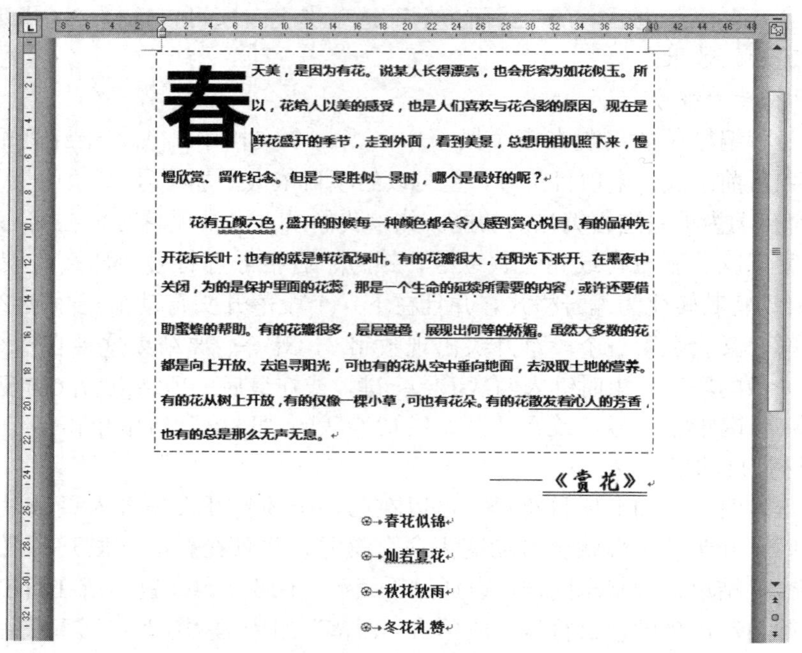

图 4—18　示例 5 中的多种格式设置

4.5 页面设置和打印文档

要将一个文档完美地从打印机中打印出来，还应该注意页面的合理布局。如：页面的上、下、左、右各留多宽的空白，页眉和页脚上是否需要有一些内容，纸张是多大的规格，文字在纸上的打印方向等。

1. *分页和页码*

Word 是自动进行分页的。当文字内容超过一页时，自动转到下一页。有时我们希望文字内容不足一页时，就转到下一页，这时可以人工插入一个强制分页符。插入分页符的操作方法是：将插入点置于需要换页的位置，在“插入”功能区的“页”组中单击“分页”按钮，或者在“页面布局”功能区的“页面设置”组中单击“分隔符”

按钮，然后从下拉列表中选择“分页符”选项。

也可以不通过功能区命令，直接键入强制分页符：将插入点置于需要换页的位置，然后按住 Ctrl 键并单击 Enter 键即可。

在显示编辑标记时，强制分页符显示为一条虚线，并标注出“分页符”字样。需要注意的是：强制分页符不会随着编辑和重新排版而自动调整分页位置。

类似地，如果一个段落没有结束，而希望换行，也可以插入自动换行符。插入自动换行符的命令与插入分页符的命令相似：在“页面布局”功能区的“页面设置”组中单击“分隔符”按钮，然后从下拉列表中选择“自动换行符”选项。

同样，也可以直接键入自动换行符。方法是：将插入点置于需要换行的位置，然后按住 Shift 键并单击 Enter 键。在显示编辑标记时，自动换行符显示为一个向下的箭头↓。

如果要在文档中显示和打印页码，应该先插入页码。插入页码的操作很简单，只需在“插入”功能区的“页眉和页脚”组中单击“页码”按钮，然后在“页码”下拉列表中进行选择，例如选择“页面顶端”，如图 4—19 所示。

在“页码”的下拉列表中，还有一个“设置页码格式”按钮，单击该按钮弹出一个“页码格式”对话框，如图 4—20 所示。利用这个对话框可以设置页码的格式。Word 按照所设置的页码格式，自动在每一页的指定位置插入正确的页码。

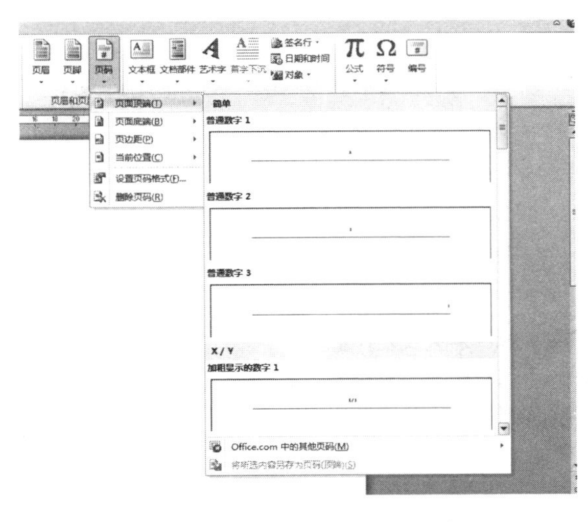

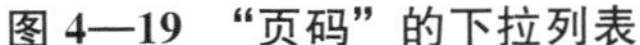
图 4—19　“页码”的下拉列表

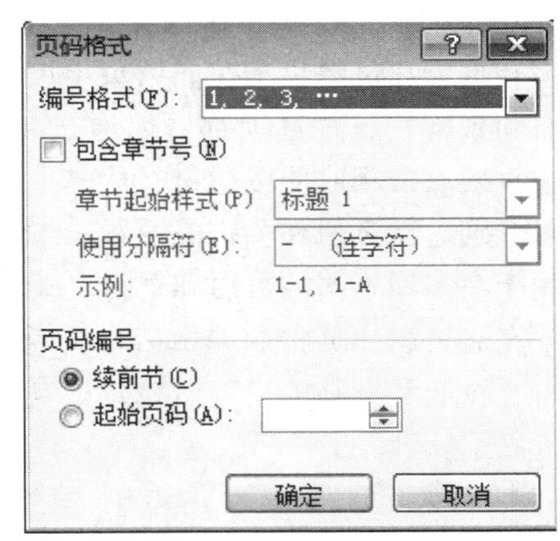

图 4—20　“页码”对话框

2. 页眉和页脚

“页眉”是指每一页正文内容上方的区域，在有些出版物的页眉上往往有文章标题、作者姓名等信息，有些页眉中还有章节号等，页码也可以放在页眉上。

“页脚”则是指每一页正文内容下方的区域。页码在很多情况下是放在页脚中的。

Word 提供了文档的页眉、页脚编辑功能。要编辑页眉或页脚，可以在“插入”功能区的“页眉和页脚”组中单击“页眉”或“页脚”按钮。在“页眉”或“页脚”的下拉列表中单击任一个选项，就进入到了“页眉”层或“页脚”层。此时，正文的文

字变成灰色，并进入到了“页眉和页脚工具”|“设计”的功能区，如图 4—21 所示。利用该功能区中的各组按钮，就可以在页眉或页脚上插入并编辑各种信息了。

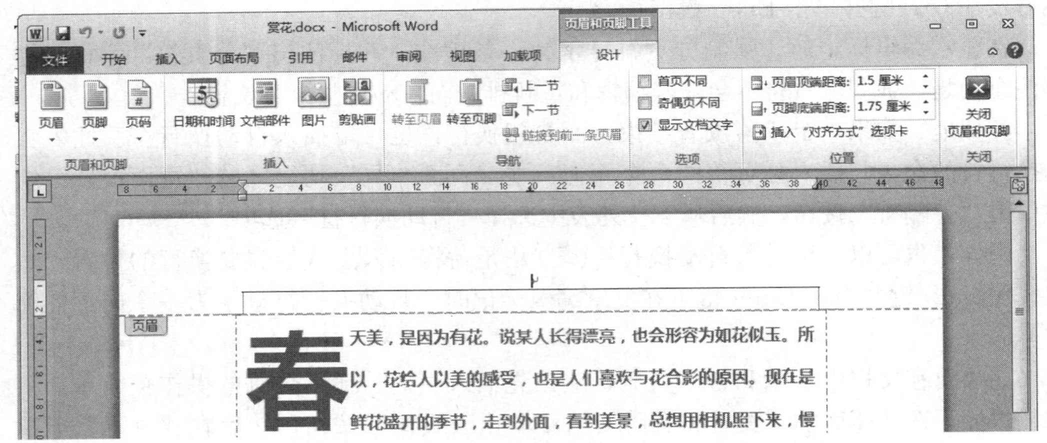

图 4—21 “页眉和页脚工具”|“设计”的功能区

在页眉和页脚中，除了可以插入普通的文字信息外，还可以利用“页眉和页脚工具”|“设计”功能区中的各组按钮，在页眉和页脚中插入页码、日期和时间、图片、剪贴画等。利用“导航”组中的“转至页眉”和“转至页脚”按钮，还可以在页眉和页脚区域之间快速地切换。

Word 允许多种不同的页眉和页脚出现在同一个文档中。例如，Word 允许文档的页眉和页脚在奇数页和在偶数页不同，还允许文档首页的页眉和页脚不同于其他页的页眉和页脚。这些选项都可以通过在“页眉和页脚工具”|“设计”功能区的“选项”组中直接点击相应的按钮进行操作。另外，如果将一个文档分成了若干节，不同的节可以分别进行页眉和页脚的设置。“导航”组中的“上一节”按钮和“下一节”按钮可以用于在多项不同的页眉和页脚之间转移。

完成页眉和页脚的编辑后，要返回正文，只要在文档的正文部分双击鼠标，或者单击“页眉和页脚工具”|“设计”功能区的“关闭”组中的“关闭页眉和页脚”按钮就可以了。

3. 分栏

有些文档需要将页面分成纵向的若干栏，这可以用分栏功能实现。

分栏可以通过“页面布局”功能区的“页面设置”组中的“分栏”按钮来实现。单击“分栏”按钮，可以在“分栏”的下拉列表中选择不同的分栏样式。

如果要将整篇文档统一都分成 3 栏，直接点击“分栏”按钮，在下拉列表中选择“三栏”按钮。而如果只是一部分内容要分成 3 栏，其余不分栏，就必须先选定要分成 3 栏的部分，再进行上述的分栏操作。也就是说，分栏也是针对选定的内容进行的，而当没有选定内容时，分栏则针对整篇文档进行。

单击“分栏”下拉列表中的“更多分栏”按钮，可以看到“分栏”对话框，如图 4—22 所示。在对话框的上部，列出了 5 种分栏的样式：一栏（不分栏）、两栏（均匀分栏)、三栏(均匀分栏)、左(左栏窄、右栏宽的两栏)和右(左栏宽、右栏窄的两栏)。分栏时，可以直接从中选择任一种。如果这 5 种分栏样式都不能满足要求，也可以自行设置其他的分栏格式。例如，可以设置栏数，再针对每一栏分别设置其宽度以及间距；也可以设置了栏数之后，选定左下角的“栏宽相等”复选框，使各栏宽度相等；还可以在各栏之间添加分隔线。

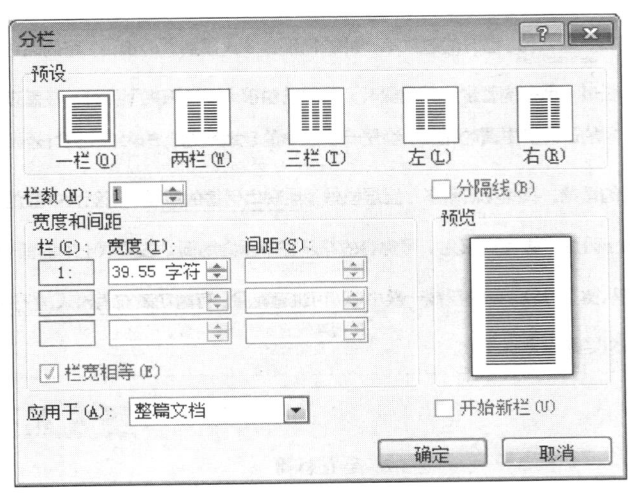

图 4—22　“分栏”对话框

设置完成后，单击“确定”按钮，选定的内容就按照设置的要求分成了若干栏。如果此时按下“显示/隐藏编辑标记”按钮，就可以发现，在分栏内容的前后，各增加了一个分节符。

示例 6：现在在示例 5 中增加了一些文字，并采用了分栏方式。得到的结果如图 4—23 所示。

4. 分节

在 Word 中，“节”的主要用途是为了在同一个文档中进行不同的页面设置。一般情况下，一个文档在初始的时候，只有一个节，这时所作的页面设置对文档中的所有页面都是有效的。但是，有的时候需要在一个文档中对不同的页面进行不同的页面设置。例如，某一篇文章中的文字部分需要用 A4 纸纵向打印，但是其中有一个很宽的表格需要横向打印，这时就应当将表格所在的这一页设置为 A4 横向纸型。将文档分成若干不同的节，再针对不同的节分别进行页面设置，就可以实现在一个文档中进行多种页面设置。

插入分节符即可将文档分成若干节。Word 提供了下述几种不同类型的分节符。

“连续”分节符：下一节的内容紧接着上一节的内容，两节之间没有换页。在分栏时 Word 自动加入的分节符就是“连续”分节符。

“下一页”分节符：下一节的内容与上一节不在同一页上，而是从下一页开始。通常用的较多的就是这种类型的分节符。

“奇数页”分节符：下一节的内容只能从下一个奇数页开始。如果上一节恰好是在一

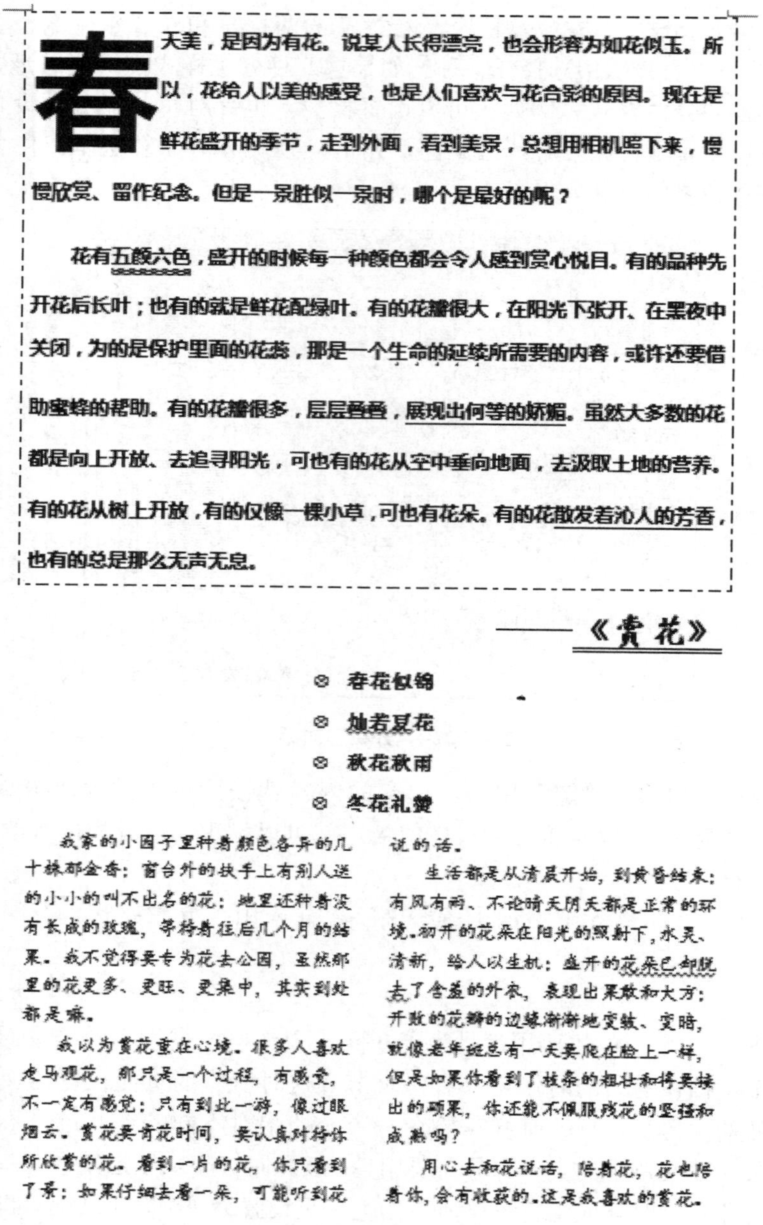

春天美，是因为有花。说某人长得漂亮，也会形容为如花似玉。所以，花给人以美的感受，也是人们喜欢与花合影的原因。现在是鲜花盛开的季节，走到外面，看到美景，总想用相机照下来，慢慢欣赏、留作纪念。但是一景胜似一景时，哪个是最好的呢？

花有五颜六色，盛开的时候每一种颜色都会令人感到赏心悦目。有的品种先开花后长叶；也有的就是鲜花配绿叶。有的花瓣很大，在阳光下张开、在黑夜中关闭，为的是保护里面的花蕊，那是一个生命的延续所需要的内容，或许还要借助蜜蜂的帮助。有的花瓣很多，层层叠叠，展现出何等的娇媚。虽然大多数的花都是向上开放、去追寻阳光，可也有的花从空中垂向地面，去汲取土地的营养。有的花从树上开放，有的仅像一棵小草，可也有花朵。有的花散发着沁人的芳香，也有的总是那么无声无息。

——《赏花》

- 春花似锦
- 灿若夏花
- 秋花秋雨
- 冬花礼赞

我家的小园子里种着颜色各异的几十株郁金香；窗台外的扶手上有别人送的小小的叫不出名的花；地里还种着没有长成的玫瑰，等待着往后几个月的结果。我不觉得要专为花去公园，虽然那里的花更多、更旺、更集中，其实到处都是嘛。

我以为赏花重在心境。很多人喜欢走马观花，那只是一个过程，有感受，不一定有感觉；只有到此一游，像过眼烟云。赏花要有花时间，要认真对待你所欣赏的花。看到一片的花，你只看到了景；如果仔细去看一朵，可能听到花说的话。

生活都是从清晨开始，到黄昏结束；有风有雨、不论晴天阴天都是正常的环境。初开的花朵在阳光的照射下，水灵、清新，给人以生机；盛开的花朵已却脱去了含羞的外衣，表现出果敢和大方；开败的花瓣的边缘渐渐地变皱、变暗，就像老年斑总有一天要爬在脸上一样，但是如果你看到了枝条的粗壮和将要接出的硕果，你还能不佩服残花的坚强和成熟吗？

用心去和花说话，陪着花，花也陪着你，会有收获的。这是我喜欢的赏花。

图 4—23　示例 6 中的分栏设置

个偶数页上，则下一节自动就从下一页开始，此时不需做任何调整；如果上一节是在一个奇数页上，则 Word 会增加一个新的空白页，而下一节则从再下一页即奇数页开始。

“偶数页”分节符：与“奇数页”情况相反，下一节的内容只能从一个偶数页开始。当上一节在偶数页结束时就会增加一张空白页。

插入分节符也是在“页面布局”功能区的“页面设置”组中单击“分隔符”按钮，然后从下拉列表中根据需要选择一种合适的分节符。

将文档分成若干不同的节后，就可以对各节分别进行不同的页面设置了。

5. 更多的页面设置命令

在“页面布局”功能区的“页面设置”组中单击各个按钮可以完成很多常见的页面设置操作，如改变文字方向、改变页边距、设置纸张方向、设置纸张大小，等等。如果需要进行更多的页面设置，可以单击“页面设置”组的“对话框启动器”，打开“页面设置”对话框。另外，双击垂直标尺，同样也可以打开“页面设置”对话框。

在“页面设置”对话框上有 4 个选项卡，分别是“页边距”、“纸张”、“版式”和“文档网格”选项卡，如图 4—24 所示。

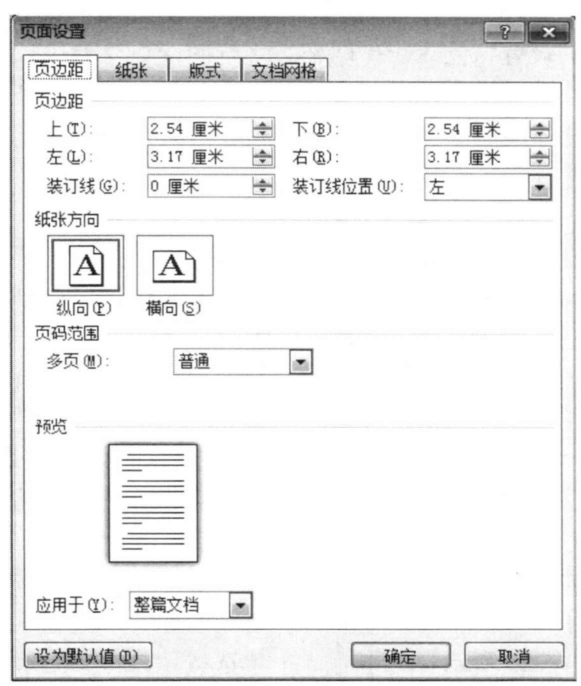

图 4—24 “页面设置”对话框

“页边距”选项卡上部可以选择上、下、左、右的空白和装订线的宽度，以及装订线的位置。这样就确定了在纸张的每边各留多少空，即打印区从何处开始、到何处结束。选项卡中部上边可选择页面的方向为纵向或横向；下边可选择对于多页文档的页码处理方式：是一页一张纸，还是拼页（几张纸作为一页）、折页（一张纸对折为两页）。选项卡下部有对设置效果的预览，并且可以选择这些设置应用的范围。

“纸张”选项卡上部用于选择纸张大小，可以从列表中直接选择一种纸型，相应地这种纸型的宽度和高度也会同时显示出来。如果列表中没有合适的纸型，也可以从列表框中选择“自定义大小”选项，并在宽度框和高度框中分别键入纸型的宽度和高度的值。选项卡中部用于选择纸张来源，并且允许第一页所用的纸与其他各页不同（此时要求配置的打印机应有至少两个纸盒）。选项卡下部可选择本次设置的应用范围并显示预览效果。

“版式”选项卡的最上方是有关节的设置，可以选择节的起始位置；中部靠上的

“页眉和页脚”区是有关页眉和页脚的设置，可以选择是否允许奇数页与偶数页有不同的页眉和页脚，是否允许首页与其他各页有不同的页眉和页脚，并且可以指定页眉和页脚到页边界的距离；中部靠下的“页面”区是有关页面的设置，可以选择页面上文字的垂直排列的方式。选项卡下部同样可以选择本次设置的应用范围并显示预览效果；另外的两个按钮是“行号…”和“边框…”按钮，前者可用于为各行添加行号；后者用于设置页面边框（相当于打开“边框和底纹”对话框，并选择“页面边框”选项卡）。

“文档网格”选项卡上部可以选择文字的排列方向、分栏的数目；中部是有关每页行数和每行字符数的设置，包括选择网格、字符间距、行数等；下部则仍然可以选择本次设置的应用范围并显示预览效果，另外的两个按钮是“绘图网格…”和“字体设置…”按钮，前者用于对绘图网格进行设置，后者可以打开“字体”对话框，对字体进行设置（这里的字体设置，只对尚没有设置过的格式起作用）。

6. 页面背景和水印

“页面背景”可以视为页面的底纹或页面的颜色。在“页面布局”功能区的“页面背景”组中单击“页面颜色”按钮，可以从下拉列表中选择各种用于背景的颜色。另外，点击“页面颜色”下拉列表最底部的“填充效果…”按钮，会弹出一个“填充效果”对话框，其中包含“渐变”、“纹理”、“图案”和“图片”4个选项卡，分别可以设置不同类型的背景：“渐变”是背景的颜色从一种颜色逐渐改变为另一种颜色，“纹理”是背景采用类似大理石或麻、布等各种材质的效果，“图案”是用一般底纹上采用的二色图案作背景，“图片”则可以将照片、剪贴画等图片作为文档的背景。

“页面背景”组中还有一个“水印”按钮，单击“水印”按钮，可以从下拉列表中选择一个Word已预置好的水印类型，如“机密”、“紧急”等。如果对这些水印均不满意，也可以点击“水印”下拉列表中的“自定义水印…”按钮，这时会弹出一个“水印”对话框，如图4—25所示。其中有3个单选按钮，即“无水印”、“图片水印”和“文字水印”。选择其中一项，就可以进行相应的设置，如指定图片文件，设置图片缩放和冲蚀，选择或键入文字，设置字体、字号和颜色等。

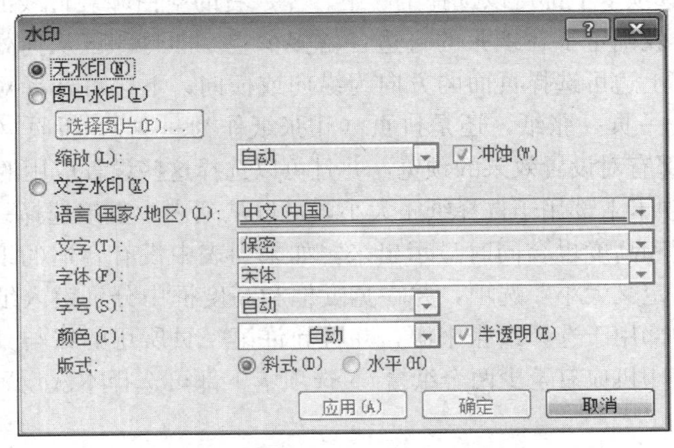

图4—25 “水印”对话框

需要注意的是：背景的填充颜色或填充效果，只是屏幕显示的效果，只能通过页面视图、阅读版式视图和 Web 版式视图查看，是不能由打印机打印出来的；而水印效果，则是可以打印出来的。

示例 7：在示例 6 中增加了图片水印的背景，并添加了艺术型的页面边框，得到的结果如图 4—26 所示。

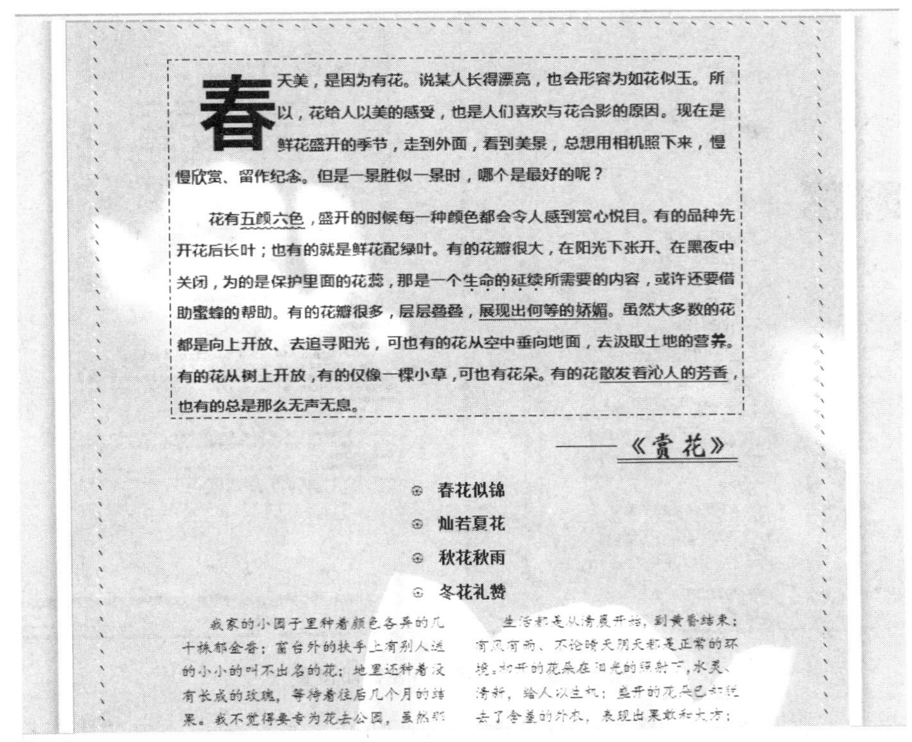

春天美，是因为有花。说某人长得漂亮，也会形容为如花似玉。所以，花给人以美的感受，也是人们喜欢与花合影的原因。现在是鲜花盛开的季节，走到外面，看到美景，总想用相机照下来，慢慢欣赏、留作纪念。但是一景胜似一景时，哪个是最好的呢？

花有五颜六色，盛开的时候每一种颜色都会令人感到赏心悦目。有的品种先开花后长叶；也有的就是鲜花配绿叶。有的花瓣很大，在阳光下张开、在黑夜中关闭，为的是保护里面的花蕊，那是一个生命的延续所需要的内容，或许还要借助蜜蜂的帮助。有的花瓣很多，层层叠叠，展现出何等的娇媚。虽然大多数的花都是向上开放、去追寻阳光，可也有的花从空中垂向地面，去汲取土地的营养。有的花从树上开放，有的仅像一棵小草，可也有花朵。有的花散发着沁人的芳香，也有的总是那么无声无息。

——《赏花》

- 春花似锦
- 灿若夏花
- 秋花秋雨
- 冬花礼赞

我家的小园子里种着颜色各异的几十株郁金香；窗台外的扶手上有别人送的小小的叫不出名的花；地里还种着没有长成的玫瑰，等待着往后几个月的结果。我不觉得要专为花去公园，虽然那

生活都是从清晨开始，到黄昏结束；有风有雨、不论晴天阴天都是正常的环境。初开的花朵在阳光的照射下，水灵、清新，给人以生机；盛开的花朵已经脱去了含羞的外衣，表现出果敢和大方；

图 4—26　示例 7 中的综合效果

7. 打印文档

Word 可以打印一份或多份完整的文档，也可以只打印文档中的某几页。

在 Word 的早期版本中，打印预览和打印文件是两项单独的操作。而在 Word 2010 中，可以同时预览打印输出和选择打印设置，所以在根据需要调整文档时就不必要在打印预览和打印设置的对话框之间切换。如果仅仅是使用默认的打印设置，那么打印预览和打印文档都是非常简单的，具体操作步骤如下：

（1）单击“文件”→“打印”按钮，此时，屏幕上显示了预览效果和各项打印设置，如图 4—27 所示。

（2）使用“显示比例”滑块根据需要调整预览的显示比例。“显示比例”滑块位于预览窗口的右下角。另外，也可以使用滑动条两端的“缩小”按钮⊖和“放大”按钮⊕来调整打印预览的显示比例。

（3）如果文档包含多页内容，可使用“上一页”和“下一页”按钮在页面间切换。这些按钮位于预览窗口的左下角。

（4）单击“打印”按钮，完成打印。

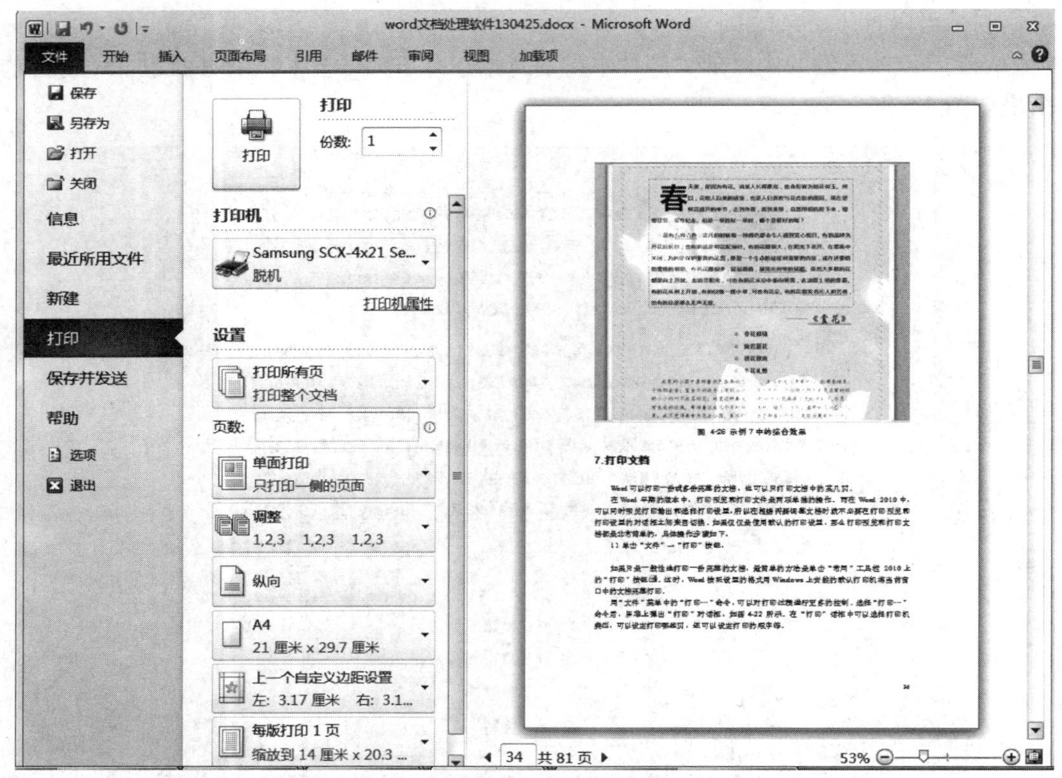

图 4—27　打印输出和打印设置

如果希望能够快速打印文档，可以在“快速访问工具栏”中添加“快速打印”按钮。添加的方法是：单击“快速访问工具栏”右端的“自定义快速访问工具栏”下拉箭头，然后从下拉列表中选择“快速打印”选项，这时，“快速打印”按钮便出现在“快速访问工具栏”中，单击该按钮将直接打印当前的文档。

用同样的方法也可以把“打印预览和打印”按钮添加到“快速访问工具栏”中。

关于打印文档的其他设置，如打印机的设置、要打印页面的选择、打印文档份数、每版打印的页数、单面还是双面打印，这些操作都比较简单，这里就不再一一赘述了。

4.6　表格和图表的处理

在实际应用中，经常需要将一些信息用表格和图表来表现，从而达到简明、清晰、直观的效果。Word 提供了强大的表格和图表处理功能，可以很好地满足这种需求。

4.6.1　创建表格

在文档中创建表格通常有三种途径：插入表格、绘制表格和将文本转换成表格。

其中，“插入表格”是使用“插入”功能区中的“表格”按钮插入一个指定行数和列数的表格，多用于创建线条规则的空表格；“绘制表格”是使用专用的表格绘制工具来画出表格的边框线，这种创建方式通常用于创建不规则的空表格；而“文本转换成表格”则将没有表格线的简单列表转换成为一个规范的表格。

1. 插入表格

插入表格就是将插入点置于文档的适当位置上，在“插入”功能区的“表格”组中选中“表格”按钮，在下拉列表中会出现一个表格网格，用鼠标在这个表格网格中拖动以选取所需的行数和列数。随着鼠标的移动，所选表格的大小会在插入点随之变化，即此时文档窗口处于实时预览的状态下，如图 4—28 所示。当行数和列数满足要求后，释放鼠标便可以得到一张新建的空表。

图 4—28 利用表格网格插入表格

插入表格的另一种方法是利用“插入表格”对话框。在“插入”功能区的“表格”组中选中“表格”按钮后，在下拉列表中单击“插入表格…”按钮，在弹出的“插入表格”对话框中，可以设置要插入的表格的列数和行数，确定表格的“自动调整”方式，然后点击“确定”按钮，这时一个表格便插入完成了，如图 4—29 所示。

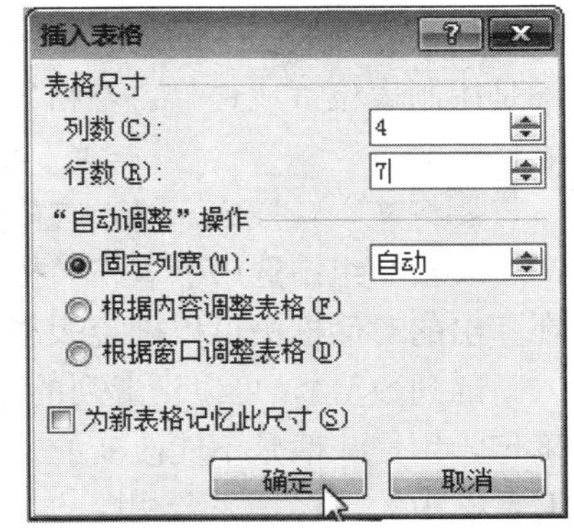

图 4—29 利用“插入表格”对话框插入表格

2. 绘制表格

绘制表格，就是用绘图笔把需要的表格线直接画出来。

在“插入”功能区的“表格”组中选中“表格”按钮后，在下拉列表中单击“绘制表格”按钮，鼠标指针变成了绘图笔的形状，这时就可以在文档中画表格的外框线了。

绘制表格时，一般先用鼠标（绘图笔状）从表格左上角位置拖至右下角位置，画出表格的外框线，将整个表格的轮廓确定下来。然后，就可以在表格中画出若干条横线或竖线，也可以画出斜线。用这种方法，可以画出比较复杂的、单元格宽窄不同的表格来。图 4—30 是一种常见的不完全规则的表格的实例，其中含有不同宽度、不同线型的表格线。

星期 节次	星期一	星期二	星期三	星期四	星期五
第一节	高等数学	数据结构	数据库	高等数学	多媒体技术
第二节	英语	网络技术	英语	C 语言	自然科学史
午（12:00～2:00）休					
第三节	电子商务	体育		专业英语	

图 4—30　不完全规则的表格的实例

在绘制表格的过程中，可以利用“表格工具”中的“设计”选项卡，从中选择各种工具来绘图。利用这些工具可以选择所要画的表格线的线型、颜色、宽度以及单元格的底纹等。另外，如果表格线画错了或者画多余了，还可以利用“擦除”按钮来擦除这些不需要的表格线，如图 4—31 所示。

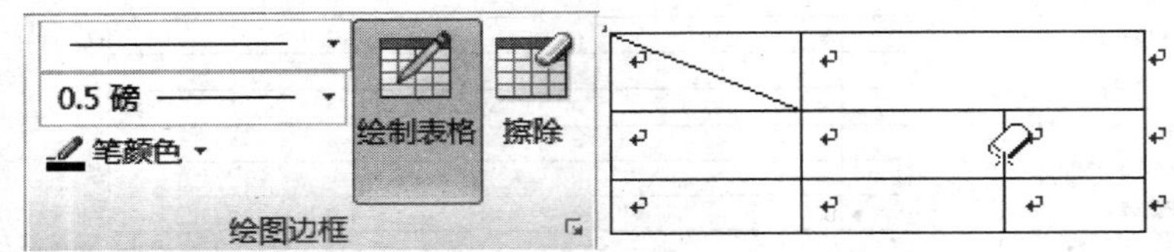

图 4—31　利用各种表格工具绘制表格

3. 文本与表格的互相转换

如果有关表格中的内容已经作为列表录入到文档中了，而且列表中各列之间的分隔是用制表位（或逗号、空格等）进行分隔的，则该列表可以很方便地转换成为一个表格。

要将文本转换成表格，首先应选定要转换成表格的列表文本。在“插入”功能区的“表格”组中选中“表格”按钮后，在下拉列表中单击“文本转换成表格…”按钮，在弹出的对话框中可以确定表格的列数（可以使用对话框中提供的默认值，也可以键入新的列数值），可以设置列的宽度等。但行数则由 Word 根据选定的文本的段落数来确定，用户一般是不能改变的。其他一些有关“自动调整”等选项，则与“插入表格”对话框中的选项是完全相同的。

例如，在示例 4（见图 4—16）中的列表，经过转换，可得到如图 4—32 所示的表格。

在 Word 中，不仅可以将文本转换成表格，也可以很容易地将表格转换成文本。将表格转换成文本时，首先选定要转换的表格，在功能区的“表格工具”|“布局”选项

种类	品种	栽培周期	备注	等级
矮牵牛	梦幻、地毯	12～14 周	红、玫瑰红、蓝、粉、白、混色	A
万寿菊	安提瓜	11～13 周	黄、橙、金色、淡黄	A
银叶菊	银灰	13～14 周	白色；一串红镶边用之佳材	B
彩叶草	奇才、墨龙	11～13 周	小苗遇低温生长极为缓慢	B
石竹	完美、花边	12～14 周	深红	C
海棠	龙翅	16～19 周	红色	D
美女樱	水晶	14～15 周	混色、葡萄酒红	D
天竺葵	夏雨	14～16 周	玫瑰红、混色	D

图 4—32　由示例 4 中的列表转换得到的表格

卡中，单击“数据”组中的“转换为文本”按钮，在弹出的对话框中选择一种文字分隔符，单击“确定”按钮，则选定的表格就转换成为文本了。

注意：

如果表格中还包含嵌套表格，那么可以使用“转换嵌套表格”选项，这样就可以将嵌套表格也同时转换为文本的形式了。

4. 在表格中录入数据

插入和绘制的新表格都是空表格，表格中所有的单元格中都没有文字内容，但已经有段落标记了。

对于一般的表格，直接将插入点置于相应的单元格，并在其中键入所需的文本即可。当一个单元格的内容输入完成后，按 Tab 键，插入点自动转到其右侧相邻的单元格，可以继续进行录入；当将一行的最后一个单元格中的内容输入完成后，继续按 Tab 键，插入点会自动转移到下一行开头的第一个单元格，仍然可以继续录入。如果插入点已经在最后一行的最后一个单元格，还继续按 Tab 键，则 Word 会自动再增加一行，并把插入点转移到这个新行的第一个单元格中，这对于在行数较多的表格中进行录入是比较方便的。

对于不规则的表格，可以用鼠标直接单击单元格，使插入点移到要录入文字的单元格中，然后进行文字的录入。当然，要在右侧相邻的单元格中继续录入数据，也可以如前所述，按 Tab 键，使插入点自动向右侧相邻单元格转移；反之，如果想要在左侧相邻的单元格中继续录入数据，可以按 Shift 键再按 Tab 键。

在 Word 的表格中，允许在一个单元格中输入多个段落。每结束一个段落，按一下 Enter 键即可。

4.6.2　表格的基本操作

如果对创建的表格结构不满意，可以对其进行调整，如：插入或删除表格中的一些单元格、行或列，对已有的单元格拆分或合并等。

1. 表格中的选定

无论是对表格的结构进行调整还是对表格进行排版，首先要做一些选定工作，既可以选定某些单元格、行、列，也可以选定整个表格。

要选定表格的某一行，可以将鼠标指针移到表格左侧的选择区，然后单击这一行；也可以将插入点置于该行的一个单元格中，在功能区的“表格工具”|“布局”选项卡中，单击“表”组中的“选择”按钮，从下拉列表中单击“选择行”选项。如果要同时选定连续的若干行，可以用鼠标从选择区拖过这些行。

要选定一列，可以将鼠标指针移到表格上方，当指针变成向下的实心粗箭头时，单击所指向的列；也可以把插入点置于这一列的某个单元格中，在功能区的“表格工具”|“布局”选项卡中，单击“表”组中的“选择”按钮，从下拉列表中单击“选择列”选项。如果要选定连续的若干列，可以用鼠标从表格上方拖过这些列。

要选定整个表格可以把插入点放在表格中的任一个单元格上，在功能区的“表格工具”|“布局”选项卡中，单击“表”组中的“选择”按钮，从下拉列表中单击“选择表格”选项；也可以分别单击“选择行”和“选择列”选项。

要选定一个单元格，可以把插入点置于这个单元格中，在功能区的“表格工具”|“布局”选项卡中，单击“表”组中的“选择”按钮，从下拉列表中单击“选择单元格”选项；另一种方法是将鼠标移到该单元格的最左侧（即移到该单元格的选定区），当鼠标呈现为指向右上方的黑色实心箭头形状➚时，单击鼠标也可选中这个单元格。

要选定连续多个单元格，可以单击这些单元格的左上角，然后一直拖到右下角。

2. 行、列、单元格的插入和删除

插入行时，首先应在要插入新行的位置处选定相应数量的行，然后在功能区的“表格工具”|“布局”选项卡中，单击“行和列”组中的“在上方插入”按钮（表示在选定位置的上方插入指定数量的新行）或“在下方插入”按钮（表示在选定位置的下方插入指定数量的新行）。

插入列与插入行的操作很类似，首先应在要插入新列的位置处选定相应数量的列，然后在功能区的“表格工具”|“布局”选项卡中，单击“行和列”组中的“在左侧插入”按钮（表示在选定位置的左侧插入指定数量的新列）或“在右侧插入”按钮（表示在选定位置的右侧插入指定数量的新列）。

删除表格中行或列的操作也很简单。选中要删除的行或列，然后在功能区的“表格工具”|“布局”选项卡中，单击“行和列”组中的“删除”按钮，在下拉列表中单击“删除行”或“删除列”按钮就可以了。

此外，Word 也允许在表格中插入或删除一个或若干个单元格。

若要插入单元格，首先应选定所需插入数目的单元格，然后在功能区的“表格工具”|“布局”选项卡中，单击“行和列”组右下角的“对话框启动器”，弹出“插入单元格”对话框，这时可以选择是在选定单元格的上方插入（活动单元格下移）还是在选定单元格的左侧插入（活动单元格右移），也可以选择插入整行或者插入整列，如图4—33左图所示。

若要删除单元格，同样应先选定相应数目的单元格，然后在功能区的“表格工具”|“布局”选项卡中，单击“行和列”组中的“删除”按钮，在下拉列表中单击“删除单元格”按钮，这时会弹出一个“删除单元格”对话框，在对话框中可以选择在删除单元格后是“右侧单元格左移”，还是“下方单元格上移”，也可以选择删除单元

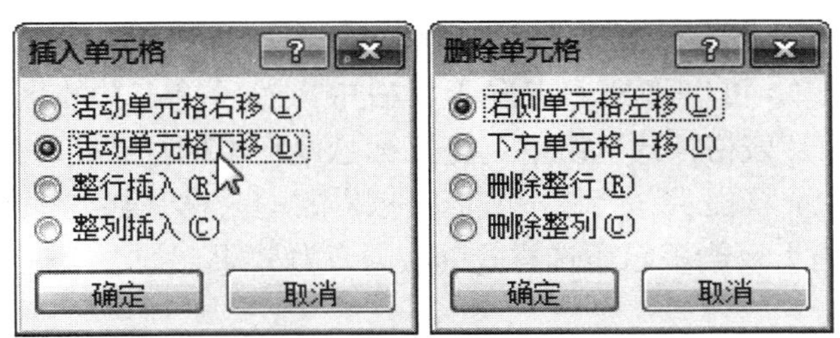

图 4—33 “插入单元格”和“删除单元格”对话框

格所在的整行或者整列，如图 4—33 右图所示。

3. 单元格的拆分与合并

选定若干个连续的单元格，在功能区的“表格工具”|“布局”选项卡中，单击“合并”组中的“合并单元格”按钮，这些单元格就被合并为一个大的单元格，当要在表格中建立一个通栏标题时就可以使用“合并单元格”的功能。

与合并单元格的操作相反，Word 也可以将一个大的单元格拆分成多个小单元格。首先选定一个或若干个连续的单元格，在功能区的“表格工具”|“布局”选项卡中，单击“合并”组中的“拆分单元格”按钮，此时弹出一个“拆分单元格”对话框，在这个对话框中可以键入所选单元格被拆分后的列数和行数。如果选择了“拆分前合并单元格”复选框，则列数和行数是指选定的所有单元格最终被拆分成多少列、多少行；如果没有选择“拆分前合并单元格”复选框，则行数不可以任意选择，而列数则是每一个选定单元格都被拆分后的列数。

4.6.3 表格的格式设置

除了可以像正文那样，对表格中的文字内容进行通常的字体格式设置和段落格式设置，对表格结构本身也可以进行一些特定的格式设置。

1. 重复标题行功能

很多数据表格的第一行通常是数据的一些标题，如：在一个学生基本情况登记表中，它的标题行可能会是学号、姓名、性别、出生日期、家庭地址等字样，以下各行才是具体的数据。如果表中列出的学生人数比较多，则这个表格就会比较长，它的长度通常不止一页。这样，从第二页开始就会看不到表格的标题行。在很多情况下，我们希望在每一页的开始处，都能显示数据表的标题行，这时就可以利用表格的重复标题行功能，将标题行设置为重复出现在每一页的最开头。设置重复标题行的具体操作步骤很简单：首先选定作为标题的行（可以是表格最前面的若干行），然后在功能区的“表格工具”|“布局”选项卡中，单击“数据”组中的“重复标题行”按钮即可。此时可以看到，在表格每一页的最开头都会出现这些标题行，这对于跨多页的长表格的阅读是非常方便的。

2. 表格样式

为了提高工作效率，Word 2010 提供了很多事先已经设置好的表格样式，可供使用者直接选用，而不必自己费心思去进行格式设计，这些现成的预设表格样式提供了多种可在表格中实时预览的格式。使用这些样式可使表格具有一致的、专业的外表，看起来更加美观。

要使用表格样式，可以将插入点置于表格中，然后单击功能区的“表格工具”|“设计”选项卡。在“表格样式”组中，将鼠标悬停在不同样式上，观察表格发生的变化。移动鼠标时，“屏幕提示”会显示所选表格样式的名称（如“中等深浅网格 3-强调文字颜色 5”）。表格上还会显示所选样式的实时预览效果，如图 4—34 所示。

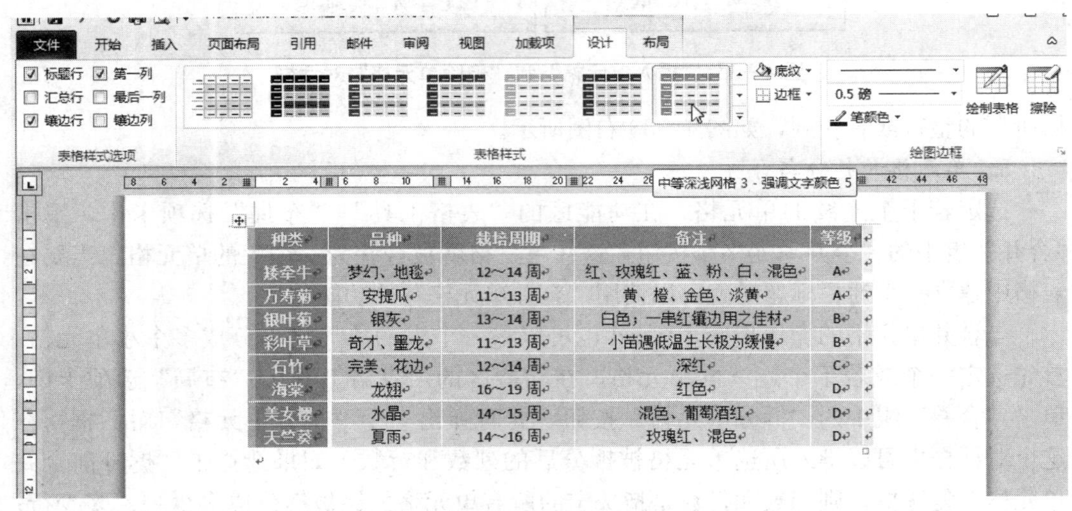

图 4—34 运用预设的表格样式

看到喜欢的样式后，可以单击该样式，将其应用到表格上。如果认为效果不够满意，还可以进行修改。如果没有看到喜欢的样式，可以单击当前显示的表格样式右边的“其他”按钮，打开完整的“表格样式库”，其中包括了“普通表格”和“内置”表格样式，如图 4—35 所示。

在“表格样式库”下面还有三个按钮，可以用来修改表格样式、清除表格样式和新建表格样式。

3. 表格属性

有关表格本身的格式设置，可以在功能区的“表格工具”|“布局”选项卡中，单击“表”组中的“属性”按钮，然后在弹出的“表格属性”对话框中来进行设置，“表格属性”对话框如图 4—36 所示。

表格属性包括整个表格的尺寸、对齐方式等格式，各行的高度，各列的宽度，各单元格的大小、垂直对齐方式以及有关各边的缩进的选项等，相应的设置命令可以在各选项卡中找到，操作也是非常直观和方便的。

另外，也可以用鼠标拖动表格边框线直接改变表格各列的宽度及各行的高度；或者通过水平标尺和垂直标尺来调整表格的列宽和行高。但是利用“表格属性”对话框可以更集中、更精确地设置这些格式。

4. 自动调整

在“表格工具”|“布局”选项卡中，单击“单元格大小”组中的“自动调整”按钮，可以对表格的一些项目进行自动调整。其中，“根据内容自动调整表格”将表格的

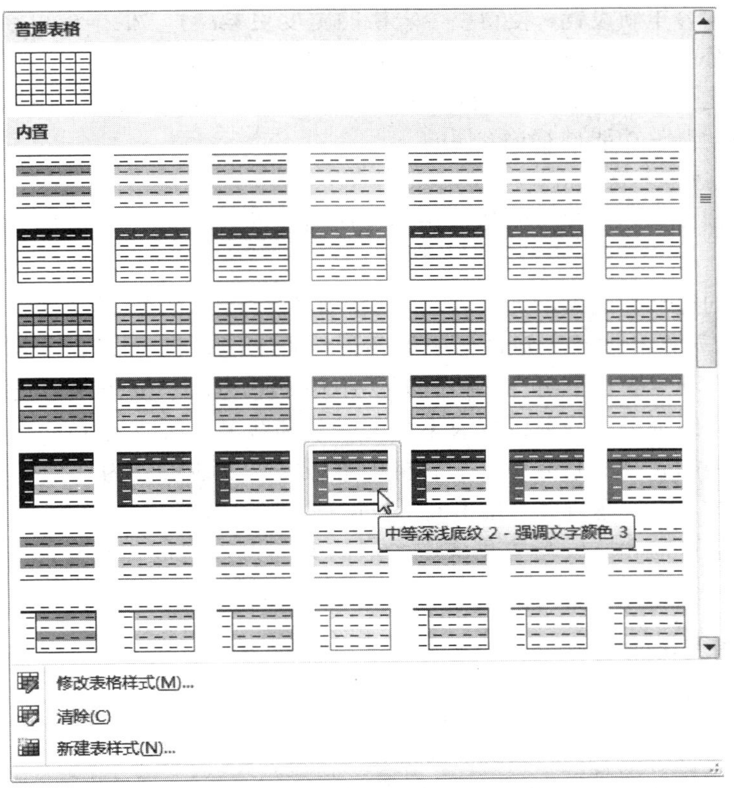

图 4—35 “表格样式库”提供了多种内置的表格样式

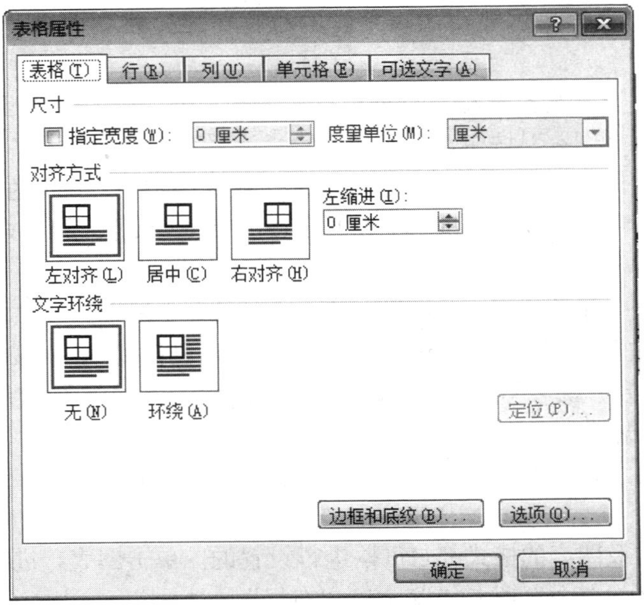

图 4—36 “表格属性”对话框

各列宽度按照内容重新设置，使得整个表格的宽度更紧凑；“根据窗口自动调整表格”按照窗口宽度分配各列的宽度，表格的总宽度是窗口允许的最大宽度。使用这些自动调整功能，简化了分别设置各行行高和各列列宽的工作，尤其是在用笔绘制表格时，使用表格的自动调整功能是非常方便的。

5. 表格的边框和底纹

如果利用预设的表格样式仍然无法满足所需要的表格格式，也可以自行设置表格的边框和底纹。

设置表格的边框和底纹，仍然可以用“开始”功能区的“段落”组中的“边框线”按钮以及“边框和底纹”对话框中的各种设置功能；也可以在功能区的“表格工具”|“设计”选项卡中，单击“表格样式”组中的“边框”按钮或“底纹”按钮。表格中的所有边框线都可以分别设置成不同的颜色和线型，所有的单元格也都可以分别设置为各种类型的底纹。通常在一个表格中可以将外框线设置为一种格式，内部线设置为另一种格式，而标题行又可用不同于数据行的底纹或线型来表示。

为表格设置边框和底纹与为正文中一般的文本设置边框和底纹的方法大同小异，这里不再赘述。

4.6.4 图表功能

所谓“图表”，就是利用一组表格数据绘制的统计图形。在 Word 中，图表是对象中的一种，可以用图表来表现表格中数据的统计结果。

在 Word 文档中，如果表格是一个数据表格，则可以根据表格中的数据来插入相应的图表。操作步骤是：

（1）选中数据表格内需要用图表处理的数据单元，用右键打开快捷菜单，单击“复制”选项。

（2）将插入点置于准备插入图表的某一适当位置上，进入到“插入”功能区，单击“插图”组中的“图表”按钮，在弹出的“插入图表”对话框中，选择一个图表类型（如，选择“三维簇状柱形图”），然后点击“确定”按钮。这时在指定位置上就会出现一个示意性的图表。同时，屏幕上打开了一个 Excel 数据表格，即内部数据表，表中的数据只是一些没有真实含义的示范性数据。

（3）进入到这个相关的 Excel 数据表格中，选择 A1 单元格，然后，单击“开始”功能区上的“粘贴”按钮，将 Word 数据表中的数据复制到 Excel 数据表格中。现在 Excel 数据表中的数据就与 Word 表格中的数据是一致的了，而图表所表示的内容也与 Word 表格中的数据是一致的了。

示例 8：根据意普商业集团 1—5 月份营业额统计表中的数据，绘制出统计图表，如图 4—37 所示。

图表的类型以及图表的格式都是可以进行设置的。单击图表，进入到“图表工具”功能区，在功能区的三个选项卡“设计”、“布局”、“格式”中选择有关按钮，就可以进行图表的各种设置。例如，可以将图表设置为饼图或折线图，可以改变背景墙、标题、坐标轴的刻度、图例等。

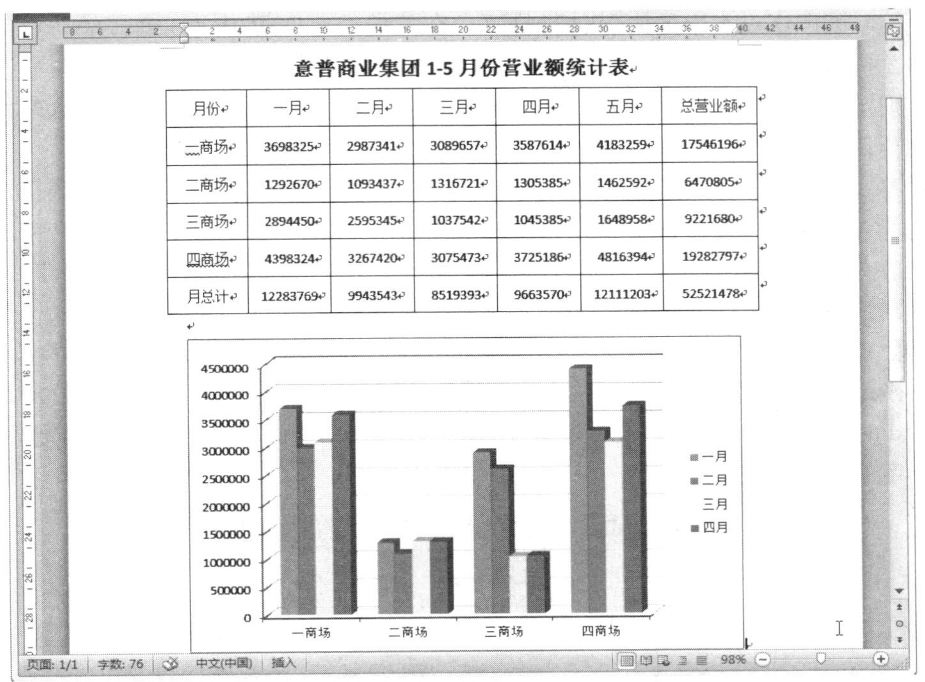

意普商业集团 1-5 月份营业额统计表

月份	一月	二月	三月	四月	五月	总营业额
一商场	3698325	2987341	3089657	3587614	4183259	17546196
二商场	1292670	1093437	1316721	1305385	1462592	6470805
三商场	2894450	2595345	1037542	1045385	1648958	9221680
四商场	4398324	3267420	3075473	3725186	4816394	19282797
月总计	12283769	9943543	8519393	9663570	12111203	52521478

图 4—37 示例 8 中的数据表格及图表

由于电子表格软件 Excel 中具有更加完善、方便的图表功能，因此也可以在 Excel 的工作簿文档中生成图表，然后再用剪贴板复制到 Word 文档中。

4.6.5 表格的排序和公式计算

Word 可以对表格中的内容进行排序。在功能区的“表格工具”|“布局”选项卡中，单击“数据”组中的“排序”按钮，Word 将弹出“排序”对话框，如图 4—38 所示。Word 允许最多按 3 个字段进行排序，即可以分别依据主要关键字、次要关键字和

图 4—38 “排序”对话框

第三关键字的顺序对表中的内容进行排序。在“类型”框中可以选择排序所依据的方式，如：按数字的大小、笔画的多少、日期的远近、拼音的字母顺序等。选择“升序”方式，则排序按照数字从小到大、笔画从少到多、日期从远到近、字母表从前到后的顺序进行；反之，则应选择“降序”方式。

对 Word 表格中的数据还可以利用公式进行计算。公式通常是一个以等号“=”开始的运算式，其中可以包括函数、数学表达式等。选定一个准备放置计算结果的单元格，然后在功能区的“表格工具”|“布局”选项卡中，单击“数据”组中的“公式”按钮，则弹出“公式”对话框，如图 4—39 所示。在“公式”文本框中键入一个合理的计算公式，就可以进行计算了。在“编号格式”框中可以键入或选择计算结果的输出数据格式（如果不选，则采用默认的数据格式），还可以在“粘贴函数”框中选择一个 Word 的预置函数，这个函数将会出现在“公式”框中。最后，单击“确定”按钮，则在选定的单元格中就会得到一个计算结果。

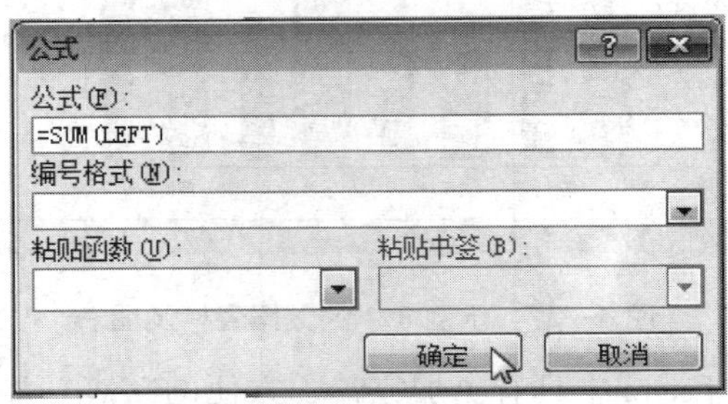

图 4—39 “公式”对话框

Word 虽然可以完成一些数据处理的工作，但不及电子表格软件 Excel 来得方便。由于 Excel 软件是专门用于表格计算的，并且具有强大的函数计算、排序、筛选、分类汇总等多种数据加工处理功能，因此如果需要进行大量的数据计算或复杂的处理，建议直接使用 Excel 软件。也可以在 Excel 中处理完成后，再将得到的结果表格作为对象插入到 Word 的文档中。

4.7 在文档中插入对象

在 Word 文档中，除了普通文字外，还可以插入许多诸如图表、图片、艺术字、公式等具有图形或特殊文字效果的内容，这些非文本的内容都是用特定的工具编辑完成的，统称为对象。

在本节中，将介绍如何插入和编辑一些常见的对象，并讨论对象的一些特定操作和格式设置问题。

4.7.1 插入插图

在“插入”功能区的“插图”组中，包含了多种图片对象的插入功能。选用相应的命令，就可以在文档中插入特定的图片对象。

1. 插入剪贴画

剪贴画是保存在 Office 剪辑库中的图片。使用“插入”功能区的“插图”组中的“剪贴画”按钮，可以插入一幅剪贴画。

在单击“剪贴画”按钮后，在 Word 工作区的右侧，弹出“剪贴画”任务窗格，如图 4—40 所示。在任务窗格中，可以选择结果类型，还可以键入搜索关键词，搜索所需要的剪贴画，显示区中显示出所有符合搜索条件的剪贴画。这时，用鼠标指针指向某个剪贴画，就会在图片的右侧出现下拉按钮。单击按钮，可以在弹出的菜单上选择“插入”、“复制”、“从剪辑管理器中删除”、“编辑关键词”等操作命令。如果单击所选定的剪贴画，则在插入点之后直接插入该剪贴画。

图 4—40　“剪贴画”任务窗格

将剪贴画插入到文章中时，如果对正文中文字的环绕方式不满意，可以进行修改。方法是：选中剪贴画，单击功能区的“图片工具”｜“格式”选项卡，在“排列”组中单击“位置”按钮，从下拉列表中列出的文字环绕方式中选择一种合适的样式。

此外，剪贴画的样式、外框线、尺寸大小、位置以及图像的颜色、亮度、对比度、效果、旋转、裁剪等，都可以通过功能区的“图片工具”｜“格式”选项卡中的按钮及各组中的“对话框启动器”启动的对话框进行设置和修改。

2. 插入图片文件

如果一个图片文件已经保存在磁盘中了，也可以将其插入到 Word 文档中。在“插入”功能区的“插图”组中单击“图片”按钮，弹出一个“插入图片”对话框，从对话框显示区的文件列表中选择所需的图形文件，然后单击“插入”按钮即可。

3. 绘制图形对象

在 Word 文档中可以直接绘制图形。

在“插入”功能区的“插图”组中单击“形状”按钮，从弹出的列表中可以看到大量的画图工具，如直线╲、箭头↘、矩形□、椭圆◯等，单击这些绘图工具，就可以在指定位置上绘制各种图形。当然，也可以在弹出的列表中，首先选择“新建绘图画布”，这时就会在文档插入点位置处出现一个称为“绘图画布”的矩形图片框，然后再单击绘图工具，就可以在绘图画布（即图片框）中绘制各种图形了。

4.7.2　其他插入对象和超链接

除了图片对象，在 Word 文档中还可以插入其他一些对象和超链接，这些插入操作也都是非常方便的。

1. 文本框

在进行复杂的版面设计时，有时需要将某些特殊的文本信息放在版面指定的位置。这些文本信息具有一定的独立性，不应受正文的自动分页、分栏等格式设置的影响。这时就可以使用文本框。

在文本框中，可以对其中的文本内容进行编辑和排版，可以选择某一种预置的文本框样式。文本框内的文本可以横排，也可以竖排；文本框中也可以插入图片。

在“插入”功能区的“文本”组中单击“文本框”按钮，从下拉列表中选择一个内置的文本框样式，这时该样式的文本框就直接插入到插入点位置上。如果从下拉列表中选择“绘制文本框”，则可以在指定位置处，用鼠标拖动的方法手动绘制一个常用的横排文本框；如果从下拉列表中选择的是“绘制竖排文本框”，则可以在指定位置处手动绘制一个竖排的文本框。在所得到的文本框中可以直接键入文字，也可以插入图片等其他对象。

如果要对文本框进行格式设置，可以选中该文本框，然后通过功能区“绘图工具”|“格式”选项卡中的按钮及各组中的“对话框启动器”启动的对话框进行设置和修改。

2. 数学公式

用 Word 提供的数学公式编辑工具可以在文档中建立各式各样的数学公式。

首先将插入点移到要插入数学公式的位置处，在“插入”功能区的“符号”组中单击“公式”按钮，这时插入点处就会出现一个“公式编辑区”；然后利用功能区“公式工具”|“设计”选项卡中提供的各种运算符号按钮就可以编辑一个复杂的数学公式了。在“公式工具”|“设计”选项卡中可以看到大量的符号按钮，既有基础符号，也有结构符号。在每个结构符号按钮下又包含一系列子符号。利用这些符号，可以建立所需的数学公式，得到的结果显示在公式编辑区内，如图 4—41 所示。单击回车或单击公式编辑区外的任一位置即可结束公式的编辑，这时编辑好的数学公式就会插入到插入点的位置上。

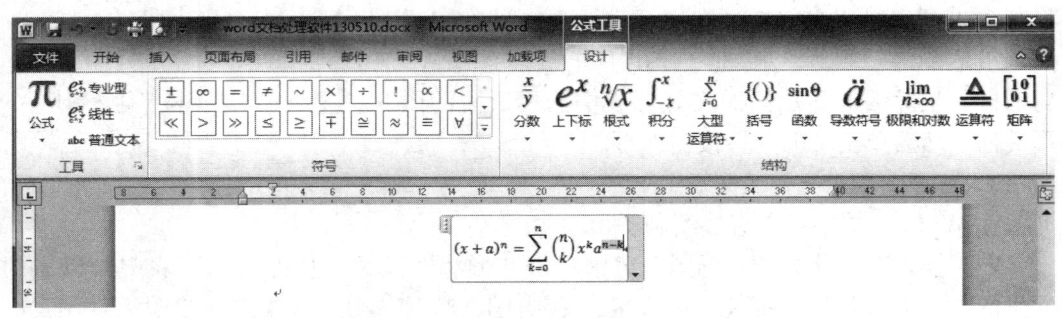

图 4—41　编辑数学公式

如果需要修改公式，可以再次单击公式编辑区，进入到公式编辑区内，然后单击“公式工具”|“设计”选项卡，利用各种运算符号对公式进行修改，直至满意为止。

在 Word 中，可以插入的对象还有很多。单击“插入”功能区的“文本”组中的“对象”按钮，从弹出的“对象”对话框中的“对象类型”列表框中可以看到更多的可插入对象. 通过相关的帮助可以了解如何使用它们，这里就不再一一赘述了。

3. 建立超链接

在 Word 中也可以像在 Web 网页中那样，通过超链接的方式进行方便、灵活的浏览。

将插入点置于需要建立超链接的位置处，或者选定要建立超链接的文字块或对象，单击“插入”功能区的“链接”组中的“超链接”按钮 超链接，弹出一个“插入超链接”对话框，如图 4—42 所示。在这个对话框中，可以设置超链接将要链接到的目标位置、目标框架以及超链接在屏幕上的显示和提示。

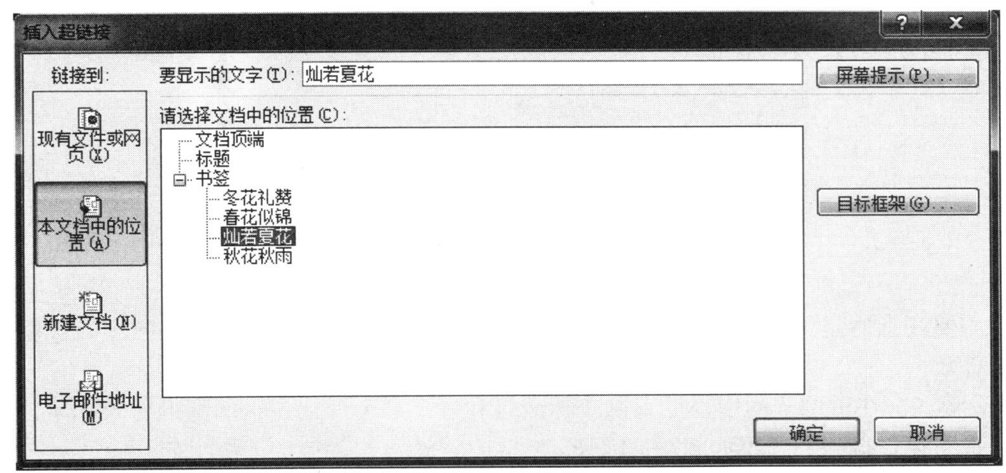

图 4—42 “插入超链接”对话框

超链接的目标位置，可以是“现有文件或网页”、“本文档中的位置”、“新建文档”或“电子邮件地址”等。如果选择“现有文件或网页”，可以从当前文件夹、浏览过的网页和最近使用过的文件中进行选择，也可以按照一般查找文件的方法，通过在“查找范围”的下拉列表中选择相关文件夹来查找文件，还可以在“地址”框中直接键入网页地址。如果选择“本文档中的位置”，即在当前文档中指定目标位置，可以是文档顶端，也可以通过标题或书签确定位置。如果选择“新建文档”，可以键入文档的文件名，还可以指定新文档的完整路径。如果选择“电子邮件地址”，可以键入地址，指定主题内容。

书签是一个可以插入到文档中任何位置上的标记，通常并不显示出来。例如，在定位命令中，也可以用书签来进行定位。书签的插入和删除，都可以通过单击“插入”功能区的“链接”组中的“书签”按钮来操作。插入书签时，应当首先选定文本或图片等对象，或设置一个插入点位置；然后单击“插入”功能区的“链接”组中的“书签”按钮，即可弹出“书签”对话框，如图 4—43 所示。在“书签名”文本框中键入一个名称，然后单击“添加”按钮，这样一个书签就插入好了。

如果想要查看在文档的哪些位置上设定了书签，可以单击“文件”→“选项”按钮，然后在“高级”选项中的“显示文档内容”区找到“显示书签”的项目，并在相应的复选框中打钩，然后再按“确定”按钮，这时就可以在文档中看到书签的标记了。

在建立超链接时，既可以利用文档中正文的文字，也可以利用表格、图片等对象。如果是利用文档正文中的文字，那么这些文字在定义了超链接后，就会按照超链接的格式显示（通常是带下划线的蓝色字体）。这样的文字也称为“热字”。

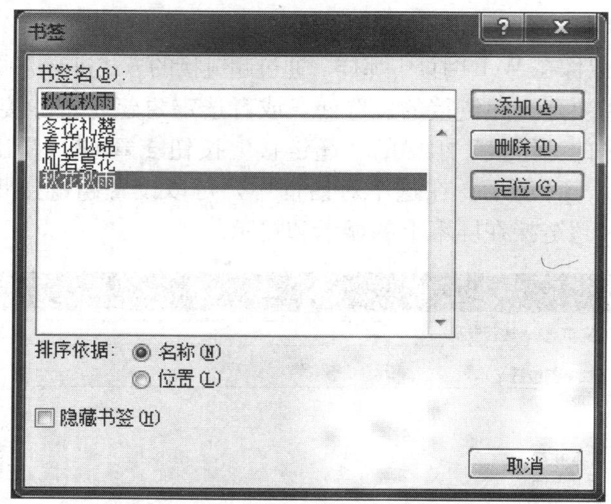

图 4—43 “书签”对话框

需要注意的是：在 Word 2010 默认状态下，需要按住 Ctrl 键再点击热字，超链接才能有效。

示例 9：在示例 7 的中部插入四个超链接和一个“云形标注”的图形对象，下部插入一张图片，得到的结果如图 4—44 所示。

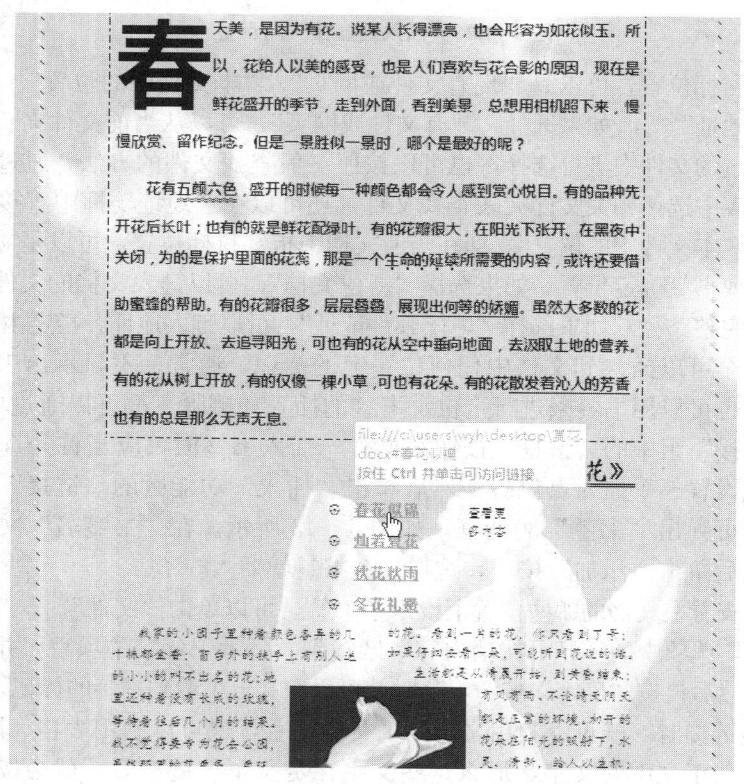

图 4—44 在示例 9 中插入超链接及图片

4.8 文档中的注释、提纲与目录

Word不仅可以用来创建简单的文档，还可以用来编写结构较复杂、篇幅较长的论文和著作。在编写某些专业性较强的论文或书稿时，往往需要先组织提纲，确定文章的结构布局，有时还需要编写目录，添加一些注释，并对其中的插图或表格等进行文字说明。

本节主要讨论Word所提供的上述这些在长文档中常见的功能。

4.8.1 注释和题注

写论文或编书稿时，有时需要对某些历史事件、人物、专门术语、专有名词等进行必要的注释说明；而对于文档中的插图和表格等对象，也需要对其进行编号并加以说明。前者可以使用Word提供的脚注和尾注，后者则可以使用题注功能来进行编号。

1. *脚注和尾注*

一般注释分为脚注和尾注两种。脚注通常加在当前页的下端，用一条直线与正文分隔开；而尾注则加在文档的末尾或章节的末尾。

添加脚注和尾注，都是在“引用”功能区的“脚注”组中进行操作。单击“插入脚注”按钮是在插入点位置插入一个脚注的注释参考标记；而单击“插入尾注”按钮是在插入点位置插入一个尾注的注释参考标记。如果希望选用其他的注释标记格式或在其他位置处添加脚注或尾注，可以在“脚注”组中单击“对话框启动器”，这时将弹出一个“脚注和尾注”对话框，如图4—45所示。用对话框上部的两个单选按钮可以选定插入的是脚注还是尾注，并在其右侧的下拉列表中选择注释的位置。在对话框的中间部分可以定义注释标记的格式，如果选用自动编号格式，在“编号格式”下拉列表中可以选择编号的格式；如果选用自定义标记，可以在右侧的文本框中输入符号或单击“符号”按钮选择符号。“起始编号”确定第一个注释的编号，通常是“1”，也可以是其他正整数。“编号”方式视脚注或尾注而有所不同，脚注可以选择“连续”、“每节重新编号”或“每页重新编号”；而尾注则只有“连续”和“每节重新编号”两种选择。

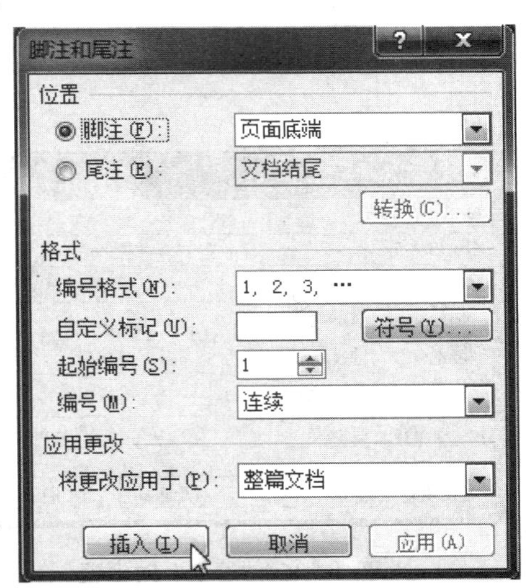

图4—45 “脚注和尾注”对话框

确定位置并设置格式之后，单击对话框左下角的“插入”按钮，Word就会在插入点位置插入一个注释参考标记，并且在页面下端或文档末尾等指定位置设置分隔符及新的注释的编号，并将插入点移到新编号处，在此可以输入注释内容。

在阅读文档时，如果想要查看文档中的注释内容，可以将鼠标移到注释标记处，注释文本便会自动显示出来。如果想要修改注释文本，可以双击注释标记，或者将插入点移到页面下端的脚注或文档末尾的尾注上，在此进行修改即可。

另外，如果想查看文档中更多的脚注和尾注，可以单击“下一条脚注”按钮，从下拉列表中可以选择查看“下一条脚注”、“上一条脚注”、“下一条尾注”以及“上一条尾注”。

2. 题注

一篇较长的文档中可能会有多处插图、表格或图表等对象，在对这些对象进行说明时，往往也需要给它们进行连续编号，这时就可以采用添加“题注”的方法。添加题注有以下两种方法。

（1）自动添加。

可以在插入表格、图表、公式或其他项目时自动添加题注。具体操作是：在“引用”功能区的“题注”组中单击“插入题注”按钮，弹出“题注”对话框，如图4—46所示。在“题注”对话框上，单击“自动插入题注…”按钮，打开“自动插入题注”对话框，如图4—47所示；然后从“插入时添加题注”列表中选择需要自动添加题注的对象，再设置标签、位置以及编号等有关选项，如果对已有的标签不满意，还可以选择“新建标签…”按钮，自定义一个标签。最后单击“确定”按钮。

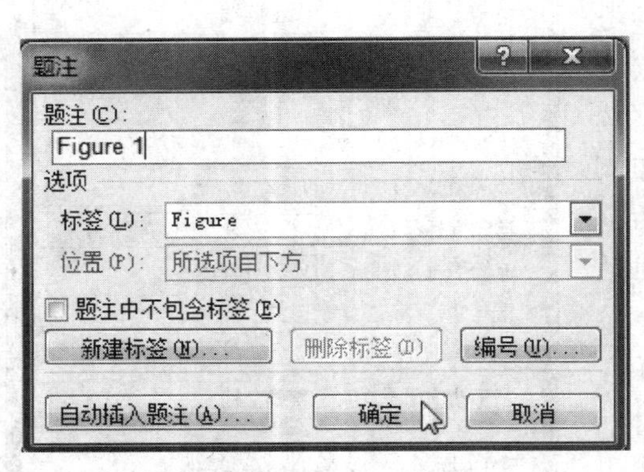

图4—46 “题注”对话框

图4—47 “自动插入题注”对话框

设置完成之后，每当插入有关的对象时，Word便自动为其添加题注。例如，如果选择为文档中的表格自动添加题注，可以在“自动插入题注”对话框的列表中选定“Microsoft Word表格”，“使用标签”框中选择“Table”，“位置”框中选择“项目上方”，然后单击“确定”。以后，每当插入一个Word表格时，Word都会自动在表格的上方添加一个标签为“Table”的题注，并且自动编号。

（2）人工添加。

自动添加题注只适用于将要插入的某些对象。如果需要添加题注的对象已经插入到文档中，或者该对象不是“插入时添加题注”列表框中所列出的对象，或者就是想在文章中用题注的方法给正文中的若干定理、若干假设、若干案例等进行编号，这时就可以采用人工添加题注的方法。具体操作是：在“引用”功能区的“题注”组中单击“插入题注”按钮，在弹出的“题注”对话框中，选择一个合适的标签（需要的话，可以新建标签），设置编号的格式（单击“编号…”按钮即可），再单击“确定”按钮。之后，Word 立即在插入点所在位置处添加上一个指定格式的题注。

题注的编号是自动的，编号的顺序是按照题注在文档中的前后位置来自动编排的。因此，如果在某些添加了题注的对象之前又插入了同类的对象，并且也添加了同样标签的题注，则后面的这类题注的编号将自动修改。如果移动了有关对象的位置或删除了某些对象，Word 也可以通过“更新域”的操作来更新题注的编号（操作方法是：选中题注的编号，单击右键，在弹出的快捷菜单中单击“更新域”按钮）。

4.8.2　大纲

对于一部书稿或篇幅较长的论文，通常都会划分为若干篇、若干章、若干节、若干小节等多个层次。在 Word 中，利用“大纲”视图和“大纲”功能区中的选项，可以非常方便地对这类文档进行不同级别的标题的设置，或为各个章节编写提纲，还可以为这些有章节层次结构的文档方便地建立目录。

1. 大纲视图和大纲功能区

对于同一个文档，Word 可以用不同的方式显示，即可以采用不同的视图方式。其中的“大纲”视图适用于处理并显示具有章节层次结构的文档。

在大纲视图下可以将文档的大小标题分别定义为各种不同的级别（正文不是标题，也没有级别），并用缩进的格式显示文档的各级标题。这种方式可以清楚地显示出文档的层次结构。在大纲视图下，每个段落前都有一个记号：如果本段是标题，并包含有下级标题或所属正文文字，则段前显示一个“加号”符号⊕；如果只是一个孤零零的、不包含任何下属内容的标题，则段前显示一个“减号”符号⊖；而如果本段是正文，则段前显示一个实心的小圆形●。这些附加符号只在大纲视图下出现，在打印时也不会被打印出来。在编辑文档的过程中，使用这些符号对于调整章节结构是非常方便的。

在大纲视图中，可以分层对文档进行显示。既可以显示全部内容，也可以只显示某些标题；或者只显示每个段落的第一行文字，而将其他文字隐藏起来。当只显示到某级别的标题时，如果标题下有灰色的波浪线，表示该标题下有隐藏未显示的下级子标题或正文内容。

当进入大纲视图后，文档一般就会自动进入到“大纲”功能区。“大纲”功能区中的选项如图 4—48 所示，在“大纲工具”组中，◀◀为“提升至标题 1”按钮，◀为“升级”按钮，▶为“降级”按钮，▶▶为“降级为正文”按钮，▲为“上移”按钮，▼为“下移”按钮，✚为“展开”按钮，━为“折叠”按钮。在“升级”按钮◀和“降级”按钮▶之间，有一个“大纲级别”下拉列表，用于显示和设置当前段落的大纲级别；在“折叠”按钮━的右边，还有一个“显示级别”下拉列表，用于设置在大纲视图中显示到哪个大纲级别的内容。如果在“显示级别”下拉列表中选择了“3 级”，则显示文档中级别为 1～3 的标题，而其余级别的标题和正文内容不显示；如果选择了“所有级别”，则显示所有级别的标题及正文内容。

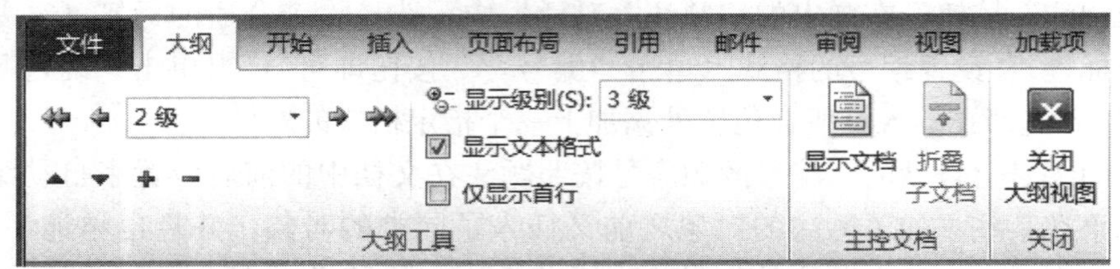

图 4—48 “大纲”功能区

“大纲”功能区上还有“仅显示首行”复选按钮和“显示文本格式”复选按钮。选中“仅显示首行”复选按钮时，对于超过一行的段落只显示首行。如果行尾有省略号“…”，表示此段落内容不止一行。选中“显示文本格式”复选按钮时，文字按设置的字体格式显示，否则所有文字都用标准字体显示（通常是宋体五号字体）。

“大纲工具”组的右侧是“主控文档”组，其中是一些与处理主控文档有关的按钮，这在使用主控文档时才会用到，这里不多叙述。

要显示一个文档的结构，除了用大纲视图之外，也可以用导航窗格。在“视图”功能区的“显示”组中选中“导航窗格”复选按钮，就会在文档窗口左侧分出一个“导航”窗格，点击窗格左上方的“浏览标题”按钮，就会看到在这个窗格中用类似提纲目录的形式显示出当前文档的层次结构。

2．标题的大纲级别

Word 提供了 9 级标题样式，并允许为段落设置 10 个不同的大纲级别：最高是 1 级，其次是 2 级、3 级……直至 9 级，共有 9 个级别的标题；最后是非标题的无级别“正文文本”。Word 的大纲视图就是根据文档中各个段落的大纲级别以缩进方式来显示文档的结构的。如果在一个文档中没有设置级别，那么 Word 就认为文档中的全部文本都是正文，没有标题。这样的文档就没有太大的必要使用大纲视图了。

在大纲视图下建立一个文档的结构非常简单。如果是一个新建文档，在大纲视图中，直接就处于“标题 1”的样式下，这时输入的内容就是最高级别的标题，即大纲级别为“1 级”，该标题输入完成后按 Enter 键，下一段仍然为“标题 1”的样式。如果希望输入第二级的标题，可以单击“大纲”功能区的“大纲工具”组中的“降级”按钮，将插入点所在的段落降级，即设置为“标题 2”的样式。如果希望输入第三级标题，还可以再次用“降级”按钮进行降级操作，得到“标题 3”的样式，依此类推。

如果是一个已经录入了内容的文档，但在录入时没有设置标题的级别，全部内容都是“正文”文本，也可以在大纲视图下用“升级”按钮和“降级”按钮，将某些正文文本设置为某个级别的标题。

示例 10：建立一个含有多级标题的文档，并用大纲视图显示到级别 4。得到的结果如图 4—49 所示。

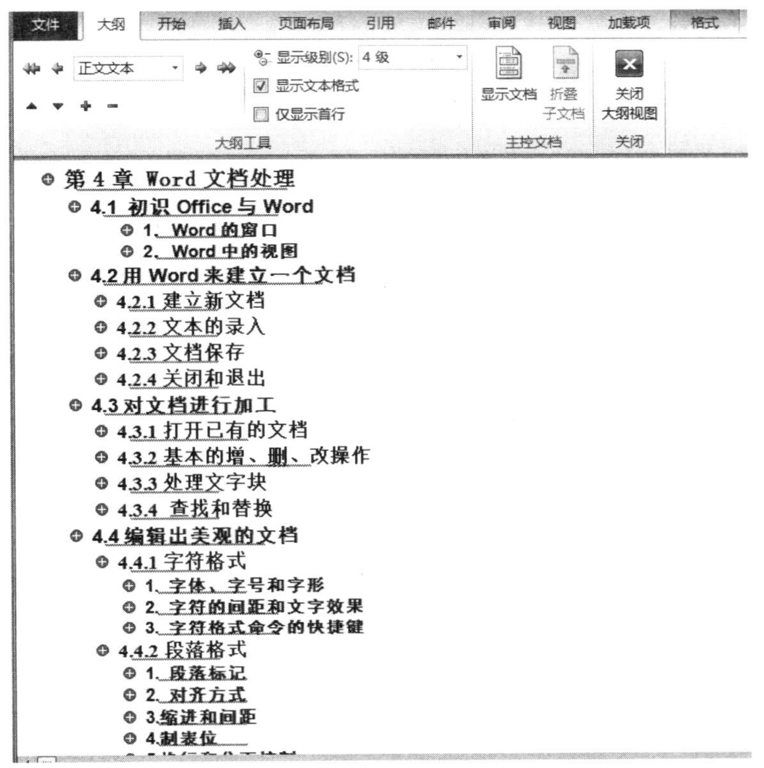

图 4—49 用“大纲”视图显示文档的层次结构

3. 大纲的调整

大纲视图不仅便于建立文档的结构，也便于调整文档的结构。

在大纲视图下，选定具有一定结构的文本内容，操作起来比在页面视图或草稿视图下来得更加方便。将鼠标指针移到段落前的附加记号上，指针形状变成十字交叉的四个箭头✥，此时单击，当前段落及其下属的所有下级小标题和正文都被选定（如果有的话）。而将鼠标指针移到某行左侧，当指针形状变为指向右上方的空心箭头时，单击则选定当前整个段落；双击则选定当前段落及其下属的所有下级小标题和正文（如果有的话）。

使用“大纲”功能区的“大纲工具”组中的按钮“提升至标题 1”、“升级”、“降级”、“降级为正文”可以改变选定内容的级别。需要注意的是，选定标题时如果还同时选定了其下属标题，则下属标题的级别也会随之相应改变。

如果想调整文章的章节顺序结构，例如将整章或整节的内容进行前后位置的调整，这时使用“大纲”功能区上的选项按钮也是非常方便的。只要选定所需调整内容的全部章节，然后单击“大纲”功能区的“大纲工具”组中的“上移”按钮▲或“下移”按钮▼，就可以直接将指定的章节整体移动到目标位置上。

4.8.3 目录

Word 具有自动生成目录的功能。自动生成目录不仅简单、快速，而且当文章中的标题内容或页码位置发生变化时，自动生成的目录可以方便地进行更新，不需重新编写，这对一般用户来说是非常方便的。

当文档中的标题设置了大纲级别，或者设置了标题的样式，就可以利用 Word 的自动生成目录的功能插入一个格式漂亮的目录。

在介绍 Word 的自动生成目录功能之前，首先介绍一下关于样式的设置。

1. 样式

所谓“样式”，是一组有关字体、字号、对齐方式等字体格式和段落格式的特定组合。每一个“样式”都有一个名字。如果把选定的文本设置为某个样式，则选定的文本就具有这个样式所包含的所有格式。

Word 提供了许多内置的样式，如“正文”、“标题 1”、“页码”等。要使用、修改和创建样式，可通过“开始”功能区的“样式”组中的选项进行操作。“样式”组中的内容包括一组样式名称（我们称其为“快速样式库”）和一个“更改样式”按钮，如图 4—50 所示。

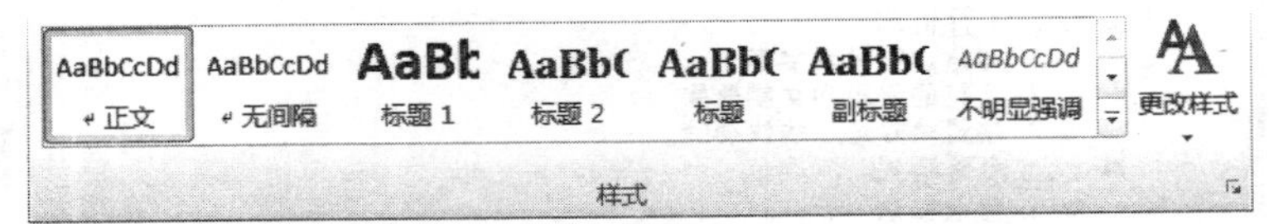

图 4—50 “样式”组

当 Word 的内置样式都不能满足文档的要求时，还可以对样式进行修改，或新建一个样式。

如果要更改现有样式，可右击“快速样式库”中的某一个样式名，在弹出的下拉列表中选择“修改…”选项，这时打开了一个“修改样式”对话框，如图 4—51 所示。在此对话框中，可以根据自己的需要酌情修改样式。如果需要修改的格式没有显示出来，可单击对话框左下角的“格式”按钮，从弹出的 9 种不同的格式选项中进行选择。

如果要新建一个样式，可以在“修改样式”对话框的“名称”输入框中，键入一个新的样式名，然后单击“确定”，新样式就创建完成了。新建样式的另一个方法是：点击“样式”组中的“对话框启动器”，在“样式”对话框的左下角单击“新建样式”按钮；或者单击“管理样式”按钮，再从弹出的“管理样式”对话框中单击“新建样式…”按钮。然后在“根据格式设置创建新样式”对话框中进行相关的选择，如图 4—52 所示，这样就创建好了一个新的样式。

2. 自动生成目录

在一个包含若干章节的文档中，如果文档中的标题都设置了相应的大纲级别，或者应用 Word 的内置标题样式对标题的级别进行了设置，就可以很方便地自动生成一个目录表。

首先单击要插入目录表的位置，将插入点置于此处；然后在“引用”功能区的“目录”组中单击“目录”按钮，在下拉列表中可以选择内置的各种目录样式，也可以根据自己的需要，选择“插入目录…”按钮，在弹出的“目录”对话框中，选择“目录”选项卡，如图 4—53 所示。

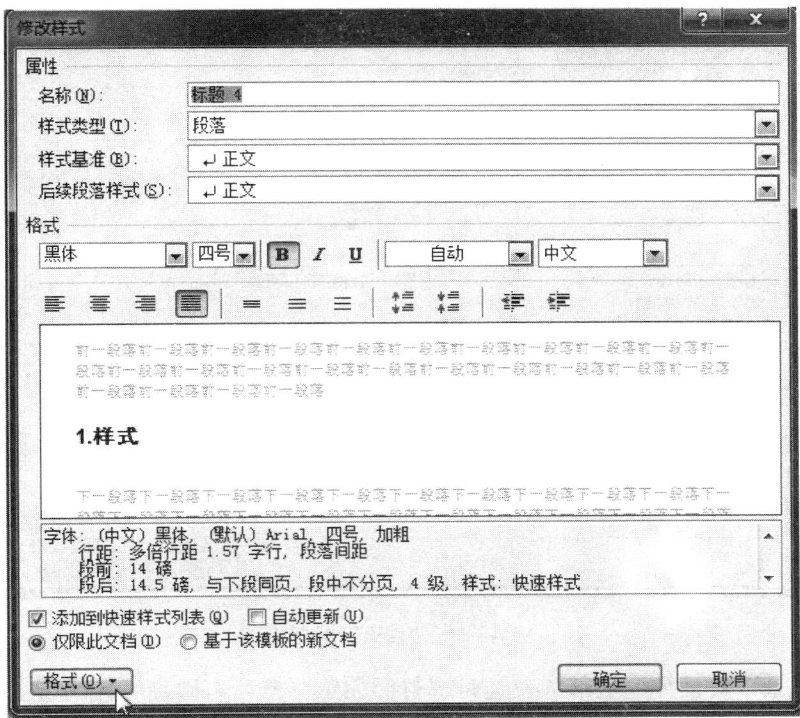

图 4—51　“修改样式”对话框

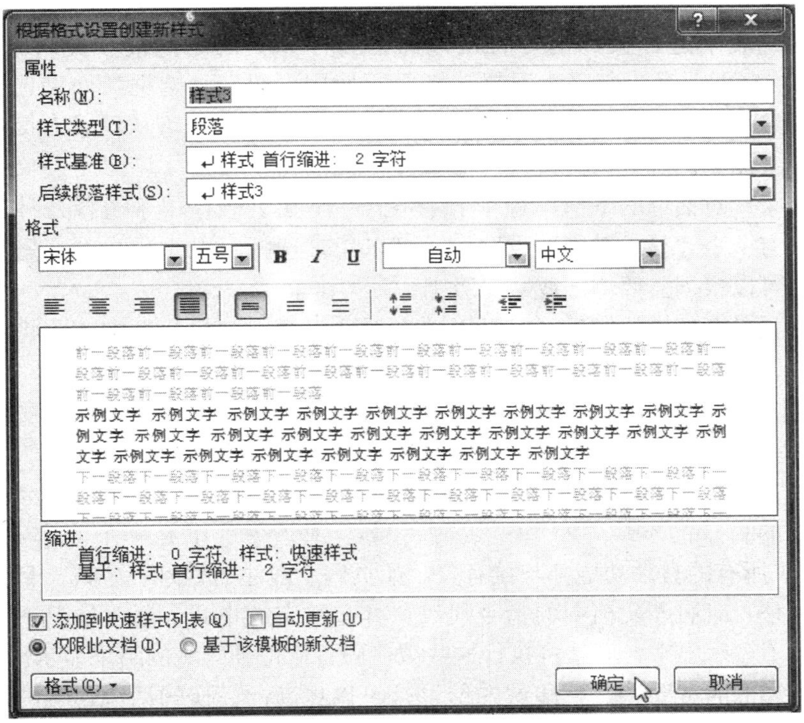

图 4—52　“根据格式设置创建新样式”对话框

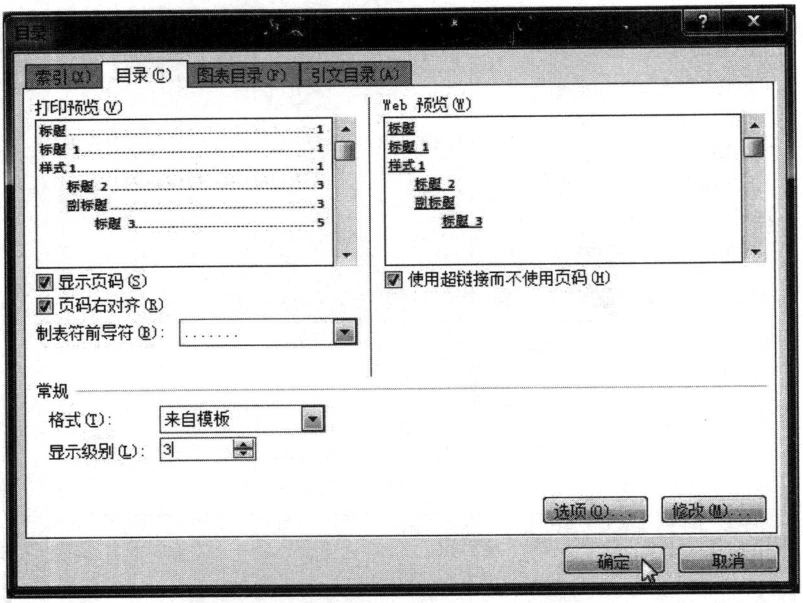

图 4—53 “目录”对话框

在“目录”对话框的上部，左边是“打印预览”框，右边是“Web 预览”框。“打印预览”框下面有两个复选框，可以用来选择是否在目录中显示页码及页码是否右对齐。如果选择了显示页码，并且页码采用的是右对齐方式，还可以继续在“制表符前导符”下拉列表中选择页码前导符（即标题名称和页码之间的填充符号）的样式。“Web 预览”框下面有一个“使用超链接而不使用页码”复选框，如果选中，表示在 Web 版式视图下的目录没有页码，而是采用超链接的方式，可从目录直接链接到相应的正文部分去浏览。

在“目录”对话框的下部，有一个“格式”下拉列表，用于选择几种已设定的目录格式；还有一个“显示级别”设置框，可以用来选择目录中包含的标题级别，默认值为 3 级，可以根据需要增加或减少级别。

将有关项目全部设置好后，就可以单击对话框中的“确定”按钮，将目录插入到插入点的位置处。

示例 11：用自动生成目录的方式，为示例 10 中的文档建立一个包括 3 级标题的目录。得到的结果如图 4—54 所示。

用上述方法建立的目录并不是人工逐字逐行键入的，而是由 Word 自动生成的。这种自动生成的目录的本质是一种“域”。“域”在 Word 中是一个非常重要的概念，Word 中几乎所有的自动功能都与域有关，如页码、题注的编号、公式、目录等。“域”可以理解为是一组插入文档中的指令代码，具有特定的格式。通常情况下文档中插入的域代码并不显示出来，而是将执行这些域代码后所得到的域的结果显示出来。

域具有如下的重要特点，即域的结果是可以更新的。换句话说，域的结果是可以变动的信息。因此可以使用插入域的方法在文档中插入各种信息，并使这些信息保持最新的状态。

第 4 章 Word 文档处理......2
4.1 初识 Office 与 Word......2
4.2 用 Word 来建立一个文档......6
4.2.1 建立新文档......6
4.2.2 文本的录入......6
4.2.3 文档保存......8
4.2.4 关闭和退出......9
4.3 对文档进行加工......10
4.3.1 打开已有的文档......10
4.3.2 基本的增、删、改操作......10
4.3.3 处理文字块......11
4.3.4 查找和替换......12
4.4 编辑出美观的文档......13
4.4.1 字符格式......13
4.4.2 段落格式......16
4.4.3 格式的复制、查找和替换......22
4.4.4 其他格式设置问题......23
4.5 页面设置和打印文档......25
4.6 表格和图表的处理......35
4.6.1 创建表格......35
4.6.2 表格的基本操作......39
4.6.3 表格的格式设置......40
4.6.4 图表功能......44
4.6.5 表格的排序和公式计算......45
4.7 在文档中插入对象......46
4.7.1 插入插图......46
4.7.2 其他插入对象和超链接......48
4.8 文档中的注释、提纲与目录......51
4.8.1 注释和题注......51
4.8.2 大纲......54

图 4—54 示例 11 中的目录表

对于大多数使用者来说，并不需要深入了解域，因为所有这些自动功能都有相应的命令来自动插入域代码。用户也无需关心域代码在 Word 内部是如何实现的。一般情况下，只要能够掌握如何将域结果进行更新的操作就可以了。

例如，在自动生成目录后，如果又需要在文档的正文中增加或减少内容，就有可能会使得已经生成的目录内容或页码编号与文档中的内容或页码不一致。这时不必重新执行生成目录的操作，只要将已有的目录进行更新就可以了。

更新目录的操作很简单：用鼠标右键单击目录，在弹出的快捷菜单中选择“更新域”命令；或者单击“引用”功能区“目录”组中的“更新目录”按钮来对目录进行更新。这两种方法都在屏幕上弹出“更新目录”对话框，如图 4—55 所示。在“更新目录”对话框中，可以选择“只更新页码”或“更新整个目录”选项，然后单击“确定”按钮，目录即可更新。

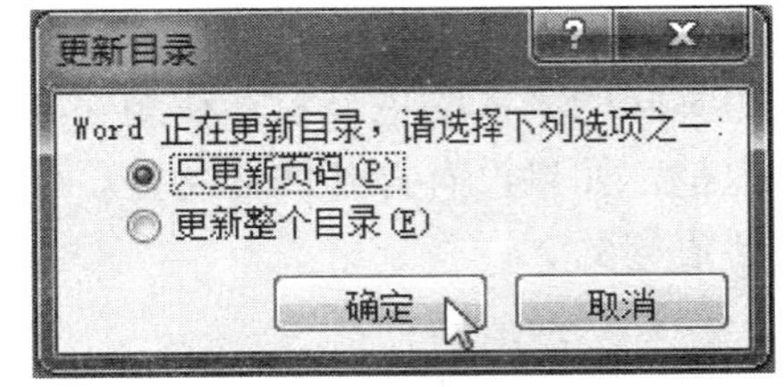

图 4—55 “更新目录”对话框

在 Word 的各种域中，有些是可以自动更新的，例如页码；而有些则不能自动更新，必须执行“更新域”命令才能够更新，如目录、公式等。对于其他需要人工更新的域，都可以采用上述“更新域”的方法来实现。另外，在某些情况下如果希望能够直接看到域的代码，也可以选中域，然后单击右键，在弹出的快捷菜单中选择“切换域代码”命令，如图 4—56 所示。这时选中的域，便以代码形式显示。再次执行“切换域代码”命令，则选中的域又切换回来，再次显示为域的结果值。

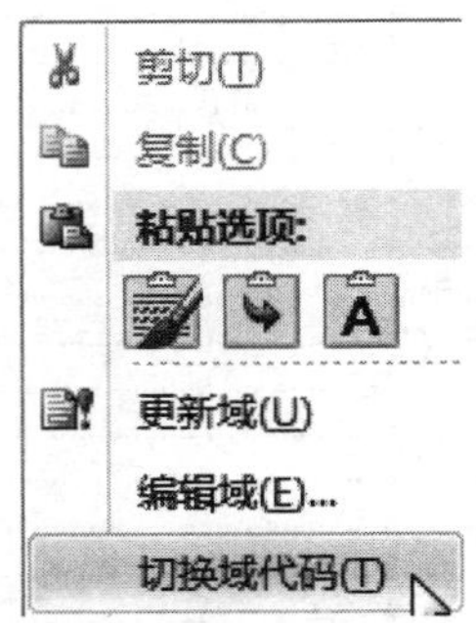

图 4—56 “切换域代码”命令

4.9 文档的审阅

一篇论文或一部书稿的初稿完成之后，往往需送给有关专家进行审阅。传统的做法是，将论文或书稿打印出来，由审阅者用笔在打印稿上批改，然后作者再参考审阅者的意见，对文档进行修改。而现在只要作者和审阅者都使用 Word，就不必打印出来再用笔批改了。作者只要将文档发送或复制到审阅者的计算机上，审阅者利用 Word 的审阅功能对文档进行批改，批改之后再传送或复制到作者的计算机上，然后便可由作者做进一步的修改处理。Word 的这种强大的审阅功能极大地方便了作者和审阅者，有效地提高了审阅的工作效率。

本节介绍文档的审阅功能，主要包括：文档的修订和批注。

4.9.1 修订

利用 Word 的修订功能，可以达到与在纸上修改几乎完全相同的效果：添加的文字用不同的字体颜色显示；在删除的文字上划删除线；在改动的段落左侧标记一条竖线。但是，如果没有打开修订功能，那么审阅者所作的修改与一般的编辑完全一样，是不留痕迹的。

1. 标记修订

在审阅者修改审阅的文章之前，首先需要打开修订功能，进入到“修订”状态。打开修订功能可以用以下两种方法：①在“审阅”功能区，单击“修订”组中的“修订”按钮，当“修订”按钮变亮，就表明已打开修订功能了；②用鼠标右键单击状态栏，在弹出的“自定义状态栏”列表中，在“修订”选项前面打钩，这样状态栏的左侧就会显示出“修订”按钮，单击该按钮，如果显示“修订：打开”，表示此时已打开修订功能。如果显示“修订：关闭”，表示此时修订功能已关闭。

打开修订功能之后，Word 将跟踪每一处修订，并会做出相应的修订标记。

2. 显示修订

打开了修订功能，审阅者进行了修订后，可以用不同的显示状态来显示文档。第一种，原始状态：显示打开修订功能之前的文档的状态。在这种状态下，可以看到修订之前的文稿原样。第二种，最终状态，显示经过审阅者修改之后的文档的状态。第三种，显示标记的原始状态，即显示打开修订功能之前的文档状态，并附加上审阅者所做的修订的标记。在这种状态下，被删除的文字上加了删除线，而插入的文字用"批注框"的标记加在页边距的空白处。这种状态适合作者检查审阅者所做的修订。第四种，显示标记的最终状态，即显示经过审阅者修改之后的文档的状态，并附加上审阅者所做的修订的标记。在这种状态下，插入的文字已经加入到文档正文中，但有下划线并用不同的颜色显示；被删除的文字也已经从正文中去掉，同时在页边距的空白处用"批注框"的标注加以说明。

关于"批注框"的标注方式在这里是需要特别注意的。单击"修订"按钮的下拉箭头，从下拉列表中选择"修订选项…"，在弹出的"修订选项"对话框中，"使用'批注框'（打印视图和 Web 版式视图）"的选项框中的选项应该设置为"总是"，如图 4—57 所示。如果设置为"从不"或"仅限于批注/格式"，则"显示标记的原始状态"

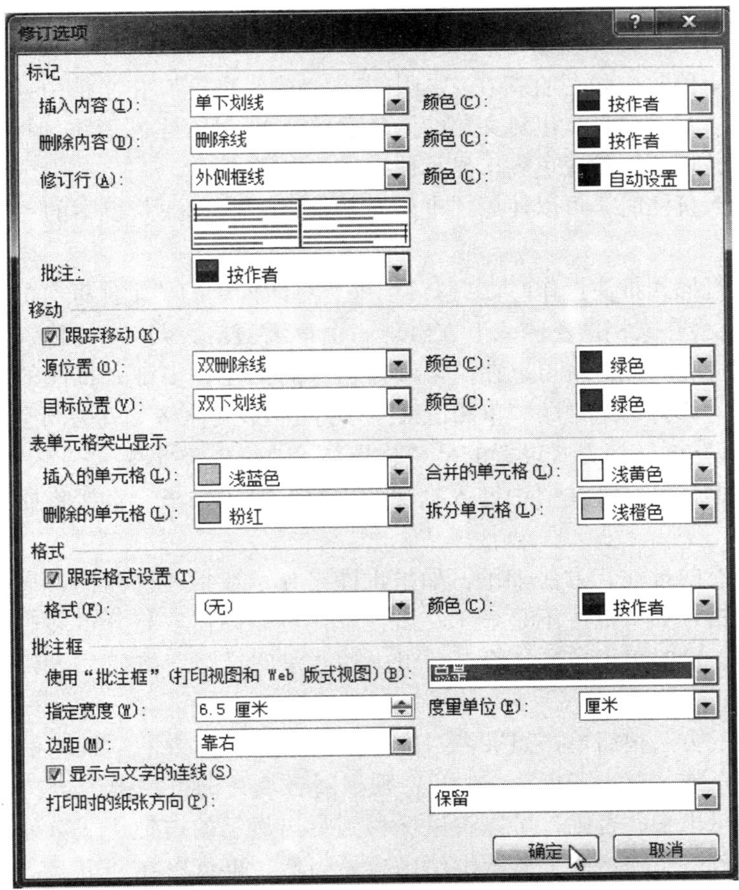

图 4—57　"修订选项"对话框

和“显示标记的最终状态”这两种显示状态的显示效果基本上是一样的，都是将插入的文字用改变颜色和加下划线的方式进行标记，而将删除的文字用改变颜色和加删除线的方式进行标记。只是当格式上有修改时，这两种显示状态才会有所区别。并且如果对使用批注框设置的是“仅限于批注/格式”，则在修改格式时，会在页边距的空白处用“批注框”来说明修改的格式内容；而如果设置的是“从不”，则在进行修改时，不会出现任何“批注框”。

3. 修订选项

如果对修订标记的格式或颜色等属性不满意，可以通过“修订选项”对话框重新进行设置。

在“审阅”功能区的“修订”组中，单击“修订”按钮的下拉箭头，从下拉列表中选择“修订选项…”，弹出一个“修订选项”对话框，如图4—57所示。从“修订选项”对话框中可以看到，对插入内容、删除内容、更改了格式的内容等都有多种标记样式和颜色供用户选择，当然，也可以选择不加标记。另外，还可以对“批注框”（前文已述）的选项进行设置，如批注框的宽度、是在左边距还是在右边距显示批注框等。

4.9.2 批注功能

审阅者在审稿时，除了直接在文档中进行修改，也可以在文档中插入批注。批注并不改动文稿本身，而是提出对文稿的修改意见。Word在审阅者添加批注的位置处插入一个标记，并用不同的底色突出显示被批注的文字。

审阅者插入批注时，可以使用“审阅”功能区的“批注”组中的“新建批注”按钮。

如果在执行插入批注操作时，“修订选项”对话框中的“批注框”的使用方式设置为“从不”，就会在文档的左侧或下方出现一个审阅窗格。同时，“修订”组中的“审阅窗格”按钮变亮，此时就可以在“审阅窗格”的批注栏中键入批注的内容。输入完毕，可以单击“修订”组中的“审阅窗格”按钮，“审阅窗格”就关闭了。如果插入批注时，“批注框”的使用方式设置的是“总是”或“仅用于批注/格式”，就会在页边距出现一个批注框，可在批注框中键入批注的内容。输入完毕，直接将插入点设置到正文处即可。

要编辑已有的批注，方法如下：如果批注是显示在批注框内的，直接在批注框内就可以进行编辑；如果批注不是显示在批注框内的，则需要打开审阅窗格，在审阅窗格中进行编辑。这时可以单击“修订”组中的“审阅窗格”按钮，然后在相应的批注栏中进行编辑。

查看批注的方法很简单：如果将“修订选项”对话框中的“批注框”的使用方式设置为“总是”或“仅用于批注/格式”，则审阅者填写的批注内容会在页边距上的批注框里直接显示出来；否则，可以将鼠标移到突出显示的被批注文字处停留片刻，此时屏幕上会出现一个提示框来显示批注内容。当然，也可以在“审阅”功能区的“批注”组中，单击“上一条”按钮或“下一条”按钮来查看上一条批注或下一条批注。

示例 12：图 4—58 是一个需要对其进行修改的文章节选，经过修订和批注后得到的结果如图 4—59 所示，其中显示修订的方式为“原始：显示标记”。

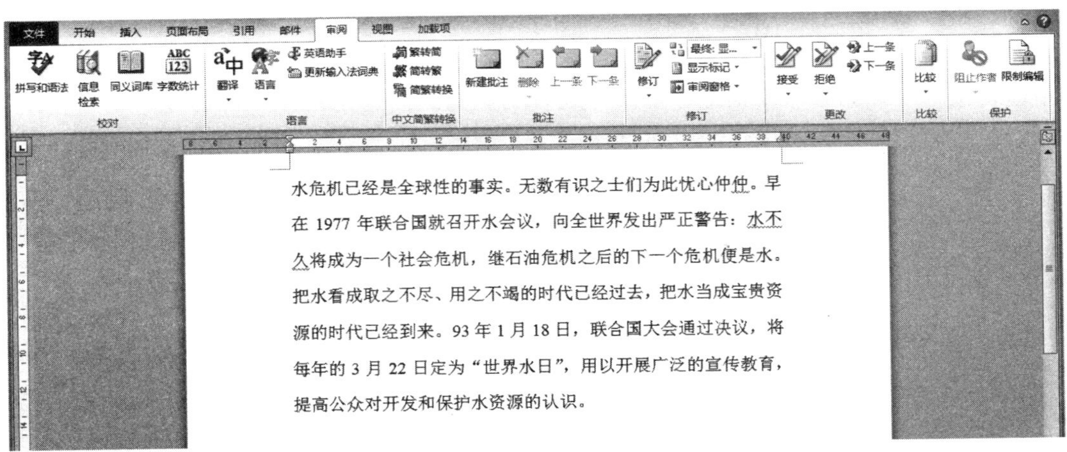

图 4—58　示例 12 中未经审阅的文章

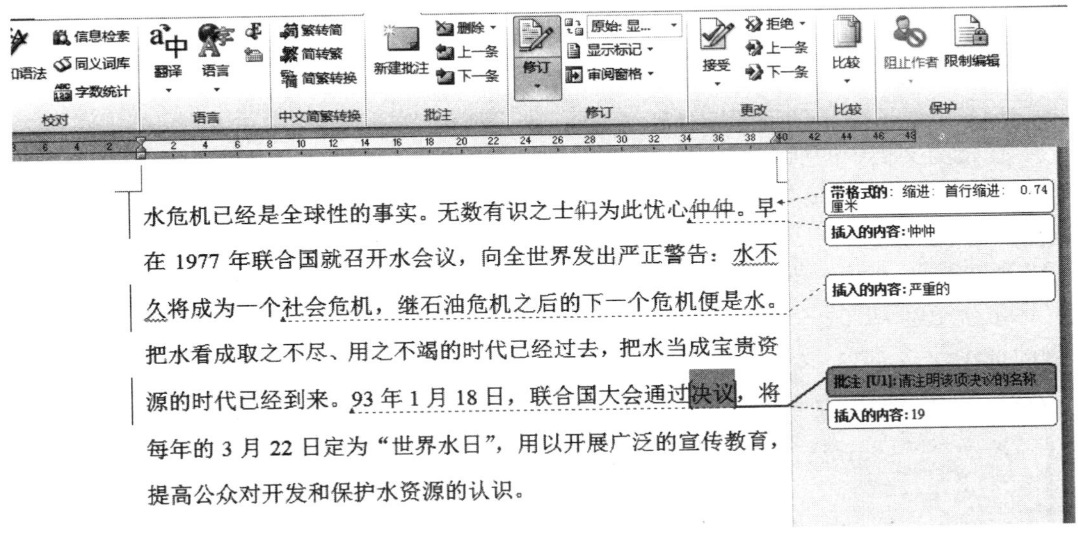

图 4—59　示例 12 中经过修订和批注后的文章

4.9.3　修订和批注的处理

当作者看到审阅者进行了修订和批注的文档后，需要对修订和批注进行处理，可以接受修订，也可以拒绝修订，而批注意见则可以在考虑之后将其删除，不必再保留。对文档中的修订和批注进行处理时，可以利用“审阅”功能区中的各个按钮来操作。以下是常见的三种处理方式：

（1）依次决定是否接受每一处修订、是否删除每一个批注。

第一步，将文档中所有的修订和批注都显示出来。首先在“审阅”功能区的“修订”组中的“显示以供审阅”按钮的下拉列表中选择“最终：显示标记”；然后再从

“显示标记”按钮的下拉列表中单击“审阅者”，并选择“所有审阅者”。

第二步，选定一处修订或批注。在“审阅”功能区的“更改”组中，单击“上一条修订”按钮 上一条，或者单击“下一条修订”按钮 下一条。

第三步，接受或拒绝找到的修订，或者删除找到的批注。要接受找到的这个修订，单击“接受”按钮；要拒绝这个修订或者删除找到的这个批注，都可以单击“拒绝”按钮。

重复第二步和第三步，就可以依次处理所有的修订和批注。

（2）接受或拒绝某一个审阅者所做的所有修订，或删除某一个审阅者所加的所有批注。

第一步，仅显示指定的审阅者所做的修订和所加的批注。在“审阅”功能区的“修订”组中单击“显示标记”按钮，再从下拉列表中单击“审阅者”，并选择指定的某一个审阅者。

第二步，处理所有显示的修订和批注。要接受这位审阅者所做的所有修订，单击“接受”按钮，并从下拉列表中选择“接受所有显示的修订”；要拒绝他所做的所有修订，单击“拒绝”按钮，并从下拉列表中选择“拒绝所有显示的修订”；要删除他添加的所有批注，单击“批注”组中的“删除”按钮，并从下拉列表中选择“删除所有显示的批注”。

（3）接受或拒绝文档中所有修订，或删除文档中所有批注。

要接受文档中的所有修订，单击“接受”按钮，并从下拉列表中选择“接受对文档的所有修订”；要拒绝文档中的所有修订，单击“拒绝”按钮，并从下拉列表中选择“拒绝对文档的所有修订”；要删除文档中的所有批注，单击“批注”组中的“删除”按钮，并从下拉列表中选择“删除文档中的所有批注”。

示例 13：图 4—60 显示的是接受了对示例 12 所做的所有修订，但没有删除对其所做的批注。

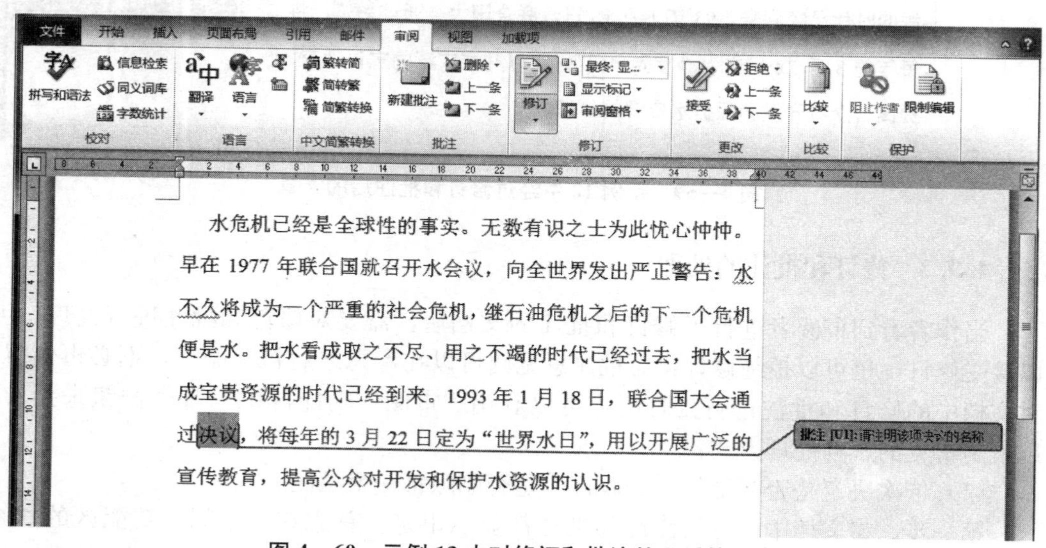

图 4—60　示例 13 中对修订和批注处理后的文章

从图 4—60 中可以看到，当某个修订处理完成后，所有与之相关的修订标记就不再保留了。

4.10 邮件合并

“邮件合并”是办公软件非常重要的功能之一。作为办公室的日常工作，有时需要向多位收信人同时发送内容相近的信函、通知等，如果一一个别处理，就很难体现“自动化”的优势和特点。

Word 提供了处理批量文档的方便功能，即处理信函和邮件的邮件合并功能。

示例 14：某学校向参加研究生入学考试复试的考生发送通知。以下是两名考生接到的通知的内容：

王小文同学：

你报考我校哲学系逻辑学专业研究生，基本科目的考试已达到录取分数线。现在该专业需要对《数理逻辑》进行复试，现将有关事项通知如下：

复试方式：笔试

复试时间：5 月 20 日下午 2:00

复试地点：我校求是楼 1222 教室

请按时参加复试。如有疑问，请电话联系。

联系电话：(010) 67891235

李新同学：

你报考我校经济学院经济学专业研究生，基本科目的考试已达到录取分数线。现在该专业需要对《微观经济学》进行复试，现将有关事项通知如下：

复试方式：口试

复试时间：5 月 18 日上午 10:30

复试地点：我校明德楼经济学院会议室

请按时参加复试。如有疑问，请电话联系。

联系电话：(010) 67891234

从上述通知可以看到，每一位考生接到的通知内容大体相同，但是很多重要的细节是各不相同的。同样是要参加复试，但是复试的方式、时间、地点甚至科目，都是各不相同的。利用 Word 的邮件合并功能，这项工作可以非常方便地完成。这里，需要介绍的内容包括：

- 生成邮件合并信函的操作步骤；
- 数据源的概念和有关处理操作；
- 信封和标签处理。

4.10.1 信函

如果对生成邮件合并的信函的操作不是十分熟悉，利用邮件合并分步向导进行操作，不失为一个很好的方法。

在“邮件”功能区的“开始邮件合并”组中，单击“开始邮件合并”按钮，在弹出的下拉列表中，启动“邮件合并分步向导”。这个向导共有6个步骤：

- 选择文档类型；
- 选择开始文档；
- 选择收件人；
- 撰写信函；
- 预览信函；
- 完成合并。

1. 生成主文档

邮件合并分步向导的第一步是选择文档类型，通常选择“信函”即可。第二步是选择开始文档。在生成信函的过程中，可以直接从当前文档开始；也可以从新建的当前文档选择一个模板加载，模板可以是专门为某类信函设置的；还可以打开一个现有文档（其中有要生成的信函的某些内容或格式），作为生成信函的开始文档。

如果已经有可用的模板，第二步可以选择“从模板开始”并指定模板，然后就可以从模板开始编辑信函输入相同部分的内容。

如果没有合适的模板，但是以前处理过类似信函，第二步可以选择“从现有文档开始”并指定一个文档，将其打开后，在其中进行编辑修改。

如果既没有合适的模板也没有可利用的现成文档，需要自己从头开始编辑，可以先建立一个新文档，再启动邮件合并分步向导，并且在第一步选择“信函”，第二步选择“使用当前文档”。

可以在启动邮件合并分步向导之前，或者在邮件合并的第一步或第二步将信函的主体部分输入，并且设置适当格式。需要填写不同内容的地方可以不键入任何信息，也可以先输入假设的内容，以方便调整格式，而将来这些位置是要用插入的合并域替换的。

所谓“开始文档”，就是进行邮件合并的主文档，其中包括信函的主体内容和一些合并域。执行合并时，合并域处会用外部的数据源中的信息来替换，进而生成包含不同信息的一批信函、邮件等。邮件合并向导的前两个步骤，就是生成这个主文档。

在本例中，可以以王小文收到的通知作为蓝本，在新文档中键入有关内容，以此作为主文档。如果这个文档已经打开，将其切换为当前文档，第二步可以选择“使用当前文档”；如果这个文档已经保存并且关闭，也可以在第二步选择“从现有文档开始”。

2. 选择收件人

邮件合并的第三步是选择收件人。此时有“使用现有列表”、“从 Outlook 联系人中选择”和“键入新列表”三种可以选择的途径。

如果选择“从 Outlook 联系人中选择”，单击其下的“选择联系人文件夹”，Word 就将指定的通信簿作为数据源列表打开，可以从中选择一些联系人作为收件人，使用通信簿中记录的这些联系人的相关信息在信函中替换合并域的内容。

如果要使用现有列表，单击其下的“浏览…”，则可以查找并打开一个以前保存的列表，从中选取某些收件人的相关信息以用于替换合并域的内容。

如果要键入新的列表，单击下面的“创建…”按钮，打开“新建地址列表”对话框（如图 4—61 所示），就可以利用 Word 提供的列表项目，输入收件人的有关信息。之后单击“新建条目”，就会出现一个新的空白条目，等待继续输入下一位收件人的信息。

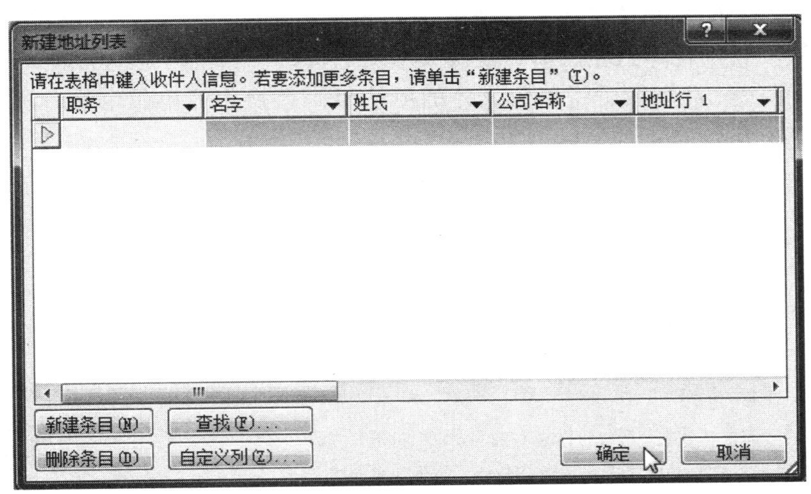

图 4—61　“新建地址列表”对话框

如果列表的项目不合要求，还可以单击“自定义列…”按钮，弹出“自定义地址列表”对话框（如图 4—62 所示），用于编辑列表中的项目名和结构。单击“添加…”，可以在弹出的“添加域”对话框中输入一个项目名称，在列表中选定项目之后增加一个新的项目；单击“删除”，可以将选定的项目从列表中删除；单击“重命名…”，可以在弹出的“重命名域”对话框中键入一个新的名称，为选定的项目更名；此外，还可以用“上移”、“下移”按钮向上或向下移动选定项目的位置，以方便用户输入有关信息。

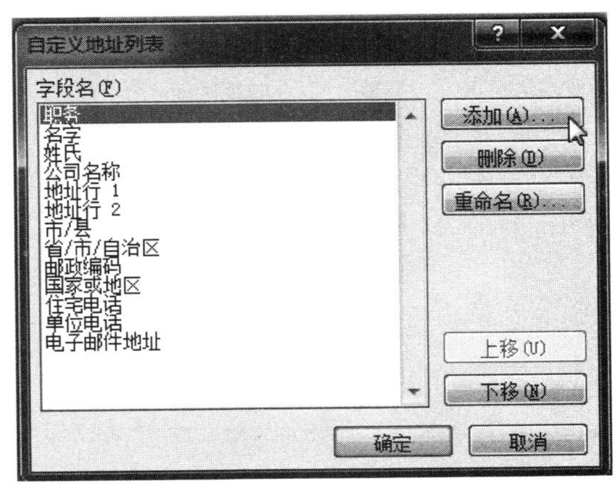

图 4—62　“自定义地址列表”对话框

无论采用何种途径，最终确定列表之后，都会打开“邮件合并收件人”对话框，可以从中选择收件人条目，也可以编辑这个列表。编辑并选择确定之后，对话框关闭，就可以进入下一步了。

3. 插入合并域

第四步是撰写信函，其中主要任务是在信函中插入合并域，这是邮件合并关键的一步。此时，在信函主体适当位置设置插入点，从任务窗格单击相应命令，可以在插入点位置插入地址块、问候语等格式化信息，也可以单击“其他项目…”以插入列表中任意一个项目。

在我们的例子中，可以从文档初始文本中删除“王小文”这个姓名，将插入点保持在删除后的位置，单击“其他项目…”，再在“插入合并域”对话框的列表中选择“姓名”并单击“插入”，关闭对话框，就将“姓名”这个项目作为一个合并域插入到主文档之中了。依次将“哲学系”替换为“院系名称”项目，将“逻辑学”替换为“专业名称”项目，将“数理逻辑”替换为“复试科目”项目，将“笔试”替换为“复试方式”项目……直至最后将单位具体的电话号码替换为“单位电话”项目。至此，信函就编辑完成了，如图 4—63 所示。

图 4—63　在撰写信函过程中插入合并域

4. 预览及完成合并

第五步是预览信函。预览本来并非必需，但是为了检查和更正失误，在分步向导中安排了这样一个步骤。进入预览，可以在文档窗口中看到合并了收信人信息的完整信函，并可以通过任务窗格的命令浏览寄给不同收信人的信函内容，如图 4—64 所示。

如果发现有错误，随时可以退回前面的步骤进行更改，包括更改合并域的插入位置、插入的合并域项目、收信人的信息等。

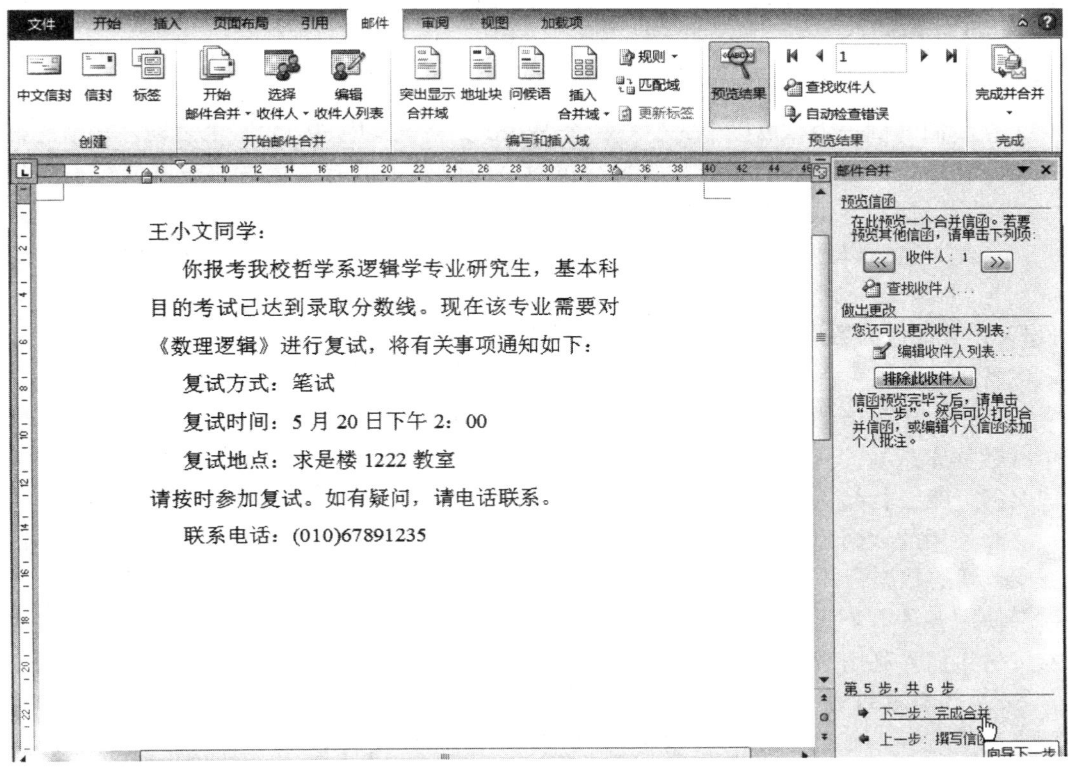

图 4—64　预览寄给王小文的信函

如果从预览中确认信函内容完整无误，就可以进入最后一步：完成合并。

完成合并有两种结果，一种是直接打印批量信函，可以像打印多份同一文档那样连续打印出多份内容有别的信函；另一种是可以保存在一个结果文档中，以便继续编辑处理。将来也可以打开这个结果文档，选择其中某些页进行打印，即分批打印寄给某些收信人的信函。

4.10.2　邮件合并的数据源

在邮件合并的过程中，所有合并域都是从列表的相应项目中选取的，一个条目中的项目替换各个合并域得到一个合并的结果。这里用到的列表称为数据源。数据源保存的是收件人的信息。数据源的结构和格式，实际就是关系数据库的表。这里将介绍有关数据源结构、格式的各种概念和要求，帮助读者去理解 Word 如何实现邮件合并这种看上去很神奇的功能。这里，涉及的知识有：

- 可以作为数据源的文档；
- 数据源的格式要求；
- 选择收件人数据源的生成和编辑。

1. 保存收件人信息的文档

收件人的信息一般并非在建立信函时才录入信函中，而是单独保存在另外一个表格形式的文档之中。这个保存收件人信息的文档，可以是Word的表格，可以是纯文本的列表文件，也可以是电子表格工作簿，当然更多情况下是Access或者其他关系型数据库中的表。

在我们的例子中，可以事先建立一个Word文档，其中只包含一个表格，表格的第一行是各项目的名称，第二行开始每行包含一位收件人的有关信息；表格的每一列是一个项目，保存各位收件人某一方面的信息。

当然，也可以用一个纯文本的文件，文件由一个列表组成，第一行为项目名称组成的标题行，第二行起每行为一位收件人的各项信息；还可以用只包含一个表格的HTML文件作为数据源，表格的组成同样为第一行是列名、第二行起每行为一位收件人的各项信息。

使用电子表格的工作簿文件作为数据源也很方便，在Excel工作簿中的一个数据清单（数据库），就可以作为邮件合并的数据源使用。同样，这个数据清单的第一行是字段名行，第二行起每行保存一位收件人的各项信息。

当使用的数据源规模较小，并且也不是长期使用的数据时，也可以采用新建表格，在Word的数据合并分步向导的引导下创建新表格。

使用各种电子通讯录是另一种方便的数据源。假如信函不是复试通知，而是给朋友发贺年信，利用通信簿的信息就比较方便。

2. 数据源的构成

我们看到，邮件合并的数据源可以是各种类型的文件，但是有一个共同点，都是表格数据。那么，邮件合并对于数据源格式的要求究竟是什么？我们来具体介绍一下。

首先，数据必须按照表格的形式来组织。这里的关键不是要有表格线，而是说数据必须按行按列排列组织。在表格中，有如下一些要求：

（1）同一位收件人的各项信息必须存放在同一行中；

（2）所有收件人的同一项目信息必须存放在同一列中；

（3）每一列都必须有项目名称；

（4）除数据库的表之外，其他表格的第一行必须是字段名行；

（5）不允许出现空行；

（6）列的顺序无关，只要没有重复出现的列名。

列的项目名称在Excel工作簿的清单中称为字段名，在Word表格和HTML表格中称为列名或项目名，在数据库中也称为列名、属性名或者字段名。因为数据库中的数据是结构化的，列名是结构要求的，所以表中不需要在第一行单独保存字段名。

在Word的邮件合并分步向导引导下新建立的数据源表格，在Word的早期版本中曾经使用Word文档的表格形式保存，而现在则使用Access的数据库文件保存（只含一个表）。

另外，至于表格数据采用的字体、字形和字号，表格在文档中居中对齐还是左对齐、各列的列宽设置，文字的颜色、底纹，等等，完全没有限制。也就是说，任何设置都是允许的，也都不会发挥任何作用。这从纯文本文件可以作为数据源就可见一斑。这就表示，邮件合并对于数据源只有数据组织结构的要求，没有具体文字格式的要求。

总之，邮件合并对于数据源的要求，实际上就是关系型数据库对于表的要求。当学习了有关数据库的知识之后，我们会对这种格式要求有更深刻透彻的理解。

3. 数据源的生成和编辑

关于如何在纯文本文件中建立独立的列表，应该不是难题。当然，也可以在 Word 中建立表格，然后将表格转换为文本再保存。

在 Word 中建立表格单独保存，也不是什么难题，只要记住不要加多余的表格名称、不要设置每页的标题行、不要出现空的表格行，并且第一行的每列都是列标题、第二行起每列都是一位收件人的有关信息就可以了。

如何在 Excel 工作簿中建立数据清单，以及在 Access 数据库中建立表，在学习 Excel 或 Access 时会有专门介绍。

因此，这里只介绍如何在 Word 邮件合并分步向导的引导下键入新列表作为数据源。下面以复试通知例子中的王小文和李新的数据为例，说明具体的操作过程。

在“选择收件人”步骤中，选择“键入新列表”，则下面的命令变为“创建…”。单击这个命令，就会弹出如图 4—61 所示的“新建地址列表”对话框。如果表中的项目恰好适合需求（只要需要的项目都有，即使有多余项目也没有关系），就可以开始输入有关信息了。但是如果表中的项目并不适合需求，或者需要的项目不存在，而无用的项目却很多，那么，就需要事先自定义若干项目。

单击“新建地址列表”对话框中的“自定义列…”按钮，就会弹出如图 4—62 所示的“自定义地址列表”对话框。因为这是给考生寄发的复试通知书，“职务”这个项目没有意义，选定这个项目，单击“删除”按钮，将其从列表中删去。“姓氏”和“名字”两个项目在目前情形下完全可以合并，所以选择“姓氏”项目，单击“重命名…”按钮，将其改为“姓名”；再选定“名字”项目，单击“删除”按钮将其删除。“公司名称”在这里也没有意义，可以重命名为“单位名称”或者“院系名称”。另外，还需要增加关于专业、科目、考试等有关的一些项目。

将所有项目调整完成后，在“自定义地址列表”对话框中单击“确定”，返回“新建地址列表”对话框。现在，列表中的项目就适合我们的需要了。此时，可以在列表中输入王小文的各项信息，如图 4—65 所示。

输入完成后，单击对话框中的“新建条目”按钮，就会出现一个新的空白条目，可以在这个空白条目上继续输入下一位考生的各项信息。

当所有收件人的有关信息都输入完成之后，在对话框中单击“确定”按钮，此时就会出现“保存通讯录”对话框，与保存文档的对话框相似，默认位置为“我的文档”文件夹下的子文件夹“我的数据源”，默认文件类型为“Microsoft Office 通讯录（*.mdb)”。

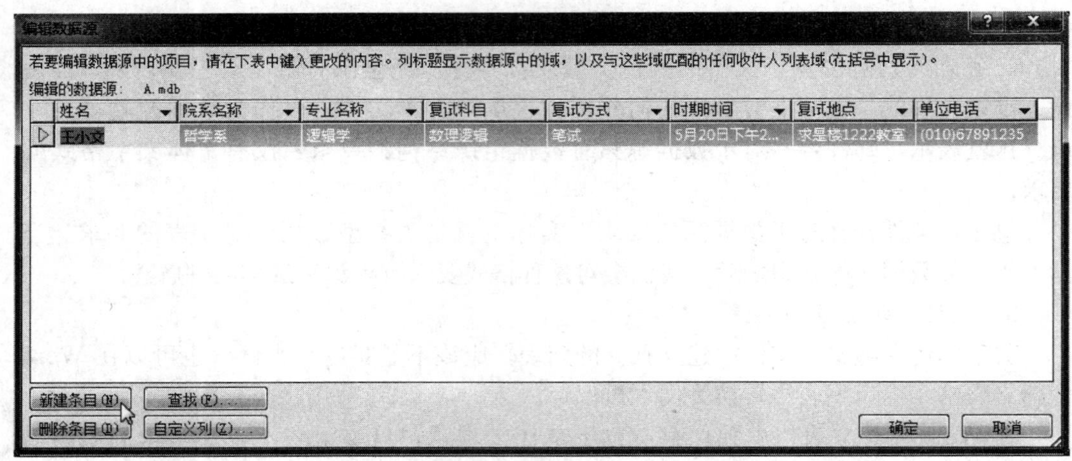

图 4—65　输入王小文的信息

保存数据文件之后，屏幕上继而出现“邮件合并收件人”对话框，如图 4—66 所示。可以单击对话框中的“编辑…”按钮再次进行对列表的编辑，也可以对收件人信息进行排序、筛选、查找等操作。

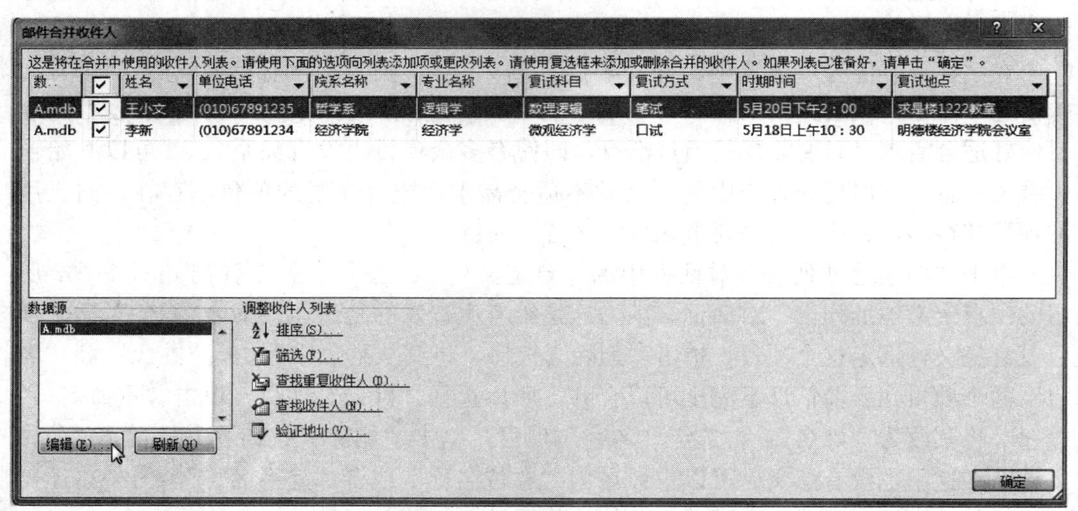

图 4—66　“邮件合并收件人”对话框

从列表中选择要使用的收件人的信息，只要在相应条目的最左侧单击，设置选中标记就可以实现，如果不准备向某个收件人寄送信函，则只要单击该标记将其清除即可。

在使用现有列表时，要从列表中选择收件人，也需要在“邮件合并收件人”对话框中进行类似的操作。此时若未打开列表，单击“浏览…”按钮，可以查找列表文件将其打开；一旦打开列表，“邮件合并收件人”对话框也会自动打开。如果已经关闭了“邮件合并收件人”对话框，还可以单击任务窗格中的“编辑收件人列表…”命令来打开它。如果打开的列表不适用，可以先关闭对话框，然后单击任务窗格的“选择另外的列表…”命令。

4.11 小结

本章从介绍用 Word 完成最基本的写作开始，由浅入深地介绍了 Word 的主要功能，包括：创建文档、常用的文字编辑技术、格式设置及排版、打印和预览的方法，同时也介绍了 Word 的一些较为复杂的功能，包括插入表格、图表及各种对象，对长文档编写大纲，自动生成目录，添加各种注释，以及对文档进行审阅的方法。在介绍各种功能和实用技巧的同时，也介绍了 Word 中用到的一些重要概念，如：分节、样式、书签、超链接、域等。

通过本章的学习，读者应当对 Word 有较全面的了解，并能够熟练运用 Word 进行一般的文档处理工作。同时也应能够用 Word 撰写有章节结构的提纲、论文、书稿等复杂文档，并能灵活应用文档审阅技术来交互处理文稿。

4.12 思考与练习

一、思考题

1. 在 Word 中选择文本的操作有哪些方法？请列出其中的三种。
2. “改写”状态的主要特点是什么？在编辑文档中多采用什么状态？
3. 如何利用“查找和替换”功能完成对格式的替换？请举例说明。
4. “标尺”有什么作用？举例说明如何利用标尺进行格式设置。
5. “节”在 Word 文档中有哪些作用？请举例说明。
6. 创建表格有哪些途径？如果要制作一张学生履历表，用什么方式较好？
7. “书签”的作用有哪些？如何在文档中插入书签？
8. 什么时候需要自动插入题注？什么时候不需要？请举例说明。
9. 简述 Word 文档中“域”的概念，并举例说明什么时候需要用到“更新域”。
10. 什么是“样式”？如何在 Word 文档中创建一个新样式？
11. 什么是“大纲级别”？对哪些类型的文档需要用到“大纲视图”？

二、操作题

1. 利用 Word 提供的模板，制作

(1) 一份个人求职简历；

(2) 本月的月历表（要求：横向打印，带有图片，并打印出农历的节气）。

2. 自己设计创建一个模板（如：成绩单、课程表、传真首页等），并利用这个模板，制作出两个格式相近的文档。

3. 熟悉特殊符号的使用，仿照下例制作一篇含有特殊符号的有趣短文。

例文如下：

✈ 宿舍公约 ✈

- ☞ 保持床铺整洁
- ⊗ 室内请勿吸烟
- 🔒 室内无人时注意锁门
- ☎ 打电话要简洁
- 👓 爱护视力
- Ƴ 锻炼身体
- ⏲⏲ 保持良好的作息习惯
- ☺ 团结友爱，人人都有好心情

4. 输入一篇 1 000 字左右的文章（任意选取，用其他课程的作业也可）进行包括以下各种形式的字符排版和段落排版：

（1）至少两种以上的不同字体、字号；（2）加粗字体；（3）倾斜字体；（4）加两种不同形式的下划线；（5）加宽或缩窄；（6）字体加颜色；（7）加底色；（8）加边框；（9）加阴影；（10）设置空心字；（11）设置上标字；（12）设置下标字；（13）设置不同的字间距；（14）设置动态效果；（15）设置自动项目符号；（16）设置自动编号；（17）设置两种行间距；（18）设置两种对齐方式。

5. 利用大纲模式设计一篇含有多个章节的论文（或报告）的提纲，该提纲应包括若干不同层次（至少 3 层）的标题，并利用"插入目录"功能，制作一个目录表。

6. 利用制表位：

（1）编排一个尽可能好看的列表（要求：至少有 3 种不同格式的制表位）；

（2）自行设计一个目录表（要求：含有前导符）。

7. 利用第 4 题中的文章，进行如下操作：

（1）插入文本框；

（2）插入由若干自选图形组成的流程图（需进行图形组合）；

（3）插入剪贴画；

（4）插入艺术字；

（5）插入页眉、页脚；

（6）插入脚注、尾注。

要求：

（1）插入对象时，注意选择合适的文字环绕方式；

（2）尽可能多地熟悉各种插入对象特有的功能，如图片的裁剪功能；绘图的三维效果等。

8. 将一篇至少有 4 页的文档分成若干节（至少 3 节），对不同的节分别进行不同的页面排版。

9. 用 Word 的表格功能完成一个营业额统计表制作。

要求：

（1）格式尽可能美观；

（2）对行（月总计）及列（总营业额）均需用公式计算得出；

（3）依据表中的数据，分别插入三种不同形式的图表（图表中不含月统计和总营业额）。

表格内容如下：

东南商业集团 1—5 月份营业额统计表

月份	一月	二月	三月	四月	五月	总营业额
一商场	369 832.50	298 734.10	308 965.70	358 761.40	418 325.90	1 754 619.60
二商场	129 267.00	109 343.70	131 672.10	130 538.50	146 259.20	647 080.50
三商场	289 445.00	259 534.50	203 754.20	104 538.50	164 895.80	1 022 168.00
五商场	439 832.40	326 740.00	307 547.30	372 518.60	481 639.40	1 928 277.70
月总计	1 228 376.90	994 352.30	951 939.30	966 357.00	1 211 120.30	5 152 145.80

10. 仿照以下示例，用制表功能制作一个职员人事履历表（不允许用现成的模板）。

人 事 登 记 表

编号：________

<table>
<tr><td>姓　　名</td><td></td><td>性　　别</td><td></td><td>出生日期</td><td></td><td rowspan="6">（照片）</td></tr>
<tr><td>民　　族</td><td></td><td>户口所在地</td><td></td><td>婚姻状况</td><td></td></tr>
<tr><td>文化程度</td><td></td><td>原单位</td><td colspan="3"></td></tr>
<tr><td>身份证号码</td><td colspan="2"></td><td>现住址</td><td colspan="2"></td></tr>
<tr><td>联系电话</td><td colspan="2"></td><td>邮政编码</td><td colspan="2"></td></tr>
<tr><td>通讯地址</td><td colspan="5"></td></tr>
</table>

<table>
<tr><td rowspan="2">学
历</td><td>起止年月</td><td>学　　校</td><td>系别及专业</td><td>学　位</td></tr>
<tr><td></td><td></td><td></td><td></td></tr>
<tr><td rowspan="2">工
作
经
历</td><td>时　　间</td><td>单　　位</td><td>职　务</td><td>证 明 人</td></tr>
<tr><td></td><td></td><td></td><td></td></tr>
<tr><td rowspan="2">主
要
家
庭
成
员</td><td>与本人关系</td><td>姓　名</td><td>工　作　单　位</td><td>联系电话</td></tr>
<tr><td></td><td></td><td></td><td></td></tr>
</table>

<table>
<tr><td colspan="6">（以下由公司填写）</td></tr>
<tr><td>入公司时间</td><td></td><td>转正时间</td><td></td><td>入 公 司 方 式</td><td></td></tr>
<tr><td>职务/职称</td><td></td><td>工资级别</td><td></td><td>所属部门/分公司</td><td></td></tr>
<tr><td>内部调转</td><td colspan="5"></td></tr>
<tr><td>备
注</td><td colspan="5"></td></tr>
</table>

第 5 章

PowerPoint 演示文稿应用

PowerPoint 和 Word、Excel 等应用软件一样，是 Microsoft 公司推出的 Office 办公组件之一。PowerPoint 是当今最流行的制作演示文稿的专业化软件，主要用于设计制作演示文稿（一组电子版幻灯片）。用 PowerPoint 制作的幻灯片不仅可以包含丰富的文字、图形、图像、图表、音频、视频等内容，还可以设置幻灯片上不同对象的动画效果，组织幻灯片的不同放映方式等。利用 PowerPoint 制作的演示文稿通过连接到计算机的大屏幕投影向观众展示已经是非常常见的演示方式，特别适合于创建用于教学、演讲、会议报告、产品展示等现场演示的文稿，还可以很方便地创建备注、讲义、大纲等。演示文稿还可以在互联网上播放。

本章通过一个介绍中国的传统节日——中秋节的演示文稿的制作过程介绍 PowerPoint 的使用方法。

5.1 制作“中秋节”主题演示文稿

1. 总体构思

制作演示文稿之前，要根据展示内容的要点构思每张幻灯片所需演示的内容、内容之间的联系以及演示的先后顺序等。现在用 5 张幻灯片来展示关于中秋节的演示文稿所要表达的内容，其中第 1 张是总标题；第 2 张是提纲（其中列举后面各张展示的主题）；第 3、4、5 张则是各个展示主题的具体内容。介绍中国的传统节日——中秋节的演示文稿总体构思如下：

第 1 张　中秋节

　　　　中国的传统节日

第 2 张　主题

诗词鉴赏
各地风俗
中秋月饼

第 3 张 诗词鉴赏
中秋待月——陆龟蒙
舟次中秋——张煌言
水调歌头——苏轼
中秋月——晏殊
十五夜望月——王建
中秋夜无月——樊增祥

第 4 张 各地风俗
福建省
广东省
山东省
山西省
河北省
陕西省
江苏省
江西省
安徽省
四川省

第 5 张 中秋月饼
诗意秋福
缘月
皇宴
飘香月

下面，按照这个构思，制作演示文稿。

2. 新建演示文稿文档

启动 PowerPoint 2010（窗口界面如图 5—1 所示）后，它会自动新建一个普通视图的空白演示文稿，这个空白演示文稿中已经添加了一张版式为“标题幻灯片”的幻灯片。可以从这个空白演示文稿开始制作幻灯片，也可以单击添加到快速访问工具栏上的“新建”按钮或者按快捷键 Ctrl＋N 来新建空白演示文稿。如果想进一步指定所建演示文稿的类型，可以在“文件”选项卡下，单击“新建”命令，在 PowerPoint 2010 窗口右侧会列出新建演示文稿“可用的模板和主题”，选择自己需要的某个主题或模板，单击“创建”按钮就会新建一个相应主题或模板风格的演示文稿。

3. 制作第 1 张幻灯片

一个演示文稿是由多张幻灯片组成的，所以制作演示文稿实际上是制作演示文稿中的一张张幻灯片。PowerPoint 为幻灯片预先设计了不同的幻灯片版式供用户选用.

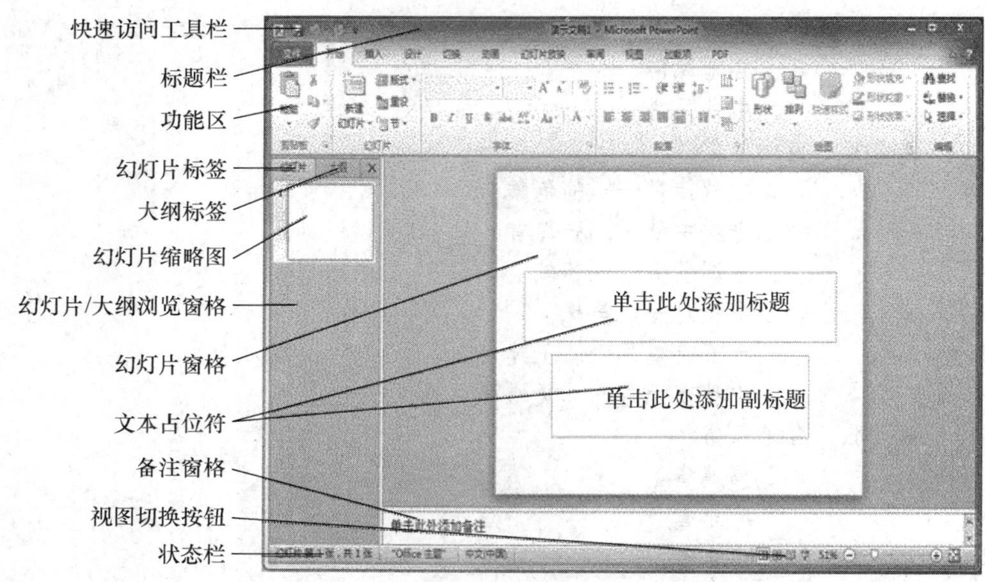

图 5—1 PowerPoint 2010 窗口界面

版式是幻灯片上标题和副标题文本、列表、图片、表格、图表、形状和视频等元素的排列方式。幻灯片版式包括要在幻灯片上显示的全部内容的格式设置、位置和占位符。占位符是版式中的容器，可容纳如文本（包括正文文本、项目符号列表和标题）、表格、图表、SmartArt、视频、图片及剪贴画等内容，可以简单地认为版式即幻灯片上各对象的布局。

一般，第 1 张幻灯片的布局要制作成封面的样子，新建演示文稿中已有的“标题幻灯片”版式的幻灯片符合做标题封面的要求，直接使用即可。如果要更改幻灯片版式，可以在“开始”选项卡的“幻灯片”组中，单击“版式”按钮，打开多种幻灯片版式列表，选择一种单击即可。

现在，用鼠标单击幻灯片窗格上的“单击此处添加标题”占位符，可以看到一个闪烁的光标，表明现在可以编辑这部分内容，输入标题“中秋节”。同理，输入副标题“中国的传统节日”，这样就做好了第 1 张幻灯片，如图 5—2 所示。

4. 插入第 2 张幻灯片

现在做第 2 张幻灯片。在“开始”选项卡的“幻灯片”组中，单击“新建幻灯片”按钮，或者按快捷键 Ctrl＋M，或者在浏览窗格中选中第 1 张幻灯片，然后按 Enter 键，此时会插入第 2 张幻灯片，其默认版式为“标题和内容”，这个版式也符合要求，所以不需更改。如需直接插入其他版式的幻灯片，可单击“新建幻灯片”按钮，打开多种幻灯片版式列表，选择一种单击即可。当然幻灯片版式也可以利用“版式”按钮灵活更改。

单击“单击此处添加标题”，输入标题“主题”。再单击“单击此处添加文本”，输入文本“诗词鉴赏”，按 Enter 键，将光标移到下一行，再输入文本“各地风俗”，用同样的方法输入文本“中秋月饼”。结果如图 5—3 所示。

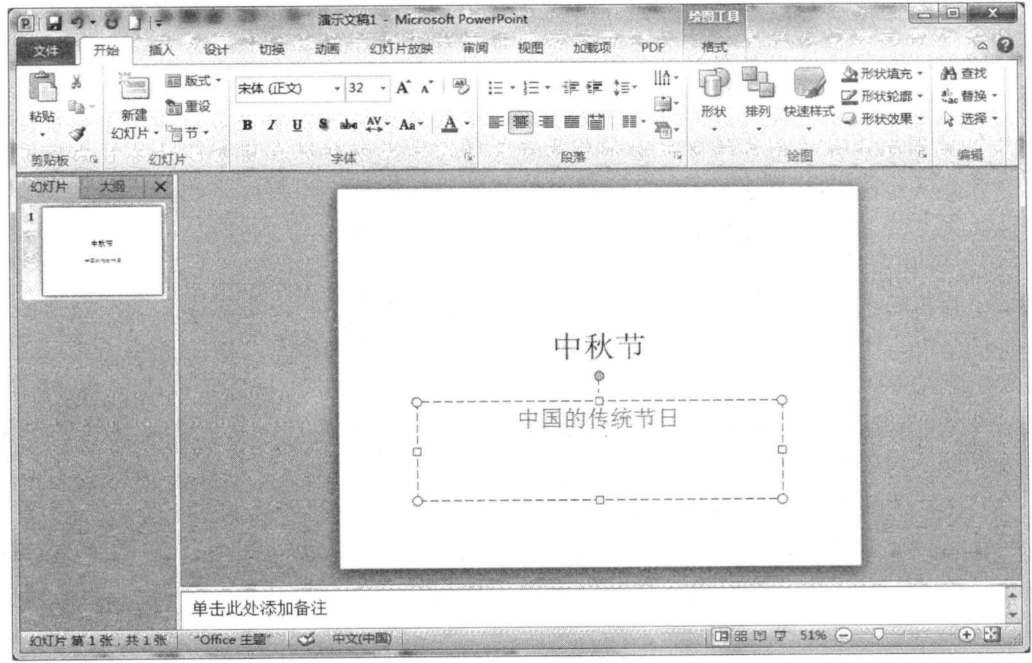

图 5—2　第 1 张幻灯片

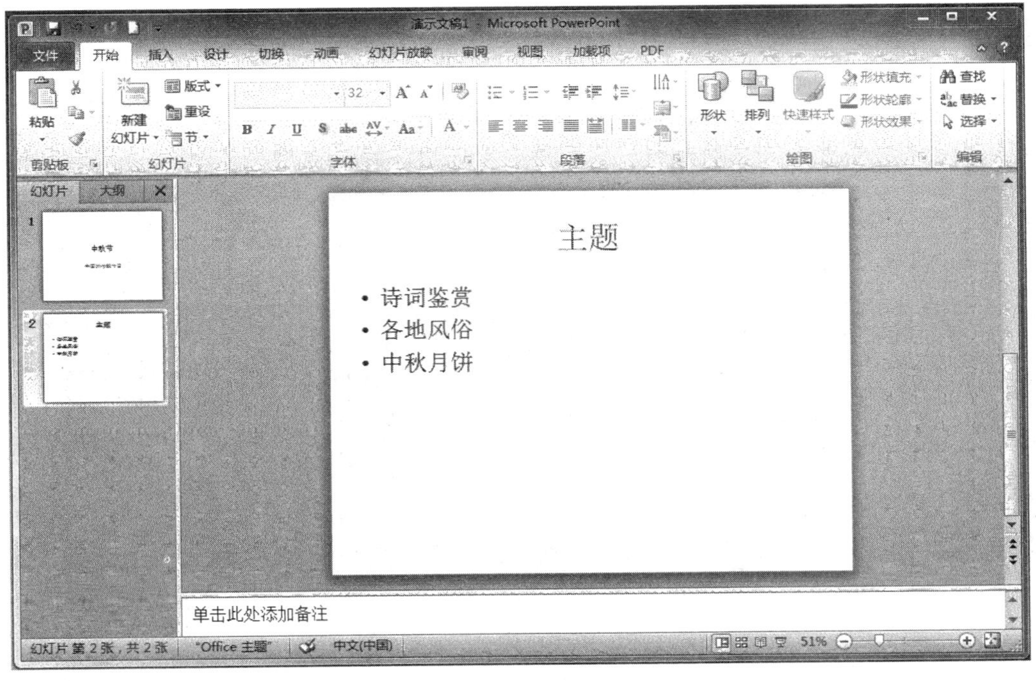

图 5—3　第 2 张幻灯片

5. 依次完成其他幻灯片

用相似的方法制作第 3、4、5 张幻灯片，步骤如下：

（1）在“开始”选项卡的“幻灯片”组中，单击“新建幻灯片”按钮，插入第3张幻灯片，该幻灯片会继承前一张幻灯片的“标题和内容”版式，符合要求。

（2）在“开始”选项卡的“幻灯片”组中，单击“新建幻灯片”按钮，在展开的列表中选择“两栏内容”版式单击，插入第4张幻灯片。

（3）现在做第5张幻灯片，可以单击功能区“幻灯片”组的“新建幻灯片”按钮，或直接按Enter键，都会插入一张继承第4张“两栏内容”版式的幻灯片，然后利用“版式”按钮改成符合要求的“标题和内容”版式。也可直接单击“新建幻灯片”按钮，在展开的列表中选择“标题和内容”版式单击，插入第5张幻灯片。

（4）单击幻灯片上的文本占位符（如“单击此处添加标题”），进入文本编辑状态，输入相应文本。也可在“幻灯片/大纲”浏览窗格单击“大纲”标签，进入“大纲”窗格输入文本，这种方式便于组织和编辑幻灯片上的各层次文本，便于调整段落顺序和大纲级别。

现在，已经制作好了5张幻灯片。通过幻灯片窗格的垂直滚动条可以在幻灯片窗格翻看不同幻灯片的效果，也可以通过PageUp键、PageDown键向前、向后翻阅幻灯片，或者单击幻灯片浏览视图按钮，在浏览视图状态下浏览所有幻灯片，如图5—4所示。

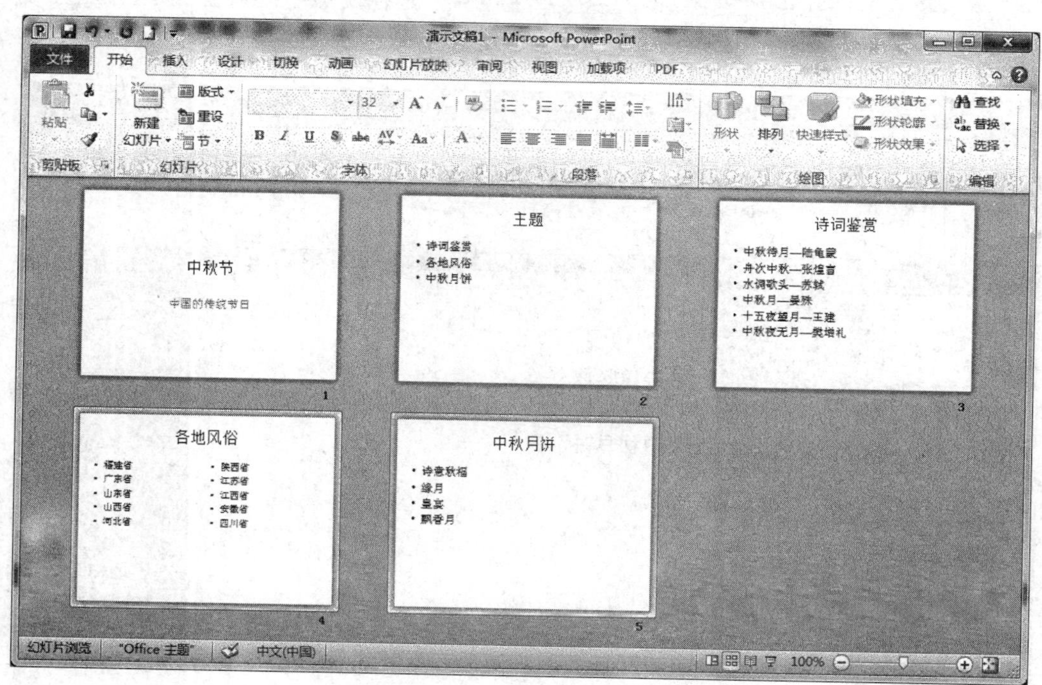

图5—4 浏览视图下所有幻灯片

如果需要进行幻灯片的删除、移动和复制，在普通视图和幻灯片浏览视图下都可进行。选定某张幻灯片，按Delete键，或选择右键快捷菜单中的“删除幻灯片”命令可以将之删除。如果要删除多张幻灯片，可以在普通视图的“幻灯片”标签下或幻灯片浏览视图下利用Ctrl键和Shift键配合鼠标选中多张幻灯片，然后删除。移动和复制幻灯片也可以利用鼠标拖曳方式或利用剪切、复制、粘贴命令进行。另外，在“开始”选项卡的“幻灯片”组中，单击“新建幻灯片”按钮，在展开的列表中还提供了“复制所选幻灯片”和“重用幻灯片…”命令，前者可以复制选定的单张或多张幻灯片，后者可以用来将一份演示文稿中的若干张或全部幻灯片复制到另一份演示文稿中。此外，如果将每张幻灯片上的标题和文本内容做成了有层次结构的大纲文档，那么可以利用“幻灯片（从大纲）…”命令快速插入包含标题和文本内容的各张幻灯片。

6. 保存演示文稿

现在来保存当前演示文稿，可以单击快速访问工具栏上的“保存”按钮。此例中将这个演示文稿命名为“中秋节”，PowerPoint 2010 默认的保存类型为“PowerPoint 演示文稿”，扩展名为“. pptx”，所以保存后的文件名为“中秋节. pptx”。

通过此例可以看出演示文稿与幻灯片的关系：PowerPoint 2010 制作出来的文件（默认类型）称为 PowerPoint 演示文稿，一个演示文稿可以包含一张或多张幻灯片（本例中，“中秋节”演示文稿包含 5 张幻灯片）。

把做好的演示文稿放映出来是制作演示文稿的最终目的。这时可以在“幻灯片放映”选项卡的“开始放映幻灯片”组中，单击“从头开始”按钮，演示文稿就会进入放映状态，屏幕上会以整屏的形式出现第 1 张幻灯片，单击鼠标或者按 Enter 键会切换到下一张幻灯片，最后一张幻灯片放完后，就会出现提示“放映结束，单击鼠标退出”。如果只想从当前幻灯片开始放映，可以单击“从当前幻灯片开始”按钮或单击窗口右下角的“幻灯片放映”按钮。

5.2 美化幻灯片

现在“中秋节”演示文稿的每张幻灯片上只是白底黑字，表现力不强。下面充分利用 PowerPoint 的强大功能逐步对这个演示文稿中的幻灯片进行美化，使每张幻灯片和整个演示文稿变得多姿多彩。

5.2.1 应用主题

利用 PowerPoint 的主题、母版可以快速地美化幻灯片，并使演示文稿中的所有幻灯片具有一致的外观风格。现在我们使用 PowerPoint 的多种主题方案来为演示文稿增添光彩。

什么是 PowerPoint 主题呢？可以把主题理解为一组预先定义好的格式、背景和配色方案，包括幻灯片上文字的字体、字号、颜色、幻灯片背景及图案等。PowerPoint 提供了很多主题供用户选用，当然用户也可以根据实际需要创建自己的主题。选用某个主题后，可以指定选定幻灯片或演示文稿中的所有幻灯片应用主题中定义的外观效果。

使用主题可以简化专业设计师水准的演示文稿的创建过程。不仅可以在 PowerPoint 中使用主题颜色、字体和效果，而且还可以在 Excel、Word 和 Outlook 中使用它们，这样你的演示文稿、文档、工作表和电子邮件就可以具有统一的风格了。

应用新的主题会更改文档的主要详细信息。艺术字效果将应用于 PowerPoint 中的标题。表格、图表、SmartArt 图形、形状和其他对象将进行更新以相互补充。此外，在 PowerPoint 中，甚至可以通过变换不同的主题来使幻灯片的版式和背景发生显著变化。当你将某个主题应用于演示文稿时，如果你喜欢该主题呈现的外观，则通过一个单击操作即可完成对演示文稿格式的重新设置。如果要进一步自定义你的演示文稿，则可以更改主题颜色、主题字体或主题效果。

现在要为“中秋节”演示文稿应用一个 PowerPoint 提供的主题。在“设计”选项卡的“主题”组中，单击主题方案列表右下角的下拉按钮，会列出很多“主题”方案，这些主题包括 PowerPoint 自带的和用户自己设计并存贮在系统默认位置的 Office 主题（PowerPoint 2010 自动将 Office Theme 类型文档的扩展名设为 . thmx）。用鼠标单击一个主题，PowerPoint 就将选定的主题应用到演示文稿中的所有幻灯片。如果只想应用到选定幻灯片，可以右键单击某个主题，在快捷菜单上单击“应用于选定幻灯片”命令。PowerPoint 2010 支持在一个演示文稿中使用多个不同的主题，给演示文稿外观效果设计更大的空间。应用一个主题后，如果觉得不满意，还可以随时更换一个主题，其步骤与上述步骤相同。如图 5—5 所示的是所有幻灯片应用“技巧”主题后的效果。

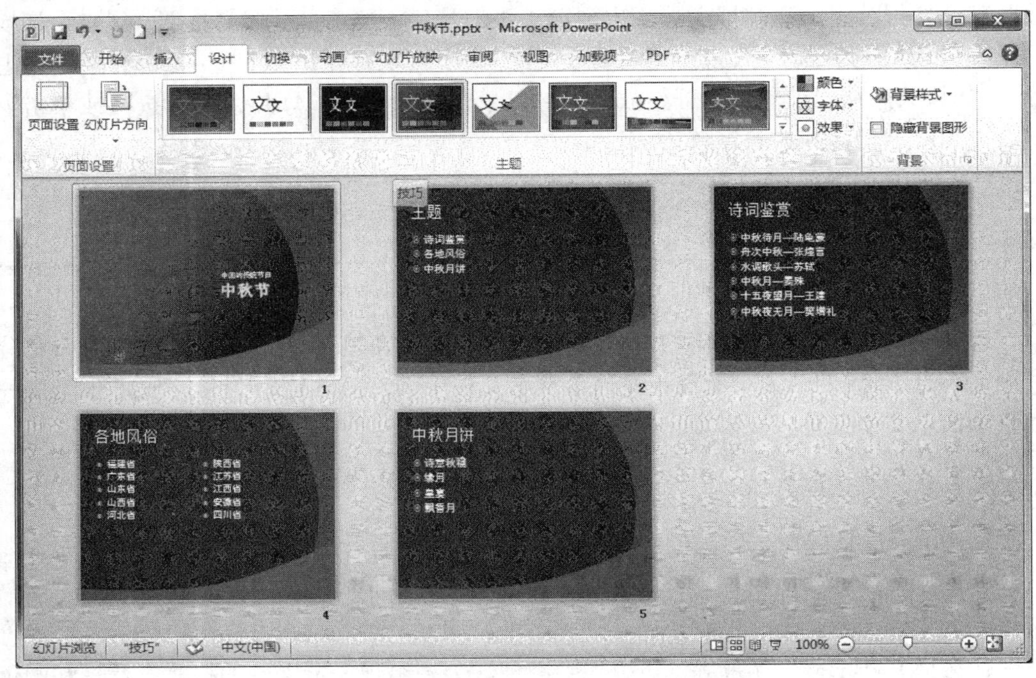

图 5—5 使用“技巧”主题后的效果

如果对所选主题的部分效果不满意，还可通过“主题”组中的“颜色”、“字体”、“效果”、“背景样式”等功能按钮进行修改，好的搭配效果可以令人赏心悦目。

5.2.2 改变主题配色方案

现在，“中秋节”演示文稿中所有幻灯片应用了“技巧”主题，如果觉得颜色效果不满意，可以更改主题配色方案。在“设计”选项卡的“主题”组中，单击“颜色”按钮，在展开的列表中选择“暗香扑面”，如图 5—6 所示，单击“应用于所有幻灯片”。如果只希望选定的幻灯片应用所选的配色方案，则在右键快捷菜单中单击“应用于所选幻灯片”命令。图 5—7 展示了“中秋节”演示文稿中所有幻灯片应用新的配色方案后的效果。

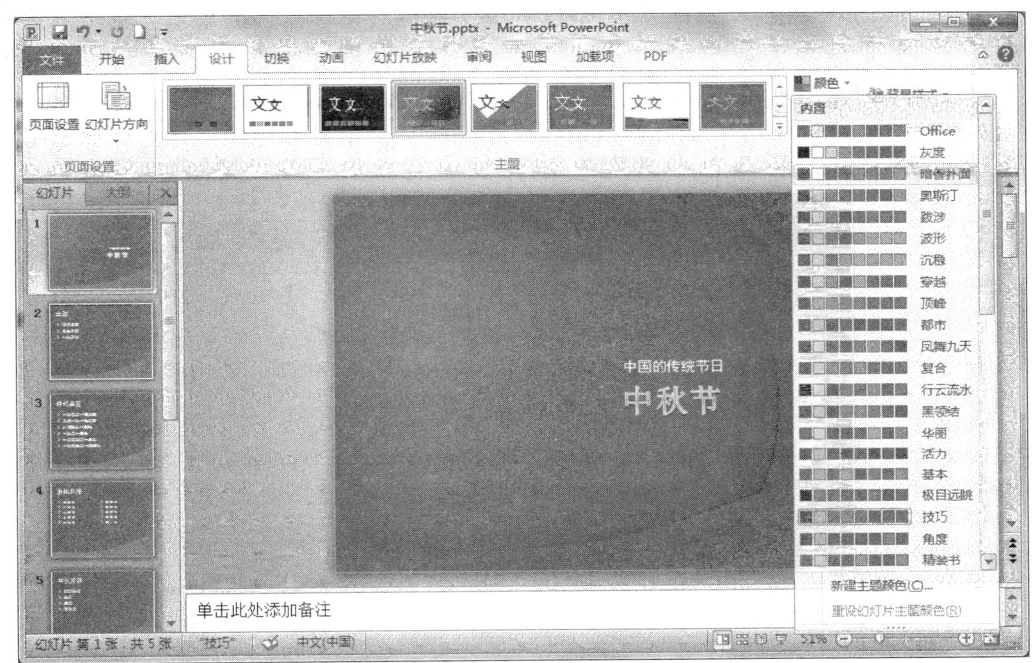

图 5—6　多种配色方案

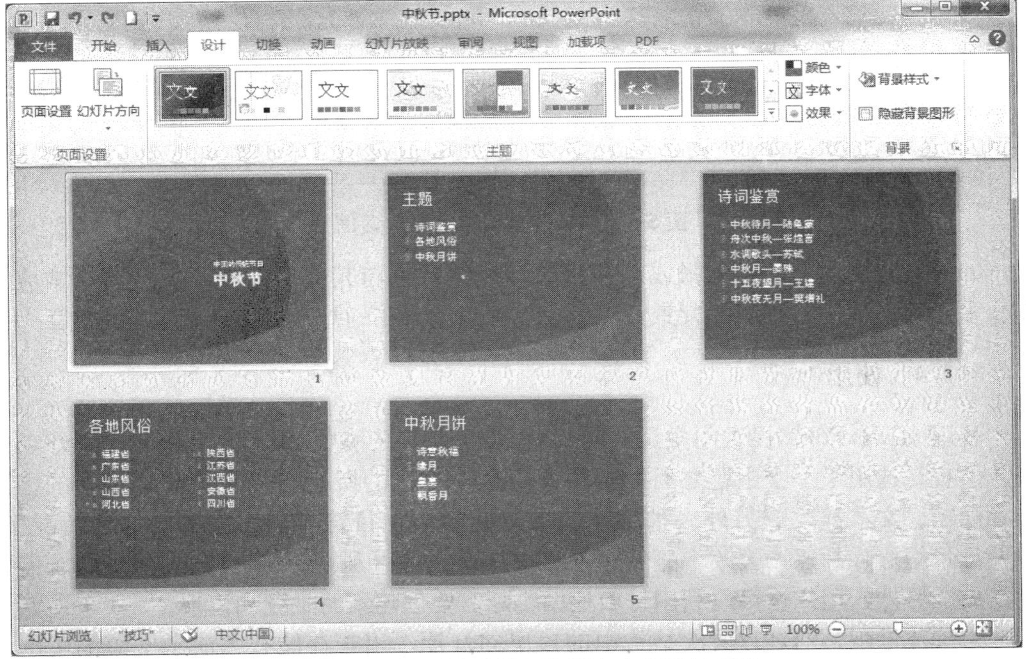

图 5—7　应用“暗香扑面”配色方案后的效果

5.2.3 改变幻灯片背景

如果觉得背景不是非常满意，可以在“设计”选项卡的“背景”组中，单击“背景样式”按钮，在展开的列表上单击“设置背景格式…”命令，或者直接单击“背景”组的对话框启动器，也可在幻灯片的空白处单击鼠标右键，在快捷菜单上单击“设置背景格式…”命令，这时会弹出“设置背景格式”对话框（如图 5—8 所示）。在“填充”选项卡下，选择不同背景填充方式。设置效果满意后，单击“全部应用”按钮，即可将新的背景设置应用于演示文稿中的所有幻灯片，单击“关闭”按钮，即可将新的背景设置只应用于选定幻灯片。

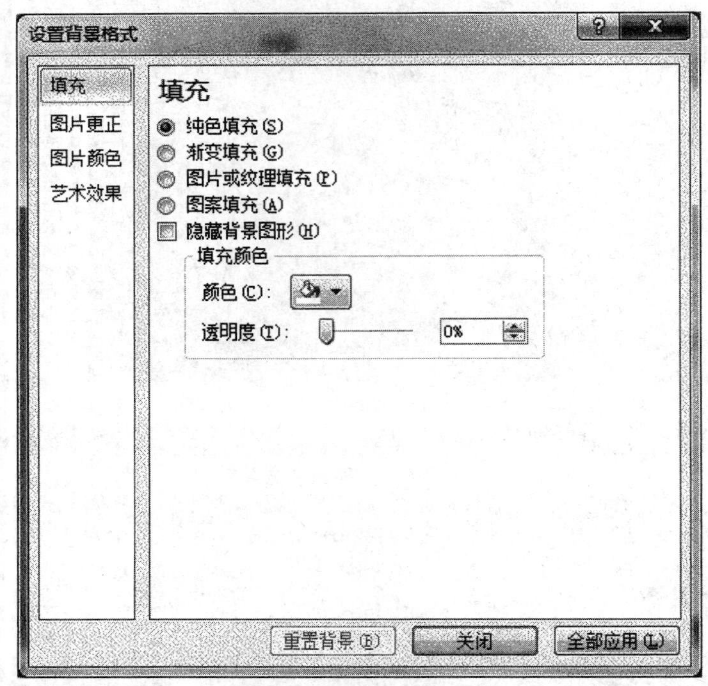

图 5—8 “设置背景格式”对话框

如果希望演示文稿中某张或某几张幻灯片的背景与其他幻灯片不一样，通常应首先为多数幻灯片设置相同的背景，然后再单独设置某张幻灯片的特殊背景。

5.2.4 使用母版

利用 PowerPoint 提供的主题，可以快速让演示文稿中的幻灯片具有统一外观效果。但有时选用了一个主题之后，希望应用这个主题的所有幻灯片上添加相同的标识或者标题、文本都改成另外一种字体或者改变各级项目符号的图案等。这种情况下，如果每张幻灯片都逐一去改，显然非常麻烦。这时可以利用 PowerPoint 的母版功能轻松完成。另外，用户也可以利用母版根据实际需要创建新的主题和模板。

幻灯片母版是幻灯片层次结构中的顶层幻灯片，用于存储有关演示文稿的主题和幻灯片版式的信息，包括背景、颜色、字体、效果、占位符和位置。每个演示文稿至少包含一个幻灯片母版。如果要对演示文稿中的每张幻灯片的外观进行统一的样式更改，不必一张张进行修改，而只需在幻灯片母版上做一次修改即可。PowerPoint 将自动更新已有的幻灯片，并对以后新添加的幻灯片应用这些更改。

PowerPoint 提供了幻灯片母版、讲义母版和备注母版。幻灯片母版控制标题版式幻灯片、标题内容版式幻灯片等各种版式幻灯片的外观格式；讲义母版是为按讲义方式打印幻灯片而提供的；备注母版是针对幻灯片备注页而设置的母版。在“视图”选项卡的“母版视图”组中，单击不同按钮可以分别进入这些母版。

在“母版视图”组中，单击“幻灯片母版”按钮，进入“幻灯片母版”视图。在“幻灯片母版”视图的浏览窗格中包括“幻灯片母版”以及与幻灯片母版相关联的各种幻灯片版式，与给定幻灯片母版相关联的所有版式均包含相同主题（配色方案、字体和效果）。每个幻灯片版式也可以设置一些个性化效果。

现在希望“中秋节”演示文稿中所有幻灯片的标题文本设置成“黄色”、“隶书”字体，并在每张幻灯片上插入同一幅图片，步骤如下：

（1）打开“中秋节”演示文稿，在“视图”选项卡的“母版视图”组中，单击“幻灯片母版”按钮，打开“幻灯片母版”视图，选定“幻灯片母版”，如图 5—9 所示，可以看到幻灯片母版包含演示文稿版式和主题信息，如图片、背景、占位符等。

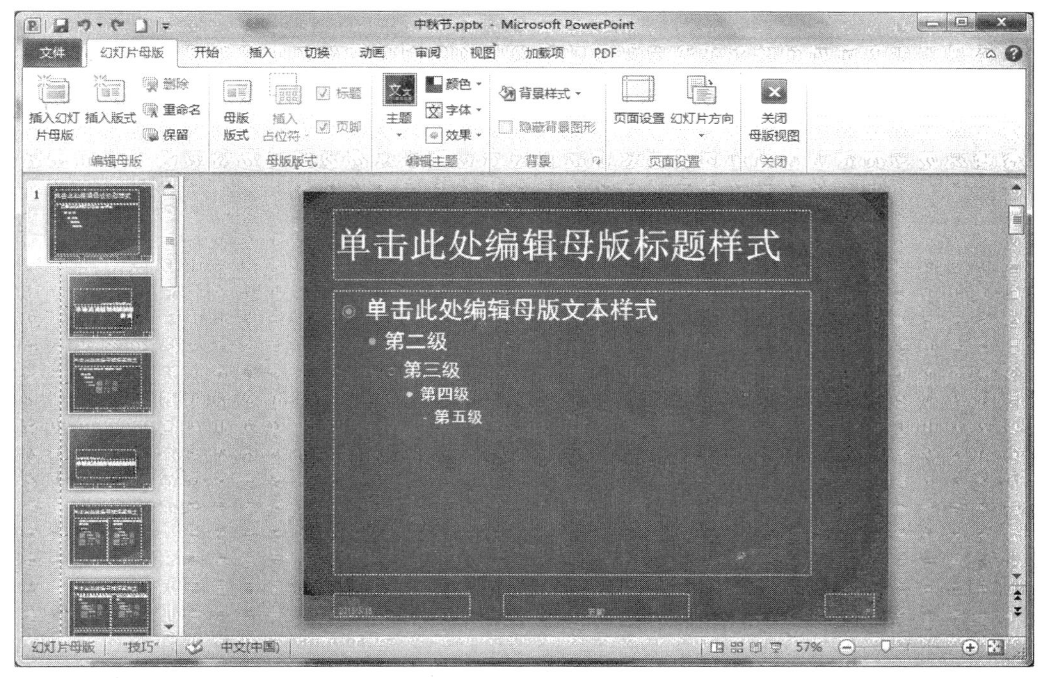

图 5—9　幻灯片母版视图

选中“单击此处编辑母版标题样式”，设成“黄色”、“隶书”字体。然后插入一张图片，在“插入”选项卡的“图像”组中单击某个命令按钮，这里单击“剪贴画”按钮，在打开的“剪贴画”任务窗格中找到所需图片（小兔子），单击即可插入，调整图片的大小和位置，结果如图 5—10 所示。

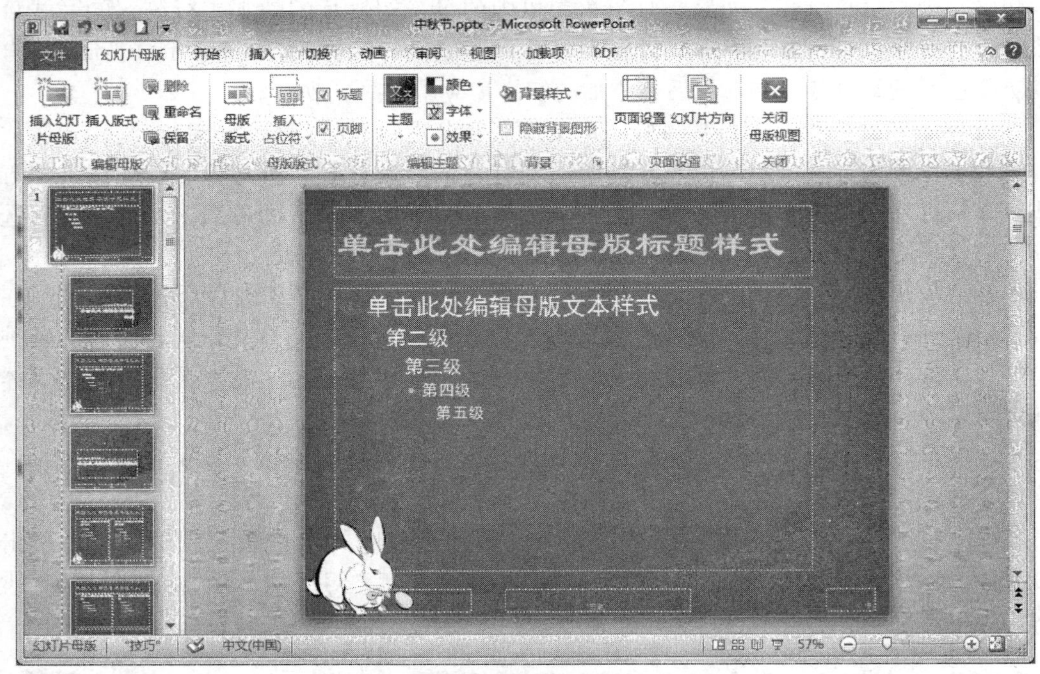

图 5—10　修改后的幻灯片母版

现在除了标题版式幻灯片母版外，刚才在幻灯片母版中设置的标题样式、图片都反映到各种版式幻灯片母版上，如图 5—10 所示，而且以后每插入一张新的幻灯片，也会使用这个幻灯片母版，因所应用的主题不同而异，有的插入到幻灯片母版上的图片会出现在所有版式母版上。

(2) 注意，在幻灯片母版中修改标题文本的字体、字号，这些变化都会反映到标题幻灯片母版上，但在幻灯片母版中修改的文本颜色没有影响到标题母版（某种主题方案中，标题母版中的标题文本属性一般不同于其他版式），如果要在标题母版上使用不同的文本属性，可以在设置完幻灯片母版中的文本属性之后再修改标题母版上的文本属性。这样，所做的修改就只停留在标题母版上，而不会出现在其他版式幻灯片母版上。同理，如果对其他某个版式幻灯片母版单独做个性化设置，那么在演示文稿中插入该种版式幻灯片时，就会出现相应的个性化风格。在浏览窗格中选择标题版式幻灯片母版，在幻灯片窗格选定“单击此处编辑母版标题样式”占位符，标题文字颜色设置成“暗红”。修改母版后的幻灯片如图 5—11 所示。

(3) 单击“关闭母版视图”按钮，退出幻灯片母版编辑状态。

讲义母版和备注母版的修改方法与幻灯片母版类似，可以自己尝试。另外，利用母版可以创建自定义的主题和模板，创建自定义的主题时，只要将“保存类型”选择为“Office Theme（＊.thmx)”即可，创建自己的模板时，只要将“保存类型”选择为“PowerPoint 模板（＊.potx)”即可，然后将文件保存在 PowerPoint 默认的位置。这样设置后在制作演示文稿时就可以方便地使用自定义的主题和模板了。

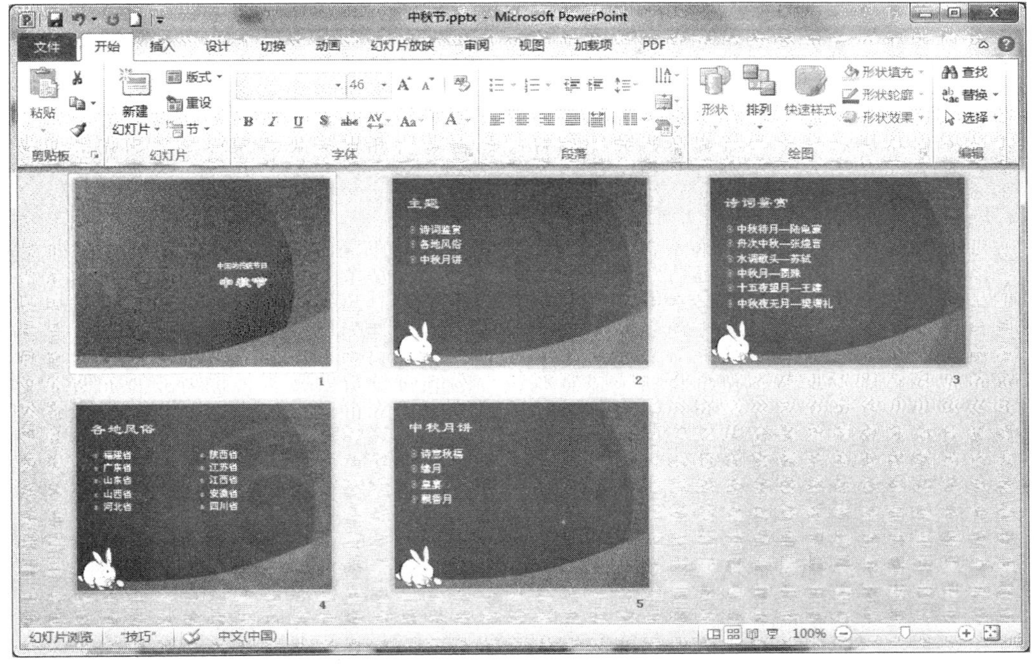

图 5—11 修改幻灯片母版后的幻灯片

（4）利用“页眉和页脚”命令来为每张幻灯片添加页脚和编号。在“插入”选项卡的“文本”组中单击“页眉和页脚”按钮，打开“页眉和页脚”对话框。

（5）在“幻灯片”选项卡中，选中“幻灯片编号”复选框为幻灯片加编号，在页脚栏中输入“中国的传统节日”作为页脚，如果希望标题幻灯片上不显示编号，请选中相应复选框，如图 5—12 所示。

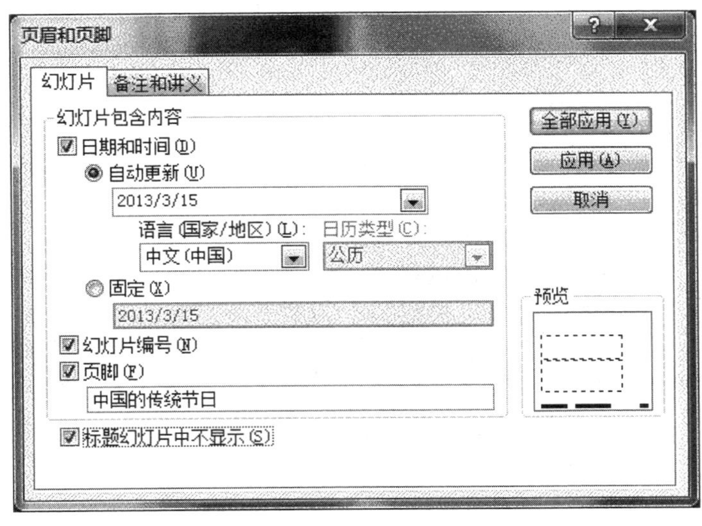

图 5—12 “页眉和页脚”对话框

（6）单击“全部应用”按钮，关闭“页眉和页脚”对话框。这样设置后除第 1 张标题幻灯片外其他幻灯片都有了页脚和编号信息。

5.2.5 设置文本格式

与 Word 类似，用户也能设置幻灯片上文本的字体、字号、颜色、加粗等字符格式，幻灯片中的文本也有段落的概念，如左对齐、居中、右对齐、行距等。这些操作可以在“开始”选项卡的“字体”组、“段落”组中找到相应的按钮命令，其操作方法与 Word 大同小异，在此不再赘述。

与 Word 相比，幻灯片上文本的最大特点是：它们都是图形对象中的文本，所以具有图形对象的所有属性。除了可以像普通文本一样设置文字的格式外，用户还可以设置图形对象的边框、背景、调整其大小、移动其位置、改变它的图形形状、设置阴影或三维效果等。灵活运用这些功能，可以达到意想不到的效果。

现在希望将“中秋节”演示文稿中第 1 张幻灯片设置成如图 5—14 所示的效果。下面运用图形功能对标题文本做一些处理，步骤如下：

（1）单击“中秋节”文本占位符，将之选定，注意，是选定文本占位符，而不是占位符里的文字。

（2）单击“绘图工具”/“格式”选项卡，打开绘图工具功能区，单击“编辑形状”按钮，在展开的列表中选择“更改形状”/“基本形状”/“椭圆”并单击，因为此时文本占位符默认无填充颜色，所以改变图形后还看不出变化。

（3）不改变“中秋节”文本占位符的选定状态（后面步骤的前提都是选定该文本占位符），单击功能区“形状样式”组的对话框启动器，打开“设置形状格式”对话框，右键快捷菜单也有“设置形状格式…”命令。在“填充”选项卡下，选择“渐变填充”，类型“射线”，方向“中心辐射”，渐变色由“桔黄”到“白色”，如图 5—13 所示。再单击“大小”选项卡，设置高度与宽度为相同尺寸，使标题文本占位符形状成为正圆形。

（4）在“开始”选项卡的“段落”组中，单击“文字方向”按钮，在打开的列表中，单击“竖排”命令，将文字方向设置成垂直显示，适当调整字号。

（5）对于副标题“中国的传统节日”，也可以作类似的设置，最后结果如图 5—14 所示。

通过前面的例子，我们看到利用幻灯片上文字的图形特性可以增加演示文稿的表现力。另外，还应该掌握一个概念，那就是：当新建一张幻灯片时，要为幻灯片选择某种版式，所选的幻灯片版式会自动提供不同的图形对象，如“标题幻灯片”版式预先添加了两个文本占位符，输入文本实际上就是往这些图形对象中添加文字。如果要在这些图形对象之外输入文字，可以在“插入”选项卡的“文本”组中，单击“文本框”按钮，插入新的文本框，或者插入各种形状的图形后，再向图形对象中添加文本，这个概念与 Word 环境中的字处理概念不一样。

5.2.6 添加各种对象

为了形象、生动地表达演示内容，除了文字外，通常还在演示文稿中配上图片、

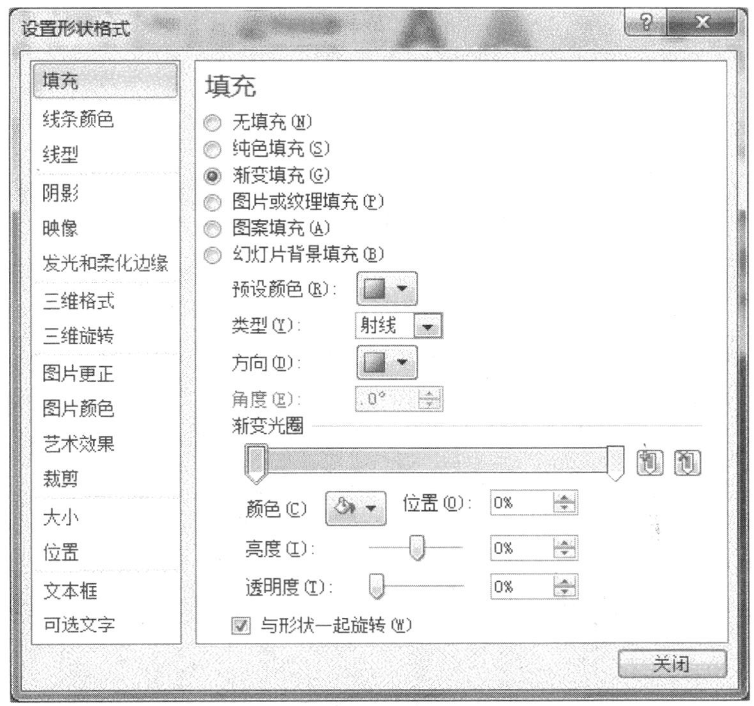

图 5—13 设置标题占位符的渐变填充效果

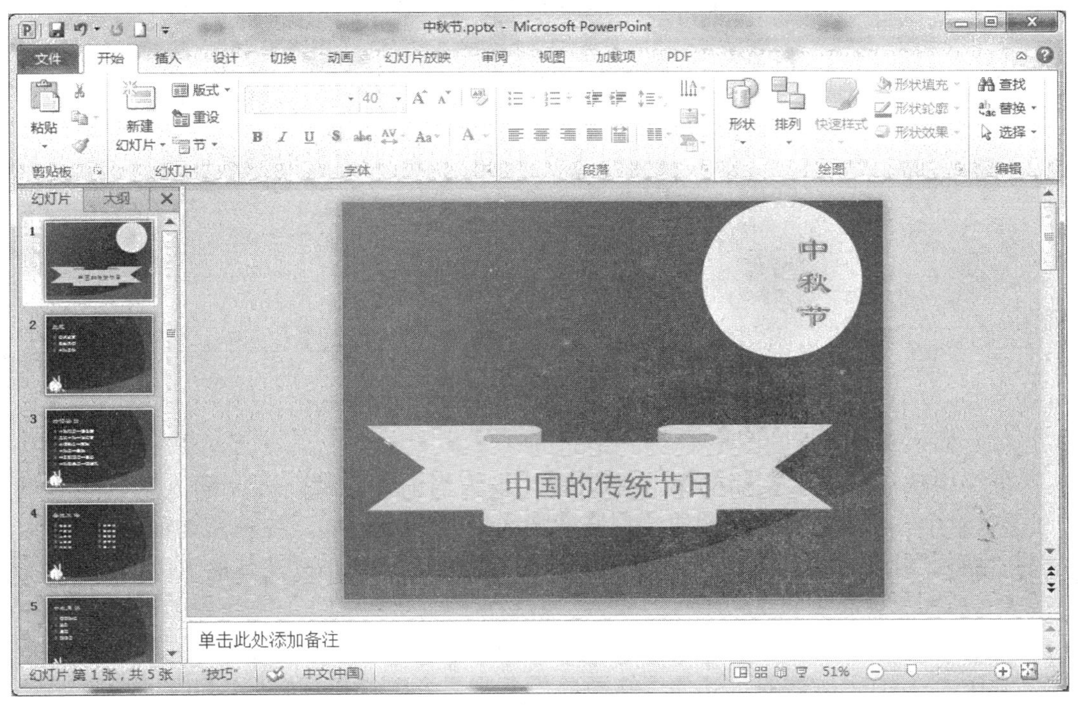

图 5—14 第 1 张幻灯片改变文本格式后的效果

表格、图表、形状、艺术字、音频、视频等各种对象。在演示文稿中插入这些对象，可以用“插入”选项卡的功能区中的相应命令按钮实现。

1. 插入图片

（1）插入剪贴画。

打开“中秋节”演示文稿，选定第 4 张幻灯片。在“插入”选项卡的“图像”组中，单击“剪贴画”按钮，打开剪贴画窗格，在“搜索文字”输入框中输入“地球”，单击“搜索”按钮，此时在窗格中显示一些图片。单击其中的一幅，在当前幻灯片插入所选的剪贴画。如果还想插入其他剪贴画，可以重复上述步骤，用鼠标调整插入的剪贴画的位置及大小，还可以根据要求进行旋转。结果如图 5—15 所示。

图 5—15　插入剪贴画后的幻灯片

（2）插入来自文件的图片。

把“中秋节”演示文稿的第 5 张幻灯片设为当前幻灯片，在“插入”选项卡的“图像”组中，单击“图片”按钮，打开“插入图片”对话框，找到所需的图片文件，单击“插入”按钮即可。然后根据需要调整图片的位置、大小以及其他属性。

2. 加入音频和视频

有时在放映幻灯片时若能够配上一段音乐或者插入一段视频加以展示，效果会更好，利用 PowerPoint 提供的功能，在幻灯片上插入音频、视频非常容易。

（1）插入文件中的音频。

现在为“中秋节”演示文稿配上声音。假设现在有“弯弯的月亮. mp3”音频文件，选定第 1 张幻灯片，在“插入”选项卡的“媒体”组中，单击按钮（或者单击“音频”按钮，在打开的列表中选择“文件中的音频…”命令），打开“插入音频”对话框，找到所需音频文件，单击“插入”按钮即可。

插入音频文件后，PowerPoint 会在幻灯片的正中央显示一个音频图标，可以将其拖拽到幻灯片的适当位置。或者在“音频工具”/“播放”选项卡的“音频选项”组中，选中“放映时隐藏”复选框，这样放映时音频图标就不会出现了。如果希望将插入的音频作为演示文稿播放时的背景音乐，单击“音频选项”组中“开始”的下拉列表按钮，选择“跨幻灯片播放”，选中“循环播放，直到停止”复选框，如图 5—16 所示。

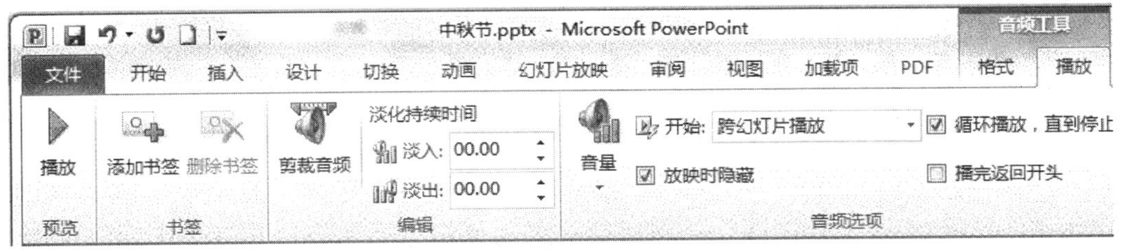

图 5—16　“音频工具”/“播放”功能区

（2）插入录制的音频。

现在给“中秋节”演示文稿的第 3 张幻灯片上的每首诗词都配上一段诗朗诵。当然，录音前必须在计算机上接上话筒才能将声音录制进去。光标置于“中秋待月——陆龟蒙”后，在“插入”选项卡的“媒体”组中，单击“音频”按钮，在打开的列表中单击“录制音频…”命令，打开“录音”对话框（如图 5—17 所示），在“名称”框输入待录制声音的名字“中秋待月”，单击开始录制按钮，朗读陆龟蒙写的《中秋待月》，当录音结束时按下停止按钮，则停止录音。可以单击播放按钮试听，然后，单击“确定”按钮，“录音”对话框关闭，幻灯片上会出现音频图标。将这个图标移到幻灯片中“中秋待月——陆龟蒙”的文字之后，在放映时，用鼠标单击这个图标，就会播放录制的音频。用同样的方法，依次录制其他音频。

图 5—17　“录音”对话框

同样，可以在演示文稿中插入剪贴画音频、视频等。

5.3　添加动态效果

演示文稿与 Word 文档相比，最大的特色就是它的动态效果了。良好的动态设计应该完美地配合演讲的进度，以紧紧地吸引观众的注意力。

首先来理解一下演示文稿中的动态效果是通过什么途径实现的。已经知道演示文稿是由一张张幻灯片组成的，放映演示文稿时，在默认设置下，通过放映者的操作(单击鼠标或按 Enter 键等)，幻灯片按制作的先后次序逐张出现在屏幕上。在 PowerPoint 中，一张幻灯片的放映其实包括两方面内容：一是幻灯片本身，可以把它看成是一个舞台；二是幻灯片上的各种对象（文本、图形、图像等）。幻灯片本身的出现方式，在 PowerPoint 中称为“切换”；幻灯片上各种对象的出现方式，在 PowerPoint 中称为“动画”。因为目前没有设置任何切换效果和动画效果，所以每张幻灯片的背景及幻灯片上的内容都是同时出现的。

下面介绍如何使幻灯片和幻灯片上的各种对象动起来。

5.3.1 设置幻灯片切换效果

幻灯片切换效果是在演示期间从一张幻灯片移到下一张幻灯片时在“幻灯片放映”视图中出现的动态效果。你可以控制切换效果的速度、添加声音，甚至还可以对切换效果的属性进行自定义。设置幻灯片切换可以增加幻灯片放映的活泼性和生动性。下面介绍如何设置幻灯片的切换效果。

选定需要设置切换效果的幻灯片，在“切换”选项卡的“切换到此幻灯片”组中，单击切换效果列表右下角的下拉按钮，在打开的列表中列出了多种切换动态效果。单击一种切换效果，则该种切换效果即应用于所选幻灯片，在幻灯片窗格中会播放这种切换效果，也可单击“预览”按钮观看切换效果。“效果选项”按钮可对所选切换变体进行更改，变体可让你更换切换效果的属性，如它的形状、方向或颜色。如果演示文稿中所有幻灯片都用同一种切换效果，则单击“计时”组中的“全部应用”按钮即可。如果要删除幻灯片的切换效果，只需在切换效果列表中选择“无”，单击即可删除某张幻灯片的切换效果，单击“计时”组中“全部应用”按钮可删除所有幻灯片的切换效果。

默认的幻灯片换片方式为“单击鼠标时”，如图 5—18 所示，即在幻灯片放映过程中单击鼠标，幻灯片就切换到下一张。这也就解释了前面提到的幻灯片放映时单击鼠标可以放映下一张。如果“单击鼠标时”复选框没有选中，那么放映幻灯片时，单击鼠标就不会切换到下一张。不过键盘和快捷菜单的操作还是有效的。如果希望幻灯片自动换片，则选中“设置自动换片时间”前面的复选框，然后在后面的文本框中输入一个时间，如“00：02”，那么幻灯片放映 2 秒钟后会自动切换到下一张，还可以在“持续时间”后面的文本框设置换片速度，从“声音”列表框中选择一种声音还可以在换片时配上声音效果。如果想让演示文稿中的所有幻灯片都具有相同的切换设置，那

图 5—18 “切换”功能区

么单击功能区“计时”组中的“全部应用”按钮即可。

5.3.2 设置幻灯片动画效果

幻灯片切换是设置整张幻灯片在放映过程中的出现方式，而幻灯片动画是设置幻灯片上每个对象的出现效果，即给幻灯片上的文本或对象添加进入、退出、大小或颜色变化甚至移动等视觉效果或声音效果。设置动画首先需选中幻灯片中的某个（或某些）对象，然后单击“动画”选项卡，利用功能区上的相应按钮能灵活地设置各种动画效果，如图 5—19 所示。

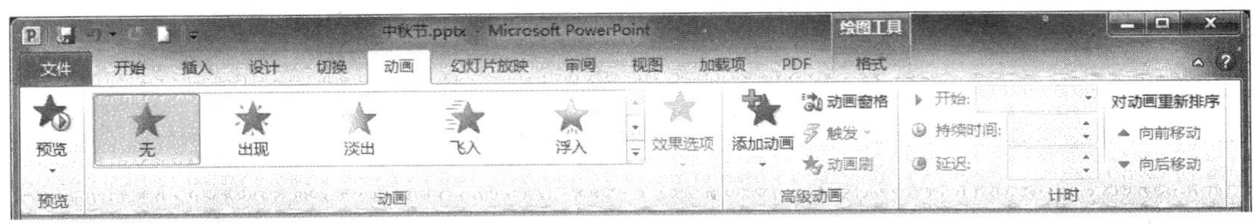

图 5—19 “动画”功能区

在“动画”选项卡的“动画”组中，单击动画效果列表右下角的下拉按钮，在展开的列表中列出了各种“进入”、“强调”、“退出”效果和“动作路径”。“进入”是设置对象出现的方式；“退出”是设置对象退出幻灯片的方式；“强调”是设置对象在幻灯片中的效果；而“动作路径”则可以设置对象动画运动轨迹。

下面对“中秋节”演示文稿第 1 张幻灯片中的标题“中秋节”设置“月亮升起”的动画效果，即放映这张幻灯片时，希望首先看到一轮明月自动从幻灯片下方由小到大逐渐升到上方，然后展开副标题“中国的传统节日”。具体操作步骤如下：

（1）打开“中秋节”演示文稿，将第 1 张幻灯片设置为当前幻灯片。

（2）选定“中秋节”占位符，将其缩小（形状大小、文字字号都要变小）并移到幻灯片底部，如图 5—20 所示。

（3）在“动画”选项卡的“动画”组中，单击“形状”。单击动画效果列表右下角的下拉按钮，可以展开更多动画效果列表，也可在列表中单击“更多进入效果”命令，打开“更改进入效果”对话框，从中选择所需效果，再单击“确定”按钮即可。

（4）单击“效果选项”按钮，在展开的列表中，单击“方向/缩小”。也可以在“动画”选项卡的“高级动画”组中，单击“动画窗格”按钮，打开“动画窗格”，如图 5—21 所示。选定“标题 1：中秋节”，单击其下拉按钮，在展开的列表中选择“效果选项”命令，打开设置“圆形扩展”效果的对话框，如图 5—22 所示，方向设为“缩小”。

（5）在幻灯片上再次选定“中秋节”占位符，在“动画”选项卡的“高级动画”组中，单击“添加动画”按钮，在展开的列表中，单击“动作路径”中的“直线”，然后单击“效果选项”按钮，设置方向向“上”，在幻灯片窗格中适当调整路径终点，结果如图 5—23 所示。

（6）同样，选定“中秋节”占位符，单击“添加效果”按钮，在展开的列表中，单击“强调”下的“放大/缩小”，然后单击“效果选项”按钮，设置方向为“两者”，数量为“较大”。

图 5—20　将“中秋节”标题缩小并移到幻灯片底部

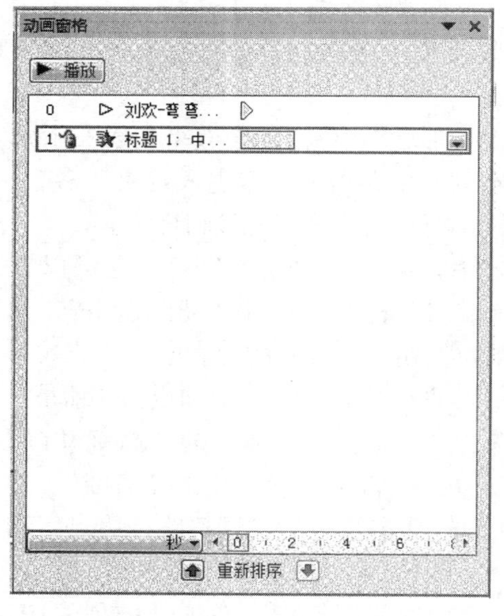

图 5—21　“动画窗格”

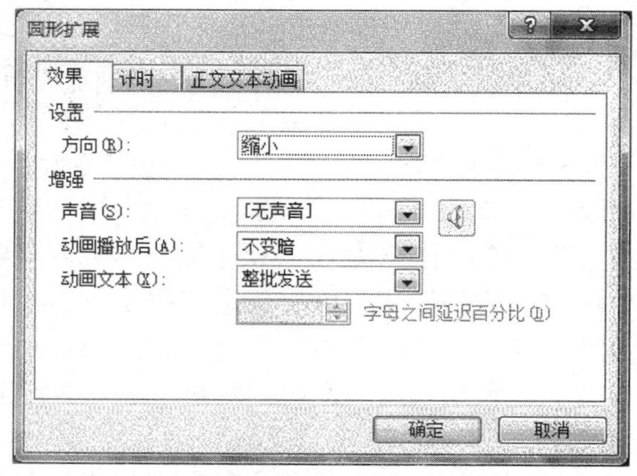

图 5—22　“圆形扩展”效果设置对话框

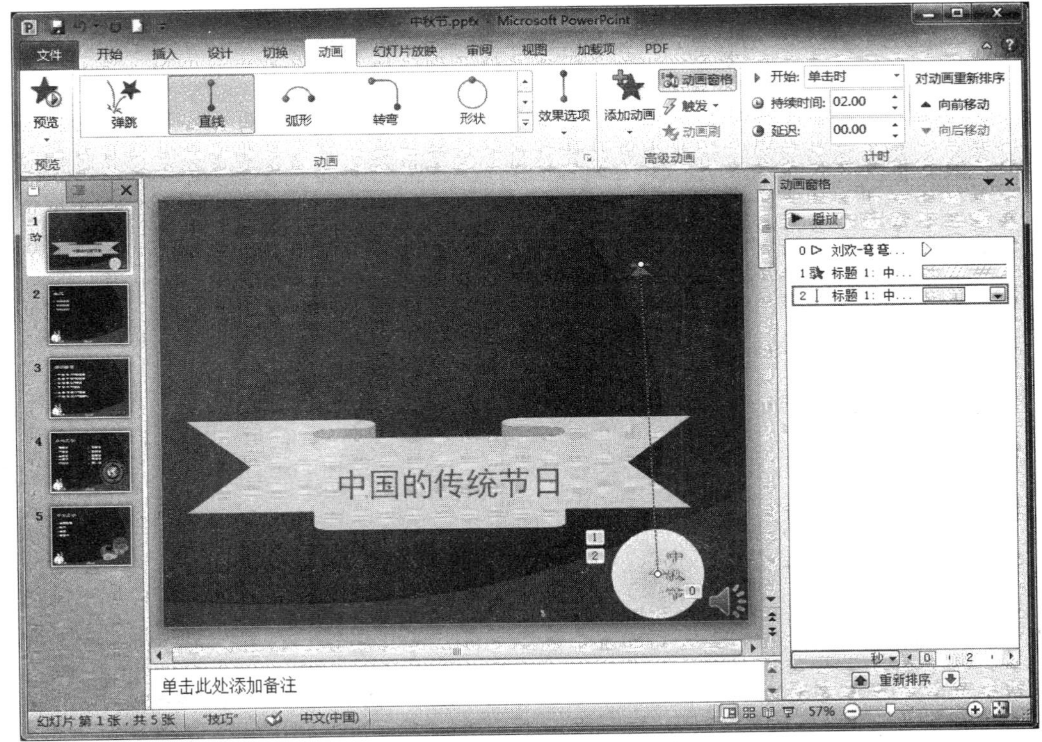

图 5—23　标题的动作路径

（7）单击“幻灯片放映”按钮，观看幻灯片动画实际的设置效果，可以看到，这些动画的默认启动方式都需要“单击鼠标”，启动顺序为“动画窗格”（如图 5—24 所示）任务列表项前的标号。

（8）同时选中“动画窗格”任务列表 1、2、3 项，单击“计时”组的“开始”项的下拉按钮，选择“与上一动画同时”，“持续时间”设为 5 秒；或者单击“动画窗格”中的下拉列表按钮，在展开的列表中单击“从上一项开始”；或者单击“计时”命令，打开“效果选项”对话框，如图 5—25 所示，在“开始”项下拉列表中选“与上一动画同时”（等同于“从上一项开始”），在“期间”项下拉列表中选“非常慢（5 秒）”，这样开始播放演示文稿时，这 3 个动画就会同时启动。

（9）放映这张幻灯片，就可以看到月亮由小到大沿设定路径从底端逐渐升起来。

（10）选定副标题“中国的传统节日”，设置“进入”动画效果为“缩放”，动画启动时间设为“从上一项之后开始”（等同于“上一动画之后”）。动画设置完成后的

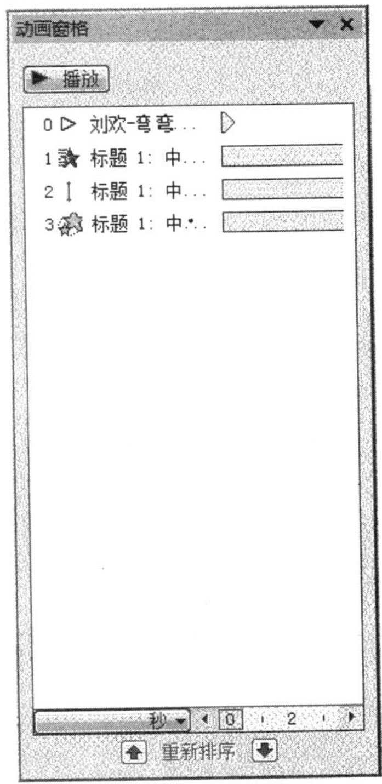

图 5—24　设置标题动画后的“动画窗格”

“动画窗格”如图 5—26 所示。多个对象动画启动顺序可以利用两个重新排序按钮进行调整。

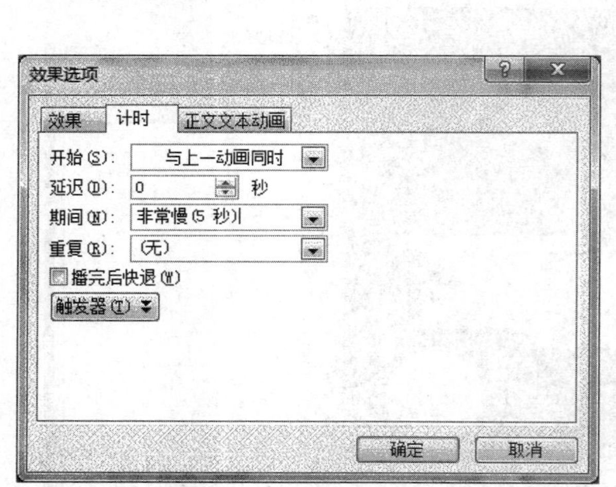

图 5—25 “效果选项”对话框

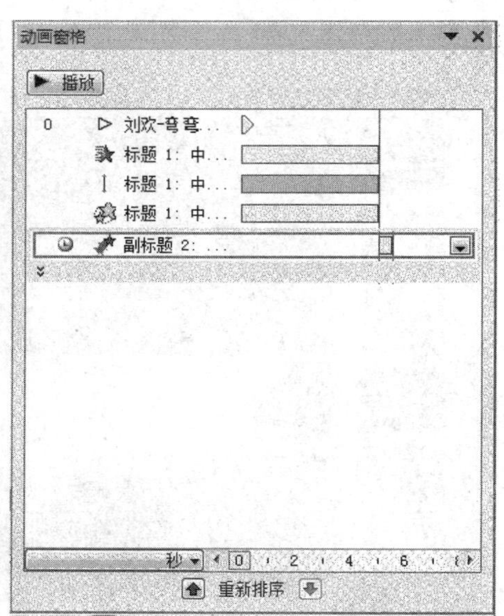

图 5—26 动画设置完成后的“动画窗格”

(11) 放映这张幻灯片，就可看到最后的动画效果了。

依次可以设置其他幻灯片上各对象的动画效果，另外，当多个对象采用相同动画效果时，可以使用“动画刷”（在“动画”选项卡的“高级动画”组中）进行动画复制，选定含有动画的对象，单击“动画刷”，“动画刷”可以使用一次；双击“动画刷”，“动画刷”可以多次重复使用以进行动画复制，直到按 Esc 键或再次单击“动画刷”为止。

5.4 超链接与动作设置

很多情况下，演讲者需要根据演讲内容跳转到不同的位置，如演示文稿中的某张幻灯片或者打开其他演示文稿，甚至是其他类型的文档，如 Word 文档、Excel 电子表格或 Web 页等。利用 PowerPoint 提供的超链接和动作设置就能很好地完成这些任务。

“中秋节”演示文稿的第 2 张幻灯片显示了围绕中秋节演讲的各个内容主题，如果在演讲过程中，演讲者希望单击不同主题文字就会跳转到相应主题内容展示的幻灯片页面，而在每讲完一个主题内容之后，再回到主题菜单幻灯片，以便强化主题、方便进入其他相应主题、帮助观众把握演讲的脉络。下面介绍如何利用超链接和动作实现这种功能。

5.4.1 添加超链接

PowerPoint 中实现超链接的方法有两种：“超链接”和“动作”。

首先，利用“超链接”为第 2 张幻灯片上的主题文字添加超链接，步骤如下：

（1）打开“中秋节”演示文稿，将第 2 张幻灯片设置成当前幻灯片。

（2）在幻灯片窗格中选定主题文字“诗词鉴赏”，在“插入”选项卡的“链接”组中，单击“超链接”按钮，或者在右键快捷菜单中，单击“超链接 ...”命令，打开“插入超链接”对话框。

（3）单击“链接到”框中的“本文档中的位置”，然后在“请选择文档中的位置”列表框中选择“幻灯片标题”（此处列出了“中秋节”演示文稿中的所有幻灯片）下的“诗词鉴赏”（如图 5—27 所示），注意，这样做的好处是：以后在“主题”和“诗词鉴赏”幻灯片之间插入其他幻灯片，或者改变了“主题”或“诗词鉴赏”幻灯片在演示文稿中的顺序时，不需重新设置这个超链接，因为 PowerPoint 是根据幻灯片的标题进行定位的。

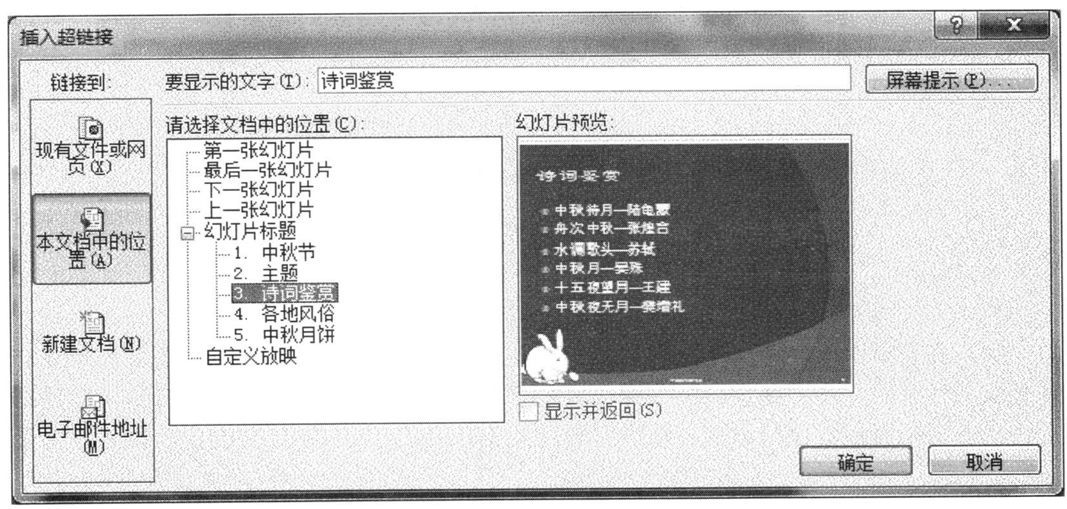

图 5—27　选择文档中的位置

（4）如果希望在放映时，当鼠标置于这个链接文字上时出现一个提示信息，可以单击“屏幕提示”按钮，在出现的对话框中输入屏幕的提示文字“介绍关于中秋节的诗词”，然后单击“确定”按钮。

（5）单击“确定”按钮完成超链接的设置。放映第 2 张幻灯片时，将鼠标移到“诗词鉴赏”上，稍等一会，会出现所设置的提示文字“介绍关于中秋节的诗词”。

设置完成后，看到 PowerPoint 为代表超链接的文本“诗词鉴赏”添加了下划线，并且显示为配色方案中定义的颜色。在放映时，单击超链接跳转到其他位置后，超链接的颜色会改变，因此，可以通过颜色分辨访问过的超链接。

也可以用“动作”按钮为主题文本添加超链接，步骤如下：

（1）在幻灯片窗格中选定主题文字“各地风俗”，在“插入”选项卡的“链接”组中，单击“动作”按钮，打开“动作设置”对话框，如图 5—28 所示。

（2）“动作设置”对话框中包括“单击鼠标”和“鼠标移过”两个选项卡，这两个选项卡里提供的设置内容都是一样的，触发时机都是在幻灯片放映时，只不过触

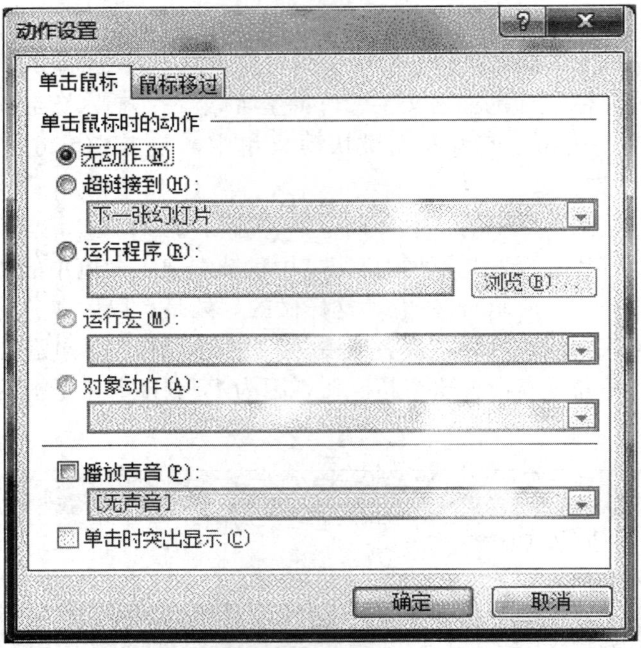

图 5—28 “动作设置”对话框

发的方式不同：一个是“单击鼠标”时触发动作；另一个是“鼠标移过”对象时触发动作。

（3）在“单击鼠标”选项卡中，单击“超链接到”，然后打开下拉列表框。从下拉列表框选择“幻灯片”项，则会打开“超链接到幻灯片”对话框，其中列出了当前演示文稿中的所有幻灯片的标题，从中选择“各地风俗”，然后单击“确定”即可，如图5—29所示。

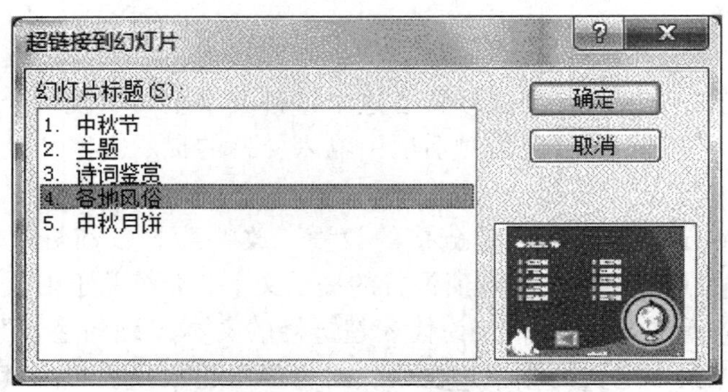

图 5—29 “超链接到幻灯片”对话框

（4）然后，单击“动作设置”对话框中的“确定”按钮，可以看到PowerPoint为“各地风俗”添加了超链接。

可以用上述方法为文本“中秋月饼”添加超链接。用同样的方法，可以为幻灯片上的任何对象，如图片、图表、艺术字等添加超链接或动作。

5.4.2 动作按钮

现在已经可以通过上面定义的超链接，直接跳转到介绍相应主题内容的幻灯片，讲完某一主题后，还希望有返回到显示所有主题文字的那张幻灯片（第 2 张幻灯片）的途径。方法当然有多种，现在利用动作按钮来实现这种功能。

PowerPoint 带有一些制作好的动作按钮，可以直接将动作按钮插入到幻灯片中，或者为其重新定义超链接动作。动作按钮上的图形都是常用的易理解的符号，也可以选用自定义动作按钮，然后根据所需定义的动作添加文字或者设置背景图片等，以此定义自己的动作按钮。

现在为“中秋节”演示文稿的第 3、4、5 张幻灯片添加动作按钮，通过它直接返回到“主题”幻灯片。

（1）把第 3 张幻灯片设为当前幻灯片，在“插入”选项卡的“插图”组中，单击“形状”按钮，在展开的列表中单击一个动作按钮。

（2）在幻灯片的右下角，按下鼠标左键拖拽画出所选的动作按钮，释放鼠标，这时“动作设置”对话框自动打开，在“超链接到”列表框中会显示对应动作。

（3）现在更改成我们需要的动作，单击“超链接到”列表框的下拉列表按钮，选择“幻灯片”项，在随后出现的“超链接到幻灯片”对话框中选择幻灯片标题“主题”，单击“确定”按钮。

（4）再单击“动作设置”对话框的“确定”按钮，完成设置，可以看到在第 3 张幻灯片上添加了一个动作按钮，如图 5—30 所示。

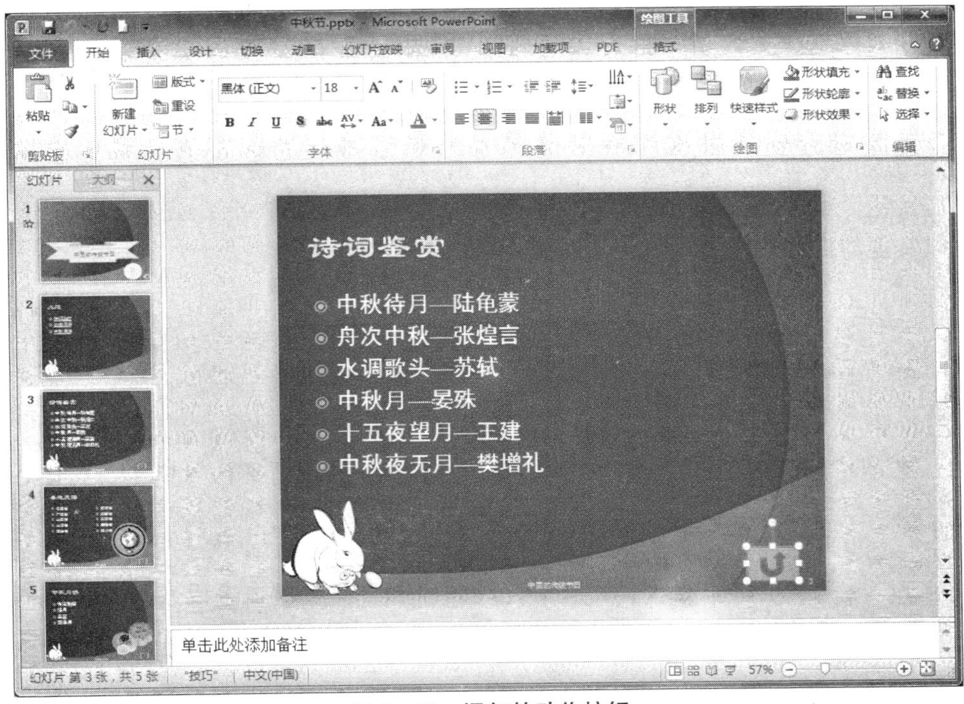

图 5—30 添加的动作按钮

动作按钮本身是一种图形，图 5—30 所示的动作按钮还处于选定状态，可以拖拽白色控点调整动作按钮的大小，拖拽绿色控点旋转按钮。动作按钮的颜色默认采用当前幻灯片配色方案中的设置，也可以通过设置格式的相应命令为动作按钮设置其他填充效果、线条颜色。

设置好后，复制这个动作按钮，然后分别粘贴到第 4 张和第 5 张幻灯片上。

5.5 幻灯片的放映

在演示文稿放映过程中，可以通过鼠标或键盘的操作来切换幻灯片。幻灯片的默认放映方式是按照幻灯片的制作顺序依次放映，利用超链接和动作设置可以实现在演示文稿中的不同幻灯片间的随意跳转。除此之外，PowerPoint 还提供了一些功能，可用来改变幻灯片的默认放映方式。

5.5.1 幻灯片放映控制

在“幻灯片放映”选项卡的“开始放映幻灯片”组中，单击“从头开始”按钮或者按键盘的 F5 键，演示文稿就会进入放映状态，屏幕上会以整屏的形式出现第 1 张幻灯片，单击鼠标或者按 Enter 键会切换到下一张幻灯片，这样依次放映第 2 张、第 3 张、……直到最后一张幻灯片，再单击鼠标，就会提示“放映结束，单击鼠标退出”。可以看到，幻灯片的排放顺序就是它默认的放映顺序。如果想从当前幻灯片开始放映，可以通过单击“从当前幻灯片开始”按钮，或单击窗口右下角的“幻灯片放映”按钮 ，放映过程中按 Esc 键可以退出放映。在演示文稿放映过程中，也可以用 PageDown、下移键（↓）、空格键、回车键等来控制放映下一张。返回上一张可以用 PageUp 键、上移键（↑）来控制。另外，演示文稿放映时，在屏幕左下角提供了 4 个图标，如图 5—31 所示，依次为“上一张”、“指针选项”、“放映菜单”和“下一张”。单击相应按钮，或者单击鼠标右键，在弹出的菜单上选择“下一张”或“上一张”命令，也可以实现幻灯片放映过程中的上下翻页。

图 5—31 幻灯片放映图标

假设演示文稿中有几十张幻灯片，放映到第 6 张时，想跳转到第 28 张幻灯片，若还是通过不断单击鼠标的方式切换到第 28 张，显然很费时。此时可以单击右键，在弹出的快捷菜单中选择“定位至幻灯片”，然后单击相应幻灯片编号标题，定位到所选的幻灯片上。也可以选择“上次查看过的”项，快速定位到刚刚查看过的幻灯片上。

在放映时，为了更清楚地表达所要讲述的内容，演讲者也可以在幻灯片上画一些标记。在放映时，单击屏幕左下角的“指针选项”图标，选择一种指针。PowerPoint 提供了 3 种指针：“箭头”、“笔”、“荧光笔”，如果选择一种笔形，还可以设置笔的墨迹颜色。选择一种笔后，鼠标指针也发生变化，操作鼠标，演讲者就可以在幻灯片上直接书写或绘图。

5.5.2　排练计时

在“切换”选项卡的“计时”组，相应功能按钮可以设置幻灯片的自动换片时间，利用这种功能，可以将演示文稿的放映设置成不需人工干预的自动放映方式。假设演示文稿中包含很多张幻灯片，每张内容不同，所需观看的时间也不同，如果一张张去设置，则是件很麻烦的事情。

利用 PowerPoint 提供的“排练计时”功能就能很好地解决这个问题。PowerPoint 的“排练计时”能够自动记录放映时每张幻灯片显示的持续时间，并将这个时间自动设置为幻灯片换片所需的时间间隔。

下面介绍如何为幻灯片记录排练时间：

（1）打开演示文稿，在“幻灯片放映”选项卡的“设置”组中，单击“排练计时”按钮，演示文稿自动从第 1 张幻灯片开始放映，同时在屏幕左上角显示录制排练时间的信息，如图 5—32 所示。

图 5—32　排练计时信息及控制

（2）此时，可以演讲或用眼睛浏览当前幻灯片的内容，完成后，单击“下一项”按钮，或其他方法切换到下一张，此时 PowerPoint 就自动将第一张幻灯片的放映时间记录下来，并开始记录第二张幻灯片的放映时间。

（3）重复步骤（2），直至放映结束。在这期间可以单击“暂停”按钮，暂时停止排练计时；也可以单击“重复”按钮，重新排练当前幻灯片。如果当前幻灯片之后的幻灯片的换片时间不需改变，那么可以按 Esc 键结束放映，这样就会只记录前半部分的幻灯片排练时间。

（4）放映结束时会弹出一个对话框，如图 5—33 所示，单击“是”，PowerPoint 将录制的各张幻灯片排练时间设置为自动换片的时间；单击“否”，则不保留刚才录制的排练时间。

图 5—33　是否保留排练时间的提示对话框

单击“是”完成“排练计时”后，会自动进入幻灯片的浏览视图，可以查看每张幻灯片的排练时间。放映时，幻灯片会按这个时间自动切换。当然，如果幻灯片换片方式中的“单击鼠标时”选项被选中，那么也可以在排练时间未到之前单击鼠标进行切换。或者通过“设置幻灯片放映方式”对话框设置不使用排练时间换片，这也是可以的。

5.5.3 录制旁白

《动物世界》那精妙的解说吸引了无数观众，令人叹服。PowerPoint 也允许你为演示文稿配上解说（旁白）。要想录制旁白，首先保证计算机配有声卡和麦克风，然后在“幻灯片放映”选项卡的“设置”组中，单击按钮，此时会出现“录制幻灯片演示”对话框，如图 5—34 所示。

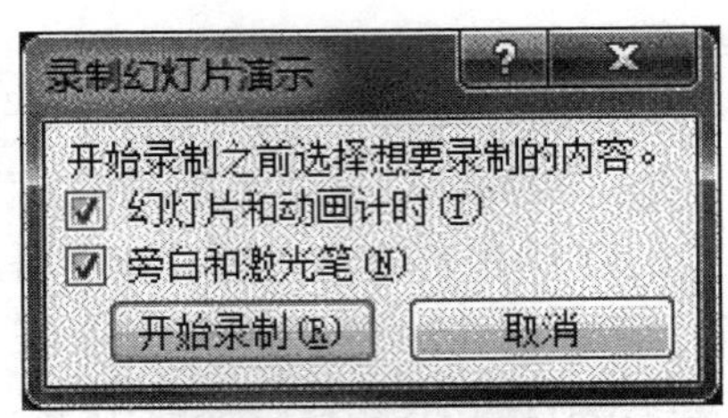

图 5—34 “录制幻灯片演示”对话框

做好相关设置后，单击“开始录制”按钮，演示文稿自动从头开始放映，同时在屏幕左上角显示录制的时间信息，如图 5—32 所示。

当前幻灯片的旁白录制完后，可以将幻灯片切换到下一张，继续为下一张幻灯片录制旁白，直到所有幻灯片的旁白录制完成。如果希望从当前幻灯片开始录制旁白，那么在“幻灯片放映”选项卡的“设置”组中，单击“录制幻灯片演示”按钮，在打开的列表中单击“从当前幻灯片开始录制…”命令即可。另外，录制旁白的同时也会记录排练时间。完成录制后，演示文稿自动进入幻灯片浏览视图，每张录制了旁白的幻灯片的右下角会出现一个音频图标，放映幻灯片时，可以通过设置来决定旁白是否随之播放。

5.5.4 自定义幻灯片放映

有的时候，演讲者需要针对不同观众展示演示文稿中的不同幻灯片。例如，要给不同专业的学生讲解电子表格的应用，介绍的内容大部分相同，只是针对不同专业的特点，在讲解的顺序和案例内容上有少量的调整。在这种情况下，可以利用 PowerPoint 提供的自定义放映功能，为不同专业的学生创建不同的自定义放映，而不必创建多个基本相同的演示文稿。自定义放映，就是根据已经做好的演示文稿，自己定义放映其中的哪些张幻灯片以及放映的顺序。

下面为“中秋节”演示文稿创建自定义放映，步骤如下：

(1) 打开“中秋节”演示文稿。在“幻灯片放映”选项卡的“开始放映幻灯片”组中，单击“自定义幻灯片放映”按钮，在展开的列表中单击“自定义放映…”命令，打开“自定义放映”对话框，因为目前还没有定义任何自定义放映，所以“自定义放映”框内是空的。

（2）单击“新建”按钮，打开“定义自定义放映”对话框。

（3）在“幻灯片放映名称”框中为“中秋节”演示文稿的第一个自定义放映定义一个名字，如输入“中秋节 1”。

（4）从“在演示文稿中的幻灯片”列表框中选择需要添加的幻灯片，然后单击“添加”按钮，可以将选中的幻灯片添加到“在自定义放映中的幻灯片”列表框中。选择幻灯片时，可以按下 Shift 键或 Ctrl 键配合选择多张幻灯片，再单击“添加”按钮。

（5）幻灯片在“在自定义放映中的幻灯片”列表框中的顺序决定了它的放映顺序，通过“上移”或“下移”按钮可以进行调整。

（6）如果“中秋节”演示文稿没有按 5.4 节介绍的那样通过动作按钮实现从具体内容幻灯片跳转回“主题”幻灯片，那么可以利用自定义放映实现类似放映方式，即介绍每个主题内容后，再显示“主题”幻灯片，结果如图 5—35 所示。

（7）单击“确定”按钮，返回“自定义放映”对话框，可以看到“中秋节 1”这个自定义放映已经添加到“自定义放映”列表框中了。

如果还想创建其他自定义放映，则可以再次单击“新建”按钮，依次完成其他自定义放映。

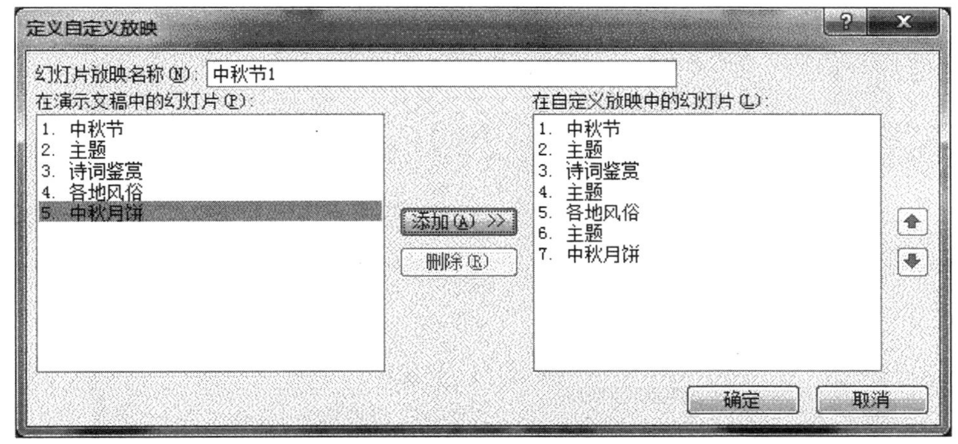

图 5—35 定义自定义放映“中秋节 1”

设置好的自定义放映有如下使用方式：

（1）在“幻灯片放映”选项卡的“开始放映幻灯片”组中，单击“自定义幻灯片放映”按钮，在展开的列表中单击要进行放映的自定义放映名称，或者单击“自定义片放映…”命令，打开“自定义放映”对话框，然后在对话框中选定所需放映的自定义放映名称，单击“放映”按钮。

（2）在“幻灯片放映”选项卡的“设置”组中，单击“设置幻灯片放映”按钮，在打开的“设置放映方式”对话框中，选中“自定义放映”单选按钮，然后从其下拉列表中选择要启动的自定义放映，单击“确定”按钮。

（3）可以对幻灯片上某个对象设置动作或超链接以启动自定义放映，在“动作设置”对话框的“超链接到”下拉列表中选择“自定义放映”项，然后在出现的对话框中选择一个自定义放映。或者在“插入超链接”对话框中，选择“本文档中的位置”选项，然后选择“自定义放映”下列出的一个自定义放映，如果希望自定义放映结束后自动返回当前幻灯片，可以将“显示并返回”复选框选中。

另外，一个包含很多张幻灯片的演示文稿，如果在某种场合只有少量的几张幻灯片不需放映，这时可以通过隐藏幻灯片功能实现。在幻灯片浏览窗格，配合 Ctrl 键或 Shift 键选定不需放映的若干幻灯片，在“幻灯片放映”选项卡的“设置”组中，单击“隐藏幻灯片”按钮即可（再次单击“隐藏幻灯片”按钮即可取消此次隐藏）。注意，被隐藏的幻灯片只是在放映时不出现，而在幻灯片浏览窗格和幻灯片窗格中仍然可见，可以正常编辑。

5.5.5 设置幻灯片放映方式

PowerPoint 还可以设置不同的放映方式。在“幻灯片放映”选项卡的“设置”组中，单击“设置幻灯片放映”按钮，打开的“设置放映方式”对话框如图 5—36 所示。这个对话框中的“放映类型”为“演讲者放映（全屏幕）”，“放映幻灯片”为“全部”，“换片方式”为“如果存在排练时间，则使用它”，这是默认设置。

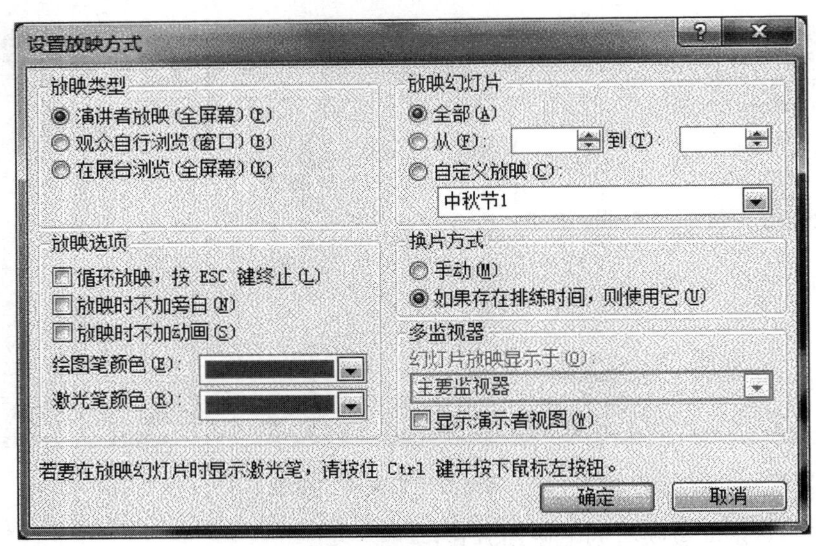

图 5—36 “设置放映方式”对话框

在某些场合，如展会上向用户介绍产品，这时可能希望幻灯片能够自行放映，而且最后一张幻灯片播完后，再从第 1 张开始重播，同时禁止观众通过鼠标或键盘操纵放映的速度和顺序，只有按 Esc 键，才可以停止放映。此时可以将“放映类型”设置为“在展台浏览（全屏幕）”，当然这样做之前必须为每张幻灯片设置自动换片时间。

如果将“放映类型”设置为“观众自行浏览（窗口）”，演示文稿则在窗口中放映，浏览者可以用滚动条或 PageUp、PageDown 键在各张幻灯片之间移动；也可以复制、打印幻灯片，甚至对幻灯片进行编辑；还可以同时打开其他程序或浏览其他演示文稿等。这是为了方便从网上浏览演示文稿。

另外，可以在“幻灯片放映”框中指定播放的幻灯片或者选择一个自定义放映(如果有)。如果将换片方式设置成“手动”，则无论是否设置了幻灯片的切换时间，都需要演讲者自行控制幻灯片的切换。

5.5.6 打包成CD

“打包成CD”功能用于制作演示文稿CD，以便在运行Microsoft Windows操作系统的计算机上查看。

“打包成CD”可打包演示文稿和所有支持文件，包括链接文件，并从CD自动运行演示文稿。在打包演示文稿时，经过更新的Microsoft Office PowerPoint Viewer也包含在CD上。因此，没有安装PowerPoint的计算机不需要安装播放器。“打包成CD”允许将演示文稿打包到文件夹而不是CD中，以便存档或发布到网络共享位置。

在“文件”选项卡下，依次单击“保存与发送”、“将演示文稿打包成CD”、“打包成CD”，会出现“打包成CD”对话框，如图5—37所示，单击“添加”按钮，可以添加所需打包的文件；单击“复制到文件夹”，则打包到指定文件夹；单击“复制到CD”，则直接刻录到CD上。

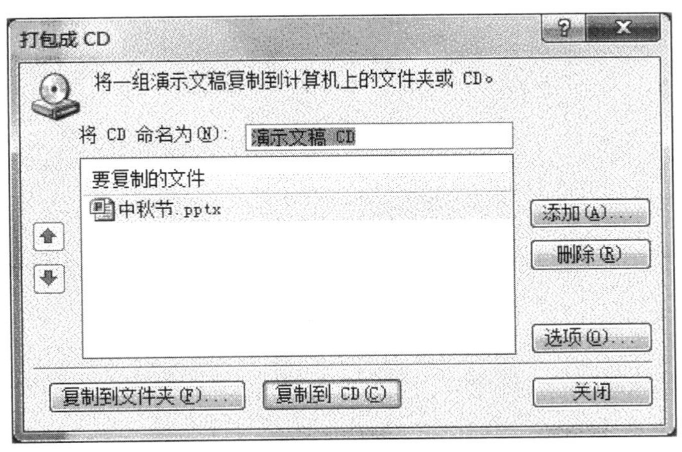

图5—37 “打包成CD”对话框

5.6 小结

本章通过一个介绍中秋节的演示文稿的制作过程介绍了PowerPoint的用法。PowerPoint是一个功能强大的制作幻灯片的软件工具，可以在幻灯片上插入文本、图片、图表、SmartArt图形、音频和视频等对象；利用主题、母版、配色方案、背景样式等，可以很容易地统一幻灯片的外观；通过设置幻灯片的切换效果和幻灯片上对象的动画效果，可以让幻灯片的放映具有动感；可以在幻灯片中设置超链接和动作，让幻灯片的放映更具有灵活性；另外，还可以记录排练时间，给幻灯片配上旁白，通过设置自定义放映组合出丰富的放映方式等。

PowerPoint 只是一个工具，要想制作出优秀的演示文稿还需要合理组织演讲内容，精心安排放映方式，既要设计每张幻灯片的内容及表现方式，也要考虑幻灯片与幻灯片之间的关联，使演示文稿展示的内容清晰、精练、具有表现力，这样才能紧紧抓住观众的视线。

5.7 思考与练习

设计制作一个演示文稿，内容自定，要求：应用主题；适当改变配色方案及背景；利用母版插入自己的 LOGO；根据需要插入图片、艺术字、表格、图表等；为演示文稿配上背景音乐；在幻灯片中设置超链接和动作按钮；为幻灯片上的对象设置动画效果；为幻灯片设置切换效果；为演示文稿保存排练计时时间；创建一个自定义放映。

第 6 章

多媒体基础与应用

随着计算机技术、通信技术和广播电视技术的高速发展、相互渗透与相互融合，人类进入了信息爆炸和信息普及时代。在众多的信息表示技术和应用技术中，多媒体以其独特的大信息量表示特征及互动特征，越来越为人们所喜爱。多媒体技术与因特网一起，成为推动 21 世纪信息化社会发展的最重要的动力。

人们以文字、语言、声音、音效、图像、视频等多种媒体进行有效的交流。计算机多媒体技术则把各种媒体信息转换成计算机能够识别的代码，由计算机处理后再以多种媒体方式提供给人们。因此，多媒体技术是综合了声音处理技术、图像处理技术、图形处理技术、通信技术、存储技术及其他学科而形成的技术，多媒体技术的应用就是把各种媒体组合在一起形成具有独立功能的系统。多媒体可使计算机进一步帮助人类按自然和习惯的方式接受和处理信息。

本章向大家介绍多媒体技术的若干基本概念及典型应用。

6.1 多媒体及其特点

所谓媒体，是指传播信息的介质。准确地说，媒体又称媒质或媒介，是信息表示、信息传递和信息存储的载体。

传统的媒体，如报纸、杂志、广播、电视、电影和各种出版物等，都以各自的媒体形式进行传播。随着科学技术和社会需求的发展，传统媒体出现了新的延伸，如户外媒体、各类平面媒体等，随之而来的是逐渐衍生出的“新媒体”，如网络媒体、IPTV、电子杂志和移动媒体（手机短信、彩信、视频）等。

在计算机领域，媒体包括两重含义：一是指存储信息的实体（媒质），如磁带、磁盘、光盘和半导体存储器等；二是指传递信息的载体（媒介），如数字、文字、声音、图形和图像等。多媒体计算机技术中的媒体指的是后者。

多媒体一词来源于英文的“Multimedia”，它由 mutiple 和 media 复合而成。从字面上理解，多媒体是由单媒体复合而成。单媒体是从一个方面反映对象信息的单一载体，如文字、声音、图形、图像、动画或视频等。多媒体是指将多个不同但相互关联的媒体综合集成在一起而产生的一种传播、存储和表现信息的全新载体。

通常情况下，多媒体一般包含两层意思：一是指多媒体信息本身；二是，也是更主要的是指多媒体技术，即处理和应用多媒体信息的一套技术。因此，多媒体经常作为多媒体技术的同义词。

多媒体信息是多种媒体的组合体，即将音频、视频、图像和计算机技术、通信技术集成到一个数字环境中，以协同表示对象更丰富、更复杂的信息。

多媒体技术是指同时获取、编辑、处理、存储、检索、展示和传输两个及以上不同类型的信息媒体的技术。信息媒体包括文本、声音、图形、图像、动画和视频等。

多媒体的关键特性主要包括信息载体的多样化、集成性和交互性三个方面，也是在多媒体研究中必须解决的主要问题。

（1）信息载体的多样化。

信息载体的多样化通常是指计算机所能处理的信息媒体的多样化。多媒体的信息多样化不仅仅是指输入，而且还指输出，目前主要包括视觉和听觉两个方面。一般说来，计算机内部处理（如存储、传输等）的信息都是数字化信息，多种媒体信息要进入计算机并进行处理，首先要转化成数字信息，其核心问题是数字化。因此，媒体多样化扩展了计算机处理信息的空间范围。

（2）信息载体的集成性。

信息载体的集成性不仅是多媒体设备的集成，还表现为多媒体信息的集成。对于后者，早期的计算机对信息的处理，仅局限于对文本、声音、图形和图像等单一媒体的零散应用方式。在多媒体中，各种信息载体应集成为一体，而不应分离。这种集成包括信息的多通道统一获取、多媒体信息的统一存储与组织、多媒体信息表现的合成等各个方面。多媒体设备的集成也应从软、硬件两方面考虑：从硬件方面，应具备能够处理多媒体信息的高性能计算机系统以及与之相对应的输入/输出能力和外设；从软件方面，应该有集成一体的多媒体操作系统、适合于多媒体信息管理的软件系统、创作工具及各类应用软件等。

（3）信息载体的交互性。

信息载体的交互性将向用户提供更加有效的控制和使用信息的手段，同时也为应用开辟了更加广阔的领域。通过交互性，人们不再单纯地接受（获取）信息，而是可以介入信息过程中，将自己也作为整个信息环境的一部分。例如，人们可以使用键盘、鼠标、触摸屏、声音和数据手套等设备，通过计算机程序来控制各种媒体的播放。通过对多媒体的驾驭，增强了人们对信息的注意和理解，延长了信息的保留时间。

6.2 多媒体信息数据压缩

多媒体计算机技术是面向文本、图形、图像、声音、动画和视频等多种媒体的处理技术，承载着由模拟量转换为数字量的吞吐、存储和传输的问题。数字化后的声音、图像和视频等多媒体信息的数据量是相当惊人的，因此，数据压缩技术是多媒体技术迅速发展的关键技术之一。

6.2.1　多媒体信息的数据量

通过下面对数字化多媒体信息的数据量进行的分析，可以看出数据压缩的必要性。

1. 声音

声音数字化信息的数据量由采样频率、量化位数、声道数和声音持续时间所决定，计算公式如下：

数据量=(采样频率×量化位数×声道数×声音持续时间)/8(字节)

电话话音的采样频率为 8kHz，量化位数为 8 位，声道数为 1，电话话音每小时的数据量为：

(8k×8×1×3 600)/8=28 125(KB)≈27.47(MB)

具有 CD 音乐激光唱盘音质声音的采样频率为 44.1kHz，量化位数为 16 位，声道数为 2，其每小时的数据量为：

(44.1k×16×2×3 600)/8≈620 156(KB)≈605.6(MB)

在 650MB 的光盘中存放的 CD 音质音乐的播放时间约为 1 小时。如果采用 5.1 声道录制，其每小时的数据量为：

(44.1k×16×5.1×3 600)/8≈1 581 398(KB)≈1 544(MB)≈1.5(GB)

2. 静态图像

静态图像数据量的计算公式如下：

数据量=(垂直方向分辨率×水平方向分辨率×颜色深度)/8(字节)

一幅中等分辨率的真彩色位图图像，图像分辨率为 640×480，图像颜色数为 16 777 216，颜色深度为 24 位，其数据量为：

(640×480×24)/8=900(KB)

一幅千万像素相机（如 Nikon D200）拍摄的照片图像，图像分辨率为 3 882×2 592，颜色深度为 24 位，不做任何压缩时图像的数据量为：

(3 882×2 592×24)/8≈29 479(KB)≈28.8(MB)

3. 动态视频

动态视频数据量由每秒播放静止画面的数量（帧频）、一幅静止画面的数据量和播放时间所决定，计算公式如下：

数据量=(分辨率×颜色深度)×帧频×播放时间/8(字节)

我国的彩电为 PAL 制式，帧频为 25，每帧画面为 625 行，宽高比为 4∶3。如果不进行压缩，数字化后每秒的数据量为：

((625×4/3)×625×24)×25/8≈38 147(KB)≈37.25(MB)

上述数字化视频信号需要的传输带宽为 312.5Mbps，每小时的数据量约为 131GB，在 650MB 的光盘中只能存放不到 18 秒的视频。

高清晰度电视（HDTV）的分辨率为 1 920×1 080，帧频为 30，每秒数据量为（不进行压缩）：

(1 920×1 080×24)×30/8=182 250(KB)≈177.98(MB)

在不进行压缩的情况下，高清晰度电视的视频数据需要的传输带宽为 1 423.8Mbps，每小时的数据量约为 626GB。

通过上述分析不难看出多媒体信息的数据量是相当大的，这无疑需要耗费很大容量的存储器，并且在进行数据传输时需要很高的带宽，在实际应用中现有硬件条件无法满足。单纯地采用提高存储器容量和增加网络带宽的办法是不可行的。在实践中，数据压缩被证明是一个行之有效的方法，通过数据压缩的手段把信息的数据量降下来，以压缩的形式存储和传输，既节约了存储空间，又提高了通信网络的传输效率，同时也使计算机实时处理音频、视频等多媒体信息成为可能，保证了高质量的视频和音频节目的播出。

6.2.2 信息冗余

冗余是指信息存在的各种性质的多余度。多媒体信息的数据量巨大，但其中也存在大量的数据冗余，多媒体信息的数据量与信息量（有效数据）的关系可以表示为：

多媒体信息的数据量=信息量+冗余数据量

信息是有用的数据，而冗余数据则是无用多余的数据，可以通过压缩去除。图像数据和语音数据的冗余很大。下面看一个比较特殊的例子。

例如，一条 180 个汉字的新闻，按一个汉字占两字节计算，其文本数据量为 360B。但如果用语音进行播报，对语音直接录音采样，按电话话音采样一秒钟的数据量为 8 000B；播音员读文稿的时间为一分钟，则该新闻的语音数据量是 480 000B。同样，如果用点阵方式在报纸上打印，每个汉字采用 128×128 点阵，则该新闻文稿的图像数据量至少是：128×128×180×1/8=368 640B。如果采用彩色打印，那么图像数据量会更大。

对于同一条信息，语音和图像方式表示的数据量是文本数据量的千倍以上，其中的冗余巨大。同样，在视频数据中也存在大量冗余。由此可见，大量冗余的出现为数据压缩技术的应用提供了可能性，如何压缩图像、语音和视频数据中的冗余是多媒体应用的主要任务之一。

多媒体信息的数据冗余主要体现在两个方面：

(1) 一般情况下，冗余的具体表现是相同或相似信息的重复。可以在空间上重复，也可以在时间上重复；可以是严格重复，也可以是以某种相似性重复。这些重复会产生大量冗余数据。

（2）由于实际应用中信息接收者的条件限制，将导致一部分信息分量被过滤或屏蔽。如传输线路或多媒体播放设备的带宽和精度限制，将导致一部分信号无法传递或播出，这部分信号的数据可以被压缩剔除。又如人们在欣赏音像节目时，眼睛或耳朵对信号低于某一阈值的幅度变化无法感知等，这一部分无法感知的信息分量数据就属于冗余数据，也可以被压缩掉。

大多数信息中或多或少存在着各种性质的多余度，在数字化后会表现为各种形式的数据冗余。数据冗余的类别可分为以下几种。

1. 空间冗余

空间冗余是静态图像数据中存在的最主要的一种冗余。规则物体和规则背景的表面物理特性具有相关性，其颜色表现为空间连贯性，但在数字化时是基于离散像素点采样来表示颜色的，没有利用这种连贯性，导致数据冗余。例如，某图片的画面中有一个规则物体，其表面颜色均匀，各部分的亮度、饱和度相近，该图片数字化生成点阵图后，很大数量的相邻像素的数据是完全一样或十分接近的。这些数据当然可以压缩，这种压缩就是对空间冗余的压缩。

2. 时间冗余

时间冗余是运动图像中经常包含的冗余。序列图像（如电视图像和运动图像）和语音数据的前后有着很强的相关性，但是基于离散时间采样来表示运动图像的方式没有利用这种相关性，所以经常包含着冗余。如在播出某一序列图像时，时间发生了推移，但若干幅画面的大部分部位并没有变化，变化的只是其中某些局部，这就形成了时间冗余。

空间冗余和时间冗余都是把图像信号看作概率信号时所反映出的统计特性，因此，这两种冗余称为统计冗余。

3. 结构冗余

数字化图像中的物体表面纹理等结构往往存在着冗余，这种冗余称为结构冗余。当一幅图有很强的结构特性，纹理和影像色调等与物体表面结构存在一定的规则时，就形成较大的结构冗余。

4. 知识冗余

由图像的记录方式与人对图像的知识差异所产生的冗余称为知识冗余，人对许多图像的理解与某些基础知识有很大的相关性。例如，人脸的图像就有固定的结构，这类结构可由先验知识和背景知识得到，但计算机存储图像时，只是把一个个像素信息存入，这就产生了知识冗余。

5. 视觉冗余

人类的视觉系统对于图像的注意是非均匀和非线性的，它并不能感知图像的所有变化。当某些变化不被视觉所感知而被忽略时，我们仍然认为图像是完好的。人类视觉系统的一般分辨能力估计为 64 灰度等级，而一般图像的量化采用 256 灰度等级，这类冗余称为视觉冗余。

6. 听觉冗余

人类的听觉系统对于不同频率的声音的敏感性不同，并不能感知所有频率的变化。某些不被听觉所感知的变化可以被忽略，这类冗余称为听觉冗余。

7. 编码冗余

编码冗余又称信息熵冗余。信息熵指一组数据携带的平均信息量，这里的信息量是指从 N 个不等可能的事件中选出一个事件所需要的信息度量。即在 N 个事件中辨识一个特定事件的过程中需要提问的最少次数（$=\log_2 N$ bit）。将信息源中所有可能事件的信息量进行平均，得到的信息平均量称为信息熵。信息熵是编码的压缩极限，实际上信息源的数据量是远大于信息熵的，由此带来的冗余称为编码冗余。

6.2.3 数据压缩技术基础

多媒体信息的数据压缩涉及的技术较多，主要包括多媒体信息的数字化技术、数据压缩技术等。

1. 量化

量化一般是指模拟信号到数字信号的转化。一般多媒体（如图像、声音等）信息都可由一些模拟信号来表示，而要由计算机进行处理，就必须转化为计算机所能接受的数字信号，即进行模拟量到数字量的转换，即 A/D 转换。这个数字化的过程就叫量化过程。量化过程可分为采样与量化处理两个步骤。

采样的目的就是要用有限的离散量来代替无限的连续模拟量，其最终结果表现为使用多少个离散点来表示模拟信号。采样点的多少可以影响数字量表达的准确程度。如一幅图像的采样结果就是确定使用多少个像素点来表示这幅图像，要想准确表示图像，就需对图像更多的点进行采样，以得到高分辨率画面。

量化处理是预先对模拟量划定一组量化级并确定其代表值，每个量化级将覆盖一定的空间，所有量化级要覆盖整个有效取值区间。量化时将模拟量的采样值同这些量化级比较，落在某个量化级区间上，就取这个量化级的代表值作为它的量化结果。

（1）采样率与比特率。

比特率是采样和量化过程中使用的比特数的产物。例如，在电话通信中，语音信号的带宽大约为 3kHz，根据奈奎斯特定理可以确定超过 6kHz 的采样频率没有意义。考虑到预留一定余量，可以选择一个标准采样频率为 8kHz，如果使用一个 8 位的量化器，则该电话通信所要求的比特率为：

$$8\text{k}\times 8=64\text{kbps}$$

比特率是数据通信的一个重要参数。公用数据网的信道传输能力常常是以每秒传送多少 KB 或多少 GB 信息量来衡量的。表 6—1 列出了电话通信、远程会议通信（高音质）、数字音频光盘（CD）和数字音频带（DAT）等几类应用中比特率的相关比较。

表 6—1　　几类应用中比特率的比较

	频带（Hz）	带宽（kHz）	采样频率（kHz）	量化位数	声道数	比特率（kbps）
电话	200～3 200	3.0	8	8	1	64
远程会议	50～7 000	7.0	16	16	1	256
数字音频光盘	20～20 000	20.0	44.1	16	2	1 411.2
数字音频带	20～20 000	20.0	48.0	16	2	1 536

(2) 量化处理。

量化处理是使数据比特率下降的一个强有力的措施。脉冲编码调制（PCM）的量化处理在采样之后进行，从理论分析的角度，图像灰度值是连续的数值，而我们通常看到的是以 0～255 的整数表示的图像灰度，这是经 A/D 变换后的以 256 级灰度分层量化处理了的离散数值，这样可以表示一个图像像素的灰度值，或色差信号值。量化方法有标量量化和矢量量化之分。

标量量化是一维量化，所有采样使用同一个量化器进行量化，每个采样的量化都与其他所有采样无关。现在市场上的 A/D 转换器件中所使用的 PCM 编码器是最典型的一维量化的实例。

矢量量化又称为向量量化，就是从称为码本（codebook）的码字集中选出最适配于输入序列的一个码字来近似一个采样序列（即一个向量）的过程。这种方法以输入序列与选出码字之间失真最小为依据，显然比标量量化的数据压缩能力要强。实际上，量化过程也就是数据压缩的编码过程。

2. 数据压缩技术的性能指标

衡量一种数据压缩技术的好坏有以下 4 个方面的指标，即要综合分析算法的压缩比、压缩后多媒体信息的质量、压缩和解压缩的速度以及所需要的硬件和软件的开销等。

(1) 信息压缩比。

信息压缩比是指多媒体数字信息压缩前后所需的存储量之比。压缩比越大，数据量就减少得越多，数据压缩技术就越好。

(2) 压缩后多媒体信息的质量。

压缩后多媒体信息的质量也就是解压缩后恢复的效果。无损压缩的压缩比小，但它是 100%恢复。有损压缩的压缩比大，无法完全恢复，因此，恢复效果越好的数据压缩技术就越好。

(3) 压缩和解压缩的速度。

在压缩技术中，压缩速度和解压缩速度是两项单独的性能指标。速度越快的数据压缩技术就越好，但在大多数情况下，两项性能指标的重要性有所不同。

在有些应用中，如视频会议的图像传输时，压缩和解压缩都需要实时进行，这种称为对称压缩；在更多的应用中，这两个过程是分开进行的，如多媒体 CD-ROM 的节目制作是提前进行的，可以采用非实时压缩，而播放时要求解压缩是实时的，这种压缩称为非对称压缩，相比而言，解压缩的速度更为重要。

(4) 数据压缩处理的硬件和软件开销。

从用户的使用角度来说，希望在数据压缩处理中硬件和软件的开销越小越好。数据压缩可以用硬件实现，也可以用软件实现。根据压缩算法的复杂程度不同，压缩和解压缩过程中，硬件和软件的开销也不相同。一般来说，硬件的执行速度比软件要快很多。

6.2.4　数据压缩方法

多媒体数据压缩方法根据不同的依据可产生不同的分类。第一种分类方法根据解码后数据是否能够完全无损地恢复原始数据来进行划分，可分为两类。

1. 无损压缩

无损压缩又称可逆压缩、冗余压缩、无失真编码、熵编码等，其压缩过程完全可逆，解码后不产生任何失真，能够完全无损地恢复原始数据。无损压缩常用于原始数据的存档，如文本数据、程序以及珍贵的图片和图像等。其原理是统计压缩数据中的冗余（重复的数据）部分，其压缩比一般为 2∶1～5∶1 之间。常用的无损压缩技术包括行程编码、霍夫曼（Huffman）编码、算术编码和 LZW 编码等。

2. 有损压缩

有损压缩在压缩过程中不能将原来的信息完全保留，解码后会产生失真，但不会导致误解，是不可逆压缩的方式，也称不可逆压缩、有失真压缩和熵压缩等。图像或声音的频带宽，信息丰富，人类视觉和听觉器官对频带中某些频率成分不大敏感。有损压缩正是以牺牲这部分信息为代价，换取了较高的压缩比，其压缩比一般可以从几倍到上百倍。常用的有损压缩方法有：PCM（脉冲编码调制）、预测编码、变换编码、矢量量化编码、子带编码、混合编码等。

根据压缩方法的原理进行分类，数据压缩方法可分为：预测编码、统计编码、变换编码、行程编码、算术编码、量化与向量量化编码、信息熵编码、分频带编码、结构编码以及基于知识的编码等。

6.2.5 多媒体数据压缩标准

常用的多媒体数据压缩标准分为四类：音频压缩标准、静止图像压缩标准、运动图像压缩标准和视频通信编码标准。

1. 音频压缩标准

一般来说，音频数据压缩比视频数据压缩要容易得多。音频信号的压缩编码技术有很多种，大体分为无损压缩和有损压缩两类。无损压缩采用各种信息编码，如霍夫曼编码和行程编码等。而有损压缩在音频处理中应用最广泛，它主要分为波形编码、参数编码和混合编码几种分支。波形编码的原理是利用采样和量化过程来表示音频信号的波形，其特点是在较高码率的条件下可以获得高质量的音频信号，它适用于高质量的语音和音乐信号。参数编码原理是首先建立某种音频模型，提取模型参数和激励信号，然后对这些量进行编码，最后在输出端合成原始信号。其特点是压缩率大，但是所需运算量大，保真度不高，适合于语音信号编码。而混合编码汲取了前两种编码的优点，因此应用较为广泛。

根据不同音频质量要求，相关的国际性组织颁布了不同的音频压缩编码标准，如 ITU 的 G. 711、G. 721、G. 728、G. 729 标准，GSM 标准，CTIA 标准，NSA 标准和 MPEG 标准。

2. 静止图像压缩标准

JPEG（joint photographic experts group）是国际标准化组织（ISO）和国际电报电话咨询委员会（CCITT）于 1986 年成立的联合图像专家组的英文缩写，其算法称为 JPEG 算法，并且成为国际上通用的标准，所以又称为 JPEG 标准。JPEG 是一个适用范围很广的静态图像数据压缩标准，适用于连续色调、多级灰度、彩色或单色静止图像。

该标准定义了两种基本压缩算法。一种是基于空间线性预测技术的无损压缩算法，这种算法的压缩比很低。另一种是基于离散余弦变换（DCT）的有损压缩算法，其图像压缩比很大但有损失，最大压缩比可达 100：1，压缩比在 8：1～75：1 时，图像质量较好。该算法在压缩比为 25：1 的情况下，压缩后还原得到的图像与原始图像相比较，非图像专家难以找出它们之间的区别，因此得到了广泛的应用。例如，在 VCD 和 DVD-Video 电视图像压缩技术中，就使用 JPEG 的有损压缩算法来取消空间方向上的冗余数据。为了在保证图像质量的前提下进一步提高压缩比，近年来 JPEG 专家组正在制定 JPEG 2000（简称 JP2000）标准，这个标准中将采用小波变换（wavelet）算法。

3. 运动图像压缩标准

MPEG（moving photographic experts group）是国际标准化组织和国际电报电话咨询委员会于 1988 年成立的运动图像专家组的英文缩写，专家组研究制定了视频及其伴音的国际编码标准，该标准称为 MPEG 标准。MPEG 描述了声音电视编码和解码过程，严格规定声音和图像数据编码后组成位数据流的句法，提供了解码器的测试方法等。其最初标准解决了如何在 650MB 光盘上存储音频和视频信息的问题，但它又保留了可充分发展的余地，使得人们可以不断改进编码和解码算法，以提高声音和电视图像的质量以及编码效率。

目前，已经开发的 MPEG 标准有以下几种：

MPEG-1：1992 年正式发布的数字电视标准；

MPEG-2：数字电视标准；

MPEG-3：于 1996 年合并到高清晰度电视（HDTV）工作组；

MFEG-4：1999 年发布的多媒体应用标准；

MPEG-7：多媒体内容描述接口标准，目前正在研究当中。

以上标准中，MPEG-1 和 MPEG-2 已广泛应用于多媒体工业，例如数字电视、CD、视频点播、归档、因特网上的音乐等。MPEG-4 主要用于 64kbps 以下的低速率音频和视频编码，已应用于窄带多媒体通信等领域。目前 MPEG 正在制定 MPEG-7 和 MPEG-21。

4. 视频通信编码标准

H. 261 又称为 P＊64，其中 64 表示 64kbps，P 的取值范围为 1～30 的可变参数，它最初是针对在 ISDN 上实现电信会议应用，特别是面对面的可视电话或视频会议而设计的。实际的编码算法类似于 MPEG 算法，但并不能兼容。H. 261 在实时编码时，比 MPEG 所占用的 CPU 运算量少得多。为了优化带宽占用量，该算法引进了在图像质量与运动幅度之间的平衡折中机制，也就是说，剧烈运动的图像比相对静止的图像质量要差，但传输的画幅要多。因此，这种方法属于恒定码流可变质量编码而非恒定质量可变码流编码。

H. 263 是国际电联（ITU-T）的一个标准草案，是为低码流通信而设计的。但实际上这个标准可用于很宽的码流范围，在许多应用中可以取代 H. 261。H. 263 的编码算法与 H. 261 一样，但做了一些改善和改变，以提高性能和纠错能力。H. 263 标准在低码率下能够提供比 H. 261 更好的图像效果。

H. 264 和以前的标准一样，也是 DPCM（差值编码）加变换编码的混合编码模式。但它采用"回归基本"的简洁设计，减少了众多的选项，获得了比 H. 263 好得多的压缩性能；加强了对各种信道的适应能力，采用"网络友好"的结构和语法，有利于对误码和丢包的处理；H. 264 应用范围宽，可以满足不同速率、不同解析度以及不同传输（存储）场合的需求。

6.3 多媒体系统

多媒体系统是可以交互式处理多媒体信息的计算机系统，是由复杂的硬件、软件有机结合的综合系统。它把视频、音频等媒体与计算机系统融合起来，并由计算机系统对各种媒体进行数字化处理。与计算机系统类似，多媒体系统由多媒体硬件系统和多媒体软件系统组成。其中，多媒体硬件系统包括：普通的计算机硬件和多媒体外设；多媒体软件系统包括：多媒体操作系统、多媒体设备驱动程序、多媒体工作平台、多媒体制作工具、多媒体应用素材等，如图 6—1 所示。

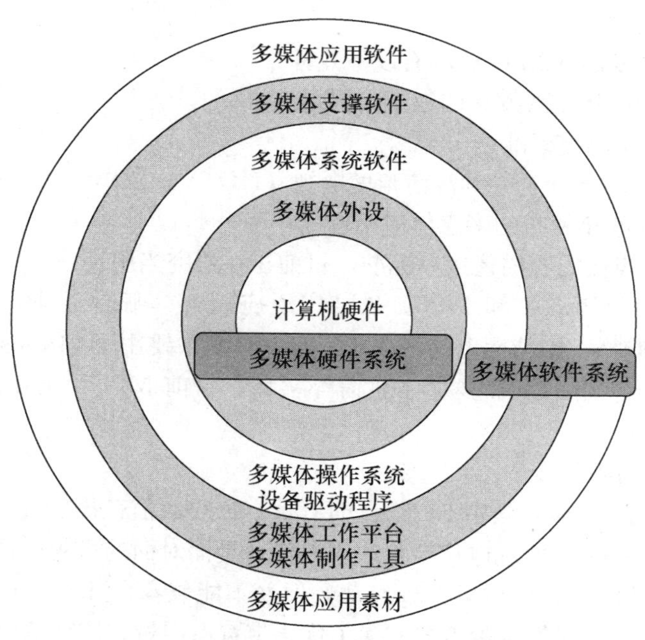

图 6—1 多媒体系统

6.3.1 多媒体硬件系统

多媒体硬件系统如图 6—2 所示，除了要有普通的计算机硬件如主机、显示器、键盘、鼠标、光驱和打印机以外，通常还需多媒体外设，如视频、音频处理设备以及各种媒体输入/输出设备等。由于多媒体计算机系统需要交互式实时地处理声音、文本、图像、视频信息，不仅处理量大，处理速度要求也很高，因此对多媒体计算机系统的要求比通用计算机系统更高。对多媒体计算机的高要求主要体现在以下几个方面：要求主机的基本结构功能强、速度高；有足够大的存储空间（内存和外存）；有高速显卡和高分辨率的显示设备。

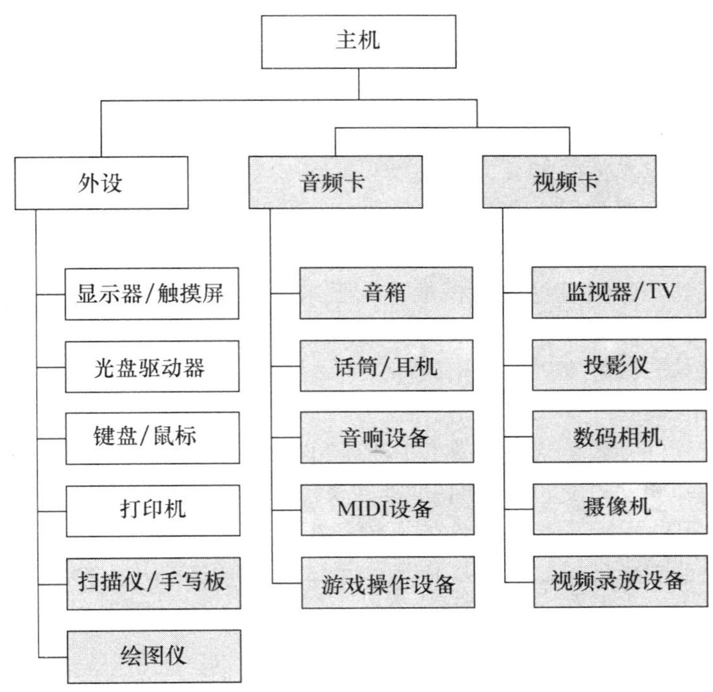

图 6—2　多媒体计算机硬件系统

1. 多媒体 CPU

多媒体个人计算机，即 MPC（multimedia personal computer），是目前市场上使用最广泛的多媒体计算机系统。MPC 的核心是主机，主机性能的关键是 CPU。决定多媒体计算机 CPU 性能的关键点有两项：一项是运算速度，也称主频，即 CPU 内核工作的时钟频率（CPU clock speed）；另一项是指令集，即 CPU 能够执行的命令的集合，指令的强弱是 CPU 的重要指标。指令集的改进是提高 CPU 效率的最有效的工具之一。

2. 多媒体接口卡

根据多媒体系统获取、编辑音频或视频的需要，多媒体接口卡被插接在计算机上，以解决各种媒体数据的输入/输出问题。要建立制作和播放多媒体应用程序的工作环境，多媒体接口卡是必不可少的硬件设施。常用的多媒体接口卡包括：声卡、显示卡、视频压缩卡、视频捕捉卡、视频播放卡、光驱接口卡等。

3. 多媒体外部设备

多媒体外部设备十分丰富，工作方式一般为输入和输出。按其处理的信息不同可分为音频类设备、视频类设备和图形图像类设备，见图 6—2 中的灰色部分。按其功能可分为四类：视频、音频、图像输入设备（摄像机、数码相机、扫描仪、传真机、话筒等），视频、音频、图像输出设备（电视机、大屏幕投影仪、音响、绘图仪等），人机交互设备（键盘、鼠标、触摸屏、绘图板、光笔及手写输入设备等），存储设备（磁盘、光盘等）。

6.3.2 多媒体软件系统

多媒体计算机除了满足一定的硬件配置要求外，还必须有相应的软件来支持。多媒体软件系统或称为多媒体软件平台，是指支持多媒体系统运行、开发的各类软件和开发工具及多媒体应用软件的总和。硬件是多媒体系统的基础，软件是多媒体系统的灵魂。由于多媒体技术涉及种类繁多的硬件，又要处理形形色色差异巨大的各种媒体信息，因此，能够有机地组织和管理这些硬件、方便合理地处理和应用各种媒体信息，是多媒体软件的主要任务。多媒体软件可以划分成不同的层次或类别，这种划分是在发展过程中形成的，并没有绝对的标准。一般来说，多媒体软件系统可分为多媒体系统软件（多媒体操作系统和相应的设备驱动程序）、多媒体支撑软件（多媒体工作平台和多媒体制作工具）以及多媒体应用软件。

1. 多媒体系统软件

多媒体系统软件一般包括具有多媒体特征的操作系统和相应的设备驱动程序。多媒体软件中直接和硬件打交道的软件称为驱动程序，它完成设备的初始化、各种设备操作、设备的打开、关闭、基于硬件的压缩解压和图像快速变换等基本硬件功能的调用。这种软件一般随硬件提供。多媒体操作系统在通常的操作系统的基础上扩充了多媒体功能，包括内置多媒体程序，为多媒体应用开发人员提供了媒体控制接口、应用编程接口和对象链接与嵌入等系统支持。

2. 多媒体支撑软件

多媒体支撑软件包括多媒体工作平台和多媒体制作工具。多媒体工作平台在操作系统和驱动软件之上，它是多媒体软件系统的核心。它负责多媒体环境下多任务的调度，保证音频、视频同步以及信息处理的实时性；它提供多媒体信息的各种基本操作和管理；它应具有对设备的相对独立性与可扩展性。多媒体制作工具是多媒体专业人员在多媒体操作系统上开发的、供特定应用领域的人员组织编排多媒体数据并把它连接成完整的多媒体应用系统的工具。

3. 多媒体应用软件

多媒体应用软件是在多媒体工作平台上设计开发的面向应用的软件。由于与应用密不可分，因此有时也包括用软件创作工具开发出来的应用。多媒体应用软件种类十分繁多，广泛用于各行各业。它是推动多媒体应用发展的动力所在。

6.4 多媒体技术

目前，多媒体技术并没有一个统一的定义。具有代表性的定义有两种。第一种定义为：计算机综合处理多种媒体信息（包括文本、图形、图像、动画以及声音等），在这些信息间以某种模式建立逻辑连接，并集成为一个具有交互能力的系统。另一种定义为：多媒体技术是能够同时获取、处理、编辑、存储、传输和展现两种以上不同类型的信息媒体的技术，这些媒体包括视频、音频及其他形式的感觉媒体。总之，多媒体技术本身带有浓厚的边缘交叉性，它把比较成熟的音像技术、计算机技术和通信技术三大信息处理技术逻辑集成为多维信息处理的技术。

6.4.1　多媒体技术特点

多媒体技术有以下几个主要特点。

1. 集成性与控制性

多媒体技术以计算机为中心，对信息进行多通道统一获取、存储、组织、控制与合成，并按人的要求以多种媒体形式表现出来，同时作用于人的多种感官。

2. 交互性与实时性

交互性是多媒体应用区别于传统信息交流媒体的主要特点之一。传统信息交流媒体只能单向地、被动地传播信息，而多媒体技术则可以实现人对信息的生动选择和控制。实时性是指很多多媒体本身都具有实时要求，同时在用户操作时，相应的多媒体信息应得到实时控制。

3. 非线性与灵活性

多媒体技术的非线性特点将改变人们传统循序性的读写模式。以往人们读写方式大都采用章、节、页的框架，循序渐进地获取知识，而多媒体技术将借助超文本链接的方法，把内容以一种更具灵活性、更具变化性的方式呈现给读者。此外，用户还可以按照自己的需要、兴趣、任务要求和认知特点来灵活地使用图片、文件、声音和视频等信息表现形式。

6.4.2　多媒体关键技术

多媒体技术的研究涉及诸多方面，以下简要介绍几种重要的技术。

1. 多媒体数据压缩技术

由于多媒体信息的特点，为了使多媒体技术达到实用水平，除了采用新的技术手段增加存储空间和通信带宽外，对数据进行有效压缩将是多媒体发展中必须解决的最关键的技术之一。具体的数据压缩方法前面已经讲述，这里不再重复。总之，经过几十年的数据压缩研究，从 PCM 编码理论开始，到已成为多媒体数据压缩标准的 JPEG 和 MPEG，已经产生了各种各样针对不同用途的压缩算法、压缩手段和实现这些算法的大规模集成电路或计算机软件，同时新型编码理论也不断得到应用并逐渐成为编码压缩的国际标准。

2. 多媒体数据库技术

多媒体数据具有数据量大、种类繁多、关系复杂和非结构性等特性，数据的组织和管理问题尤为突出。以什么样的数据模型表达和模拟这些多媒体信息空间？如何组织存储这些数据？如何管理这些数据？如何操纵和查询这些数据？这是传统数据库系统的能力和方法难以胜任的。目前，人们利用面向对象方法和机制开发了新一代面向对象数据库（OODB），结合超媒体技术的应用，为多媒体信息的建模、组织和管理提供了有效的方法。同时，市场上也出现了多媒体数据库管理系统。但是面向对象数据库和多媒体数据库的研究还很不成熟，与实际复杂数据的管理和应用要求仍有较大的差距。

3. 信息展现与交互技术

在传统的计算机应用中，大多数都采用文本信息，所以对信息的表达和输入仅限于“显示”和“录入”。在多媒体环境下，各种媒体并存，视觉、听觉、触觉、味觉和嗅觉等媒体信息综合与集成在一起，因而不能仅仅用“显示”和“录入”来完成媒体的展现与交互了。各种媒体的时空安排和效应，相互之间的同步和合成效果，相互作用的解释和描述等都是表达信息时所必须考虑的问题。有关信息的这种表达问题可以统称为展现。因此，多媒体系统中各种多媒体信息的时空合成以及人机之间灵活的交互方法等仍是多媒体领域需要研究和解决的棘手问题。

4. 多媒体通信技术

分布式多媒体系统，已经成为当前多媒体的主流和未来发展的方向，其技术基础是计算机网络与通信。多媒体网络应用的基本要求是能在计算机网络上传送多媒体数据，所以，多媒体通信技术也是多媒体关键技术之一。多媒体通信技术中有许多特殊问题需要解决，如带宽问题、相关数据类型的同步、多媒体设备的控制、不同终端和网络服务器的动态适应、超媒体信息的实时性要求、可变视频数据流的处理、网络频谱及信道分配、高性能和高可靠性以及网络和工作站的连接结构等。

5. 虚拟现实技术

虚拟现实（virtual reality，VR）通常是指用立体眼镜、传感手套、三维鼠标等一系列传感辅助设施来实现的一种三维现实，人们通过这些设施以自然的技能（如头的转动、身体的运动等）向计算机送入各种动作信息，并通过视觉、听觉、触觉及嗅觉等设施，使人们得到三维的视觉、听觉、触觉和嗅觉等感觉。虚拟现实能为人们提供一种感受并控制对事物的看法，从而使人们能够体验一种幻觉，就像投身于现实情景或场景之中。虚拟现实技术是利用计算机生成一种模拟环境，通过各种传感设备，使使用者投入到该环境中，实现用户与该环境直接进行自然交互的技术。

6.5 图像处理概述

人类感知客观世界，有70%以上的信息是通过视觉来获取的。图形、动画、图像和视频是人们容易感知和理解的媒体，具有比文字直观的特点，这是文字所不可比拟的，正如常言所说的“一幅画胜过千言万语”。

为了进一步了解图像，我们首先来区分图形和图像。

图形，是对客观实体的模型化，是对客观实体的局部特性的描述。比如，我们看到一个排球，用笔在纸张上画出一个排球的基本轮廓，这就是图形（如图6—3所示）。

图形处理技术，则是利用计算机，进行图形的生成、处理、渲染和显示。

图像，则是对客观实体的真实再现，反映的是客观实体的整体特性。比如，我们用照相机拍摄了一个排球的照片，这张照片，我们称之为图像（如图6—4所示）。图像处理技术，则是将客观世界中的实体进行数字化，然后在计算机里，用数学的方法对数字化图像进行处理。

图6—3　图形实例

图6—4　图像实例

随着计算机技术的发展，图形处理技术和图像处理技术日益接近和融合，通过真实感渲染算法，可以把计算机图形转换成逼真的图像，利用模式识别技术，可以从图像中提取几何特征，从而将图像转换为图形。

为了利用计算机进行图形和图像的处理，必须首先对图形和图像进行数字化。数字化以后的图形和图像，称为数字化图形和数字化图像，在没有引起混淆的情况下，仍然简称图形和图像。

6.5.1　图像的分类

从图像的存储方式来看，图像可以分为矢量图和点位图两类。

1. 矢量图

矢量图（vector graphics）用一系列的绘图计算机指令来描述，这些指令包括定位、绘制不同的图元（包括直线段、圆弧、多边形等）以及改变颜色、进行填充等指令。通过在目标计算机上重新解释和执行这些绘图指令，就可以在目标计算机上再现图形的原貌。矢量图形适用于线画的图画、工程制图等场合。由于矢量图在存储的时候只需要保存绘图的指令，所以矢量图的文件大小一般占用很少的空间。矢量图一般也称为图形，或者说图形一般采用矢量图的存储方式。

2. 点位图

点位图（bitmap image）利用平面上具有不同颜色的一系列点（点的方阵）构成一幅图像。或者换个角度说，点位图将一幅图像在平面空间上进行离散化，将图像分割成平面的一系列点（点的方阵），每个点称为像素（pixel），每个像素具有不同的颜色。点位图一般也称为图像，或者说图像一般用点位图的存储方式。在车站、广场等场所的大型的广告牌，就是利用发光二极管阵列显示点位图。

根据分辨率的要求，点位图适合于表现层次和色彩丰富的细腻的图像。为了表现图像的细节，点位图一般采用比较高的分辨率（或者大量的点）来表示图像，而为了表示丰富的颜色，每个像素必须用较多的比特数（16 bit 或者 24 bit，甚至 32 bit）来表示。由此可以看出，高分辨率的彩色图像，其需要的存储空间是很大的。

3. 矢量图和点位图的比较

矢量图和点位图具有不同的特点，因而具有不同的表现力和相应的应用场合，并且具有各自的优点和缺点。

（1）矢量图绘制的图形比较简单，而点位图可以表示自然逼真的场景，对于一幅真实世界的照片，难以用一系列的绘图指令来描述，而是采用点位图来表示。

（2）矢量图在文件里保存的是一系列绘图指令，占用的存储空间较小，而点位图必须根据一定的分辨率要求为构成图像的每个像素在文件里保存其颜色信息，每个像素的颜色需要用一定的比特数来表示，所以点位图一般占用较多的存储空间。但是，每次显示矢量图的时候，需要重新根据绘图指令进行画面的生成，如果画面比较复杂，那么装载的过程就会变慢，而对于点位图来讲，装载过程不需要进行重新的计算和绘制，只需要把每个像素的颜色信息装载到计算机内存中就可以了，所以对于复杂的图像和简单的图像来讲，只要其分辨率和颜色空间大小相同，装载的时间是一样的。

（3）矢量图由于记录了图像元素的坐标信息，只要利用数学方法进行处理，矢量图经过放大、缩小和旋转等操作之后，都不会失真；而点位图则容易失真，对点位图进行放大，容易出现严重的色块，而进行缩小，则有可能丢失很多的细节信息。

（4）矢量图的应用，侧重于绘制，侧重于模型化，更多的是用来表现人为的画面（当然原型来自于客观世界）；而点位图则侧重于客观世界的场景的采集、处理和复制等。

矢量图和点位图之间可以利用软件进行转换，把矢量图转换成点位图采用光栅化技术，而把点位图转换成矢量图则采用跟踪技术。

从图像的色彩表现力来划分，图像可以分为单色图像、灰度图像和彩色图像。

1. 单色图像

单色图像的每个像素一般用一个比特来表示，每个像素只有黑白两种颜色。

2. 灰度图像

图像的每个像素只有灰度信息，没有颜色信息，或者当像素的 RGB 三个分量相同时，图像就由一系列界于从白到黑的不同灰度的像素组成。

3. 彩色图像

彩色图像的每个像素都具有颜色信息。为了理解和把握彩色图像，下面我们来了解颜色的相关知识。

6.5.2 颜色与颜色空间

绚丽多彩的画面，看起来赏心悦目，具有丰富的信息。不管是图形还是图像，给画面上的对象赋予颜色，画面的表现力就得到加强。颜色是理解图像的基础知识，为了更好地进行图像的处理，我们必须来了解颜色的基本原理。

人的眼睛能够感受到波长在 380～780nm 的电磁波，从而形成颜色。颜色既是一个客观的量，又包含主观的感觉。颜色的形成过程大致经过如下几个步骤：

（1）从光源发出的光到达物体的表面，光源发出的光具有不同的波长成分。

（2）物体表面吸收了一部分光线，而其余的部分被反射出来，到达人的眼睛。

（3）人的眼睛里面有两类视觉神经细胞，一类是对亮度敏感的杆状细胞，另外一类是能够区分颜色的锥状细胞。通过这两类神经细胞的感应，人就能感受到某种颜色。

由此可以看到，颜色与光源、物体属性、观察者都具有紧密的联系。

1. 三基色

基色是相互独立的颜色，任何一个基色都不能由其他的基色混合产生。根据对颜色进行的大量实验可知，颜色空间是一个三维空间，要表示任何一种颜色，可以从空间中选取三个基色，进行一定比例的混合来产生所要的颜色。

一般选择红、绿、蓝三种颜色作为基色，其他颜色由它们混合产生。

2. 色彩模型

色彩模型（color model）是用来标定和生成各种颜色的规则和定义。某个色彩模型所能表示的所有色彩构成其颜色空间。在不同应用场合，人们使用的色彩模型也不一样，下面我们简单介绍面向显示设备的 RGB 模型和面向打印设备的 CMYK 模型。

（1）RGB 色彩模型。

计算机显示器显示颜色的原理和电视机一样，都是通过不同强度的红、绿、蓝三颜色的混合来产生某种颜色。阴极射线管发出不同强度的电子束，发射到荧光屏幕上，分别发出不同强度的红光、绿光和蓝光，由于人的眼睛具有一定分辨精度，离远一些观察屏幕，红、绿、蓝三个点就好像是一个点，其颜色是不同强度的红、绿、蓝混合的效果，见图 6—5。

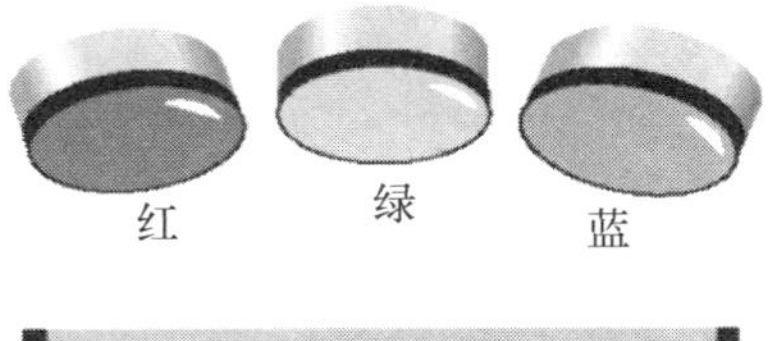

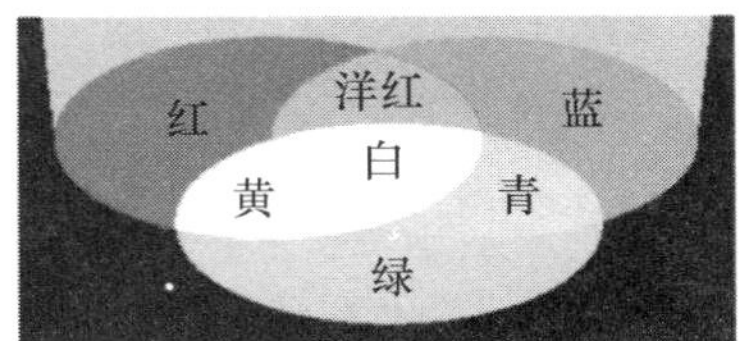

图 6—5　RGB 色彩模型原理

在 RGB 色彩模型中，任何一个颜色 C 都可以用不同比例的 R、G、B 混合产生，即 $C=rR+gG+bB$，见表 6—2。

表 6—2　RGB 混色效果

红	绿	蓝	颜色
0	0	0	黑
0	0	1	蓝
0	1	0	绿
0	1	1	青

续前表

红	绿	蓝	颜色
1	0	0	红
1	0	1	洋红
1	1	0	黄
1	1	1	白色

RGB 色彩模型，简单直观，其物理意义清楚明了，方便进行设备的制造和调整。

（2）CMYK 色彩模型。

彩色印刷或者彩色打印的纸张一般是白色的，也就是一般的纸张反射入射的大多数光波。彩色打印的原理是，在纸张上印上某种油墨，使得纸张吸收某些光线的成分，而反射某些光线的成分，这些被反射的光线成功到达人的眼睛就形成颜色的感觉。这和显示器的成色原理是不一样的，因为显示器是发光的设备，采用 RGB 色彩模型，RGB 模型是通过相加混色产生新的颜色的，而打印用的纸张则不是发光体，一般采用 CMYK 色彩模型，通过相减混色产生新的颜色。相减混色的原理是在纸张上印上不同成分的油墨后，纸张的表面就会吸收不同成分的光线，而反射其余的光线，比如入射的白光，其红色成分被吸收掉，绿色和蓝色被反射回来，混合产生青色的效果，见图 6—6 和表 6—3。

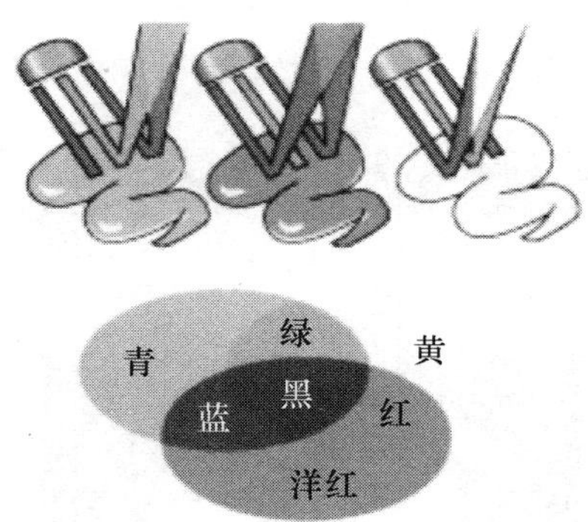

图 6—6　CMYK 色彩模型

表 6—3　CMY 混色原理

青（cyan）	洋红（magenta）	黄（yellow）	颜色
0	0	0	白
0	0	1	黄
0	1	0	洋红
0	1	1	红
1	0	0	青
1	0	1	绿
1	1	0	蓝
1	1	1	黑

由于颜料的化学特性，用等量的 CMY 混合不能得到纯正的黑色，所以在实际应用中，一般加上一个黑色的墨盒，以便打印纯正的黑色。

通过对 RGB 色彩模型和 CMYK 色彩模型的了解，我们看到这两个色彩模型具有互补的关系。对照图 6—6 和图 6—5，我们发现以 110 方式进行 RGB 基色的混合和以 001 方式进行 CMY 基色的混合效果是一样的，110 和 001 具有互补的关系，同样具有互补关系的编码（比如，101 和 010，011 和 100，111 和 000 等），混合的效果都一样。

6.5.3　图像的主要参数

采用点位图进行表示和存储的图像，其主要参数有两个：分辨率和颜色深度。

1. *分辨率*

图像的分辨率，指的是图像的真正尺寸，一般用横向的像素数量乘上纵向的像素数量来表示，比如，分辨率是 1 280×1 024，表示图像的尺寸是横向有 1 280 个像素宽，纵向有 1 024 个像素高，总的像素数量是 1 280×1 024 个（1 310 720 个像素）。

值得注意的是，我们平时还经常接触到另外一个分辨率，即屏幕分辨率。屏幕分辨率指的是屏幕范围内显示区域的大小，用横向的像素数量乘以纵向的像素数量来表示，比如，1 024×768。当屏幕分辨率小于图像分辨率的时候，我们只能观察到图像的局部，或者通过缩小图像才可以看到全貌。当屏幕分辨率大于图像分辨率的时候，我们就可以在屏幕上轻松地观察到整个图像，甚至可以对图像进行放大再进行观察。

由此可以看出，图像的分辨率是图像的固有属性，而屏幕分辨率体现的是显示设备的显示能力，当利用屏幕对图像进行观察的时候，两者的大小关系会影响我们对图像全貌的观察，但是并不影响图像本身。

2. *颜色深度*

图像的颜色深度，指的是图像的每个像素用多少个比特数来表示。表示每个像素的比特数越多，每个像素所具有的颜色的可能值就越多，其关系如表 6—4 所示。

表 6—4　CMY 混色原理

颜色深度	颜色数量
1 bit	$2^1=2$ 种颜色，一般是黑和白
4 bit	$2^4=16$ 种颜色，VGA 显示器一般只支持 16 种颜色
8 bit	$2^8=256$ 种颜色，一般配合调色板技术显示颜色，同一时间屏幕上只能显示 256 种颜色
24 bit	$2^{24}\approx16.7$M 种颜色，分别用 3 个 8 bit 表示 RGB 分量，总的颜色数量超过了人眼的分辨能力，一般称为真彩色
32 bit	同 24 bit 颜色深度表示的颜色数量是一样的，分别用 3 个 8 bit 表示 RGB 分量，另外一个 8 bit 表示透明度

6.5.4　图像的处理过程

图像的处理过程，主要涉及采集、表示、处理和显示等几个环节。

- 图像的采集：图像的采集就是图像的数字化过程。数字化涉及成像和 A/D 转换等技术，其中成像技术需要光电耦合器件（charged coupled device，CCD）的支持才能完成，CCD 的功能是把来自物体的光线的强弱转换成电信号的强弱，类似于我们采集声音的时候，需要使用麦克风把声波的强弱转化成电压的强弱一样，采集图像的过程中，CCD 部件是最关键的设备。近年来，数字照相机、数字摄像机技术发展迅猛，其性能的好坏主要取决于 CCD 的规格和尺寸，这是评价数字照相机和数字摄像机最重要的指标。对于已有的照片，需要借助于扫描仪进行数字化。

● 图像的表示：图像的表示指的是，经过采样的每个像素，用若干个比特来表示其颜色信息，这些比特进行适当的编码。

● 图像的处理：图像处理包括图像的转换、图像的基本处理和图像的分析理解。图像的转换主要是指对图像进行格式的转换。而图像的基本处理包括对图像进行几何处理、代数处理、积分运算、压缩、几何校正，以及对颜色信息进行调整等。而图像的分析理解则侧重于对图像进行检测、特征提取、模式识别以及三维建模等。

● 图像的显示：图像的显示是通过适当的设备（比如屏幕、打印机），把图像由内在的存储形式，转换成人们容易观察、理解和使用的形式。目前，图像的显示一般通过显示设备来进行，也可以通过打印机打印出来再进行查看。

6.5.5 图像数据量的计算

在平面空间中对客观的场景进行横向和纵向的离散化以后，形成的数字化图像存储为具有一定分辨率和颜色深度的图像文件。对于没有经过任何压缩的图像，我们可以根据其分辨率和颜色深度，估算其占用的存储空间大小。计算图像数据量的公式为：

$$\text{图像数据量（单位:Byte,字节）}=\text{图像的横向分辨率}\times\text{图像的纵向分辨率}\times\text{图像的颜色深度}/8$$

比如，分辨率是 800×600 的真彩色图像，其数据量在没有压缩之前，计算如下：

$$\text{数据量}=800\times600\times24/8=1\,440\,000(\text{Byte})$$

6.5.6 主要的图像文件格式

在图像技术的发展过程中，图像在不同的领域得到了广泛的应用，也衍生了不同的图像格式。几乎每种图像文件都采用简化的名字作为扩展名，通过扩展名我们就知道图像是以什么格式进行存储的。

在了解具体的格式之前，我们首先来考察一下，在图像文件当中，需要存储什么信息才能从文件中正确地回放该图像。首先，必须保存图像的描述信息（元数据），包括图像的分辨率和图像的颜色深度信息（如果图像是使用调色板的，则必须保存调色板到文件中），另外，需要在文件中保存图像数据本身，也就是每个像素的颜色信息。

（1）BMP 文件格式。

BMP（Bitmap 的缩写）是广泛应用的位图文件格式，是 Windows 操作系统下的标准图像文件格式。该文件完整保存图像数据，没有采用任何的压缩方法，所以文件一般比较大。对于需要保留原始图像的场合，采用 BMP 格式是最好的选择，因为图像不会失真。

（2）PSD 文件格式。

PSD 文件格式是 Adobe 公司的图像处理软件 PhotoShop 专用的图像文件格式，除了基本的图像信息之外，文件里面还存放图层、通道、遮罩等信息，方便对图像进行处理。

（3）JPEG 文件格式。

JPEG 文件格式是一种高效的压缩文件，压缩比可以达到 5∶1～50∶1，但是该文件采用的压缩算法是“有损压缩”，也就是图像经过压缩以后，其信息有一部分丢失了，不能恢复。当选择比较高的压缩比的时候，失真更为严重。根据不同的应用场合，可以选择不同的压缩比。比如，在网页上显示图片时，在保证图像质量的前提下，应该尽量使用高压缩比，这样文件就可以很容易地从网络上下载。JPEG 是互联网上最流行的图像文件之一。JPEG 的新版本 JPEG 2000 采用新的编码方法（小波变换），可以针对图像不同区域的重要程度采用不同的压缩比率，并且支持逐渐显示方式，也就是可以先看图像的轮廓，如果需要继续查看，则需要等待浏览器进行图像的下载，否则可以无需等待就可以转移到其他网页上，节省了下载高分辨率的图像需要的时间。

（4）GIF 文件格式。

GIF 是网页上常用的图像文件格式。GIF 有两个版本，1987 年版和 1989 年版。新版本是对老版本的扩充。GIF 文件采用无损压缩技术进行存储，不会丢失信息，同时减少了图像占用的存储空间。GIF 有一个特性，可以指定透明色，通过透明色可以看到该图像下面的网页信息，网页上很多广告图片采用的正是 GIF 文件格式。1989 年版的 GIF 文件格式，通过在一个文件中保留多个图像，并使这些图像按照一定的速率顺序播放，形成动画的效果。

（5）PNG 文件格式。

PNG 文件格式是新兴的网络图像文件格式，这个格式结合了 GIF 和 JPEG 两种图像格式的优点。PNG 文件格式采用“无损压缩”方法来减少文件大小，并且可以通过渐进的方式来显示图像，也就是只需下载文件的 1/64 的信息就可以显示低分辨率的图像。PNG 文件格式目前不支持动画，这是其主要的缺点。

（6）TIFF 文件格式。

TIFF 文件格式由 Aldus 和微软公司开发，最初是为跨平台文件的交换需要而进行设计的。这个图像文件格式的特点是格式复杂、存储的信息多、图像的质量高、有利于保留原稿。TIFF 支持 RGB 和 CMYK 等色彩模型，还提供了很多高级功能，包括透明度、多个图层和不同的压缩模式等。

（7）TGA 文件格式。

TGA 文件是 True Vision 公司开发的图像文件格式，并且被广泛接受。TGA 文件格式结构简单，适用于图形的保存，也适用于图像的保存，是一种通用的图像文件格式。

（8）PCX文件格式。

PCX文件格式是Z Soft公司在开发Paint Brush图像处理软件的时候开发的一种文件格式，采用了行程编码方法，对于规则图像占用的存储空间较少，但是由于行程编码的固有局限，当用PCX文件格式保存细节复杂的自然图像的时候，其效果并不是很好，目前该格式不像以往那么流行了。

（9）DXF文件格式。

DXF文件格式是Auto CAD的矢量文件格式，以ASCII码方式进行存储，方便进行文件的交换。由于Auto CAD是行业的事实标准，所以其文件格式也得到了广泛的支持，很多软件都支持DXF文件的输入和输出功能。

（10）WMF文件格式。

WMF文件格式是Windows系统中使用的矢量文件格式。文件占用的空间小，图案由各个独立的部分构成，Word软件里面的剪贴画，就是用WMF格式进行存储的。当在Word里面插入剪贴画的时候，可以进行任意的放大、缩小以及旋转等操作，而不影响图像的质量，这就是矢量图的优点。

（11）SVG文件格式。

SVG（scalable vector graphics）文件格式是W3C联盟开发的基于XML的图像文件格式。SVG是可以任意缩放的矢量图形，是一个开放的标准。SVG文件下载到浏览器以后，必须由浏览器进行解释和重新生成。SVG图像文件一般很小，很容易进行下载，一般用于在网页上显示图形，比如各类统计图形。

6.6 图像处理软件PhotoShop概述

PhotoShop是图像处理领域最负盛名的软件，新版本的PhotoShop命名为PhotoShop CS（CS是creative suit的缩写）。正如其名，PhotoShop CS给设计师提供了强大的功能，发挥了设计师的无限创意。PhotoShop CS比老版本新增了许多强有力的功能，突破了以往PhotoShop系列产品更注重平面设计的局限性，对数码暗房的支持功能有了极大的加强和突破。

简单来说，PhotoShop的主要功能包括：

- 支持多种图像文件格式；
- 支持多种色彩模式；
- 强大的图像处理功能；
- 开放式的体系结构，支持其他处理软件和多种图像输入输出设备；
- 提供灵活的图像选区设定功能；
- 可以对图像的颜色进行灵活调整，可以对色调、饱和度、亮度、对比度单独进行调整；
- 提供自由的手工绘画功能；
- 完善了图层、通道、蒙版等传统的功能；

• 滤镜功能得到增强，可以制作很多匪夷所思的图像效果。

除了以上提到的主要功能之外，PhotoShop CS 还提供了很多方便用户进行图像浏览和编辑的小功能，有待用户在使用中进一步熟悉。

PhotoShop CS 目前广泛应用于平面设计和数码照片的后期处理。借助于 PhotoShop CS 的强大图像处理能力，普通的用户也能够在电脑里实现自己的想法，将其变成漂亮的图像。

6.6.1　基本界面

PhotoShop CS 的主界面，主要由如下几个部分构成，如图 6—7 所示。

• 标题栏：显示文件的基本信息，包括文件名、显示比例以及显示的色彩模式等。

• 菜单栏：通过菜单可以执行所有的 PhotoShop 命令，实现图像处理功能。

• 编辑窗口：显示图像文件，是进行图像处理的目标界面。

• 工具箱：集中了 PhotoShop 的常用功能，通过工具箱可以快速选择某项功能，进行图像的处理。

• 工具属性栏：大多数工具都有其属性栏。当选择工具箱中的某个工具的时候，工具属性栏自动显示出来，方便进行参数的设定。比如，选择画笔工具后，可以在工具属性栏中设置画笔的形状、流量、透明度等参数。

• 浮动面板：PhotoShop 提供了 15 种浮动面板，根据需要可以把面板进行分组。面板的功能是使用户对图像的某个方面（图层、颜色、通道、路径等）进行全局的观察和操作。

• 状态栏：显示图像处理的状态，例如，显示目前打开的文件的信息、当前工具的信息以及一些操作方面的提示等。

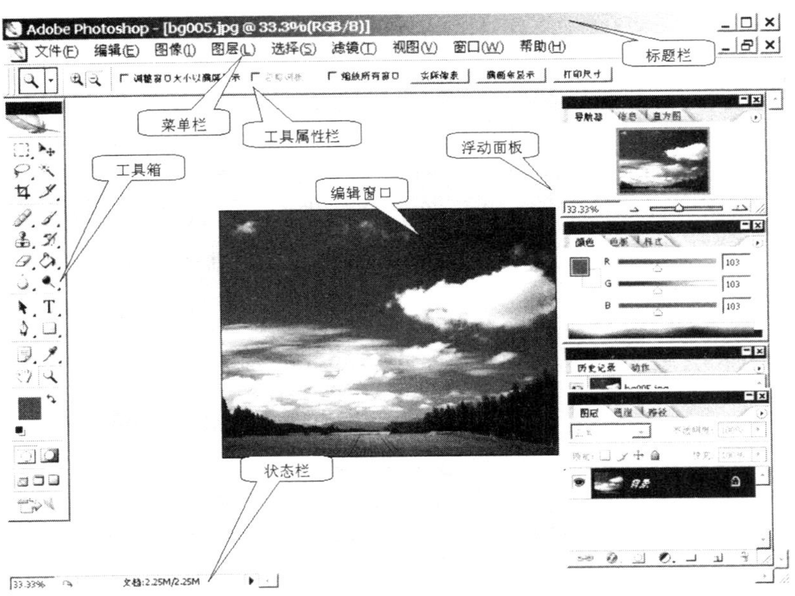

图 6—7　**PhotoShop 主界面**

6.6.2　PhotoShop 工具概述

工具箱（见图 6—8）一般默认与整个 PhotoShop 软件系统一起打开，是进行图像操作处理的基础（也可以通过菜单进行操作，但是没有这么方便）。在本节中，我们将通过一系列的实例来了解每个工具的主要功能，为后续的高级功能的学习打下基础。注意，由于篇幅关系，部分工具我们介绍得比较详细；而部分工具只简单介绍其功能，其具体应用需要感兴趣的读者自行查阅有关的资料和书籍。

要对图像进行处理，必须明确处理的图像区域，指定图像区域或者选区，使用的是 PhotoShop 工具箱的基本工具，包括选框工具、套索工具和魔棒工具。

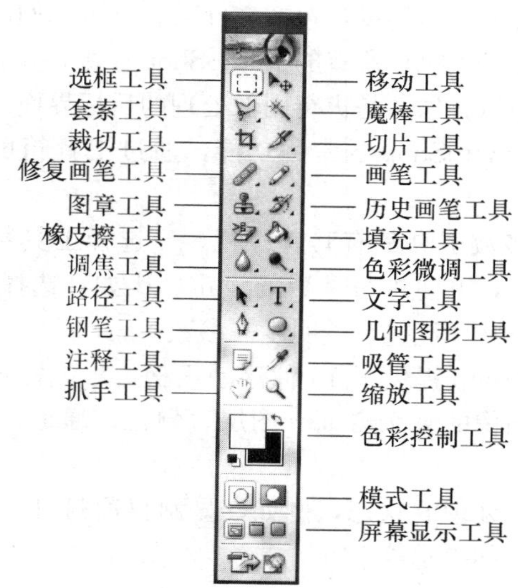

图 6—8　PhotoShop 工具箱

1. 选框工具

选框工具包括四个子工具，如图 6—9 所示。矩形选框工具和椭圆选框工具用于在当前图层中选择矩形区域和椭圆区域。而单行选框工具和单列选框工具，分别用于在被编辑的图像或者当前图层中选取 1 个像素宽的横向区域或者纵向区域。为了得到正方形的选区或圆形的选区，应当在选择的时候按住 Shift 键进行选择。按住 Alt 键选择椭圆形选框工具，表示从圆心开始选择椭圆形。

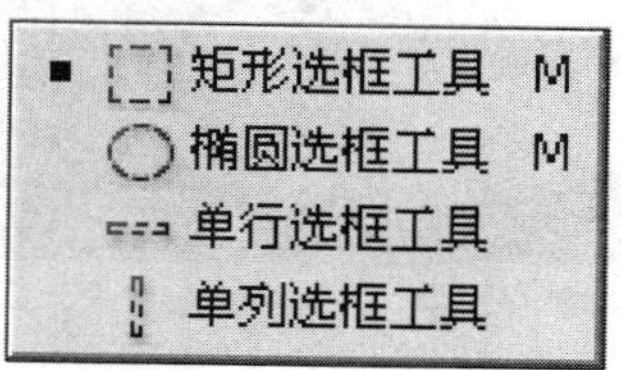

图 6—9　选框工具

选框工具的工具属性栏如图 6—10 所示。

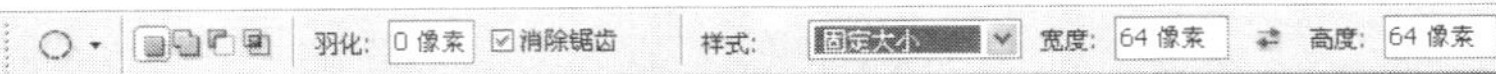

图 6—10　选框工具的工具属性栏

通过工具属性栏，可以设置选择方式、羽化参数、样式参数。

● 选择方式：选择方式有四种，分别是“新建选区”方式、“向当前选区添加选区”方式（并运算）、“从当前选区减去选区”方式（差运算）、“与现有选区取交集”方式（交运算）。当我们需要建立比较复杂的选区的时候，可以通过若干个简单选区的并、交、差运算来实现。

● 羽化参数：建立选区和选区周围的过渡转换边界，使边界模糊化，以免边界太锐利，画面效果不好。通过例 1 可以看到相应的效果。

● 样式参数：“正常”方式表示通过拖动鼠标来指定选区；“固定长宽比”方式通过设置高度与宽度的比例来指定选框的大小；“固定大小”方式通过指定选框的高度值和宽度值来指定选框的大小。

【例 1】 使用选框工具。

（1）执行菜单命令“文件”、“打开”，打开如图 6—11 所示的图像。

（2）按住 Shift 键在工具箱中选择椭圆选框工具，设置羽化参数为 20。

（3）在当前画面中选择一个圆形的区域，如图 6—12 所示。

图 6—11　原图

图 6—12　一个选区

（4）在工具属性栏中，设置选择方式为“向当前选区添加选区”，在已有选区的旁边选择另外一个圆形的区域，如图 6—13 所示。

（5）执行菜单命令“选择”、“反转”，这时候选区成为刚才选取的区域以外的部分。

（6）按 Del 键删除当前选区的内容，得到图 6—14 所示的效果。

图 6—13　两个选区

图 6—14　效果图

2. 套索工具

套索工具又分三个子工具，分别是套索工具、多边形套索工具和磁性套索工具。

● 套索工具：用来选择极其不规则的形状，因此一般用于选择外形复杂、毫无规则的图形区域。使用鼠标拖拽形成选区即可。

● 多边形套索工具：用来选择不规则的多边形。一般用于选择复杂的、棱角分明的、边缘为直线的图形对象。

● 磁性套索工具：磁性套索工具是一个功能强大的选区选择工具，用于选择与背景颜色反差较大的图形对象。比如，把一个人从景物中选择出来。用户可以将鼠标的指针靠近所要选择的区域的边缘附近，沿着边缘移动鼠标，边缘选择曲线自动吸附在不同色彩的分界线上。最后可以通过双击鼠标左键来完成选区的选取工作。

图 6—15 所示的是套索工具的属性栏，“消除锯齿”的目的是消除选区边缘的锯齿，使得边界变得柔和。“宽度”用于指定检测范围，磁性套索工具将在这个范围内选择反差较大的边缘。“边对比度”表示磁性套索工具对图像边界不同对比值的反映。“频率”指的是增加边缘线条的节点的速度。

图 6—15 磁性套索工具的工具属性栏

【例 2】使用磁性套索工具。

（1）执行菜单命令“文件”、“打开”，打开图片，用磁性套索工具选择其中的一朵花，如图 6—16 所示。

（2）按 Ctrl+C 复制选区的图片。

（3）打开另外一张背景图片，然后按 Ctrl+V 进行粘贴，如图 6—17 所示。

图 6—16 花朵

图 6—17 效果图

通过上述的操作，我们把原图片中比较突出的对象选择出来，并且粘贴到目标图像上。通过这个实例，我们看到磁性套索工具在图像区域的选择上具有强大的功能，能够自动寻找反差最大的边缘线，帮助用户把感兴趣的对象选取出来。这个技术可以用在不同照片的合成上，比如把你自己和某个历史名人进行合影。

3. 魔棒工具

魔棒工具是一种神奇的工具，可以用来选择具有相近颜色的连续和不连续的区域。

图 6—18 所示的是魔棒工具的属性栏。

图 6—18　魔棒工具属性栏

魔棒工具的“选择方式”和选框工具的“选择方式”是一样的。“容差”表示可以利用魔棒工具选择的颜色的范围，容差越大，表示可以选择的颜色范围越宽；容差越小，只能选择颜色比较接近的颜色区域。如果选中“连续的”选项框，表示只选择相邻的连通的区域，否则可以选择不连通的区域。“用于所有图层”的含义不言自明。

【例 3】使用魔棒工具。

（1）执行菜单命令“文件”、“打开”，打开如图 6—19 所示的图像。

（2）利用魔棒工具把背景选择出来，可以通过调整容差的值，使得选择的区域符合要求，如图 6—19 所示。

（3）执行菜单命令“选择”、“反转”，这时候选区成为刚才选取的区域以外的部分，也就是我们想要的图像对象，如图 6—20 所示。

（4）抓取的图像区域可以复制到其他的文件当中，进行图像的合成。

图 6—19　原图

图 6—20　效果图

通过这个实例，我们发现，要选择一个不规则的、与周围反差比较大的图像区域，有两个策略：如果图像区域的背景比较复杂，则可以直接使用磁性套索来进行选取；如果图像区域的背景颜色比较接近，则可以像例 3 一样使用魔棒工具选择背景，然后通过选区的反转来选择所需要的区域。

4. 移动工具

移动工具可以将当前图层中的整幅图像或者选定的区域移动到指定的位置。

5. 裁切工具

裁切工具可以从图形或者图层中裁剪下所需要的区域。当使用裁切工具选定图像的区域以后，在选区的边缘出现 8 个控制点，可以通过鼠标拖拽进行选区大小的改变，也可以旋转选区。选区确定以后，通过双击选区即可进行最后的裁切。

裁切工具的工具属性栏，如图 6—21 所示。

图 6—21　裁切工具工具属性栏（1）

“宽度”和“高度”用来设定选取的宽度和高度。分辨率用于设定裁切下来的图像的分辨率。“前面的图像”用于在不改变图像大小的前提下，自动设定图像的宽度和高度属性。“清除”表示把已经有的设定清除掉。

当选好选区之后，属性栏如图 6—22 所示。“裁切区域”选项用于设定进行删除裁切还是进行隐藏裁切。“屏蔽”表示用于设定是否以屏蔽颜色来区分裁切区域和非裁切区域。“颜色”指定用什么颜色来进行屏蔽。“不透明度”用来设定非裁切区域的颜色的透明度。“透视”用于设定图像或者裁切区域的中心。

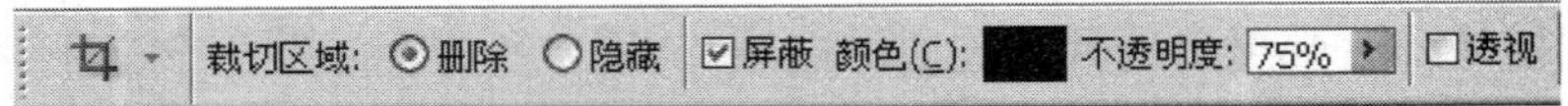

图 6—22 裁切工具工具属性栏（2）

【例 4】 使用裁切工具。

（1）打开图像文件，如图 6—23 所示。

图 6—23 原图

（2）使用裁切工具选择感兴趣的区域，可以对裁切区域进行旋转，如图 6—24 所示。

（3）双击裁切区域，得到裁切以后的图片，如图 6—25 所示。

图 6—24 裁切区域

图 6—25 裁切效果

6. 切片工具

切片工具包括两个子工具，分别是切片工具和切片选取工具。

切片工具用于对图像进行切片；切片选取工具用于对切片大小进行调整，或者改变切片的位置。对图像进行切片的目的是，把一张大的图像切割成一系列小图像，在网页上显示的时候，每个切片的显示速度就得到提高，同时可以给不同的切片设置不同的超链接，把不同的切片链接到不同的网页，实现图像的“热点”区域功能。

7. 修复画笔工具

修复画笔工具包括四个子工具，分别是斑点修复画笔工具、修复画笔工具、修补工具和红眼工具。斑点修复画笔工具用于把图像中一些孤立的斑点利用周围的颜色来覆盖，从而消除掉。修复画笔工具可以轻松地消除图像中的划痕、脏点、褶皱等，同时保留图像的纹理效果。修补工具可以把一块图像区域复制到目标区域，并且这块区域的边缘和周围的图像能够很好地进行融合。红眼工具用于消除数码相片中的红眼问题。传统的数码相机在阴暗的场合对任务进行拍照的时候，打开闪光灯，一般会造成红眼的现象，使用红眼工具可以很容易地消除这种现象。

8. 画笔工具

画笔工具包含三个子工具，分别是画笔工具、铅笔工具和颜色替换工具。

画笔工具可以绘制出比较柔和的笔触，类似于日常生活中使用毛笔的效果，而铅笔工具则用于绘制比较硬的线条，两者的笔触颜色都是当前的前景色。两者的属性工具栏的选项很类似。下面我们来了解画笔工具的属性栏，如图 6—26 所示。

图 6—26　画笔工具属性栏

“画笔”下拉列表框用于选择画笔的大小和线条的柔和度。“模式”选项用于选择混合的模式。“不透明度”可以设置不同的透明度，使得画笔下面的图像可以透过画笔显示出来。“流量”指定画笔的深浅程度，模仿使用毛笔的时候，是否蘸满墨水。“喷枪”用来绘制更加发散的描边效果。

如果需要绘制直线段，则在绘制的时候按住 Shift 键就可以了。

颜色替换工具，用当前的前景色替换画笔绘制的区域。用户可以用该功能来改变图像某个区域的颜色，比如，把一个人的衣服从红色变成绿色。在操作之前利用前面介绍的选区设定工具，选择感兴趣的选区，然后进行操作，以避免破坏图像不相关的区域。

9. 图章工具

图章工具包括两个子工具，分别是仿制图章工具和图案图章工具。

仿制图章工具把图像上取样的样本应用到本图像或者其他图像上。操作的时候，首先选择合适的画笔，按住 Alt 键选择一个区域（称为采样），然后在目标图像区域里进行涂抹即可。

图案图章工具可以用于绘制各种图案，可以从图案库中选择图案，也可以自己进行定制。其属性栏的选项和仿制图章工具的属性栏是很类似的，但是多了一个选择图案的下拉列表框。

10. 历史画笔工具

历史画笔工具包括历史记录画笔工具和历史记录艺术画笔工具。

历史记录画笔工具和历史记录艺术画笔工具，都必须和“历史记录面板”配合使用，“历史记录面板”可以通过“窗口”、“历史记录”菜单来打开。

在 PhotoShop 中，我们利用 Undo 只能返回上一历史状态。使用历史记录面板结合历史记录画笔工具，可以返回的历史状态为 20 步（这个参数可以通过定制来改变）。

使用历史记录画笔工具进行操作的基本步骤如下：

（1）选择历史记录画笔工具。

（2）设置历史记录画笔工具的属性，包括不透明度、混合模式、画笔的选项。

（3）在历史记录面板内，选择历史状态（或者快照）作为历史记录画笔工具的源，历史记录面板列表框的左边出现一个历史记录画笔的图标。

（4）拖动历史记录画笔工具进行绘画就可以了。

历史记录艺术画笔工具，用于具有油画质感的图像，也用指定的历史记录状态或者快照作为源数据。

11. 橡皮擦工具

橡皮擦工具包括三个子工具，分别是橡皮擦工具、背景橡皮擦工具和魔术橡皮擦工具。

橡皮擦工具用于擦除图像的不同区域，当在背景中或者在透明被锁定的图层中工作的时候，被涂抹的区域更改为背景色，否则被透明化处理。

背景橡皮擦工具采集画笔中心的采样，并且删除在画笔内的任何位置出现的该颜色，利用该功能可以制作特殊的效果，比如，透过一个筒子看物体。

魔术橡皮擦工具自动更改相似的像素，可以很方便地擦除预定的图像。如果是在背景中或者在锁定的透明图层中工作，像素被改为背景色，否则被透明化处理。

【例 5】使用魔术橡皮擦工具。

（1）打开文件，如图 6—27 所示。

（2）使用魔术橡皮擦工具，在不需要的背景上点打一下，一些不需要的图像区域被擦除，如图 6—28 所示。

通过使用魔术橡皮擦工具，我们发现这个工具和魔棒工具具有一个相同的特点，也就是可以利用容差值选择颜色相近的图像区域，以便进行操作。

图 6—27　原来的图片

图 6—28　使用魔术橡皮擦工具后的效果

12. 填充工具

填充工具包括渐变工具和油漆桶工具，如图 6—29 所示。

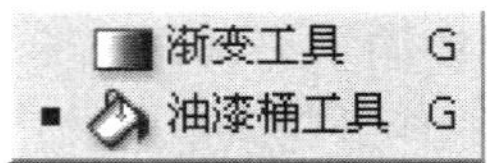

图 6—29　填充工具

渐变工具用于在整幅图像上或者选区里面填充一种颜色到另外一种颜色使颜色混合并发生渐变。渐变工具的属性栏如图 6—30 所示。“模式”用于选择渐变色的混合模式。“不透明度”用于设置透明度。“反向”用于反转颜色顺序。“仿色”用于使颜色渐变，更加平滑。“透明区域”用于产生透明区域。按钮用于选择不同类型的渐变，分别是线性渐变、径向渐变、角度渐变、对称渐变和菱形渐变。

图 6—30　渐变工具属性栏

油漆桶工具使用前景色或者图案来进行填充，填充的区域可以事先进行指定，并且通过指定油漆桶工具属性栏的容差选项来进一步设定该工具操作的范围。油漆桶工具的属性栏如图 6—31 所示。

图 6—31　油漆桶工具属性栏

“填充”用于指定填充的是前景色还是某个图案。“图案”用于选择某个图案。“模式”用于选择着色的模式。“不透明度”用于设置透明度。“容差”设定色差的范围，容差越小，填充的区域越小。“消除锯齿”进行边缘的平滑。“连续的”表示填充方式是连续的区域。“所有图层”表示作用到所有可见的图层。

【例 6】使用渐变工具。

（1）新建文件。

（2）设置圆形区域，用渐变工具进行填充，同样原理，在该圆的内部再画一个小圆，小圆里面又画一个更小的圆，三者使用的都是径向渐变，方向是相反的，如图 6—32 所示。（思考：如何通过指定圆心和半径来选择圆形区域?）

图 6—32　渐变填充的效果

该图可以用作音箱的喇叭，以绘制一整套完整的音箱。

例 6 显示，渐变工具可以用来制作一些简单而又具有一定表现力的图形元素。

13. 调焦工具

调焦工具包括三个子工具，分别是模糊工具、锐化工具和涂抹工具。

模糊工具通过笔刷把图像变模糊，在数学上模糊是一种邻域运算，原理是参考周围像素的对比度，将边缘柔化，使图像变得柔和。

锐化工具可以用来增加相邻像素的对比度，将边缘突出出来，使图像具有类似聚焦的效果。锐化工具的功能和模糊工具正好相反，但是进行模糊处理以后的图像不能通过锐化操作恢复回来，进行锐化处理以后的图像也不能够通过模糊操作恢复回来，因为这两个操作都是有损伤的操作。

涂抹工具的效果类似于用笔刷在油墨还没有干的图画上擦过，笔触周围的像素会跟着移动。涂抹工具的属性栏和模糊工具的属性栏是类似的，多了一个手指绘画选项，用于指定是否按照前景色进行涂抹，如果按照前景色进行涂抹，其效果就好像用某种颜色（前景色）在墨迹未干的图像上的涂抹效果。

14. 色彩微调工具

色彩微调工具包括三个子工具，分别是减淡工具、加深工具和海绵工具。减淡工具的作用是对图像进行加光的处理，也称为加亮工具，可以用于处理曝光不足的照片。加深工具，也可以称为加暗工具，其原理和减淡工具正好相反，主要功能是对图像进行变暗以达到加深图像颜色的目的。海绵工具的主要作用是调整颜色的饱和度，也就是颜色的浓淡。

15. 文字工具

在 PhotoShop 里面输入文字以后，系统会自动增加一个文字图层，可以随时对文字进行编辑和处理。文字工具包括 4 个子工具，分别是横排文字工具、直排文字工具、横排文字蒙版工具以及直排文字蒙版工具，如图 6—33 所示。

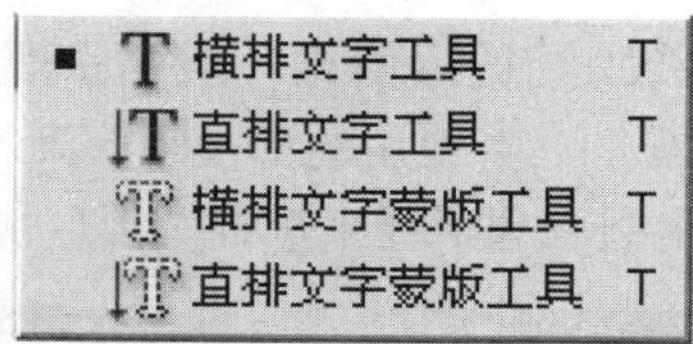

图 6—33　文字工具

横排文字工具和直排文字工具都可以进行文字的输入，其区别只是文字排列的方向不一样。而横排文字蒙版工具和直排文字蒙版工具的作用是通过添加文字，把文字转化成蒙版或者选区。文字工具的属性栏如图 6—34 所示。

图 6—34　文字工具属性栏

通过属性栏可以指定文字的“字体”、“字号”、“对齐方式”、“颜色”等属性。另外，“消除锯齿”表示设置文字的边缘效果，包括无效果、锐化、明晰和平滑等；“创建变形字体”能够实现文本的多种变形，变形的效果列表如图 6—35 所示。

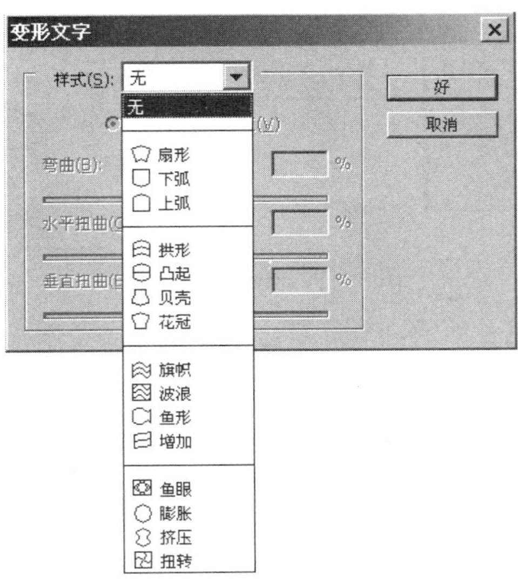

图 6—35 变形文字对话框

【例 7】使用文字蒙版工具。

(1) 打开图像文件，如图 6—36 所示。

(2) 使用横排文字蒙版工具，设定字体属性为 60 个像素大小，在当前图层中输入“Good”，然后选择其他工具，就可以得到一个选区。

(3) 执行菜单命令“选择”、“反选”，然后使用 Del 键进行图像区域的删除，然后再执行菜单命令“选择”、“反选”把文字图案重新选上，并且按 Ctrl+C 进行复制，然后打开另外一个文件，进行粘贴，如图 6—37 所示。

图 6—36 原来的图像

图 6—37 具有图像纹理的文字

16. 路径工具

要了解路径，必须首先了解钢笔工具。钢笔工具属于矢量绘图工具，可以勾画出平滑的曲线，在缩小、放大或者变形之后，仍然能够保持平滑。钢笔工具画出来的矢量图称为路径。路径可以是封闭的（即起点和终点重合），也可以是开放的（即起点和终点不重合）。

和路径有关的工具包括钢笔工具、路径选择工具和几何图形工具，如图 6—38 所示。

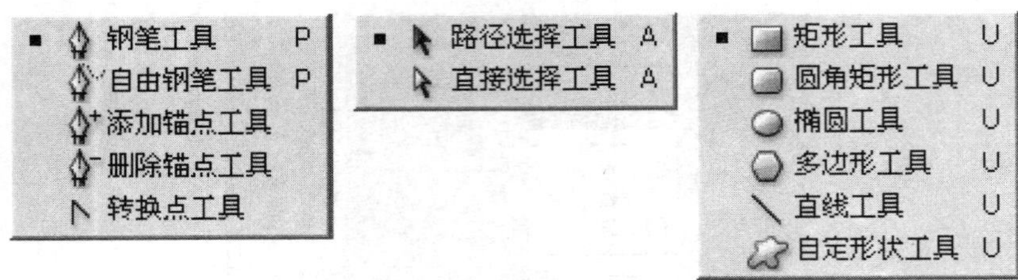

图 6—38　路径相关工具

路径由直线和曲线组合而成，节点是这些直线段或者弧线段的端点。当选定一个节点以后，在节点的旁边，显示一条或者两条方向线，每一条方向线的端点都有一个方向点。可以通过方向线和方向点来调整曲线的大小和形状。

17. 钢笔工具

钢笔工具可以用来创建精确的直线段或者平滑的曲线。钢笔工具包括 5 个子工具，分别是钢笔工具、自由钢笔工具、添加锚点工具、删除锚点工具以及转换点工具。

18. 几何图形工具

几何图形工具用于手工绘制规则的几何图形。几何图形工具包括若干子工具，如图 6—39 所示。

图 6—39　几何图形工具

19. 辅助工具

辅助工具包括注释工具、吸管工具、抓手工具以及缩放工具。

注释工具用于对图像进行注释，以起到说明和提示的作用，该工具包括文本注释工具和语音注释工具，如果要使用语音注释工具，必须在计算机里配置麦克风。

吸管工具包括三个子工具，分别是吸管工具、颜色取样器、度量工具。吸管工具可以把鼠标点击位置的像素的颜色作为当前颜色。颜色取样器可以在图像中最多定义四个取样点，而且颜色信息将在信息面板中进行保存。度量工具主要用于测量两点或者两线之间的距离信息。

抓手工具可以在图像窗口中移动整个画布，双击抓手工具可以将图像的大小设置为最佳大小。注意，抓手工具和移动工具是有本质区别的（请读者通过实际使用来区分其不同的用途）。

缩放工具对图像进行缩小和放大，选择缩放工具以后，单击图像则对图像进行放大处理；按住 Alt 键进行单击则对图像进行缩小处理；而双击缩放工具，图像以正常大小显示。

20. 色彩控制工具

色彩控制工具可以用来指定前景色和背景色。单击色彩控制工具，系统弹出“拾色器”对话框（如图 6—40 所示），可以通过鼠标在颜色面板上进行单击来选择某种颜色，也可以通过指定 HSB 或者 RGB 的具体数值来获得颜色。

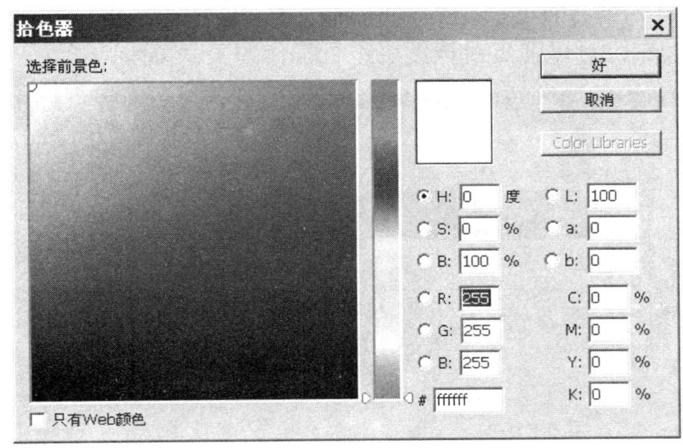

图 6—40　拾色器

21. 模式工具

模式工具包括标准模式工具和快速蒙版模式工具。标准模式工具用于由快速蒙版模式转回标准模式；而快速蒙版模式工具用于迅速建立一个选区，以便选择不太规则的图像区域。

22. 屏幕显示工具

屏幕显示工具用于指定不同的屏幕显示模式，包括正常显示模式、带菜单栏的全屏幕显示模式、满屏幕显示模式。用户可以根据需要，选择不同的模式，以便在随时存取菜单和更多的图像显示空间之间做出折中。

PhotoShop 的高级图像处理功能依赖于图层、通道、路径、蒙版、滤镜等机制来实现。本章我们简单介绍图层和蒙版，其他功能不予详述，有兴趣的读者可以查阅 PhotoShop 应用的专业读物或教材。

6.6.3　图层

图层就像一张透明的纸张，用户可以在纸张上作画，没有绘画的地方保持透明，把各个图层叠加在一块，就可以组成一幅完整的画面。在进行图像操作的时候，某些图层可以隐藏起来，以便用户专注于当前图层上要操作的对象，而不会被不相关的图层所干扰，并且 PhotoShop 保证当前图层上的操作不影响其他图层，这些图层的特点帮助用户把握复杂的图像的构造过程，通过把一系列简单的图层拼在一起，就可以构造复杂的图像。

对图层的操作，一般通过图层面板（如图 6—41 所示）进行，如果图层面板没有打开，那么可以通过执行菜单命令“窗口”、“图层”把该面板打开。我们来了解一下图层面板上几个主要的操作对象。图层面板的左上角，是图层与后面的其他图层混合的不同模式；图层面板的右上角是不透明度的选择框；图层面板的最下部，从左到右，有一系列按钮，分别是图层样式按钮、图层蒙版按钮、创建新组按钮、创建新的填充或者调整图层按钮、新建图层按钮和删除图层按钮；图层面板的中间从上到下排列的是各个图层的列表，列表的最前端，可以通过点击鼠标对某个图层进行显示或隐藏，在图层的名字上按右键可以弹出对该图层进行操作的关联菜单。

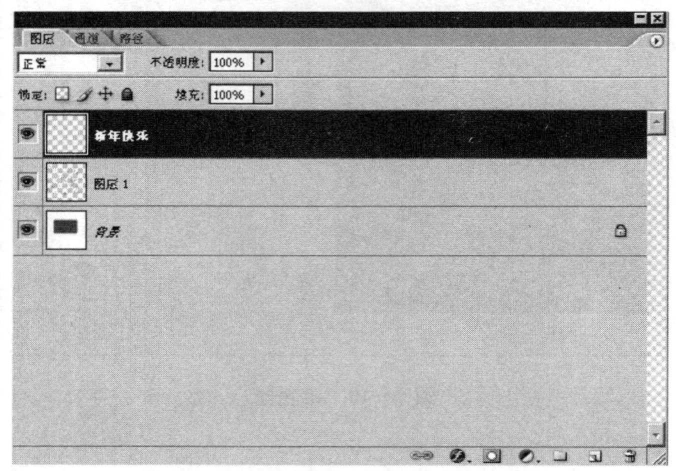

图 6—41　图层面板

例 8 通过把简单的图层叠加在一起，制作了一个生动活泼的小卡片。

【例 8】 使用图层。

（1）新建图像文件，图像的大小是 500 * 500，背景颜色设定为白色，颜色模式设定为 RGB 颜色模式。

（2）新建图层，命名为“圆角矩形”。

（3）使用圆角矩形工具，设置前景色为红色，绘制一个红色的圆角矩形区域，如图 6—42 所示。

（4）再建立一个图层，命名为“树叶”。

（5）选择画笔工具，设置画笔的形状为枫叶形状，在新建的图层上进行绘画，新图层上出现一系列枫叶，如图 6—43 所示。

（6）选择横排文字工具，设置文字的字号为 72 点，输入宋体文字“新年快乐”。

（7）用右键选择文字图层，在弹出的菜单中，选择“栅格化图层”命令，把文字图层转化为普通图层。

（8）按住 Ctrl 键并且单击图层面板中的文字图层，按照文字边缘来构造一个选区，执行“编辑”、“描边”命令，把描边颜色设置为黄色，描边的像素数量设定为 3 个像素，结果如图 6—44 所示。

（9）最后按住 Ctrl 键，选择所有图层，然后再按右键，在弹出的菜单中选择“拼合图层”，把所有图层拼在一起，形成完整的图像，如图 6—45 所示。

图 6—42　背景

图 6—43　加上枫叶

图 6—44　文字与描边

图 6—45　拼合图层

6.6.4　蒙版

图层蒙版的道理就是简单的遮挡关系。利用蒙版技术可以很容易地把图层的某些图像区域显示出来或者隐藏掉。然通过把需要显示的图像区域复制下来，在新建的图层里面进行粘贴，也可以达到相同的目的，但是其操作复杂得多，没有图层蒙版这么方便。

下面我们通过例 9 来学习蒙版的使用。

【例 9】 使用蒙版。

（1）打开“湖泊”图像，如图 6—46 所示。

（2）新建一个图层，打开另外一幅图像“飞鸟”，然后通过 Ctrl＋A 进行全选，通过 Ctrl+C 进行复制，然后在当前图像的新建图层上通过 Ctrl+C 进行粘贴，如图 6—47 所示。

图 6—46　湖泊

图 6—47　叠加飞鸟图层

（3）用魔棒工具将鸟以外的区域进行选择，然后执行菜单命令“图层”、“添加图层蒙版”、“隐藏选区”，结果如图6—48所示。

（4）使用移动工具，把飞鸟移动到适当的位置。

（5）在图层面板上设置混合模式为叠加，不透明度为80%，最终效果如图6—49所示。

图6—48　蒙版

图6—49　最终效果

6.7 动画处理软件Flash概述

Flash是由Adobe公司出品的一款创作工具，它可以使你创建任何作品，从简单的动画到复杂的交互式Web应用程序。通过添加图片、声音和视频，可以使Flash应用程序媒体丰富多彩。Flash包含了多种功能，如拖放用户界面组件，执行将动作脚本添加到文档的内置行为，以及拥有可以添加到对象的特殊效果。这表明Flash不仅功能强大，而且易于使用。

在Flash中创作时，用户是在Flash文档（即保存时文件扩展名为.fla的文件）中工作。在准备部署Flash内容时发布它，同时会创建一个扩展名为.swf的文件。SWF文件通过Flash Player来运行。

默认情况下，运行SWF文件的Adobe Flash Player随Flash一起安装。Flash Player确保可以在最大范围内，在各种平台、浏览器和设备上以一致的方式查看和使用所有SWF文件的内容。

下面我们通过几个简单的例子，向大家介绍使用Flash制作动画的初步知识。

6.7.1 Flash概述

启动Flash，进入其启动工作界面，如图6—50所示，可以注意到界面中间为操作向导选项，如图6—51所示。

我们可以选择操作向导中部“新建”下的“ActionScript（动作脚本）3.0”、“ActionScript 2.0”或“AIR”项来创建新文档。旧版本的Flash中只有“Flash文档”一种文档，而CS 5.5中分成多种文档，其中上述三种文档有所区别：ActionScript 3.0是

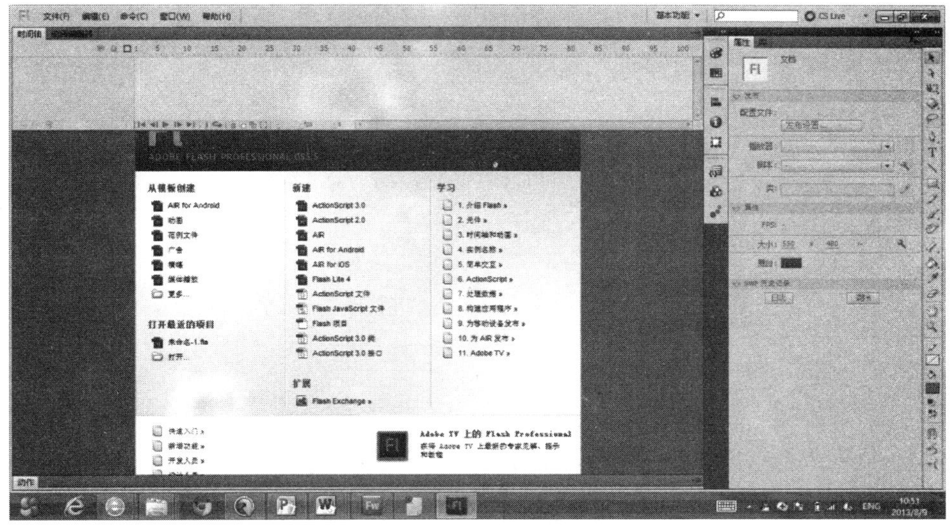

图 6—50　Adobe Flash Professional CS 5.5 启动工作界面

图 6—51　向导选项

一种强大的面向对象的编程语言，支持 3D 动画制作，比老版本 ActionScript 2.0 性能更强；AIR 则是开发在 AIR 跨平台桌面上运行时部署的应用程序，便于跨平台开发。以前使用 ActionScript 2.0 是因为 ActionScript 3.0 尚未开发出来，随着技术的发展，ActionScript 3.0 将越来越普及，因此一般选择新建 ActionScript 3.0。

也可以更一般化地从“文件”菜单中选择“新建”命令来创建新文档，如图 6—52

所示。当然，熟练的用户完全可以用快捷组合键 Ctrl+N 来新建文档。

图 6—52　从“文件”菜单中选择“新建”命令来创建新文档

这时，将会弹出一个名为“新建文档”的对话框，如图 6—53 所示。

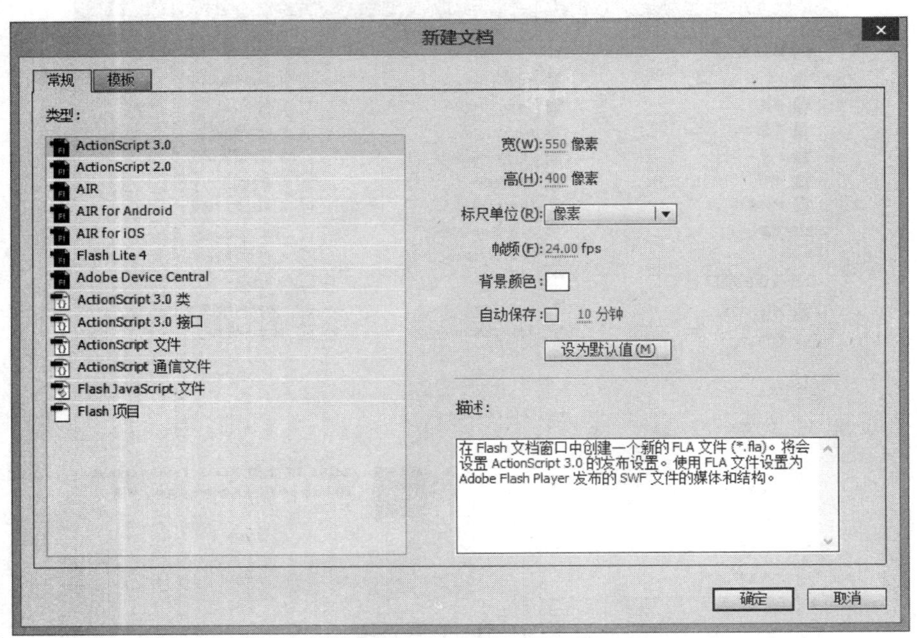

图 6—53　“新建文档”对话框

我们从中选择“ActionScript 3.0”，此时，将会进入 Flash 的主工作界面，如图 6—54 所示。

要用 Flash 来创作动画，应先了解一下 Flash 动画的结构和组成。Flash 动画由一个或多个场景（scene）构成；每个场景由多个图层和动画帧（frame）构成；每个帧由多个元

图 6—54　Flash 的主工作界面

素组成；元素包括独立图形（shape）、组合（group）、实例（instance）和文本（text）等。

从图 6—54 中可以看到，主要的组成部分除了顶栏的菜单外，还包括场景、图层、时间轴、动画帧、舞台、工具栏、面板区等。

在图 6—54 中，时间轴用于组织和控制动画中的各个元素，是 Flash 最重要的工具之一。它包含的两个基本元素是图层（layer）和帧（frame）。时间轴上的帧可以随着帧号的不同而变化；通过层的重叠技术，也可以把多种内容分别放置在不同的层并组合在一帧中。

通过上面的介绍我们可以了解到，Flash 动画实际是不同的帧（有些帧有多层）随着时间的推移而变化，从而形成动画的效果。因此，如何构建帧成为创建动画的关键。

Flash 动画中的帧，可以完全独立地逐帧创建，就像传统的动画片一样逐片画出来，然后连续播放即可形成动画效果，这样的动画称为逐帧动画。也可以只创作出主要的帧（称为关键帧），然后由 Flash 自动生成中间的过渡帧，这样的动画称为补间动画。

在补间动画中，可以先设定一个（组）基本形状，然后让该形状沿着指定路径移动，这样的动画称为沿路径补间动画；也可以在起点和终点创建不同的形状，而由 Flash 来创建中间形状，这样的动画称为补间形状动画。

下面，我们以两个实例来对如何创作逐帧动画和补间动画进行介绍。有兴趣深造的读者可以查阅 Flash 创作的专门书籍，以了解更多的 Flash 制作知识，进一步提高制作水平。

6.7.2　实例一：创建逐帧动画

本实例在屏幕上创建一个表现小球移动的逐帧动画。操作步骤如下：

（1）我们创建动画用到的基本元素——小球。这只要在工具栏中点击椭圆工具，将填充色设置为蓝色，然后在舞台上画出一个小球即可，如图 6—55 所示。

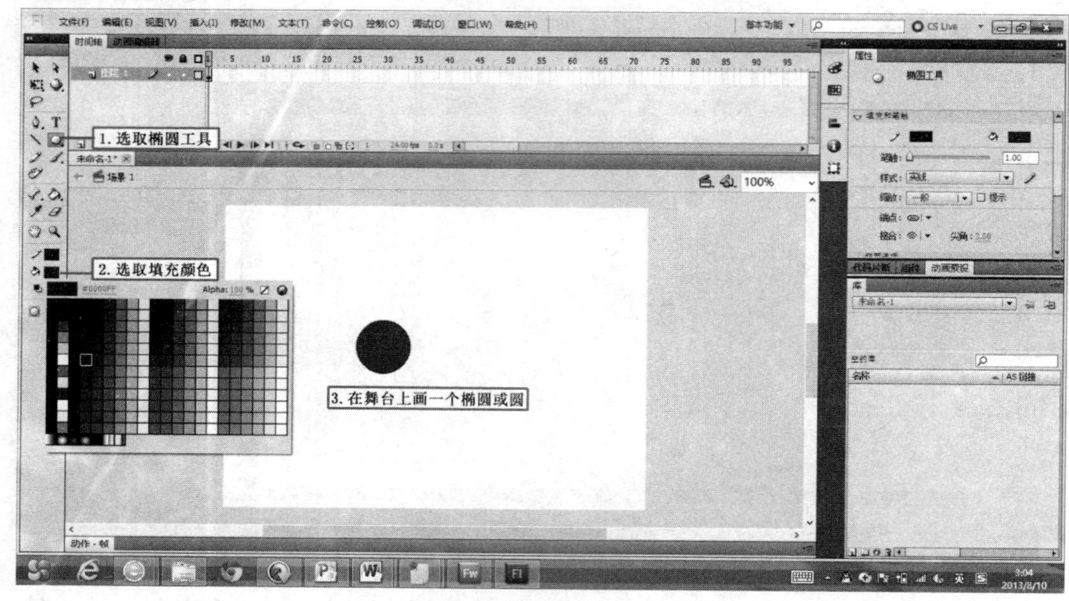

图 6—55　画出基本动画元素

（2）以基本动画元素为基础，制作每一帧。

①确定第 1 帧位置。点击工具栏左上角的选择工具，鼠标在舞台上将变为黑色实心箭头。在时间轴下的动画帧位置上点击第 1 帧，此时舞台上原来实心的小球会变为网状，用鼠标将其移动到动画起始位置。

②制作其他各帧。用以下方法之一选定下一帧：

- 从“插入”菜单中选取“时间轴”下的“关键帧”命令，如图 6—56 所示。

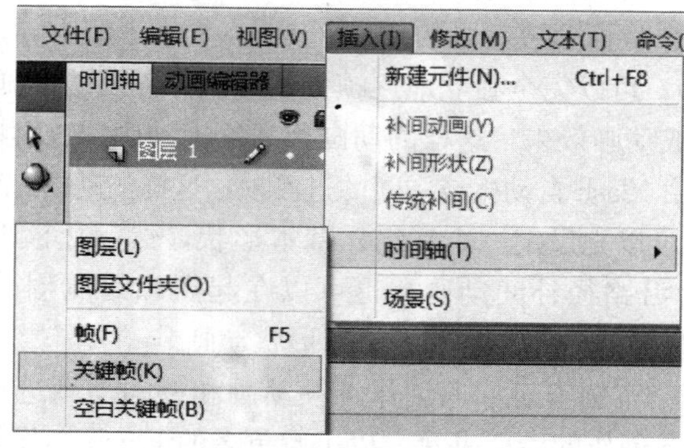

图 6—56　通过菜单栏插入下一个关键帧

- 右键选取“插入关键帧”，如图 6—57 所示。
- 按 F6 快捷键将下一帧转变为关键帧，然后将小球拖动到新的一帧中的相应位置。

③重复上述第②步，直至画完每一帧，如图 6—58 所示。

（3）按回车键可以在舞台上查看和停止动画的运行，按 Ctrl＋Enter 组合键可以在

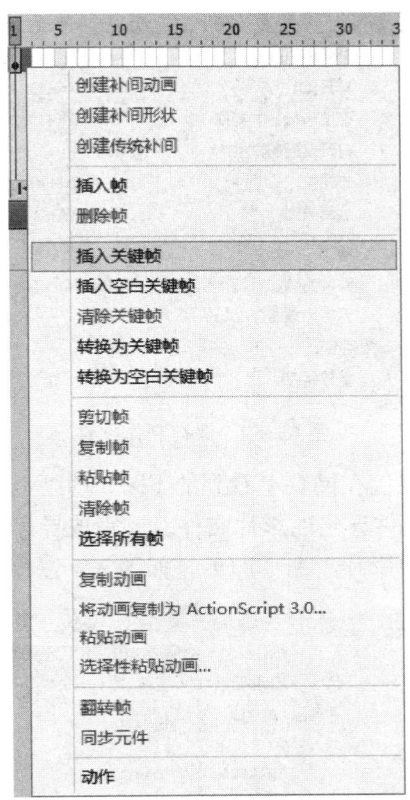

图 6—57　右键“插入关键帧”命令

图 6—58　构建逐帧动画的每一帧

新打开的窗口中演示动画的过程。

(4) 保存动画文件。只要从“文件”菜单中选择“保存”命令（如图 6—59 所示），即可保存 Flash 的制作文件，其文件扩展名为“. fla”。

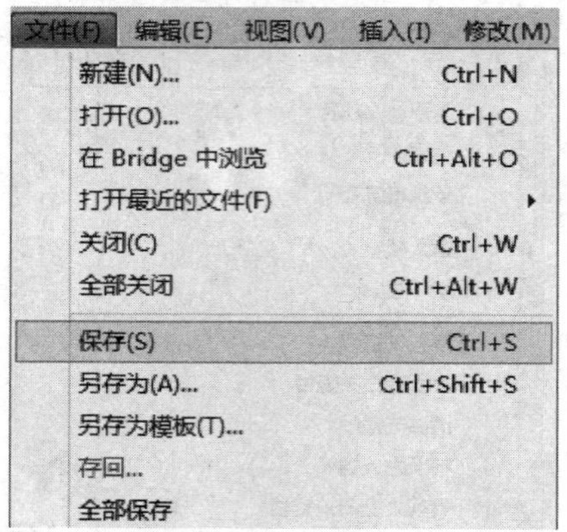

图 6—59　保存制作文件

（5）导出影片文件。我们在网页上看到的 Flash 动画，实际上并不是上述. fla 格式的制作文件，而是从. fla 文件导出的影片文件。要完成导出操作，只要从“文件”菜单中选择“导出”中的“导出影片”命令即可，如图 6—60 所示。

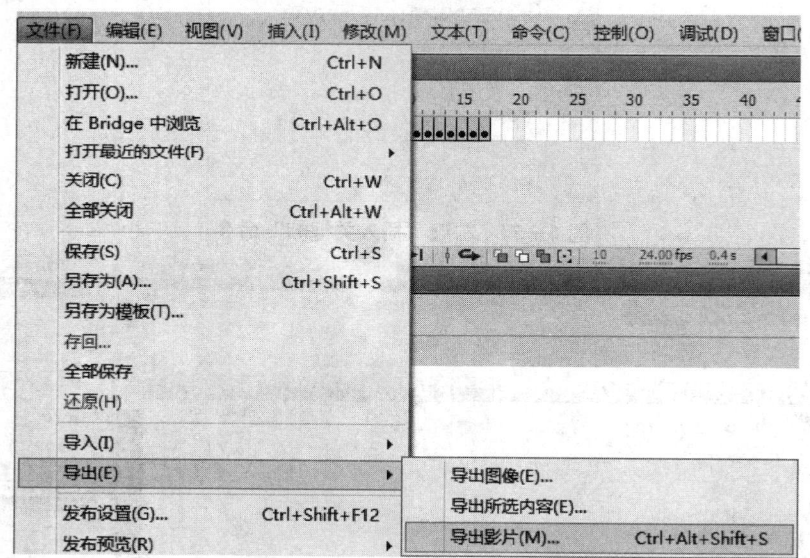

图 6—60　“导出影片”操作

这时，将会弹出一个对话框，让你输入生成的扩展名为“. swf”的 Flash 影片文件名，如图 6—61 所示。

文件导出后，在资源管理器中找到这个导出的文件，双击它即可独立运行，不再需要 Adobe Flash 创作环境。

文件保存并导出后，即可从“文件”菜单中选择“关闭”命令来关闭文件。

6.7.3　实例二：创建补间动画

本实例在屏幕上创建一个表现小人移动的补间动画。操作步骤如下：

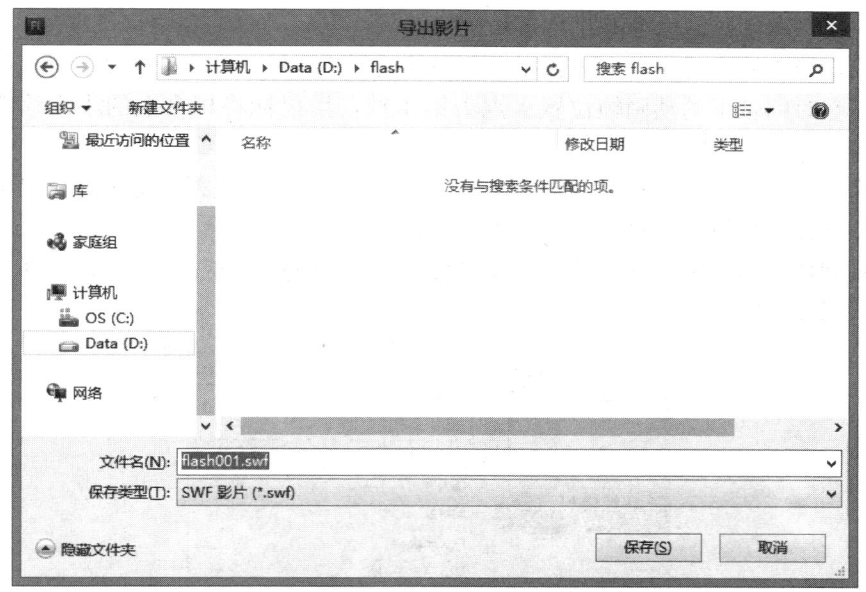

图 6—61　输入生成的. swf 影片文件名

(1) 创建动画用到的基本元素——小人。这只需在工具栏中使用铅笔工具、椭圆工具、矩形工具等工具来构造。然后用工具栏左上角的“选择”工具将组成小人的几个色球框住，再从“修改”菜单中选择“组合”，将几个独立的色块组合成一个整体——小人，如图 6—62 所示。

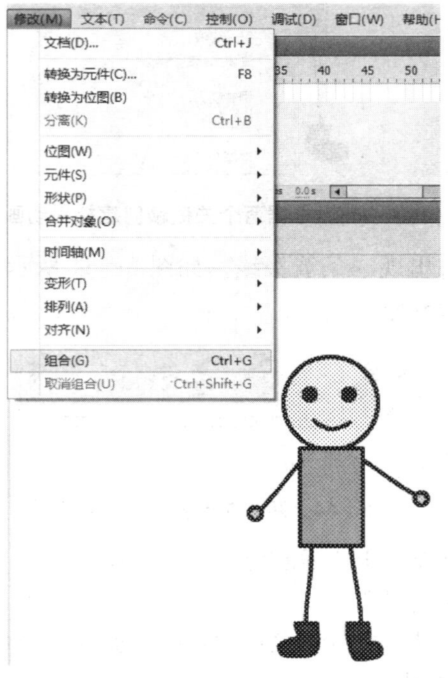

图 6—62　将多个独立部件组合为一个整体

（2）以基本动画元素为基础，制作关键帧。

①确定第 1 帧位置。点击工具栏左上角的选择工具，鼠标在舞台上将变为黑色实心箭头。在时间轴下的动画帧位置上点击第 1 帧，用鼠标将舞台上的小人移动到动画起始位置。

②确定结束帧位置。在时间轴下的动画帧位置上点击第 20 帧，按 F6 快捷键将其转变为关键帧，用鼠标将舞台上的小人移动到动画结束位置。

（3）创建补间动画。在上述两个关键帧中间的任意帧处右击鼠标，选择“创建传统补间”，如图 6—63 所示。

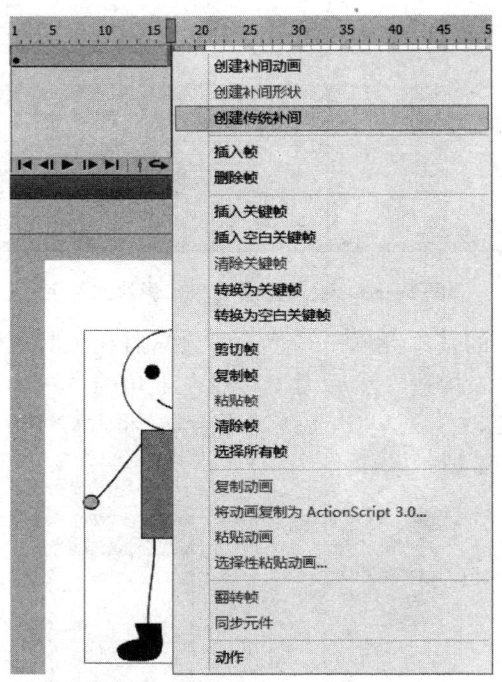

图 6—63　根据两个关键帧创建补间动画

此时，在两帧之间将出现一条箭头线，如图 6—64 所示，表示已经建立了渐变的关系。简单的补间动画就制作完成了。

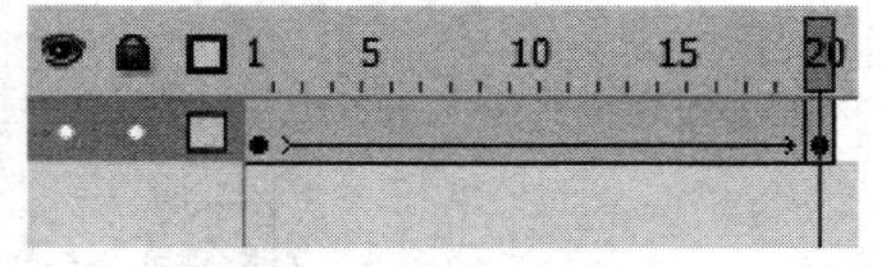

图 6—64　两个关键帧之间的箭头线

（4）按回车键可以在舞台上查看和停止动画的运行，按 Ctrl+Enter 组合键可以在新打开的窗口中演示动画的过程。

（5）保存动画文件。从“文件”菜单中选择“保存”命令，即可保存 Flash 的制作文件，其文件扩展名为“. fla”。

（6）导出影片文件。从“文件”菜单中选择“导出”中的“导出影片”命令即可。

文件保存并导出后，即可从“文件”菜单中选择“关闭”命令来关闭文件。

这两个实例介绍了最简单的 Flash 动画的制作方法。要想成为一名闪客（Flash 动画制作者）高手，还需要学习更多的内容并且做更多的练习。限于篇幅，本书就不多做介绍了。

6.7.4　把 Flash 发布到网页上

现在，我们已经用 Flash 制作工具做出了精美的动画，但如果希望网民能够通过网络看到你的作品，还需要把 Flash 动画发布到网页上。在 Adobe Flash 中，实现这一点也非常方便。

在 Adobe Flash 中打开前面保存的实例二文件（假定为 f003. fla），在“文件”菜单中有三个命令项是与发布有关的，即“发布设置”、“发布预览”和“发布”，如图 6—65 所示。

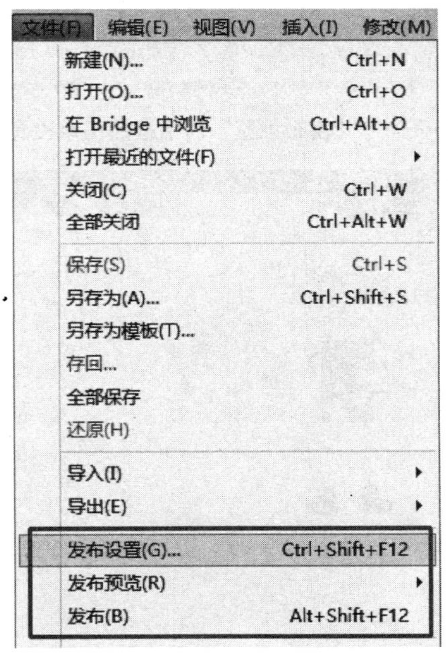

图 6—65　与在网页中发布有关的命令项

点击其中的“发布设置”，可以看到与发布有关的设置，可以设置发布不同格式的文件，一般主要发布 Flash 和 HTML 两种，如图 6—66 所示。

设置好上述各选项后，从“文件”菜单中选择“发布预览”项下的“默认”或“Html”项，就可以预览该作品在网页上的显示效果了。

最后，从“文件”菜单中选择“发布”命令，把动画正式发布为 Html 文件，其后就可以在浏览器中浏览了，如图 6—67 所示。当然，如果和其他网页集成放到网站上，别人也可以通过网站来浏览。

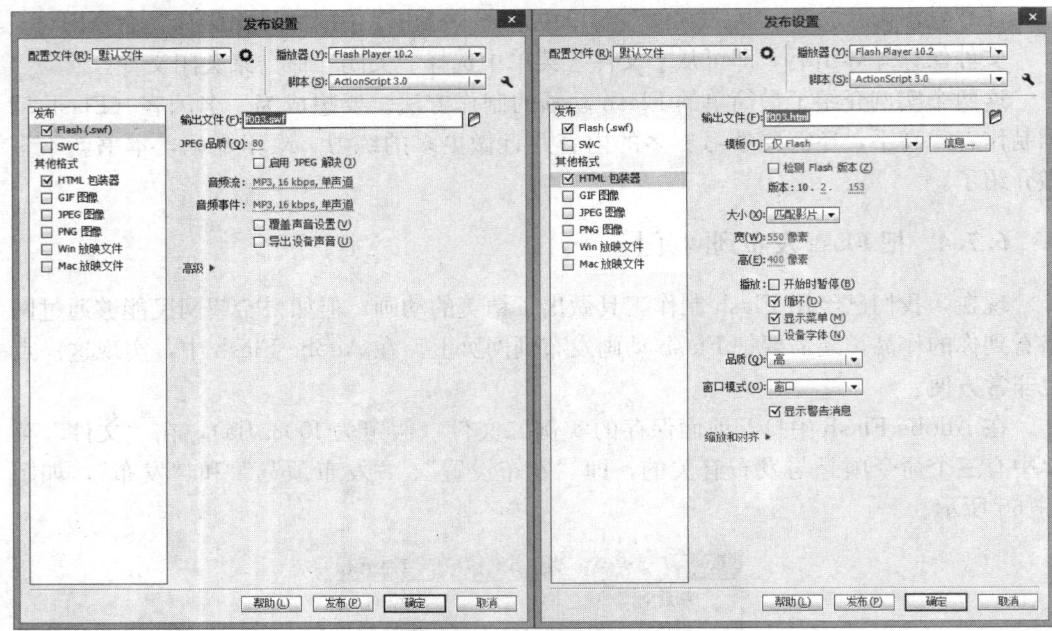

图 6—66 “发布设置”对话框的两个设置页

图 6—67 通过浏览器查看发布的动画

6.8 小结

本章简单地介绍了多媒体的基本概念、数据压缩、多媒体系统、多媒体技术的有关知识，重点介绍了图像处理的有关内容，并通过实例介绍了图像处理软件 PhotoShop 及动画处理软件 Flash 的简单应用，使读者对多媒体技术及其应用有了一个初步的了解，为进一步深造打下基础。

6.9 思考与练习

1. 什么是多媒体？
2. 多媒体如何分类？
3. 多媒体的关键特性有哪些方面？
4. 主要的媒体元素有哪些？
5. 如何计算媒体信息的数据量？
6. 如何衡量数据压缩技术？
7. 常用的多媒体数据压缩标准分为哪几类？
8. 多媒体技术有哪些主要特点？
9. 什么是三基色？
10. 什么是颜色空间？
11. 图像的主要指标是哪些？
12. BMP、JPG、GIF、PNG 等图像格式的主要特点是什么？
13. 为什么 PhotoShop 需要专用的图像文件格式？文件格式的扩展名是什么？
14. 用 PhotoShop 进行图像处理，题材任选。
15. 用 Flash 创建一个动画，题材任选。

第 7 章

Excel电子表格应用

Excel是专业的电子表格软件，拥有强大的数据处理与分析功能，能够把数据做成各种商业图表，还能编程。

生活在“信息时代”的人，比以前任何时候都更频繁地与数据打交道，Excel就是为现代人进行数据处理而定制的一个工具。它的操作方法非常易于学习，所以能够被广泛地使用。无论是在科学研究、医疗教育、商业活动还是家庭生活中，Excel都能满足大多数人的数据处理需求。

Excel拥有强大的计算、分析、传递和共享功能，可以帮助用户将繁杂的数据转化为有用的信息。常言道“实践出真知”，在Excel中，不但实践出真知，而且实践出技巧。

本章将介绍Excel的基本概念、数据输入、格式设置、公式、常用函数、迷你图、图表、数据分析等内容。

本章涉及的数据文件可到教学辅助网站下载，或联系出版社相关人员索取。

7.1 认识Excel

Excel在界面上和Word、PowerPoint等Office软件有很大的不同，它提供了用于数据计算和管理的功能区选项卡以及相关工具。

7.1.1 Excel 2010的工作窗口

启动Excel 2010后的窗口界面如图7—1所示。Excel 2010使用了与Excel 2007相同的窗口界面，即不再是Excel 2003及其更早版本中一贯使用的菜单和工具栏界面，而以“功能区”取而代之。

在Excel的工作窗口中，单元格是最小的单位，工作表是由单元格构成的，而工作表又构成了 Excel 工作簿。

在 Excel 2010 窗口界面中，除了显示最常见的元素（标题栏、功能区、工作区、状态栏等）外，还有一些 Excel 窗口特有的组成元素：

（1）行号、列标、单元格。

行号（行标签）用阿拉伯数字“1，2，3，…”表示，列标（列标签）用英文字母“A，B，C，…”表示。行和列相互交叉所形成的一个个格子称为“单元格”。

（2）工作表、工作表标签。

工作表由横向和纵向的单元格构成，横向的称为行，纵向的称为列。工作表总是存储在工作簿中。在默认情况下，一个工作簿由三个工作表构成，单击不同的工作表标签可以在工作表中进行切换。

（3）活动单元格。

用粗线框标出的单元格就是活动单元格（如图 7—1 所示的 C6 单元格）。对于活动单元格，行号和列标的底色与众不同。在 Excel 中，数据（和公式）的输入和编辑都是针对活动单元格的，要想向某个单元格输入数据（或公式），或者想要编辑某个单元格的内容，就要先将其变为活动单元格。

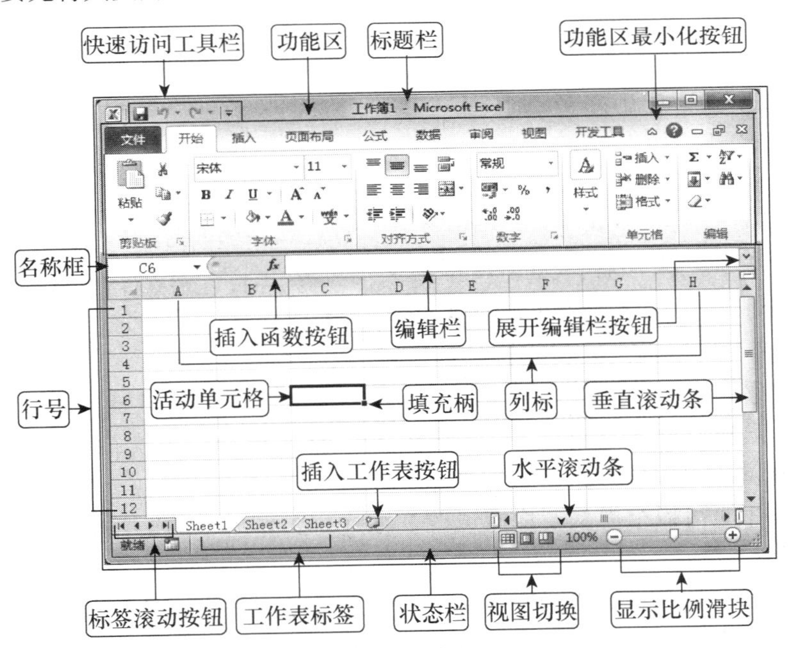

图 7—1　Excel 2010 的窗口界面

（4）填充柄。

活动单元格（或选中区域）黑色边框的右下角有一个断开的较大的点称为填充柄。将鼠标移至填充柄时，鼠标指针显示为黑色“＋”字。用鼠标拖动填充柄可以填充数据（和公式）。

（5）编辑栏。

编辑栏是 Excel 特有的，位于功能区的下方、列标签的上方，用于输入和编辑数据（和公式）、显示活动单元格中的内容（显示存储于活动单元格中的常量值或公式）。

编辑栏的最左侧为“名称框”，通常显示活动单元格名称，在输入和编辑公式时则显示函数名称。

编辑栏的左侧有3个按钮：“取消”按钮✖、“输入”按钮✔和“插入函数”按钮f_x，如果没有进行编辑，则其中两个会被隐藏。

可以单击编辑栏右侧的“展开编辑栏”按钮来展开编辑栏。

（6）状态栏。

窗口底部的“状态栏”可以显示当前状态，并可以通过“状态栏”进行简单的统计（如求和、计数、平均值、最大值、最小值等）。状态栏的右侧为“视图切换”按钮和“显示比例”滑块。

（7）工作区。

工作区由各个单元格组成，对数据的存储、运算等功能都将在工作区的各单元格中完成。

7.1.2 工作簿和工作表

1. 工作簿和工作表之间的关系

在Excel使用过程中经常会遇到“工作簿”、“工作表”等词汇，它们之间的关系如图7—2所示。

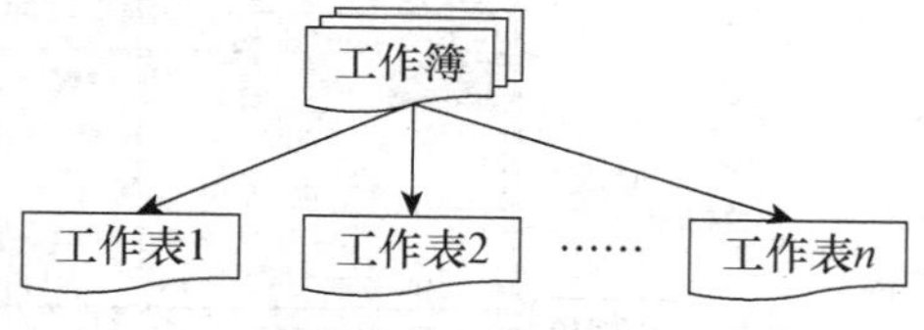

图7—2 工作簿和工作表之间的关系

（1）工作簿。

在Excel中，用来储存并处理数据的文件称为工作簿，每一个工作簿可以拥有许多工作表。Excel 2010工作簿的扩展名为“.xlsx”。

（2）工作表。

如果把工作簿比作书本（Book），那么工作表（Sheet）就类似于书本中的书页，工作表是工作簿的组成部分。

书本中的书页可以根据需要增减或改变顺序，工作簿中的工作表也可以根据需要增加、删除和移动。

现实中的书本是有一定的页码限制的，太厚了就无法方便地进行阅读，甚至装订都困难。在Excel 2010中，工作簿中可以容纳的工作表的最大数量只与当前所使用的计算机的内存有关。也就是说，在内存充足的前提下，可以是无限多个。

一本书至少应该有一页纸，同样，一个工作簿也至少需要包含一个可视工作表。

2. 创建工作簿

启动后的Excel工作窗口（如图7—1所示）中自动创建了一个名为“工作簿1”的空白工作簿（如果多次重复启动，则名称中的编号依次增大）。这个工作簿在用户进行保存操作之前都只存在于内存中，没有实体文件存在。

在现有的工作窗口中，可以创建新的工作簿。操作步骤如下：在“文件”选项卡中，选中“新建”，打开“新建工作簿”对话框，选择“空白工作簿”后单击右侧的“创建”按钮。

3. 工作表的基本操作

工作簿是由工作表组成的，Excel 工作表的名称是以标签的形式在 Excel 工作窗口左下角显示的。

（1）插入工作表。

默认情况下，Excel 在创建工作簿时，自动包含了名为“Sheet1”、“Sheet2”、“Sheet3”的 3 张工作表。

用户可以根据需要插入新的工作表。操作步骤如下：单击工作表标签右侧的“插入工作表”按钮（如图 7—3 所示），则会在工作簿的末尾快速插入新工作表。

图 7—3 单击工作表标签右侧的“插入工作表”按钮，插入新工作表

（2）工作表的移动、复制、删除、重命名以及标签颜色。

在工作表标签上单击鼠标右键，在弹出的快捷菜单（如图 7—4 所示）中，选择相应的命令，即可实现工作表的移动、复制、删除、重命名以及为工作表标签设置颜色。

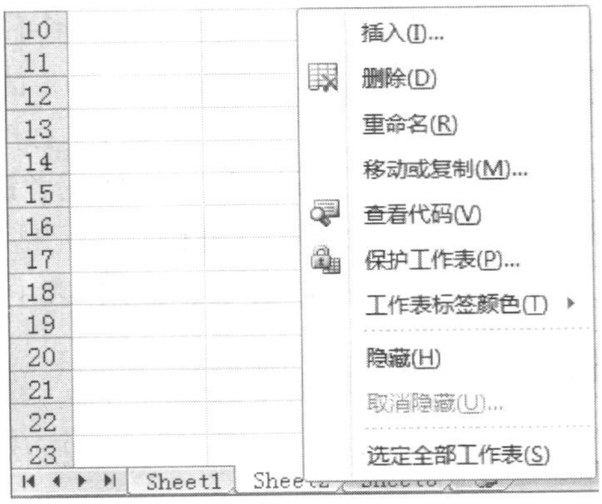

图 7—4 在工作表标签上单击鼠标右键，弹出快捷菜单

7.1.3 使用 Excel 联机帮助系统

Excel 的联机帮助是最权威、最系统，也是最优秀的学习资源之一，而且因为在一般情况下，它都随同 Excel 软件一起安装在计算机上，所以它也是最为可用的学习资源（如果你上不了网，也就没办法向别人求助）。

Excel 2010 的帮助系统，不但其在本机上的帮助文件能为用户提供帮助，而且可以直接与微软公司的技术支持网站连接，及时提供最新的帮助信息。

7.2 单元格和区域

单元格和区域是工作表最基本的构成元素和操作对象。

7.2.1 单元格的基本概念

1. 认识单元格

行和列相互交叉所形成的一个个格子称为“单元格”。

单元格是构成工作表最基本的组成元素。众多的单元格组成一张完整的工作表，Excel 2010 默认每张工作表中所包含的单元格数目是 1 048 576 行×16 384 列＝17 179 869 184个，即 2^20 行×2^14 列。

每个单元格都可以通过单元格地址来进行标识，单元格地址由它所在列的列标和所在行的行号所组成，其形式通常为“字母＋数字”的形式，如，地址为“A1”的单元格就是位于 A 列第 1 行的单元格。

用户可以在单元格中输入和编辑数据，单元格中可以保存的数据包括数值、文本和公式等。除此以外，用户还可以为单元格添加批注以及设置多种格式。

2. 选取单个单元格

在当前的工作表中，无论用户是否曾经用鼠标单击过工作表区域，都存在一个被激活的活动单元格。如图 7—1 所示，C6 单元格即为当前被激活（被选中）的活动单元格。活动单元格的边框显示为黑色矩形线框，在 Excel 工作窗口的名称框中会显示此活动单元格的地址，在编辑栏中则会显示此单元格的内容。活动单元格所在的行列标签（行号和列标）会高亮显示，如图 7—1 中的 C 列和第 6 行标签。

要选取某个单元格成为活动单元格，只需要通过鼠标或者键盘按键等方式激活目标单元格即可。使用鼠标直接单击目标单元格，可将目标单元格切换为当前活动单元格，使用键盘方向键和 PageUp、PageDown 等键，也可以在工作表中移动并选取活动单元格。

7.2.2 区域的基本概念

区域的概念实际上是单元格概念的延伸，多个单元格所构成的单元格群组就称为“区域”。

构成区域的多个单元格之间可以是连续的，这时它们所构成的区域就是连续区域，连续区域的形状总为矩形；多个单元格之间也可以是相互独立不连续的，这时它们所构成的区域就成为不连续区域。对于连续区域，可以使用矩形区域左上角和右下角的单元格地址进行标识，形式为“左上角单元格地址：右下角单元格地址”。如，连续单元格地址为“C5：F11”，表示包含了从 C5 单元格到 F11 单元格的矩形区域，矩形区域宽度为 4 列，高度为 7 行，总共包含 28 个连续单元格。

与此类似，“A5：XFD5”则表示区域为工作表的第 5 行整行，习惯表示为“5：5”；“F1： F1048576”则表示区域为工作表的 F 列整列，习惯表示为“F： F”。对于整个工作表来说，其区域地址就是“A1：XFD1048576”。

7.2.3　区域的选取

在 Excel 工作表中选取区域后，可以对区域中所包含的所有单元格同时执行相关命令操作，如输入数据、复制、粘贴、删除、设置单元格格式等。选取目标区域后，在其中总是包含一个活动单元格。工作窗口名称框显示的是当前活动单元格的地址，编辑栏所显示的是当前活动单元格的内容。

活动单元格与区域中的其他单元格显示方式不同，区域中所包含的其他单元格会加亮显示，而当前活动单元格还是保持正常显示，以此来标识活动单元格的位置，如图 7—5 所示（参见“第 7 章　选取练习. xlsx”）。

B7　*fx*　70

	A	B	C	D	E	F
1	姓名	语文	数学	英语	总分	
2	王一明	79	100	75	254	
3	夏明	95	87	95	277	
4	田小英	75	95	91	261	
5	胡天一	76	83	62	221	
6	朱晓晓	80	92	77	249	
7	陈亮	70	78	88	236	
8						
9						

图 7—5　选中区域 B2：E7 与区域中的活动单元格 B7

选中区域后，区域中包含的单元格所在的行列标签也会显示出不同的颜色，如图 7—5 中的 B～E 列和第 2～7 行标签所示。

1. 连续区域的选取

对于连续单元格，常用的选取操作是：选中一个单元格，按住鼠标左键直接在工作表中拖动来选取相邻的连续区域。

示例：选取如图 7—5 所示的 B2：E7 区域。

（1）选取方法 1 的操作步骤如下：

① 选中待选择区域的左下角单元格 B7。

② 按住鼠标左键不放，向右上拖动至待选择区域的右上角单元格 E2，松开鼠标左键，即可选中连续区域 B2：E7。

（2）选取方法 2 的操作步骤如下：

① 选中待选择区域的左下角单元格 B7。

② 在按住 Shift 键的同时，用鼠标左键单击待选择区域的右上角单元格 E2，也可完成连续区域 B2：E7 的选取。

（3）如果只考虑选取连续区域 B2：E7（不考虑区域中的活动单元格），更常用的方法是：

① 选中待选择区域的左上角单元格 B2。

② 按住鼠标左键不放，向右下拖动至待选择区域的右下角单元格 E7，松开鼠标左键，即可选取连续区域 B2：E7。

温馨提示：选取连续区域时，鼠标或者键盘第一个选中的单元格就是选中区域中的活动单元格。

2. 不连续区域的选取

对于不连续区域的选取，常用的方法是：

（1）选中一个单元格或区域。

（2）在按住 Ctrl 键的同时，用鼠标左键单击选择多个单元格或者拖动选择连续区域。

在这种情况下，鼠标最后一次单击的单元格，或者在最后一次拖动开始之前选中的单元格就是此选中区域的活动单元格。

7.2.4 选择行和列

1. 选中单行或者单列

鼠标单击某个行号标签或者列标标签，即可选中相应的整行或整列。

如图 7—6 所示，当选中 C 列后，此时的 C 列标签会改变颜色，所有的行号标签会加亮显示，C 列的所有单元格也会加亮显示，以此来表示 C 列当前处于选中状态。

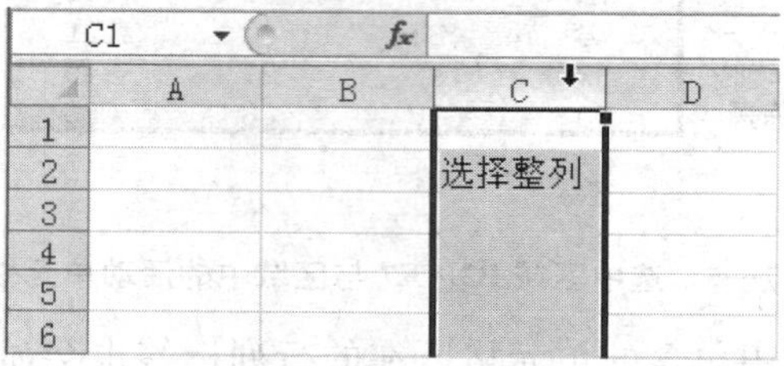

C1				
	A	B	C	D
1				
2			选择整列	
3				
4				
5				
6				

图 7—6　鼠标单击 C 列标签，选中整列（C 列）

相应的，当整行被选中时也会有类似的显示效果。

2. 选中连续的多行或者多列

鼠标单击某行的标签后，按住左键不放，向上或者向下拖动，即可选中与此行相邻的连续多行。选中多列的方法与此相似（鼠标向左或者向右拖动）。

拖动鼠标时，行或者列标签旁会出现一个带数字和字母内容的提示框，显示当前选中的区域中有多少行或者多少列，如图 7—7 所示（参见“第 7 章　选取练习.xlsx”），第 6 行下方的提示框内显示“4R”，表示当前选中了 4 行（rows）。当选择多列时，则会显示“nC”，其中 n 表示选中的列数。

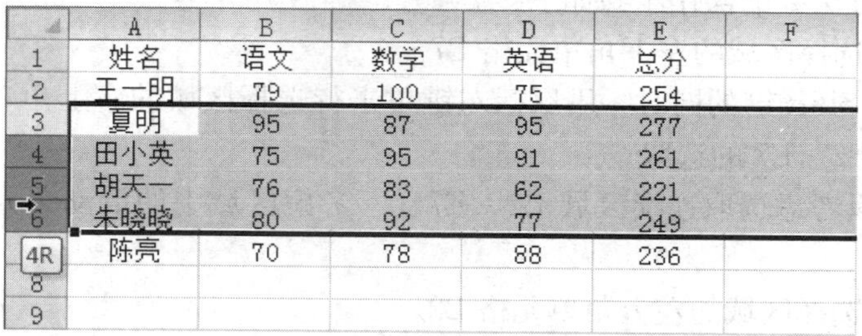

	A	B	C	D	E	F
1	姓名	语文	数学	英语	总分	
2	王一明	79	100	75	254	
3	夏明	95	87	95	277	
4	田小英	75	95	91	261	
5	胡天一	76	83	62	221	
6	朱晓晓	80	92	77	249	
4R	陈亮	70	78	88	236	
8						
9						

图 7—7　选中连续的多行（第 3～6 行，共 4 行）

温馨提示：单击行列标签交叉处（见图 7—7 中的最左上角）的“全选”按钮，可以同时选中工作表中的所有行和所有列，即选中整个工作表区域。

3. 选中不相邻的多行或者多列

要选中不相邻的多行，可以通过如下操作实现：选中单行后，按住 Ctrl 键不放，继续使用鼠标单击多个行标签，直至选择完所有需要选择的行，然后松开 Ctrl 键，即可完成不相邻的多行的选择。

如果要选中不相邻的多列，方法与此类似。

7.3 数据输入

数据输入是日常工作中一项必不可少的工作，对于某些特定行业或者特定岗位来说，在工作表中输入数据甚至是一项频率很高却效率极低的工作。

利用 Excel 中提供的一些功能，可以提高数据输入效率，掌握这些功能和技巧会让枯燥烦琐的输入工作变得快捷和简单。正所谓“磨刀不误砍柴工”。

7.3.1 输入和编辑数据

在工作表中输入和编辑数据是用户使用 Excel 最基础的操作项目之一。工作表中的数据都保存在单元格中。

在单元格中可以输入和保存的数据有 4 种基本类型：数值、文本、日期和公式。

有关“公式”的输入和编辑，参阅 7.5.1 节。

1. 在单元格中输入数据

要在单元格中输入数据，可以先选中单元格，使其成为活动单元格后，就可以直接向单元格中输入数据了。数据输入完毕后按 Enter 键或者使用鼠标单击其他单元格都可以确认完成输入。要在输入过程中取消本次输入的内容，则可以按 Esc 键退出输入状态。

当用户输入数据时（Excel 窗口底部状态栏的左侧显示“输入”字样），编辑栏的左侧出现两个新的图标，分别是“取消”按钮✕和“输入”按钮✔，如图 7—8 所示。用户单击“输入”按钮✔后，可以对当前输入内容进行确认；如果单击“取消”按钮✕，则表示取消输入。

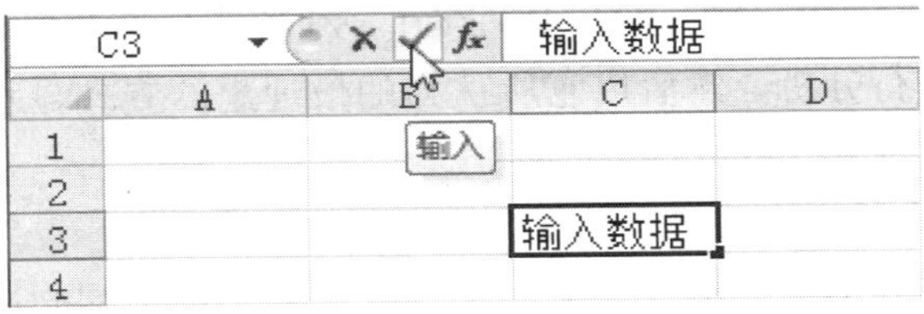

图 7—8　输入数据时，编辑栏左侧出现的两个新图标（“取消”按钮和“输入”按钮）

虽然单击“输入”按钮✔和按 Enter 键，都可以对输入内容进行确认，但两者的效果并不完全相同。当用户按 Enter 键确认输入后，Excel 会自动将下一个单元格激活为活动单元格，这为需要进行连续数据输入的用户提供了便利。而当用户用鼠标单击“输入”按钮✔确认输入后，Excel 不会改变当前活动单元格。

2. 编辑单元格内容

对于已经存有数据的单元格，用户可以单击选中单元格后，重新输入新的内容来替换原有数据。但是，如果用户只想对其中的部分内容进行编辑修改，则可以在单元格“编辑模式”下进行编辑修改。可以用以下几种方法进入单元格的“编辑模式”。

（1）双击单元格。在单元格中的原有内容后会出现竖线光标闪动，提示当前进入编辑模式。光标所在的位置为数据插入位置，在内容的不同位置单击鼠标左键或者使用左右方向键，可以移动光标插入点的位置。用户可在单元格中直接对其内容进行编辑修改。

（2）单击选中单元格后，按 F2 键。效果与上面相同。

（3）单击选中单元格，然后单击编辑栏。这样可以将竖线光标定位在编辑栏中，进入编辑栏的编辑模式。用户可在编辑栏中对单元格原有的内容进行编辑修改。对于数据内容较多的编辑修改，特别是对公式的修改，建议用户使用编辑栏的编辑模式。

在进入编辑模式后，Excel 工作窗口底部状态栏的左侧会出现“编辑”字样，用户可以在键盘上按 Insert 键切换“插入”或者“改写”模式。用户也可以使用鼠标或者键盘选取单元格中的部分内容以进行复制和粘贴操作。另外，按 Home 键可将光标插入点定位到单元格内容的开头，按 End 键则可以将光标插入点定位到单元格内容的末尾。在编辑修改完成后，按 Enter 键（或单击编辑栏左侧的“输入”按钮✔）对编辑的内容进行确认。如果输入的是一个错误的数据，则可以再次输入正确的数据覆盖它，也可以使用“撤消”功能撤消本次输入。执行撤消命令可以单击快速访问工具栏的“撤消”按钮↶，或者按 Ctrl+Z 组合键。

以上编辑模式的操作方式也同样适用于空白单元格的数据输入。

3. 显示和输入的关系

在输入数据后，会在单元格中显示数据的内容（或者公式的结果），同时当选中单元格时，编辑栏中会显示输入的内容。用户可能会发现，有时在单元格中输入的数值和文本与单元格中的实际显示并不完全相同。

事实上，Excel 对于用户输入的数据，存在一种智能分析功能，它总是会对输入数据的标识符及结构进行分析，然后以它所认为的最理想的方式显示在单元格中，有时甚至会自动更改数据的格式或数据的内容。

4. 输入数值型数据

数值是指所有代表数量的数字形式，例如，企业的产值和利润、学生的成绩、个人的身高和体重等。数值可以是正数，也可以是负数，但是都可以用于数值计算，如加、减、求和、求平均等。除了普通的数字外，还有一些带有特殊符号的数字也被 Excel 理解为数值，如百分号（%）、货币符号（如￥）、千位分隔符（,）以及科学计数符号（E）等。

在自然界中，数字的大小可以是无穷无尽，但是在 Excel 中，由于软件系统自身的限制，对于所使用的数值也存在一些规范和限制。

Excel 可以表示和存储的数字最大精确到 15 位有效数字。对于超过 15 位的整数数字，如 123456789123456789（18 位），Excel 会自动将 15 位以后的数字变为零，如 123456789123456000。对于大于 15 位有效数字的小数，则会将超出的部分截去。

因此，对于超出 15 位有效数字的数值，Excel 无法进行精确的计算或处理，如无法比较两个相差无几的 20 位数字的大小、无法用数值形式存储 18 位的身份证号码等。用户可以使用文本形式来保存位数过多的数字，如在单元格中输入 18 位身份证号码的首位之前加上英文半角单引号“'”或者先将单元格格式设置为“文本”后，再输入身份证号码。

对于一些很大或者很小的数值，Excel 会自动以科学记数法来表示（用户也可以通过设置将所有数值以科学记数法表示），例如，123456789123456 会以科学记数法表示为 1.23457E+14，即为 $1.234\ 57\times10^{14}$ 之意，其中代表 10 的乘方的大写字母“E”不可以缺省。

（1）输入普通数值。

选中单元格后，输入数值即可。数值型数据在单元格中自动右对齐显示。

温馨提示：

①如果用户在单元格中输入位数较多的小数，例如“123.456 789 012”，而单元格列宽设置为默认值时，单元格中会显示“123.4568”。这是由于 Excel 系统默认设置了对数值进行四舍五入显示的缘故。

②当单元格列宽无法完整显示数据所有部分时，Excel 会自动以四舍五入的方式对数值的小数部分进行截取显示。如果将单元格的列宽调整得更大，显示的位数相应增多，但是最大也只能显示到保留 10 位有效数字。虽然单元格的显示与实际数值不符，但是当用户选中此单元格时，在编辑栏中仍可以完整显示整个数值，并且在数据计算过程中，Excel 也是根据完整的数值进行计算的，而不是代之以四舍五入后的数值。

③ 如果单元格的列宽很小，则数值的单元格显示会变为包括“#”符号的内容，此时只要增加单元格列宽，就可以重新显示数字。

（2）输入分数。

当用户在单元格中直接输入一些分数形式的数据时，如“1/3”、“3/5”等，往往会被 Excel 自动识别为日期或者文本。那么究竟怎样才可以正确输入分数呢?

方法如下（参见“第 7 章　输入数据 .xlsx”中的“输入分数”工作表）：

① 如果需要输入的分数包括整数部分，如“$2\frac{1}{5}$”，可在单元格中输入“2□1/5”（□为空格，也就是整数部分和分数部分之间用一个空格隔开），然后按 Enter 键确认。Excel 会将输入识别为“分数”形式的数值类型，在编辑栏中显示此数值为 2.2，在单元格中显示分数形式“2□1/5”（□为空格），如图 7—9 中的 B2 单元格所示。

② 如果需要输入的分数是纯分数（不包含整数部分），当事先将单元格设置为“分数”格式时，可直接输入“1/3”、“3/5”这样的纯分数数据。除此之外，可以在“常规”单元格中按“0+空格+分数”的格式输入分数，也就是输入时以“0”作为这个分数的整数部分输入。如需要输入$\frac{3}{5}$，则输入方式为“0□3/5”（□为空格），这样就可以被Excel识别为分数数值而不会被认为是日期数值，如图7—9中的B3单元格所示。

③ 如果用户输入分数的分子大于分母，如“$\frac{13}{5}$”，Excel会自动进行进位换算，将分数显示为换算后的“整数+纯分数”形式，如图7—9中的B4单元格所示。

④ 如果用户输入分数的分子和分母包括大于1的公约数，如“$\frac{2}{6}$”（其分子和分母有公约数2），在输入单元格后，Excel会自动对其进行约分处理，转换为最简形式，如图7—9中的B5单元格所示。

B2 　fx 2.2

	A	B	C	D	E
1	输入形式	显示形式			
2	2 1/5	2 1/5			
3	0 3/5	3/5			
4	0 13/5	2 3/5			
5	0 2/6	1/3			
6					

图7—9　输入分数及显示

5. 输入文本型数据

文本通常是指一些非数值性的文字、符号等，如企业的部门名称、学生的考试科目、个人的姓名等。除此之外，许多不代表数量的、不需要进行数值计算的数字也可以保存为文本形式，如电话号码、身份证号码、股票代码等。

(1) 输入普通文本。

在单元格中直接输入文本即可。文本在单元格中自动左对齐显示。

温馨提示：如果输入的文本长度超过单元格的宽度，文本将会覆盖其他单元格显示，如图7—10中的A1单元格所示（参见“第7章　输入数据.xlsx”中的“输入普通文本”工作表）。但如果右侧的单元格中有数据，则超长的部分将会隐藏起来不显示（如图7—10中的A2单元格所示，因为B2单元格中有文本“信息学院”）。将单元格加宽，隐藏的文字将会自动显示。

A2 　fx 中国人民大学

	A	B	C	D	E
1	中国人民大学 Renmin University of China				
2	中国人民大	信息学院			

图7—10　文本长度超过单元格宽度的两种处理方式

(2) 输入长文本。

在单元格中输入长文本时，需要在单元格中换行，以使文本在同一单元格中多行显示，可采用两种方法：自动换行和强制换行。

① 自动换行。在“开始”选项卡的“对齐方式”组中，单击“自动换行”按钮(如图 7—11 所示)，即可在输入大段文本时，若内容超过单元格宽度，将自动在单元格中换行。

图 7—11　“开始”选项卡“对齐方式”组中的“自动换行”按钮

② 强制换行。有一部分用户习惯把 Excel 当作记事本来使用，在表格内输入大量的文字信息。但单元格文本内容过长的时候，如何控制文本换行是一个需要解决的问题。

如果使用“自动换行”功能，虽然可将文本显示为多行，但是换行的位置并不受用户控制，而是根据单元格的列宽来决定。

如果希望控制单元格中文本的换行位置，要求整个文本外观能够按照指定位置进行换行，那么可以使用“强制换行”功能。“强制换行”即当单元格处于编辑状态时，在需要换行的位置按 Alt+Enter 组合键为文本添加“强制换行”符，如图 7—12 所示（参见“第 7 章　输入数据.xlsx”中的“输入长文本”工作表）。该图显示了为一段文字使用强制换行后的编排效果，此时单元格和编辑栏中都会显示强制换行后的段落结构。

图 7—12　通过“强制换行”控制文本格式

温馨提示： 在 Excel 2010 中有时需调整编辑栏高度。在 Excel 2010 工作表中选择某个单元格后，单元格中的文本或公式内容会显示在编辑栏中。当所选的单元格内容超出一行时，编辑栏仍然显示为一行，这时可以通过多种方法来调整编辑栏高度。

①单击编辑栏右侧的“展开编辑栏”按钮来展开编辑栏，然后单击“折叠编辑栏”按钮来折叠编辑栏，如图 7—13 所示。

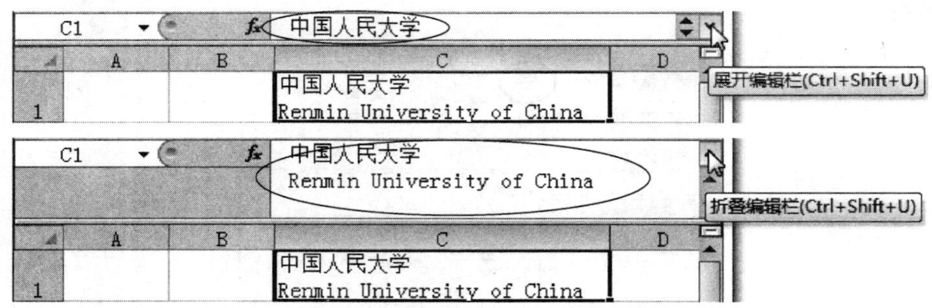

图 7—13 “展开编辑栏”按钮和“折叠编辑栏”按钮

② 将鼠标指针放到行标题和编辑栏之间，鼠标指针变成上下双向箭头形状（如图 7—12 所示），双击鼠标会将编辑栏调整到最适合的高度，或上下拖动鼠标调整编辑栏高度。

③按快捷键 Ctrl＋Shift＋U 来展开或折叠编辑栏。

④ 右击（右键单击）编辑栏，在弹出的快捷菜单中选择“扩充编辑栏”即可扩展编辑栏。要折叠编辑栏，可再次右击编辑栏，选择“折叠编辑栏”。

（3）输入数字符号串（文本型数字）。

在数据输入的过程中，常常有一些特殊的文本符号串，它们是由数字符号构成的，如身份证号码、信用卡号码、电话号码等，或符号的位数长，或符号串的前面有“0”等。这类数据必须以文本的形式输入才能保证数据的准确性和完整性。

如需要在单元格中输入诸如“001”的编号，直接输入“001”，然后按 Enter 键，会发现显示为“1”而非“001”，这是因为 Excel 自动将输入的内容识别成了常规数值型数据，而将数字前面的“0”自动去除了。

为了防止 Excel 将数字符号串（文本型数字）当成常规数值型数据进行处理，可采用如下两种方法：

① 首先选中要输入数字符号串（文本型数字）的单元格区域，然后在“开始”选项卡的“数字”组中，单击“数字格式”下拉按钮，在展开的下拉菜单（如图 7—14 所示）中，单击选择“文本”，即可将所选区域中的单元格格式设置为文本格式，然后在这些单元格中输入数字符号，Excel 会将其存储为文本型数字，这样就能够保证输入的符号（或数字）均能完整地保留下来。例如，在设置为文本格式的 C6 单元格中输入“006”，此时，单元格的左上角将显示一个绿色三角形符号。这样，即可将特殊的数字符号串准确地保留下来。

② 还可在输入数字符号串时，先输入一个英文半角单引号“'”，再接着输入数字符号串，系统也会将此数字符号串当成文本来处理，单元格中的显示也与设置文本格

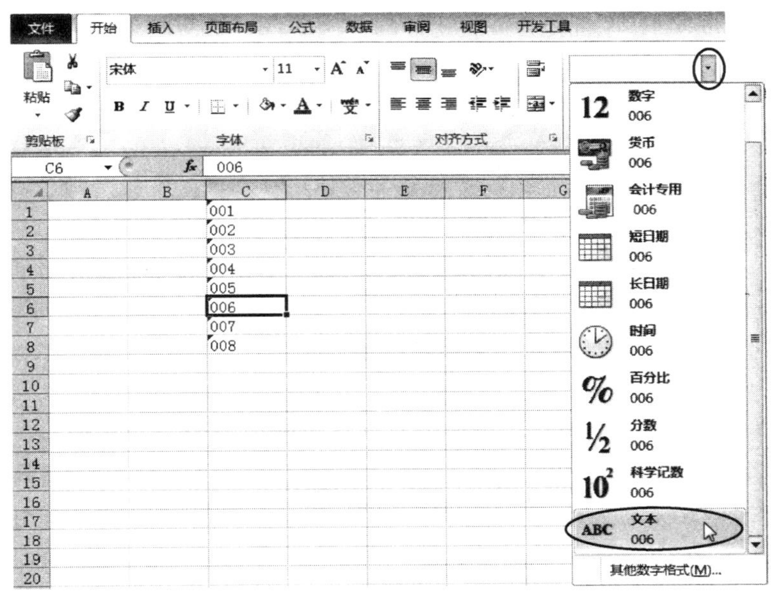

图 7—14　“开始”选项卡“数字”组的“数字格式”下拉菜单（选择“文本”）

式的效果相同（单引号“'”不显示在单元格中，但在编辑栏中会显示）。

如图 7—15 所示（参见“第 7 章　输入数据 . xlsx”中的“输入数字符号串”工作表），在单元格中输入身份证号码等位数较多的数字时，如果直接输入身份证号码“110108200808081236”，Excel 会自动将其转换为科学记数法（如 F4 单元格），并且由于输入了超过 15 位的整数数字，Excel 会自动将 15 位以后的数字变为零（110108200808081000，如编辑栏所示）。而在输入时先输入一个英文半角单引号“'”就可以避免这样的情况发生（如 F2 单元格）。

F4　　fx　110108200808081000

	D	E	F	G
1			身份证号	
2			110108200808081236	
3				
4			1.10108E+17	

图 7—15　输入身份证号码等位数较多的数字符号串

温馨提示：居民身份证号码是从事人事管理方面的人员经常接触到的一种特殊数字。原为 15 位，进入 21 世纪以后都统一升级为 18 位。其编码规则按排列顺序从左到右依次为：6 位数字地址码（其中，1～3 位是省市编码，4～6 位是区县编码），8 位数字出生日期码，3 位数字顺序码和 1 位数字校验码。

关于校验码，这里多说几句。我们知道在人们重复抄写或录入代码（编码）的过程中，非常容易因为人为的原因，或者计算机系统的故障，使进入系统的代码出现各种各样的错误。为了尽可能地减少这些错误，往往要使用编码校验技术。这是在原有代码的基础上，附加校验码的技术。校验码是根据事先规定好的算法构成的，将它附加到代码本体上以后，便与代码本体融合在一起，成为代码的一个组成部分。

当代码输入计算机以后，系统将会按规定好的算法验证，从而检测代码的正确性。常用的简单校验码是在原代码上增加一个校验位，并使得校验位成为代码结构中的一部分。系统可以按规定的算法对校验位进行检测。校验位正确，便认为输入代码正确。

6. 输入日期型数据

在 Excel 中，日期和时间是以一种特殊的数值形式存储的，这种数值形式称为序列值。在 Windows 系统所使用的 Excel 版本中，日期系统默认为“1900 年日期系统”。即以 1900 年 1 月 1 日作为序列值的基准日，当日的序列值计为 1，此后的日期均以距基准日期的天数作为其序列值，例如，1900 年 1 月 15 日的序列值[①]为 15，2008 年 8 月 8 日的序列值为 39 668。在 Excel 中可表示的最后一个日期是 9999 年 12 月 31 日，当日的序列值为 2 958 465。

由于日期存储为数值的形式，因此，它继承了数值的所有运算功能，例如，日期数据可以参与加、减等数值运算。日期运算的实质就是序列值的数值运算。例如，要计算两个日期之间相距的天数，可以直接在单元格中输入两个日期，再用减法运算的公式来求得。

（1）输入日期。

在 Excel 中输入日期型数据时，可以按照日期数据的默认格式（用斜线“/”或短横线“-”作为年、月、日的分隔符）进行输入，如要输入 2013 年 10 月 1 日，可在单元格中输入“2013/10/1”或“2013-10-1”，此时单元格中的格式即自动设置为日期型，在单元格中自动右对齐显示，如图 7—16 所示。

图 7—16　输入日期后，自动设置为日期型格式

输入日期时，如果没有输入年，表示是当年的日期。按 Ctrl＋；（分号）组合键，可以快速插入当天日期。

（2）输入时间。

时间的输入方法和常规的时间表示方法相同，用（冒号）“:”作为时、分、秒的分隔符，如输入“10:36:16”表示“10 点 36 分 16 秒”，其中秒的输入可以省略。

按 Ctrl＋Shift＋；（分号）组合键，可以快速插入当前时间。

温馨提示：很多男生喜欢足球，而比赛结果一般用“3—2”或“1∶0”表示，如图 7—17 所示，如果直接输入，会被转化为日期（如 F4 单元格）或时间。此时应先输

---

① 要查看一个日期的序列值，操作方法如下：在单元格中输入日期后，将单元格格式设置为“常规”，此时就会在单元格中显示日期的序列值。但实际上一般用户并不需要关注日期所对应的具体序列值。

入一个英文半角单引号“'”后再输入“3—2”（如 F2 单元格）或“1：0”。

F2	fx '3-2		
	D	E	F	G
1			输入比赛结果	
2			3-2	
3				
4			3月2日	

图 7—17　输入比赛结果

7.3.2　有序数据的输入——自动填充功能与序列

除了通常的数据输入方式以外，如果数据本身包括某些顺序上的关联特性，还可以使用 Excel 提供的填充功能实现快速地批量录入数据。

1. 自动填充功能

当用户需要在工作表中连续输入某些“顺序”数据时，如“星期一”、“星期二”、……；“甲”、“乙”、“丙”、……；“一月”、“二月”、“三月”、……等，可以使用 Excel 所提供的自动填充功能实现快速地批量输入，避免逐个数据输入的麻烦。

示例一：使用自动填充功能连续输入 1～100 的数字。例如，在 A 列中输入“1，2，…，100”的序号。

操作步骤如下：

（1）输入数据。在 A2 单元格中输入“1”，在 A3 单元格中输入“2”。

（2）自动填充。选中 A2：A3（两个单元格）区域，将鼠标移至选中区域的黑色边框的右下角（此处称为填充柄），当鼠标指针显示为黑色“+”字时，按住鼠标左键向下拖动。在拖动过程中鼠标旁边会显示一个数字①，当显示“100”时松开鼠标左键，即可完成填充，如图 7—18 所示。

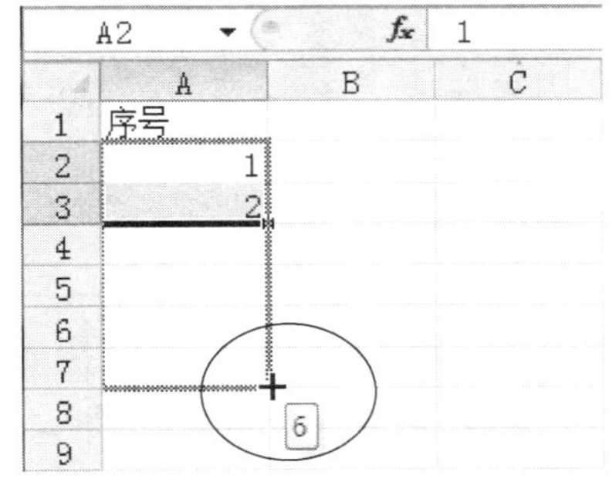

图 7—18　在 A2：A101 区域中自动填充数字的操作

示例二：使用自动填充连续输入“一月”、“二月”、……、“十二月”12 个月份。

操作步骤如下：

（1）输入数据。在 B1 单元格中输入“一月”。

（2）自动填充。选中 B1 单元格，向右拖动填充柄，如图 7—19 所示，可以在一行中依次进行 12 个月份的填充。

温馨提示：注意示例一和示例二操作步骤的区别。除了数值型数据外，使用其他类型数据（包括文本类型和日期时间类型）进行自动填充时，并不需要提供头两个数据作

① 该数字序列是等差序列。

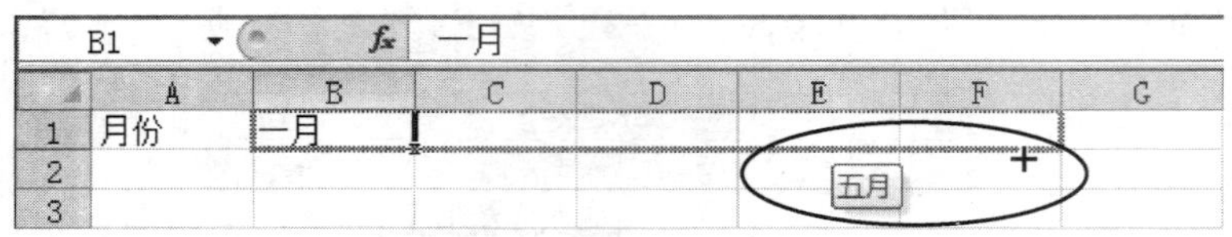

图 7—19　在 B1：M1 区域中自动填充月份的操作

为填充依据，只需提供一个数据即可，例如，示例二步骤（1）中只在 B1 单元格输入数据“一月”。

2. 序列

前面提到可以实现自动填充的顺序数据在 Excel 中称为序列。在前几个单元格中输入序列中的元素，就可以为 Excel 提供识别序列的内容及顺序的信息，以便 Excel 在使用自动填充功能时，自动按照序列中的元素、间隔顺序来依次填充。

用户可以在 Excel 的选项设置中查看能被自动填充的序列有哪些。在“文件”选项卡中，单击“选项”，在弹出的“Excel 选项”对话框中选择“高级”选项卡，在“常规”区域中，单击“编辑自定义列表”按钮，打开如图 7—20 所示的“自定义序列”对话框。

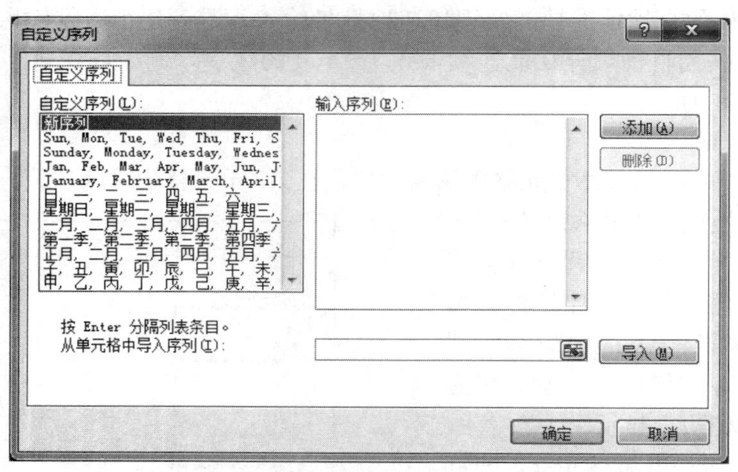

图 7—20　“自定义序列”对话框（Excel 内置序列及自定义序列）

“自定义序列”对话框左侧的列表中显示了当前 Excel 中可以被识别的序列（所有数值型、日期型数据都是可以被自动填充的序列，不再显示于列表中）。用户也可以在右侧“输入序列”框中手动添加新的数据序列作为自定义序列，或者引用表格中已经存在的数据列表作为自定义序列进行导入。

Excel 中自动填充的使用方式相当灵活，用户并非必须从序列开头的第一个数据开始进行自动填充，而是可以始于序列中的任何一个数据。当填充的数据达到序列尾部时，下一个填充数据会自动取序列开头的数据，循环往复地继续填充，如图 7—21 所示的从“星期五”开始自动填

	A	B
1	星期五	
2	星期六	
3	星期日	
4	星期一	
5	星期二	
6	星期三	
7	星期四	
8	星期五	
9	星期六	
10	星期日	
11	星期一	
12		
13		

图 7—21　循环往复地重复序列中的数据

充多个单元格的结果。

3. 自动填充选项

自动填充完成后，填充区域的右下角会显示“自动填充选项”按钮，如图 7—22 所示（选中 A2：A3 两个单元格，鼠标向下拖动填充柄）。单击此按钮，在其展开的菜单中可显示更多的填充选项，用户可以为填充选择不用的方式，如“仅填充格式”、“不带格式填充”等，甚至可以将填充方式改为复制，使数据不再按照序列顺序递增，而是与最初的单元格保持一致。

温馨提示：“自动填充选项”按钮下拉菜单中的选项内容取决于所填充的数据类型。

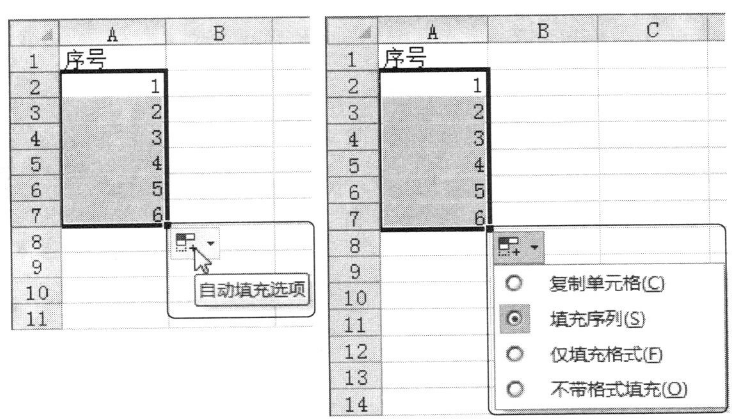

图 7—22 数值型数据“自动填充选项”按钮中的选项菜单

7.3.3 数据有效性

在输入数据时，有一些数据需要有一定的范围限制，还有一些数据，为了保证数据统计时的准确性，往往希望输入规范的数据，以防输入时的不规范造成数据统计的不准确，为此，可通过数据有效性来保证数据输入的准确性。

参见“第 7 章 输入数据 . xlsx”中的“数据有效性”工作表。

1. 设置数值范围

在输入部分数据时，往往对数据值的范围有一定的要求，为了减少不必要的输入错误，可以通过设置单元格区域的数据有效性来验证数据输入是否符合范围的要求。

假设 D 列的成绩是百分制，设置有效输入成绩（0～100 的整数）的操作步骤如下：

（1）选中要设置数据有效性的单元格或单元格区域，如图 7—23 中的 D2：D4 区域所示。

（2）在“数据”选项卡的“数据工具”组中，单击“数据有效性”按钮，打开“数据有效性”对话框。

（3）在“设置”选项卡的“允许”下拉列表中，选择“整数”，并设置最小值为“0”，最大值为“100”。

（4）单击“确定”按钮，即可在 D2：D4 区域中设置数据有效性，并返回工作表。

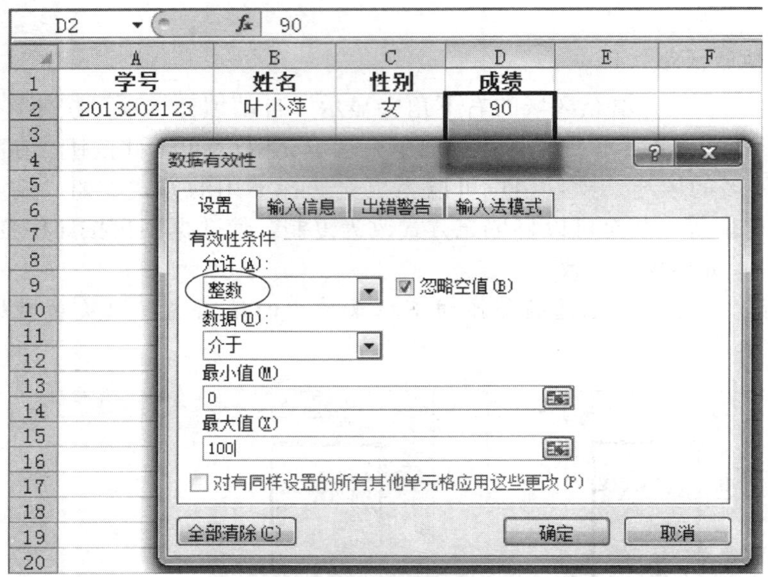

图 7—23　设置有效输入百分制成绩（数值范围，为 0～100 的整数）

（5）如在 D3 单元格中输入成绩“120”，由于成绩不符合范围要求，显示出错信息，如图 7—24 所示。

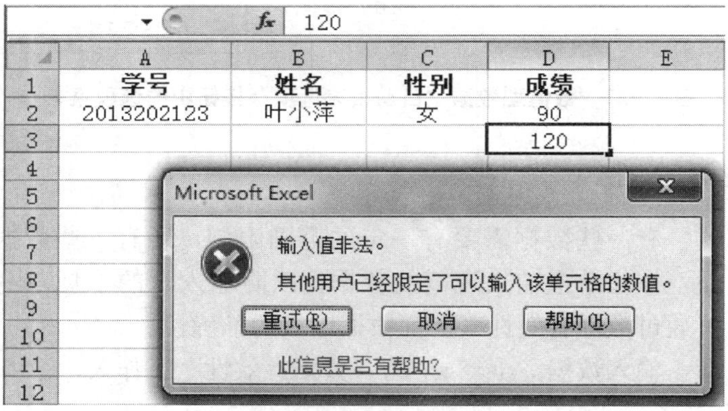

图 7—24　设置有效输入百分制成绩后，输入不在范围内的成绩

温馨提示：在设置有效性范围的时候，如果没有预先选中其他单元格，则可通过填充的方式将单元格有效性填充到其他单元格中。

2. 设置文本长度

在单元格中输入文本数据时，如果需要对输入的文本长度（字符个数）进行限定，也可通过设置单元格的“数据有效性”来完成。操作方法与设置数值范围相同。

温馨提示：这里设置单元格中文本数据的长度时，西文字符和中文字符均占 1 个字符长度，如果输入的字符长度不符合设置的长度，系统同样会报警。

在数据输入时，如果需要输入定长的编码（如图 7—25 所示，要求输入学号编码的长度必须为 10 位），可用该方法来限定输入编码的长度，以减少由于丢失数据而造成的数据输入错误。

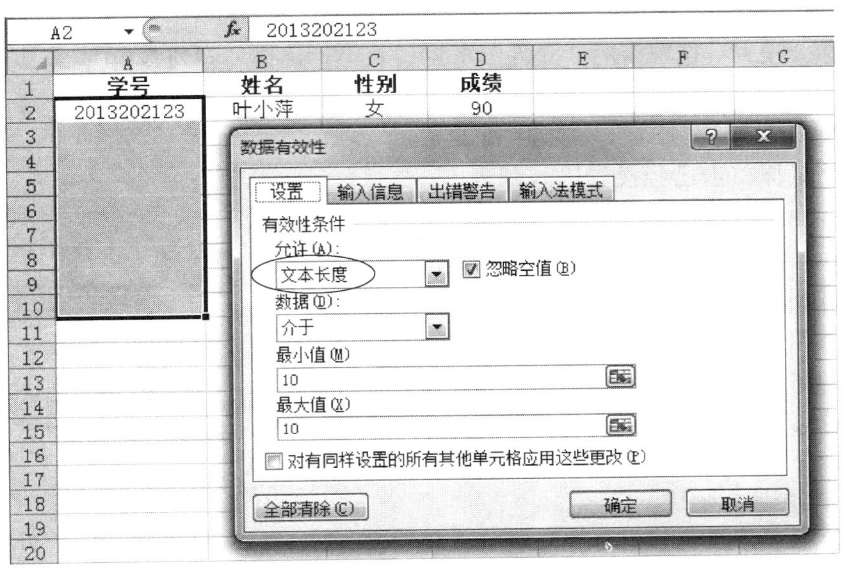

图 7—25　设置有效输入编码长度为 10 位的学号（文本长度，定长为 10 位）

3. 设置输入列表

在输入数据时，对于一些规范的数据，往往希望通过选择而不是自己输入来完成，自己输入既影响输入速度，又不能保证数据输入的准确性。因此，Excel 提供了通过数据有效性设置输入列表的功能。

假设要在 C 列中输入性别，设置有效输入性别（列表为“男”、“女”）的操作步骤如下：

（1）选中要设置输入列表的单元格区域，如图 7—26 中的 C2：C6 区域所示。

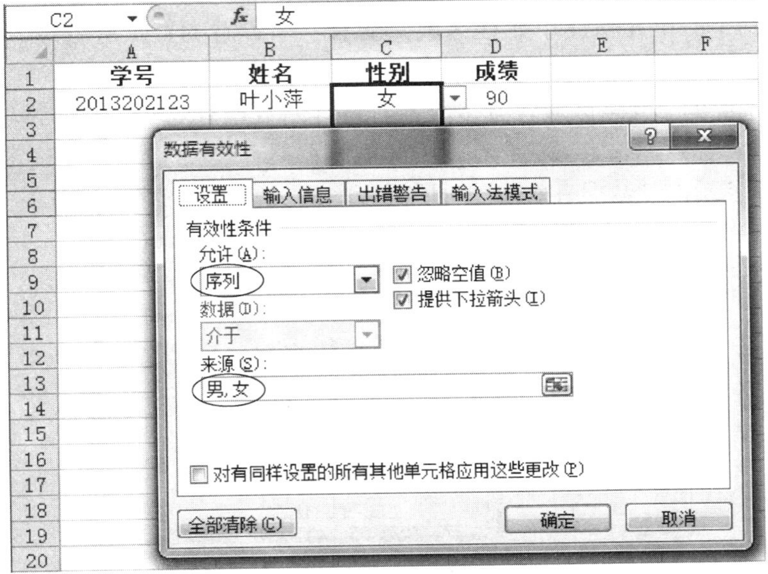

图 7—26　设置有效输入“性别”的列表（序列，“男”或“女”）

（2）在“数据”选项卡的“数据工具”组中，单击“数据有效性”按钮，打开“数据有效性”对话框。

（3）在“设置”选项卡的“允许”下拉列表中，选择“序列”，在“来源”中输入序列列表“男，女”（注意：用英文半角逗号“,”隔开不同选项）。

（4）单击“确定”按钮，完成序列设置。

（5）用鼠标单击已经设置输入列表有效性的单元格（如图 7—27 中的 C3 单元格所示）时，在单元格右侧会出现下拉箭头按钮。单击此按钮，序列内容会出现在下拉列表中，用鼠标单击选择其中一项即可完成输入。同样，单元格的有效性也可以通过拖动填充柄来进行填充。

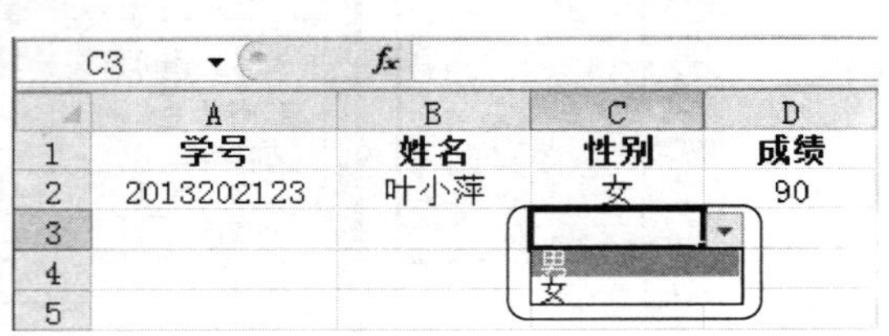

图 7—27 设置有效输入“性别”的列表后，可从下拉列表中选择“男”或“女”

4. 复制数据有效性

包含数据有效性的单元格被复制时，数据有效性会被一同复制。如果只需要复制单元格的数据有效性，而不需要复制单元格的内容和格式，可以使用选择性粘贴的方法。在“选择性粘贴”对话框（见图 7—128）中单击“有效性验证”选项来实现。

有关“选择性粘贴”的更多内容，参阅 7.5.7 节。

5. 删除数据有效性

删除数据有效性的操作步骤如下：

（1）选中含有数据有效性的单元格或单元格区域，如图 7—28 中的 C2：D6 区域所示。

（2）在“数据”选项卡的“数据工具”组中，单击“数据有效性”按钮。

① 如果选中的单元格或单元格区域只含有一个设置的数据有效性，则直接打开“数据有效性”对话框，在“设置”选项卡中，单击左下角的“全部清除”按钮。

② 如果选中的单元格区域含有多个不同设置的数据有效性，则会弹出如图 7—28 所示的提示框，提示“选定区域含有多种类型的数据有效性”。单击“确定”按钮，打开如图 7—29 所示的“数据有效性”对话框。

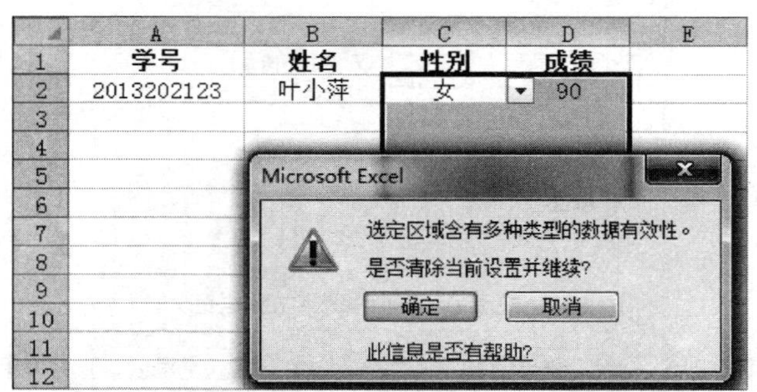

图 7—28 删除单元格区域的多个不同设置的数据有效性（提示框）

(3) 当“设置”选项卡的有效性条件为“任何值”时（否则，单击左下角的“全部清除”按钮），单击“确定”按钮，即可清除所选单元格或单元格区域的数据有效性。

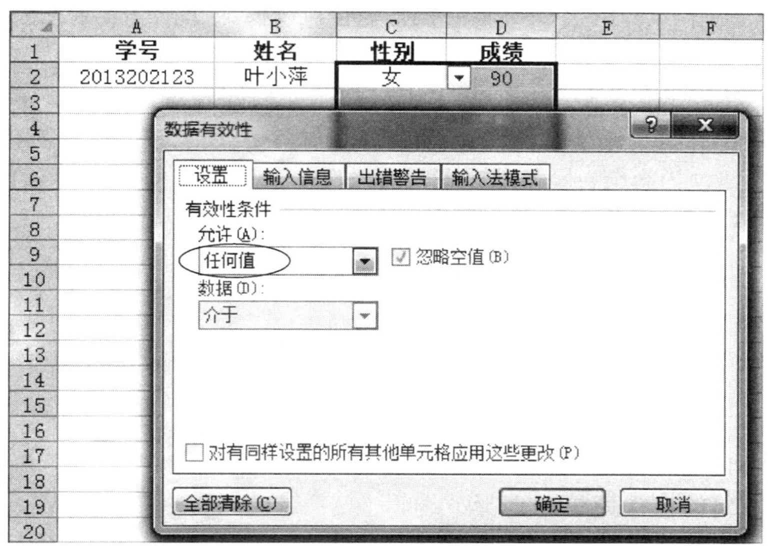

图 7—29　删除单元格区域的多个不同设置的数据有效性（“数据有效性”对话框）

7.3.4　为单元格添加批注

除了可以在单元格中输入数据内容外，用户还可以为单元格添加批注。通过批注，用户可以为单元格的内容添加一些注释或者说明，方便自己或者其他用户更好地理解单元格中内容的含义。

参见“第 7 章　输入数据 . xlsx”中的“为单元格添加批注”工作表。

1. 为单元格添加批注

以下几种等效方式可以为单元格添加批注。

(1) 选中单元格，在“审阅”选项卡的“批注”组中，单击“新建批注”。

(2) 选中单元格，单击鼠标右键，在弹出的快捷菜单中选择“插入批注”。

(3) 选中单元格，按 Shift+F2 组合键。

效果如图 7—30 所示。

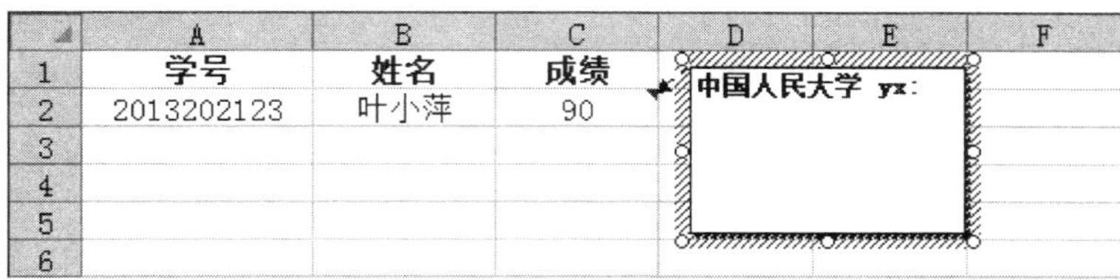

图 7—30　为单元格添加批注（插入批注）

插入批注后，该单元格的右上角出现一个红色三角符号，此符号为批注标识符，表示当前单元格包含批注。右侧的矩形文本框通过引导箭头与红色标识符相连，此矩形文本框即为批注内容的显示区域，用户可以在此输入文本内容作为当前单元格的批注。批注内容会默认以加粗字体的用户名开头，标识添加此批注的作者。此用户名默认为当前 Excel 用户名，实际使用时，用户名也可以根据自己的需要更改为更方便识别的名称。

完成批注内容的输入后，用鼠标单击其他单元格即表示完成了添加批注的操作，此时批注内容呈现隐藏状态，只显示出红色标识符。当用户将鼠标移至包含标识符的单元格上时，批注内容会自动显示出来。

2. 编辑修改批注

若要对现有单元格的批注内容进行编辑修改，有以下几种等效操作方式，与添加批注方法类似。

（1）选中包含批注的单元格，在“审阅”选项卡的“批注”组（如图 7—31 所示）中，单击“编辑批注”按钮。

（2）选中包含批注的单元格，单击鼠标右键，在弹出的快捷菜单中选择“编辑批注”。

（3）选中包含批注的单元格，按 Shift＋F2 组合键。

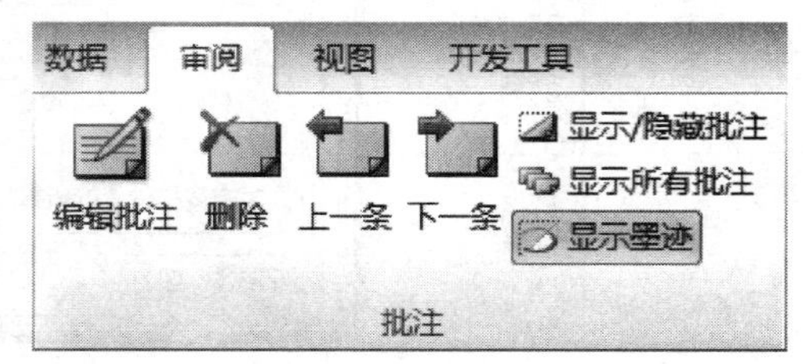

图 7—31　选中包含批注的单元格后，“审阅”选项卡“批注”组中的命令

温馨提示：当单元格添加批注或者批注处于编辑状态时，将鼠标移至批注矩形文本框的边框，这时鼠标指针会显示为黑色双向箭头或者黑色十字箭头。当出现前者（黑色双向箭头）时，可以拖动鼠标来改变批注区域的大小；当出现后者（黑色十字箭头）时，可以拖动鼠标来移动批注的显示位置。

3. 删除批注

要删除一个现有的批注，可以先选中包含批注的单元格，然后单击鼠标右键，在弹出的快捷菜单中选择“清除批注”；或者在“审阅”选项卡的“批注”组（如图 7—31 所示）中，单击“删除”按钮。

此外，还可以通过如下操作，快速删除某个区域中的所有批注。

（1）选择需要删除批注的区域。

（2）在“开始”选项卡的“编辑”组中，单击“清除”下拉按钮，在展开的下拉菜单中，单击选择“清除批注”，如图 7—32 所示。

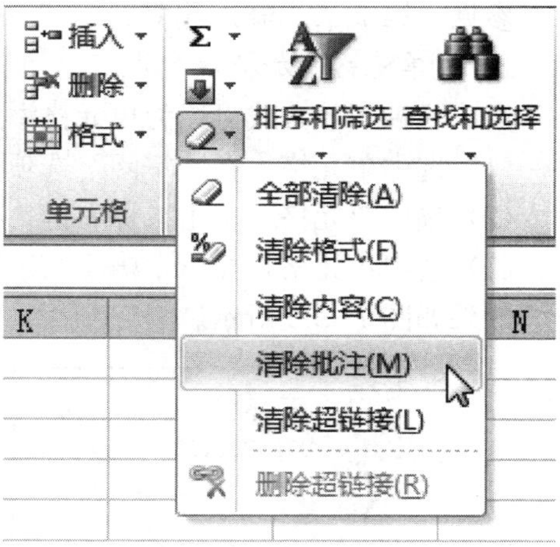

图 7—32　“开始”选项卡“编辑”组中的“清除”下拉菜单（清除批注）

7.3.5　删除单元格内容

对于不再需要的单元格内容，如果用户想要将其删除，可以先选中单元格（可以多选），然后按 Delete 键，这样就可以将单元格中所包含的数据删除。但是这样操作并

不会影响单元格中的格式、批注等内容。要彻底地删除这些内容，可以在选中单元格后，在“开始”选项卡的“编辑”组中，单击“清除”下拉按钮，在展开的下拉菜单中有 6 个选项，如图 7—32 所示。

（1）全部清除：清除单元格中的所有内容，包括数据、格式、批注等。

（2）清除格式：只清除格式，保留其他内容。

（3）清除内容：等效于按 Delete 键，只清除单元格中的数据，包括文本、数值、公式等，保留其他。

（4）清除批注：只清除单元格中附加的批注。

（5）清除超链接：在单元格的右下角会显示“清除超链接选项”按钮，单击该按钮，在展开的菜单中可以选择“仅清除超链接”或者“清除超链接和格式”选项。

（6）删除超链接：清除单元格中的超链接和格式。

用户可以根据自己的需要选择任意一种清除方式。

温馨提示：以上所述的“删除单元格内容”并不等同于“删除单元格”操作。后者虽然也能彻底清除单元格或者区域中所包含的一切内容，但是它的操作会引起整个表格结构的变化。

7.3.6 应用案例 1：考试成绩的输入

要使用 Excel，首先要把数据录入（或导入）到工作表中。将表 7—1 中的表头（第 1 行）、标题（第 2 行）和数据（第 3～10 行）输入到工作表中。输入后的结果参见“第 7 章 计算机应用基础成绩计算 . xlsx”中的“考试成绩输入”工作表。

表 7—1　　计算机应用基础成绩计算表（原始成绩）

计算机应用基础成绩计算表										
学号	姓名	实验 1	实验 2	实验 3	实验 4	实验 5	平时成绩	期中成绩	期末成绩	总成绩
20130001	李英	8	6	10	10	6		79	88	
20130002	李凌	10	8	10	8	10		91	89	
20130003	陈燕	10	10	10	8	6		62	90	
20130004	周羽	8	6	6	8	10		86	76	
20130005	姜峰	6	4	6	6	0		60	56	
20130006	李静瑶	10	8	10	6	8		62	80	
20130007	张晓京	8	8	8	8	10		97	82	
20130008	凌霓洋	8	6	6	10	6		79	58	

操作步骤如下：

（1）在 Excel 中新建一个工作表。

（2）在 A1 单元格中输入“计算机应用基础成绩计算表”。

（3）在 A2 单元格中输入“学号”。

（4）在 B2 单元格中输入“姓名”。

（5）在 C2 单元格中输入“实验 1”。

（6）自动填充。单击选中 C2 单元格，然后向右拖动填充柄到 G2 单元格（如图 7—33 所示），即可在 D2：G2（4 个单元格）区域中依次进行“实验 2、实验 3、实验 4、实验 5”的自动填充①。

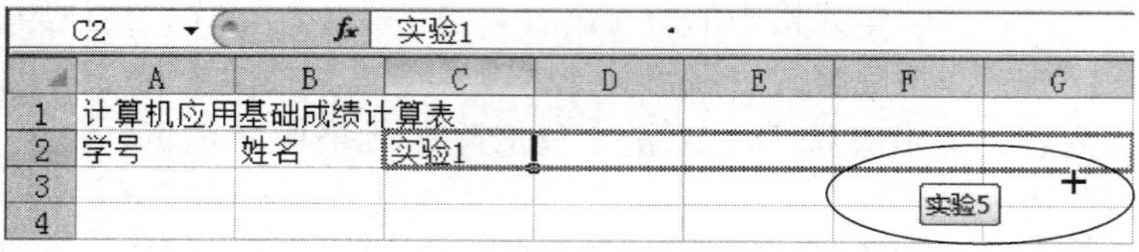

图 7—33　向右拖动填充柄，实现“实验”标题的自动填充

（7）在 H2 单元格中输入“平时成绩”。

（8）单击选中 H2 单元格，然后向右拖动填充柄到 K2 单元格（如图 7—34 所示），可在 I2：K2（3 个单元格）区域中依次进行“平时成绩”的复制（也可通过“复制”—“粘贴”方式实现）。

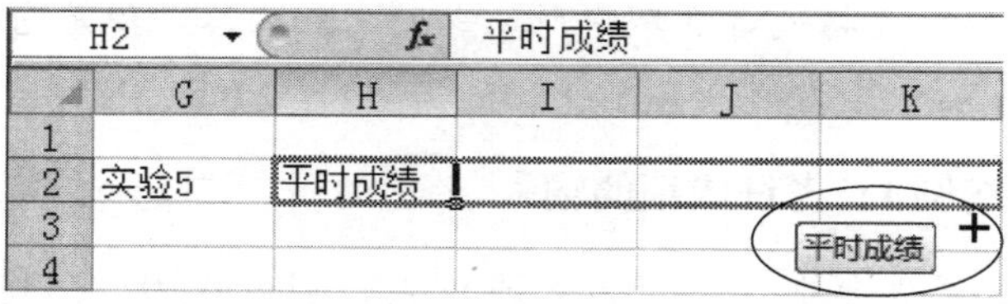

图 7—34　向右拖动填充柄，复制“平时成绩”

（9）单击选中 I2 单元格，单击编辑栏，选中“平时”（如图 7—35 所示），然后输入“期中”代替“平时”。

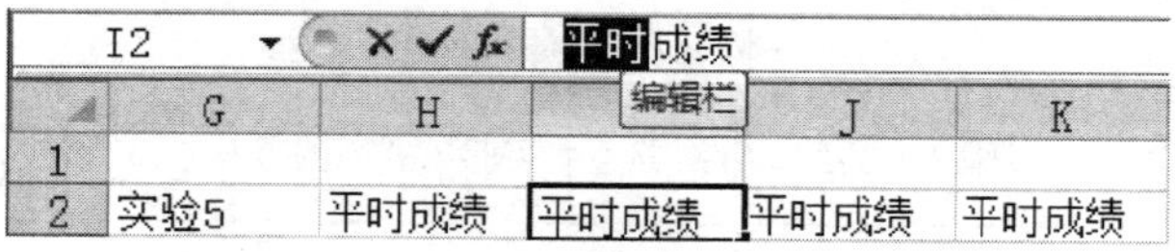

图 7—35　在“编辑栏”中选中“平时”

（10）单击选中 J2 单元格，单击编辑栏，选中“平时”，输入“期末”代替“平时”。

（11）单击选中 K2 单元格，单击编辑栏，选中“平时”，输入“总”代替“平时”。

到目前为止，表 7—1 中的第 1 行表头和第 2 行标题输入完毕，但还没有设置格式。下面开始输入表 7—1 中的第 3～10 行的数据。

（12）在 A3 单元格中，输入第 1 位学生的学号“20130001”，这里的学号会被默认为数值型数字，而不是文本型数字。

（13）由于这里的学号是连续的，可以通过自动填充的方式进行快速输入。单击选

① 在某个单元格中输入不同类型的数据，然后拖放填充柄，Excel 的默认处理方式是不同的。对于数值型数据，Excel 将拖放处理为复制方式。对于文本型数据（包括文本型数字）和日期型数据，Excel 将拖放处理为顺序填充。如果在按住 Ctrl 键的同时进行拖放，则以上默认方式会发生逆转，即原来处理为复制方式的，将变为顺序填充方式（如图 7—36 所示）；而原来处理为顺序填充方式的，则变为复制方式。

中 A3 单元格，在按住 Ctrl 键①的同时，向下拖动填充柄到 A10 单元格，即可在 A4：A10（7 个单元格）区域中自动填充第 2～8 位学生的学号，如图 7—36 所示。

A3　　f_x　20130001

	A	B	C	D
1	计算机应用基础成绩计算表			
2	学号	姓名	实验1	实验2
3	20130001			
4				
5				
6				
7				
8				
9				
10				
11		20130008		
12				

图 7—36　在按住 Ctrl 键的同时，向下拖动填充柄，实现“学号”的自动填充

（14）然后，按照表 7—1，输入（或导入）各位学生的姓名和实验成绩、期中成绩和期末成绩等。结果如图 7—37 所示（由于表格较大，只截取其中的一部分）。

A1　　f_x　计算机应用基础成绩计算表

	A	B	C	D	E	F	G
1	计算机应用基础成绩计算表						
2	学号	姓名	实验1	实验2	实验3	实验4	实验5
3	20130001	李英	8	6	10	10	6
4	20130002	李凌	10	8	10	8	10
5	20130003	陈燕	10	10	10	8	6
6	20130004	周羽	8	6	6	8	10
7	20130005	姜峰	6	4	6	6	0
8	20130006	李静瑶	10	8	10	6	8
9	20130007	张晓京	8	8	8	8	10
10	20130008	凌霞洋	8	6	6	10	6

图 7—37　在 Excel 中的原始成绩（设置格式前）

7.4　让格式更灵活——格式设置

数据输入到工作表中后，可以根据需要对工作表的布局和数据进行格式化，使得表格更加美观、数据更易于阅读。

7.4.1　单元格基本格式设置

工作表的整体外观由各单元格的样式构成，单元格的样式外观在 Excel 的可选设置

① 对于数值型数据，如果选中两个连续单元格（如图 7—18 所示）后拖动填充柄，则以等差序列填充。如果只选中一个单元格后拖动填充柄，则实现的是复制。如果要实现连续数值的填充，则在按住 Ctrl 键的同时拖动填充柄，此时在填充柄的黑“+”字右上角还有一个更小的黑“+”字。

中主要包括数据显示格式、字体样式、文本对齐方式、边框样式以及单元格颜色。

对于单元格格式的设置和修改，可以通过功能区命令组、浮动工具栏以及“设置单元格格式”对话框等多种方法来实现。

1. 功能区命令组

Excel 的“开始”选项卡功能区提供了多个命令组用于设置单元格格式。它将常用的单元格格式设置命令直接显示在功能区的命令组中，便于用户直接选用，包括字体、对齐方式、数字、样式等，如图 7—38 所示。

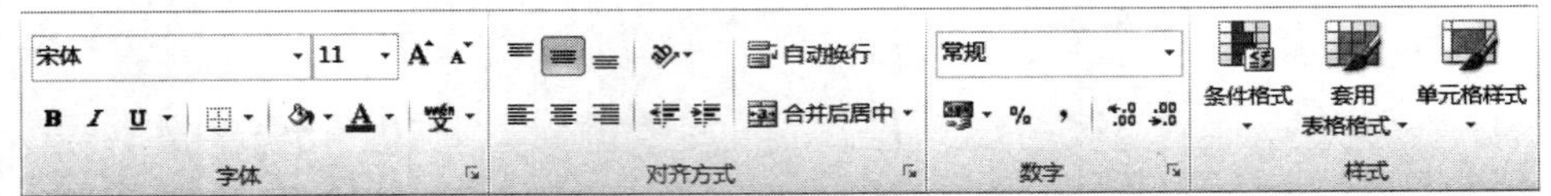

图 7—38 “开始”选项卡的“字体”、“对齐方式”、“数字”、“样式”命令组

(1)“字体”命令组：包括字体、字号、加粗、倾斜、下划线、边框、填充颜色、字体颜色等。

(2)“对齐方式”命令组：包括顶端对齐、垂直居中、底端对齐、左对齐、居中、右对齐以及方向、调整缩进量、自动换行、合并居中等。

(3)“数字”命令组：包括对数字进行格式设置的各种命令等。

(4)“样式”命令组：包括条件格式、套用表格格式、单元格样式等。

2. 浮动工具栏

选中单元格，单击鼠标右键，会弹出快捷菜单，在快捷菜单上方会同时出现“浮动工具栏”。“浮动工具栏”中包括了常用的单元格格式设置命令，如图 7—39 所示。

图 7—39 浮动工具栏

3. “设置单元格格式”对话框

用户还可以通过“设置单元格格式”对话框来设置单元格格式。在“开始”选项卡中，单击“字体”、“对齐方式”或“数字”等命令组右下角的“对话框启动器”按钮，打开“设置单元格格式”对话框，如图 7—40 所示。

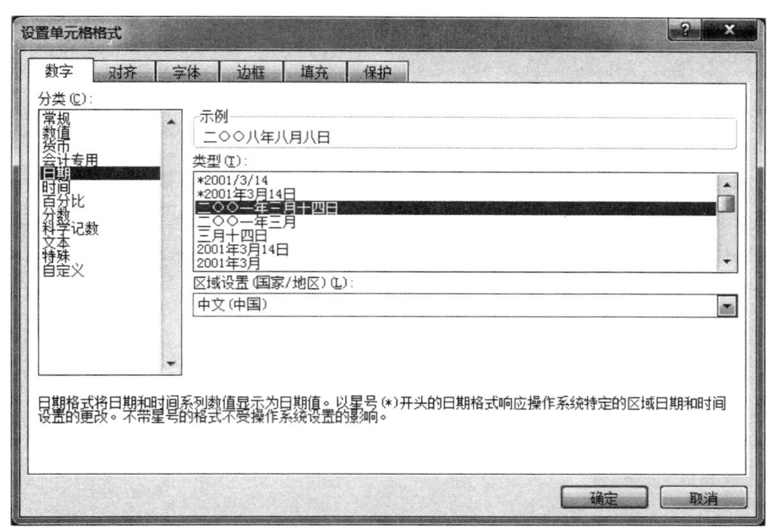

图 7—40　“设置单元格格式”对话框中的“数字”选项卡（日期）

温馨提示：在进行工作表打印时，需要进行“边框”的设置，否则默认的边框线是打印不出来的。

7.4.2　对数据应用合适的数字格式

7.3.1 节介绍了 Excel 会为某些输入的数值自动应用数字格式。而在大多数情况下，用户输入到单元格中的数据是没有格式的。

为了帮助用户提高数据的可读性，Excel 提供了多种对数据进行格式化的功能。除了对齐、字体、字号、边框、单元格颜色等常见的格式化功能以外，更重要的是 Excel 特有的“数字格式”功能。它可以根据数据的意义和表达需求来调整显示的外观，以实现匹配展示的效果。

Excel 内置的数字格式大部分适用于数值型数据，因此称为数字格式。但数字格式并非数值型数据专用，文本型数据同样也可以被格式化。

1. 设置数值格式

在“开始”选项卡的“数字”组中，“数字格式”组合框会显示活动单元格的数字格式类型。单击其下拉按钮，有多种数字格式可供选择，不同格式的效果如图 7—41 所示。参见“第 7 章　设置数据格式 . xlsx”中的“数字格式”工作表。

“数字格式”组合框的下方预置了 5 个较为常用的数字格式按钮，包括“会计（货币）专用格式”按钮、“百分比样式”按钮%、“千位分隔样式”按钮,、“增加小数位数”按钮和“减少小数位数”按钮，如图 7—42 所示。

在工作表中选中包含数值的单元格或区域，然后单击以上按钮，即可应用相应的数字格式。

示例：如图 7—43 所示（参见“第 7 章　设置数据格式. xlsx”中的“数字格式按钮”工作表），首先按“常规”格式在 B2∶C6 单元格区域（为了左右对比才这样输入）

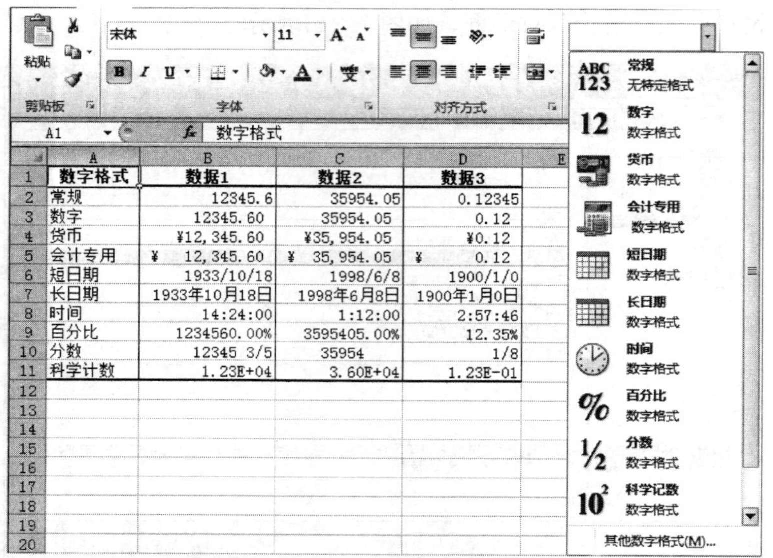

	A	B	C	D
1	数字格式	数据1	数据2	数据3
2	常规	12345.6	35954.05	0.12345
3	数字	12345.60	35954.05	0.12
4	货币	¥12,345.60	¥35,954.05	¥0.12
5	会计专用	¥ 12,345.60	¥ 35,954.05	¥ 0.12
6	短日期	1933/10/18	1998/6/8	1900/1/0
7	长日期	1933年10月18日	1998年6月8日	1900年1月0日
8	时间	14:24:00	1:12:00	2:57:46
9	百分比	1234560.00%	3595405.00%	12.35%
10	分数	12345 3/5	35954	1/8
11	科学计数	1.23E+04	3.60E+04	1.23E-01

图 7—41　“数字格式”下拉列表的 10 种数字格式效果

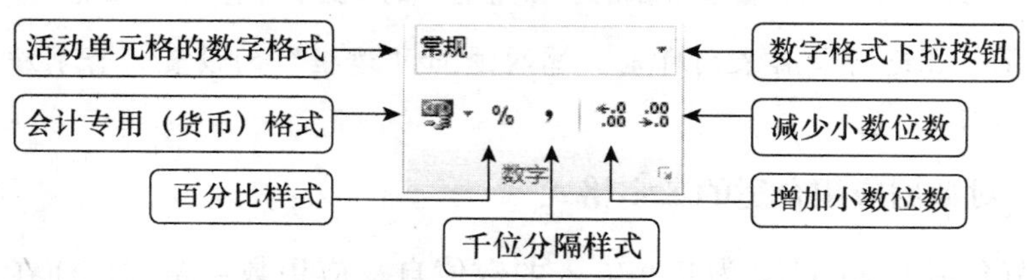

图 7—42　“开始”选项卡的“数字”组中的 5 个常用的“数字格式”按钮

中输入 12 个相同的数值“1000.125”，然后在 C2：C6 区域中，依次选中一个单元格，并单击如图 7—42 所示的 5 个常用的“数字格式”按钮，设置不同的数字格式。

C3　100012.5%

	A	B	C
1	数字格式按钮	常规	数字格式效果（显示方式）
2	单击“会计专用格式”按钮后	1000.125	¥ 1,000.13
3	单击“百分比样式”按钮后	1000.125	100013%
4	单击“千位分隔样式”按钮后	1000.125	1,000.13
5	单击“增加小数位数”按钮后	1000.125	1000.1250
6	单击“减少小数位数”按钮后	1000.125	1000.13

图 7—43　对于数值“1000.125”，单击 5 个常用的“数字格式”按钮后的数字格式效果

结果显示：除了 C3 单元格外，这些数值在编辑栏中均显示为“1000.125”，但在单元格中的数字格式效果（显示方式）不同，如 C2：C6 区域所示。

温馨提示： C2：C6 区域的每个单元格的存储值均为“1000.125”，当这些单元格参与数学运算时，这些单元格中的数值都为“1000.125”，而不是诸如 C6 单元格显示的“1000.13”。

2. 设置日期格式

单元格中输入的日期型数据可以根据需要设置日期格式（显示方式），如“2008-

8-8”、“2008 年 8 月 8 日”、“二〇〇八年八月八日”等。

参见“第 7 章　设置数据格式.xlsx”中的“设置日期格式”工作表。

操作步骤如下：

(1) 如图 7—44 所示，在 B2∶C6 单元格区域（为了左右对比才这样输入）中输入 12 个相同的日期“2008/8/8”。

(2) 选中 C2 单元格，在“开始”选项卡的“数字”组中，单击“数字格式”下拉按钮，在展开的数字格式列表（如图 7—41 所示）中，单击选择“短日期”。

(3) 选中 C3 单元格，在“开始”选项卡的“数字”组中，单击“数字格式”下拉按钮，在展开的数字格式列表（如图 7—41 所示）中，单击选择“长日期”。

(4) 选中 C4 单元格，在“开始”选项卡的“数字”组中，单击右下角的“对话框启动器”按钮，打开如图 7—40 所示的“设置单元格格式”对话框。在“数字”选项卡中，从左侧的“分类”框中选择“日期”，在右侧的“类型”框中选择“二〇〇一年三月十四日”。单击“确定”按钮，结果如图 7—44 中的 C4 单元格所示。

(5) 按照设置 C4 单元格日期格式的方法设置 C5 和 C6 单元格的日期格式。

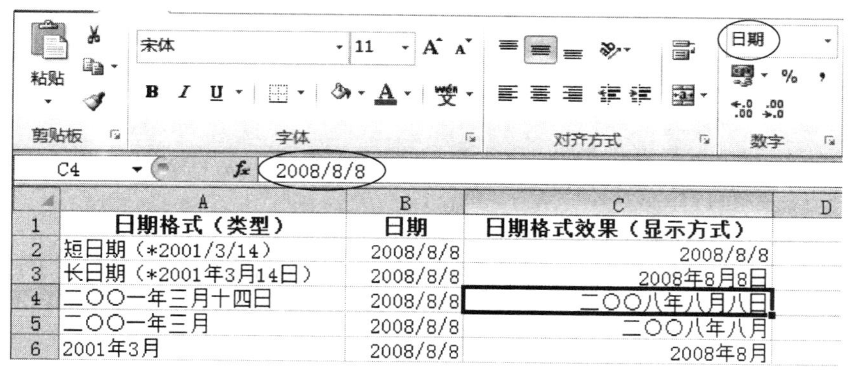

	A	B	C
1	日期格式（类型）	日期	日期格式效果（显示方式）
2	短日期（*2001/3/14）	2008/8/8	2008/8/8
3	长日期（*2001年3月14日）	2008/8/8	2008年8月8日
4	二〇〇一年三月十四日	2008/8/8	二〇〇八年八月八日
5	二〇〇一年三月	2008/8/8	二〇〇八年八月
6	2001年3月	2008/8/8	2008年8月

图 7—44　日期“2008/8/8”的 5 种日期格式及其显示方式

结果显示：这些日期在编辑栏中均显示为默认的日期格式“2008/8/8”，但在单元格中的显示方式不同，如图 7—44 中的 C2∶C6 单元格区域所示。

7.4.3　设置行高和列宽

在默认情况下，工作表中单元格的行高和列宽是固定的。在输入较长的数据内容时，常常无法完全显示出来。

1. 拖动鼠标调整行高和列宽

可以直接在工作表中拖动鼠标来改变行高和列宽。详情参见“第 7 章　选取练习.xlsx”。

假设要调整一列（C 列）的列宽。将鼠标放置在该列（C 列）与右侧相邻列的列标签之间，当鼠标指针显示为一个黑色双向箭头时，按住鼠标左键不放，向左或者向右拖动鼠标，此时在列标签上方会出现一个提示框，显示当前的列宽。调整到所需的列宽时，松开鼠标左键即可完成对一列（C 列）列宽的设置，如图 7—45 所示。

如果需要将多列的列宽调整为相同的列宽，可同时选中需要调整列宽的多列，将鼠

宽度: 8.88 (76 像素)

	A	B	C	D	E
1	姓名	语文	数学	英语	总分
2	王一明	79	100	75	254
3	夏明	95	87	95	277

图 7—45　拖动鼠标设置一列（C 列）的列宽

标放置在所选列中相邻两列的列标签之间，此时鼠标箭头显示为一个黑色双向箭头，如图 7—47 所示，再通过拖动鼠标左键改变所选列的列宽（设置为相同的列宽）。

设置行高的方法与此操作类似。

2. 精确设置行高和列宽

设置行高前，先选中需要调整行高的单行或者多行（也可选中单元格或区域），然后在“开始”选项卡的“单元格”组中，单击“格式”下拉按钮，在展开的下拉菜单（如图 7—46 所示）的“单元格大小”区域中，单击“行高”。在弹出的“行高”对话框中输入所需设定的行高的具体数值，最后单击“确定”按钮完成操作。

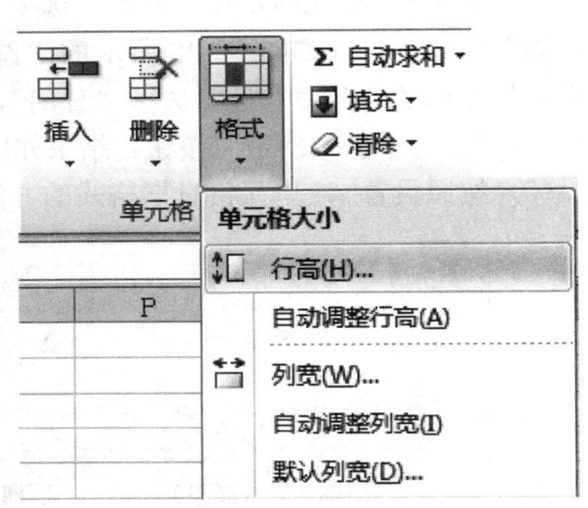

图 7—46　精确设置行高和列宽（“开始”选项卡“单元格”组的“格式”下拉菜单）

设置列宽的方法与此操作类似。

另一种方法是在选中行或者列后，单击鼠标右键，在弹出的快捷菜单中选择“行高”（或者“列宽”）命令，然后进行相应的操作。

3. 设置最适合的行高和列宽

单元格中的文本或数字在列宽不够时，超出宽度部分不显示或显示“＃＃＃＃”。另外，如果在一个表格中设置了多种行高或者列宽，或者是表格中的内容长短参差不齐，会使表格看上去比较凌乱，影响了表格的美观和可读性。

针对这种情况，有一项命令可以让用户快速地设置最适合的行高或者列宽，使得设置后的行高和列宽自动适应于表格中的字符长度，这项命令称为“自动调整行高（或者列宽）”。具体操作方法如下：选中需要调整列宽的单列或者多列（也可选中单元格或区域）后，在“开始”选项卡的“单元格”组中，单击“格式”下拉按钮，在展开的下拉菜单（如图 7—46 所示）的“单元格大小”区域中，单击“自动调整列宽”命令。这样就可以将所选列（或单元格）的列宽调整到“最适合”的宽度，使得列中的每一行字符都可以恰好完全显示。

类似地，使用“自动调整行高”命令，则可以设置最适合的行高以适应行中字符的高度。

除了使用命令操作外，还有一种更加方便快捷的方法可以用来快速调整最适合的行高或者列宽。操作方法如下：同时选中需要调整列宽的多列，将鼠标放置在所选列中的相邻两列（如 C 列和 D 列）的列标签之间，此时鼠标箭头显示为一个黑色双向箭头，如图 7—47 所示（参见“第 7 章　选取练习. xlsx”）。双击鼠标左键即可完成“自动调整列宽”的操作。

	A	B	C	D	E	F
1	姓名	语文	数学	英语	总分	
2	王一明	79	100	75	254	
3	夏明	95	87	95	277	

图 7—47　选中多列后，自动调整列宽

多行“自动调整行高”的操作方法与此类似。

温馨提示：如果只有一列（单列）需要调整列宽，将鼠标放置在该列与右侧相邻列的列标签之间，当鼠标箭头显示为一个黑色双向箭头时，双击鼠标左键即可完成该列的“自动调整列宽”操作。

只有一行（单行）需要“自动调整行高”的操作方法与此类似（将鼠标放置在该行与下方相邻行的行标签之间）。

7.4.4　快速设置单元格格式

1. 通过“格式刷”复制格式

通过“格式刷”复制格式的操作步骤如下：

（1）选择需要复制格式的单元格区域，在“开始”选项卡的“剪贴板”组中，单击“格式刷”按钮。

（2）移动鼠标到目标单元格区域，此时鼠标指针变为“刷子”形状，单击鼠标左键，将格式复制到目标单元格区域。

如果需要将现有单元格区域的格式复制到更大的单元格区域，可以在步骤（2）中，在目标单元格左上角单元格位置按下鼠标左键，并向右下拖动至需要的位置，松开鼠标左键即可。

如果在步骤（1）中双击“格式刷”按钮，将进入重复使用模式，以便将现有单元格的格式复制到多个单元格，直到再次单击“格式刷”按钮或按 Esc 键结束。

2. 使用“套用表格格式”快速格式化数据表

Excel 2010 的“套用表格格式”功能提供了多达 60 种表格格式，为用户格式化数据表提供了更为丰富的选择，即使用户不希望将数据表转化为“表格”，仍可以借助“表格”功能来快速格式化数据表。有关“表格”（数据列表）功能的详细介绍，请参阅 7.8 节。

参见“第 7 章　套用表格格式. xlsx”。

使用“套用表格格式”的操作步骤如下：

（1）选中数据表中的任意一个单元格（如 C2 单元格），在“开始”选项卡的“样式”组中，单击“套用表格格式”下拉按钮。

（2）在展开的库中，单击需要的表格格式（如“浅色”区域中的“表样式浅色 11”），如图 7—48 所示。

（3）在弹出的“套用表格式”对话框中，“表数据的来源”默认选择整个表格以及表格标题区域 A1：E9，如图 7—49 所示。

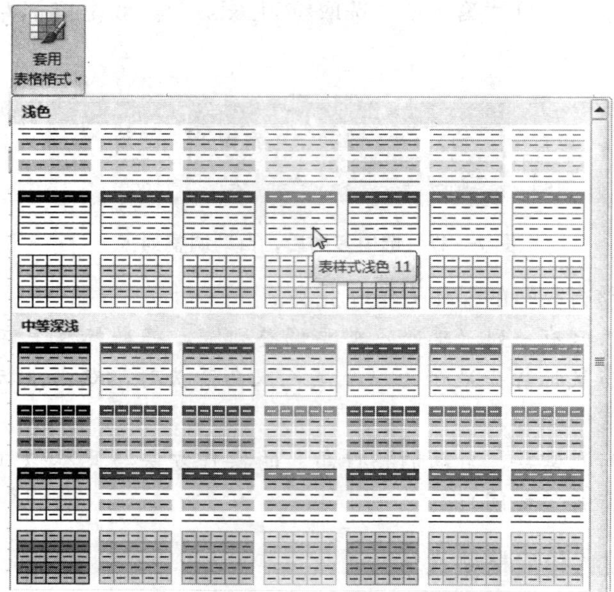

图 7—48　“套用表格格式”库

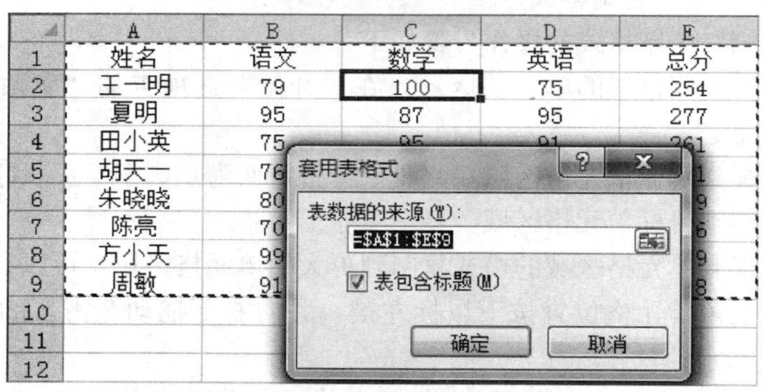

图 7—49　“套用表格格式”对话框

（4）单击“确定”按钮，数据表被创建为“表格”并应用了格式，且出现“表格工具”的“设计”选项卡。

（5）在“设计”选项卡的“工具”组中，单击“转换为区域”按钮。

（6）在弹出的提示对话框中，单击“是”按钮，将“表格”转换为普通数据表，但格式仍被保留，如图 7—50 所示。

	A	B	C	D	E
1	姓名	语文	数学	英语	总分
2	王一明	79	100	75	254
3	夏明	95	87	95	277
4	田小英	75	95	91	261
5	胡天一	76	83	62	221
6	朱晓晓	80	92	77	249
7	陈亮	70	78	88	236
8	方小天	99	80	80	259
9	周敏	91	97	80	268

图 7—50　使用“套用表格格式”快速格式化后的数据表（表样式浅色 11）

3. 使用“单元格样式”快速格式化单元格或单元格区域

单元格样式是指一组特定单元格格式的组合。使用单元格样式可以快速对应用相同样式的单元格或单元格区域进行格式化，从而提高工作效率并使工作表格式规范统一。

操作步骤如下：

(1) 选中目标单元格或单元格区域，在“开始”选项卡的“样式”组中，单击“单元格样式”下拉按钮，打开“单元格样式”库，如图 7—51 所示。

(2) 将鼠标移至库中的某个样式，目标单元格会立即显示应用此样式的效果。单击所需的样式即可确认应用此样式。

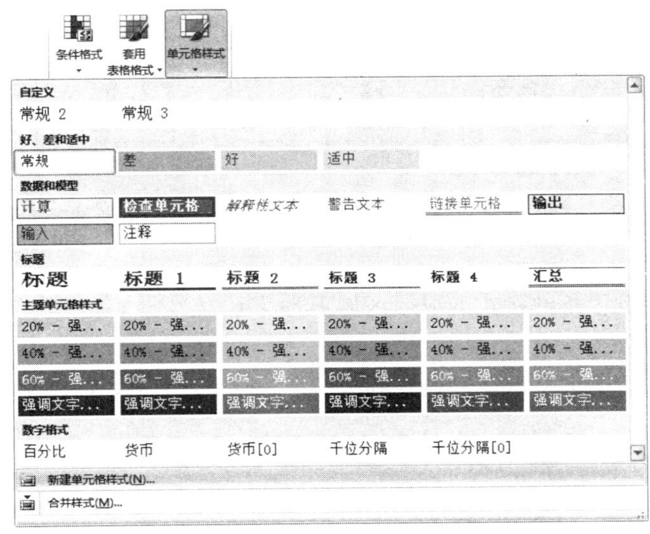

图 7—51　“单元格样式”库

7.4.5　设置条件格式

使用 Excel 的条件格式功能，用户可以预先设置一种单元格格式或单元格的图形效果，并在指定的某种条件被满足时自动应用于单元格。可预先设置的单元格格式包括边框、填充颜色（底纹）、字体颜色等，单元格图形效果包括数据条、色阶、图标集等。

此功能根据用户的要求，快速地对特定单元格进行必要的标识，使数据更加直观易读，表现力大为增强。

设置条件格式还有另外一个好处，那就是当表格中的数据变动时，如从原来的不满足条件变为满足条件了，Excel 会根据设置的条件自动将格式应用到改变后的单元格。

温馨提示：在 Excel 2010 中，每个单元格的条件格式数量为“无限”，而在 Excel 2003中，最多允许 3 个。

1. 使用“突出显示单元格规则”

Excel 内置了 7 种“突出显示单元格规则”，包括大于、小于、介于、等于、文本包含、发生日期、重复值等。

示例：使用“突出显示单元格规则”条件格式分析学生成绩。

参见“第 7 章　设置条件格式. xlsx”中的“突出显示单元格规则”工作表。

如图 7—52 所示，有一份学生成绩表，可以使用“突出显示单元格规则”来设置条件格式，对学生成绩进行分析。例如，将 90 分及以上（优）的成绩用“绿填充色深绿色文本”显示，将 60 分以下（不及格）的成绩用“浅红填充色深红色文本”显示。

	A	B	C	D
1	学生成绩表			
2	姓名	语文	数学	英语
3	王一明	79	56	75
4	夏明	90	87	95
5	田小英	75	95	91
6	胡天一	76	83	52
7	朱晓晓	80	92	77
8	陈亮	50	78	88
9	方小天	99	80	80
10	周敏	85	97	87

图 7—52 学生成绩表（设置“突出显示单元格规则”条件格式前）

操作步骤如下：

（1）选择需要设置条件格式的成绩区域 B3：D10。

（2）在“开始”选项卡的“样式”组中，单击“条件格式”下拉按钮，在展开的下拉菜单中，单击“突出显示单元格规则”，展开下一级菜单，如图 7—53 所示。

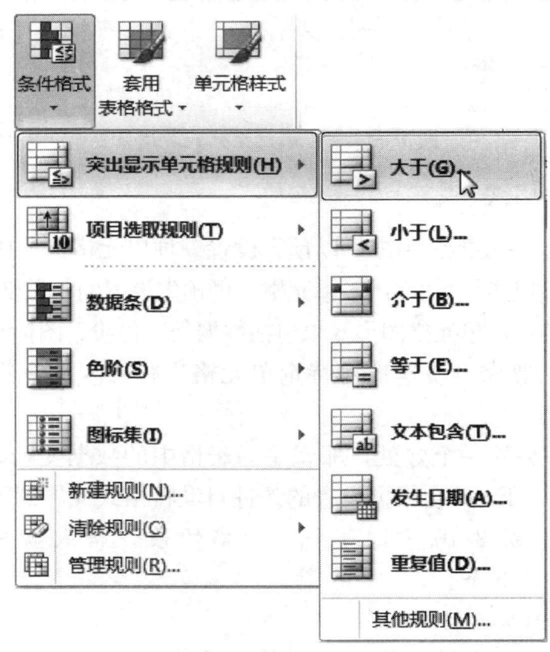

图 7—53 “条件格式”中的“突出显示单元格规则”的下拉菜单

（3）单击“大于”，打开“大于”对话框。在“大于”对话框中，在左侧的框中输入“89”（注意：不能输入 90），在右侧的下拉列表中选择“绿填充色深绿色文本”，如

图 7—54 所示。

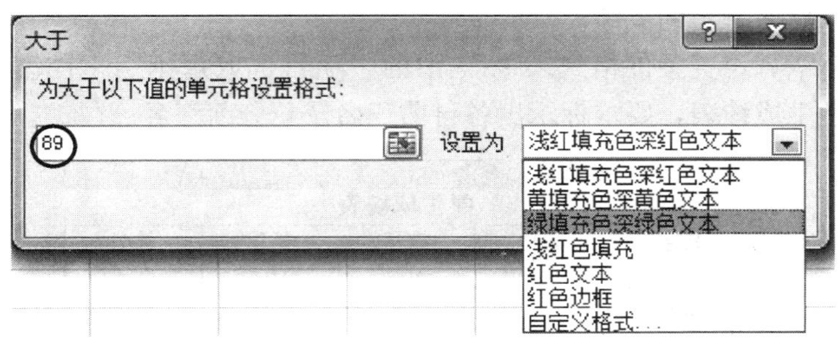

图 7—54　设置条件格式的“大于”对话框（90 分及以上）

（4）单击“确定”按钮，可以看到，在成绩区域 B3：D10 中，90 分及以上（优）的成绩用“绿填充色深绿色文本”显示。

（5）再次选择成绩区域 B3：D10。

（6）在“开始”选项卡的“样式”组中，单击“条件格式”下拉按钮，在展开的下拉菜单中，单击“突出显示单元格规则”，展开下一级菜单，如图 7—53 所示。

（7）单击“小于”，打开“小于”对话框。在“小于”对话框中，在左侧的框中输入“60”，右侧则保留默认的“浅红填充色深红色文本”，如图 7—55 所示。

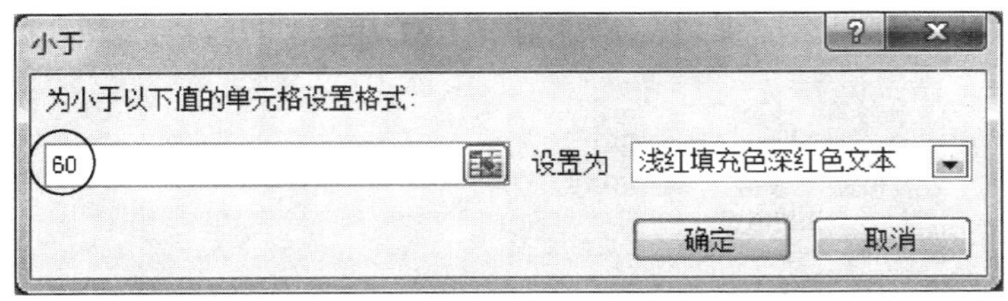

图 7—55　设置条件格式的“小于”对话框（60 分以下）

（8）单击“确定”按钮，设置两个条件格式后的结果如图 7—56 所示。

	A	B	C	D
1	学生成绩表			
2	姓名	语文	数学	英语
3	王一明	79	56	75
4	夏明	90	87	95
5	田小英	75	95	91
6	胡天一	76	83	52
7	朱晓晓	80	92	77
8	陈亮	50	78	88
9	方小天	99	80	80
10	周敏	85	97	87

图 7—56　设置“突出显示单元格规则”条件格式后的学生成绩表

2. 使用“项目选取规则”

Excel 内置了 6 种“项目选取规则”，包括值最大的 10 项、值最大的 10%项、值最小的 10 项、值最小的 10%项、高于平均值、低于平均值等。

示例：标示出前三名的成绩。

参见“第 7 章　设置条件格式. xlsx”中的“项目选取规则”工作表。如图 7—57 所示，有一份学生成绩表，要求标示出各科前三名及总分前三名。

	A	B	C	D	E
1	学生成绩表				
2	姓名	语文	数学	英语	总分
3	王一明	79	100	75	254
4	夏明	95	87	95	277
5	田小英	75	95	91	261
6	胡天一	76	83	62	221
7	朱晓晓	80	92	77	249
8	陈亮	70	78	88	236
9	方小天	99	80	80	259
10	周敏	91	97	80	268

图 7—57　学生成绩表（设置“项目选取规则”条件格式前）

操作步骤如下：

(1) 选择语文成绩 B3：B10 区域。

(2) 在“开始”选项卡的“样式”组中，单击“条件格式”下拉按钮，在展开的下拉菜单中，单击“项目选取规则”，展开下一级菜单，如图 7—58 所示。

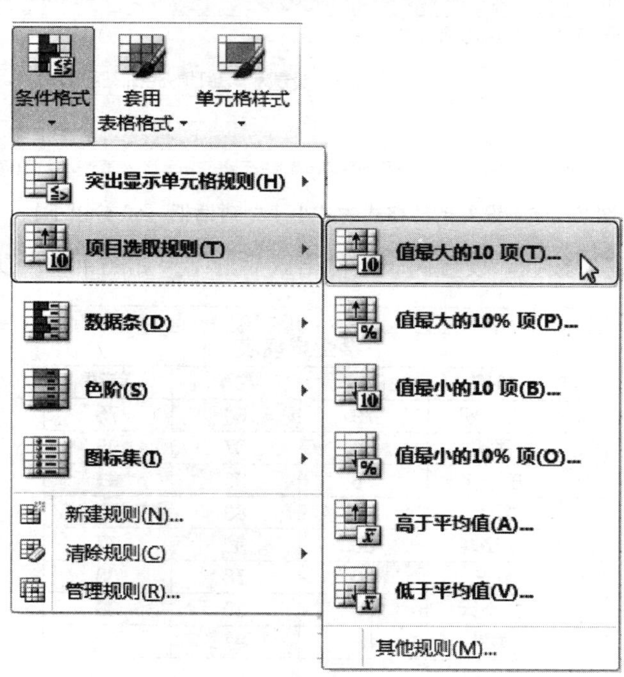

图 7—58　“条件格式”中的“项目选取规则”的下拉菜单

(3) 单击“值最大的 10 项”，打开“10 个最大的项”对话框。在左侧的微调按钮中将值选为“3”（或直接输入“3”），在右侧的下拉列表中选择相应的条件格式，如保留默认的“浅红填充色深红色文本”，如图 7—59 所示。

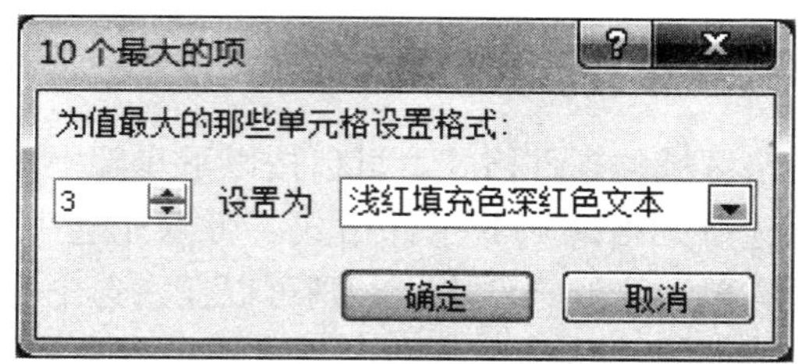

图 7—59　设置条件格式的“10 个最大的项”对话框（前三名）

（4）单击“确定”按钮，结果如图 7—60 中的语文成绩 B3：B10 区域所示。从中可以看出，语文成绩前三名的学生是：夏明、方小天和周敏。

	A	B	C	D	E
1	学生成绩表				
2	姓名	语文	数学	英语	总分
3	王一明	79	100	75	254
4	夏明	95	87	95	277
5	田小英	75	95	91	261
6	胡天一	76	83	62	221
7	朱晓晓	80	92	77	249
8	陈亮	70	78	88	236
9	方小天	99	80	80	259
10	周敏	91	97	80	268

图 7—60　设置“项目选取规则”条件格式后语文成绩的前三名

（5）选中语文成绩 B3：B10 区域，用“格式刷”分别（注意：需要分 3 次）将条件格式复制到数学成绩 C3：C10 区域、英语成绩 D3：D10 区域和总分成绩 E3：E10 区域。

最后的效果如图 7—61 所示，从中可以看出：

（1）语文前三名的学生是：夏明、方小天和周敏。

（2）数学前三名的学生是：王一明、田小英和周敏。

（3）英语前三名的学生是：夏明、田小英和陈亮。

（4）总分前三名的学生是：夏明、田小英和周敏。

	A	B	C	D	E
1	学生成绩表				
2	姓名	语文	数学	英语	总分
3	王一明	79	100	75	254
4	夏明	95	87	95	277
5	田小英	75	95	91	261
6	胡天一	76	83	62	221
7	朱晓晓	80	92	77	249
8	陈亮	70	78	88	236
9	方小天	99	80	80	259
10	周敏	91	97	80	268

图 7—61　设置“项目选取规则”条件格式后语文、数学、英语、总分的前三名

3. 复制“条件格式”

复制“条件格式”可以通过“格式刷”来实现。

4. 清除“条件格式”

如果需要清除单元格区域的条件格式，可以按以下步骤操作：

(1) 如果要清除所选单元格区域的条件格式，可以先选中相关单元格区域；如果要清除整个工作表中所有单元格的条件格式，则可以任意选中一个单元格。

(2) 在“开始”选项卡的“样式”组中，单击“条件格式”下拉按钮，在展开的下拉菜单（如图 7—58 所示）中，单击“清除规则”，展开下一级菜单。

(3) 如果单击“清除所选单元格的规则”选项，则清除所选单元格区域的条件格式；如果单击“清除整个工作表的规则”选项，则清除当前工作表所有单元格的条件格式。

5. 查找有条件格式的单元格

如果工作表的一个或多个单元格具有条件格式，则可以快速找到它们以便复制、更改或清除条件格式。可以使用“定位条件”命令只查找具有特定条件格式的单元格，或查找所有具有条件格式的单元格。

(1) 查找所有具有条件格式的单元格。

①单击任意一个没有设置条件格式的单元格（如没有设置条件格式的空白单元格）。

②在“开始”选项卡的“编辑”组中，单击“查找和选择”下拉按钮，在展开的下拉菜单（如图 7—62 所示）中，单击“条件格式”。

(2) 只查找具有相同条件格式的单元格。

①单击具有要查找的条件格式的任意一个单元格。

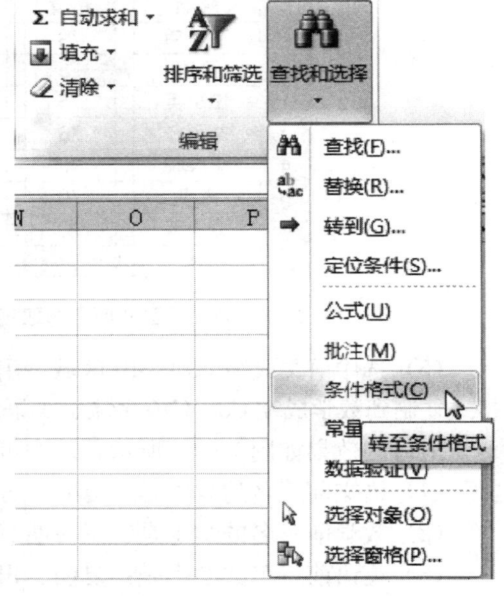

图 7—62 “开始”选项卡“编辑”组的“查找和选择”的下拉菜单

②在“开始”选项卡的“编辑”组中，单击“查找和选择”下拉按钮，在展开的下拉菜单（如图 7—62 所示）中，单击“定位条件”。

③在打开的“定位条件”对话框中，单击“条件格式”，再单击“相同”，如图 7—63 所示。

6. 对所选单元格区域的条件格式规则的有关操作

可以查看、新建、编辑（更改）、删除所选单元格区域的条件格式规则。步骤如下：

(1) 选中单元格区域。

(2) 在“开始”选项卡的“样式”组中，单击“条件格式”下拉按钮，在展开的

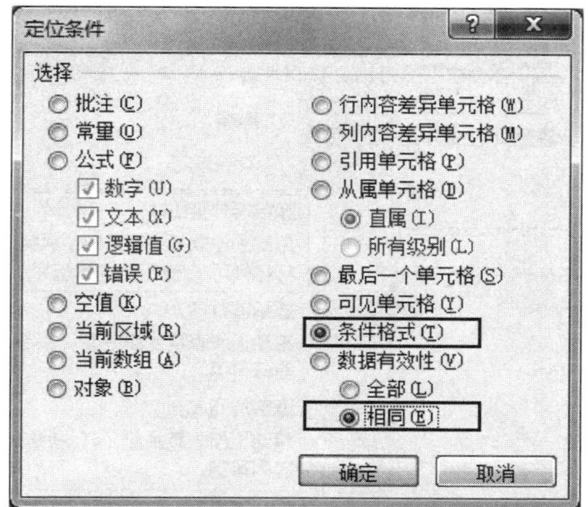

图 7—63　“定位条件”对话框（条件格式，相同）

下拉菜单（如图 7—58 所示）中，单击“管理规则”按钮。

（3）在打开的“条件格式规则管理器”对话框中，可以查看、新建、编辑（更改）和删除条件格式规则，如图 7—64 所示。

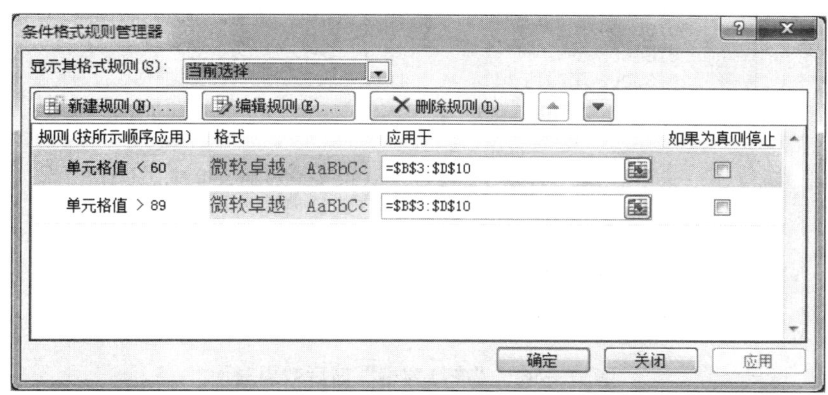

图 7—64　“条件格式规则管理器”对话框

7.4.6　冻结窗格——固定显示表头标题行（或者标题列）

对于比较复杂的大型表格，常常需要在滚动浏览表格内容时，固定显示表头标题行（或者标题列），使用“冻结窗格”命令可以方便地实现这种效果。

示例：固定显示位于第 1 行和第 2 行的表格表头和标题。参见“第 7 章　计算机应用基础成绩计算. xlsx”中的“考试成绩格式设置”工作表。

操作步骤如下：

（1）需要固定显示的表格表头和标题位于第 1 行和第 2 行，因此，单击选中 A3 单元格为当前活动单元格。

（2）在“视图”选项卡的“窗口”组中，单击“冻结窗格”下拉按钮，在展开的下拉菜单（如图 7—65 所示）中，单击选择“冻结拆分窗格”。这时在第 3 行的上边框出现一条水平方向的黑色冻结线。

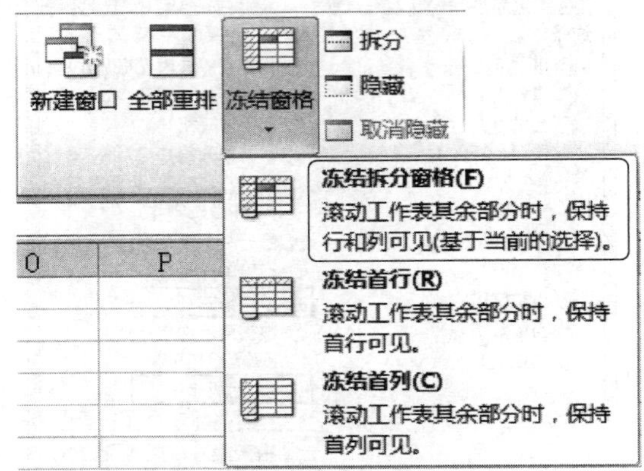

图 7—65 “视图”选项卡“窗口”组中的“冻结窗格”下拉菜单

黑色冻结线上方的表头和标题行（第 1 行和第 2 行）都被“冻结”。当沿着垂直方向滚动浏览表格内容时，第 1 行表头和第 2 行标题保持不变且始终可见。效果如图 7—66 所示。

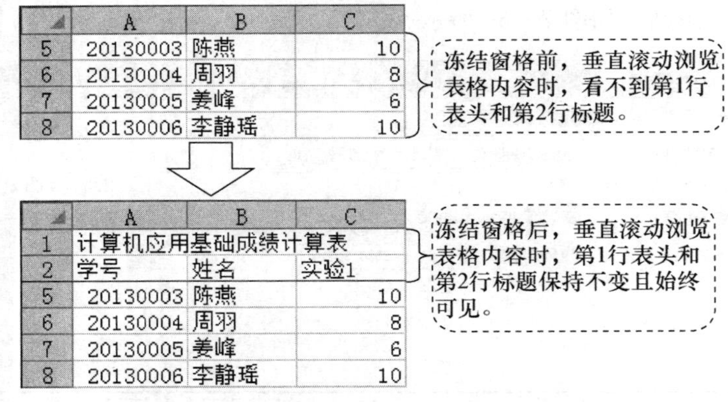

	A	B	C
5	20130003	陈燕	10
6	20130004	周羽	8
7	20130005	姜峰	6
8	20130006	李静瑶	10

	A	B	C
1	计算机应用基础成绩计算表		
2	学号	姓名	实验1
5	20130003	陈燕	10
6	20130004	周羽	8
7	20130005	姜峰	6
8	20130006	李静瑶	10

图 7—66 “冻结窗格”前后效果对比

温馨提示：

（1）从哪个位置冻结窗格，取决于在进行冻结窗格操作前选中哪个单元格，将会冻结所选单元格左边的列和上方的行。如冻结 A 列和第 1 行，则选中 B2 单元格。

（2）用户还可以在“冻结窗格”的下拉菜单中，选择“冻结首行”或“冻结首列”，快速地冻结表格首行或首列。

（3）要取消工作表的冻结窗格状态，可以在“视图”选项卡的“窗口”组中，单击“冻结窗格”，在其下拉菜单中，单击“取消冻结窗格”。

（4）用户如果需要变换冻结位置，需要先“取消冻结窗格”，然后再执行一次“冻结窗格”操作。但“冻结首行”或“冻结首列”不受此限制。

7.4.7 应用案例 2：考试成绩的格式设置

对 7.2.4 节（应用案例 1）输入的考试成绩表进行格式设置，结果如图 7—67 所示。

	A	B	C	D	E	F	G	H	I	J	K
1	**计算机应用基础成绩计算表**										
2	**学号**	**姓名**	**实验 1**	**实验 2**	**实验 3**	**实验 4**	**实验 5**	**平时成绩**	**期中成绩**	**期末成绩**	**总成绩**
3	20130001	李英	8	6	10	10	6		79	88	
4	20130002	李凌	10	8	10	8	10		91	89	
5	20130003	陈燕	10	10	10	8	6		62	90	
6	20130004	周羽	8	6	6	8	10		86	76	
7	20130005	姜峰	6	4	6	6	0		60	56	
8	20130006	李静瑶	10	8	10	6	8		62	80	
9	20130007	张晓京	8	8	8	8	10		97	82	
10	20130008	凌霞洋	8	6	6	10	6		79	58	

图 7—67　在 Excel 中的考试成绩（设置格式后）

请参见“第 7 章　计算机应用基础成绩计算. xlsx”中的“考试成绩格式设置”工作表。

操作步骤如下：

（1）选中 A1：K1 区域，在“开始”选项卡的“对齐方式”组中，单击“合并后居中”按钮；然后在“开始”选项卡的“字体”组中，单击“字号”下拉按钮，在展开的下拉列表中选择“16”；最后在“开始”选项卡的“字体”组中，单击“加粗”按钮**B**。这时第 1 行表头“计算机应用基础成绩计算表”合并后居中对齐显示，字号为 16，字体加粗。

（2）选中 A2：K10 区域，在“开始”选项卡的“对齐方式”组中，单击“居中”按钮。这时，表格的标题（第 2 行）和数据（第 3～10 行）居中对齐显示。

（3）选中 A2：K2 区域（表格的第 2 行标题），在“开始”选项卡的“字体”组中，单击“加粗”按钮**B**；然后在“开始”选项卡的“对齐方式”组中，单击“自动换行”按钮。这时，表格标题（第 2 行）的字体加粗，并设置了“自动换行”。

（4）选中 C～K 列（共 9 列），鼠标放置在 C～K 列中的相邻两列（如 C 列和 D 列）的列标签之间，此时鼠标箭头显示为一个黑色双向箭头（如图 7—47 所示）。按住鼠标左键不放，向左或者向右拖动鼠标，同时调整 C～K 列的列宽（这里的列宽要求只显示两个汉字，如“实验”）。

（5）将鼠标放置在第 2 行与第 3 行的行标签之间，当鼠标箭头显示为一个黑色双向箭头时，双击鼠标左键，将根据第 2 行（标题）的内容设置最适合的行高，效果如图 7—68 所示。

K2　　fx　总成绩

	A	B	C	D	E	F	G	H	I	J	K
2	**学号**	**姓名**	**实验 1**	**实验 2**	**实验 3**	**实验 4**	**实验 5**	**平时成绩**	**期中成绩**	**期末成绩**	**总成绩**

图 7—68　表格标题（第 2 行）设置格式后的效果

（6）单击选中 K2 单元格，再单击编辑栏，并将竖线光标定位在“总”和“成绩”之间（如图 7—69 所示）。按 Alt＋Enter 组合键实现单元格内文本的强制换行。

K2　　× ✓ fx　总|成绩

图 7—69　将竖线光标定位在“总”和“成绩”之间

（7）单击选中 A3 单元格，在“视图”选项卡的“窗口”组中，单击“冻结窗格”下拉按钮，在展开的下拉菜单（如图 7—65 所示）中，单击选择“冻结拆分窗格”按钮，固定显示表头和标题行（第 1～2 行）。

（8）选择所有标题和数据 A1：K10 区域，在“开始”选项卡的“字体”组中，单击“边框”下拉按钮，在展开的下拉菜单中选择“所有框线”。

（9）将 60 分以下（不及格）的成绩用“浅红填充色深红色文本”标识出来。选中成绩区域 H3：K10（注意：不包括实验），然后在“开始”选项卡的“样式”组中，单击“条件格式”下拉按钮，在展开的下拉菜单中，单击“突出显示单元格规则”，展开下一级菜单，如图 7—53 所示。

（10）单击“小于”，打开“小于”对话框。在“小于”对话框中，在左侧的框中输入“60”，右侧则保留默认的“浅红填充色深红色文本”，如图 7—55 所示。

（11）单击“确定”按钮，完成条件格式的设置，结果如图 7—67 所示。此时，在有成绩的 I3：J10 区域中，可以看到 60 分以下（不及格）的成绩用“浅红填充色深红色文本”标识出来。而暂时还没有成绩的“平时成绩”区域 H3：H10 和“总成绩”区域 K3：K10，在输入 7.5 节介绍的公式和函数后（具体参见 7.5.8 节的应用案例 3），会根据计算结果自动进行条件格式的设置。

7.5 让计算变简单——公式与常用函数

Excel 提供了功能强大的数据计算功能。所谓“万变不离其宗”，掌握公式和函数的使用方法就可以构造出千变万化的计算公式。

7.5.1 认识公式

公式是 Excel 中一种非常重要的数据。Excel 作为一种电子数据表格，它许多强大的计算功能都是通过公式来实现的。

在 Excel 中，公式是以等号“＝”为引导，通过把运算符按照一定的顺序组合起来进行数据运算处理的等式。使用公式是为了有目的地计算结果，因此 Excel 的公式必须（且只能）返回值。

1. 公式的组成元素

公式的组成元素为等号“＝”、运算符和常量、单元格引用①、函数等，如表 7—2 所示。

表 7—2　　公式的组成元素

序号	公式	说明
1	＝15 * 3＋20 * 2	包含常量运算的公式
2	＝A1 * 3＋A2 * 2	包含单元格引用的公式
3	＝SUM（A1 * 3，A2 * 2）	包含函数的公式

① 单元格引用是 Excel 公式的组成部分，它的作用是确定计算范围。

2．公式的输入、编辑和删除

除了单元格格式被事先设置为“文本”外，当以等号“＝”作为开始在单元格中输入时，Excel 将自动变为“输入公式”状态，以加号“＋”、负号（或减号）“－”作为开始输入时，系统会自动在其前面加上等号“＝”变为“输入公式”状态。

在“输入公式”状态下，鼠标选中其他单元格或区域时，被选单元格或区域将作为引用自动输入到公式中。单击编辑栏左侧的“输入”按钮✔（或按 Enter 键），可结束“公式输入”或“公式编辑”状态，并自动得出计算结果。

如果需要计算某数的 n 次方，如计算 8^5，在 Excel 中可以利用乘方运算符组成公式“＝8^5”。在 C2 单元格中输入公式“＝8^5”，单击编辑栏左侧的“输入”按钮✔，得到计算结果，如图 7—70 所示。

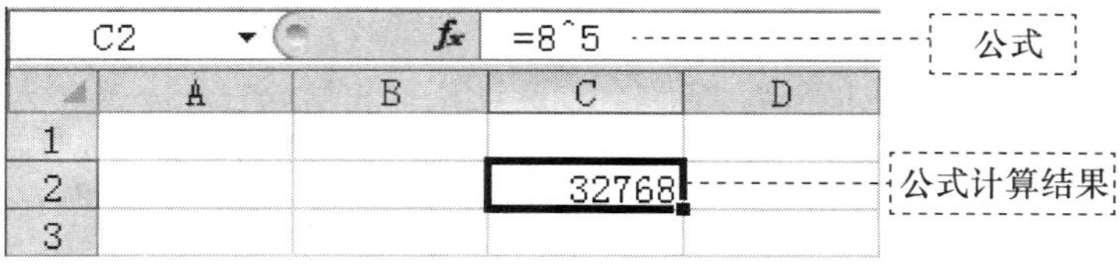

图 7—70　乘方计算公式和公式计算结果

由于公式也是一种数据，前面 7.3.1 节中介绍的“编辑单元格内容”，三种进入单元格“编辑模式”的方法同样适用于对公式的编辑修改。特别推荐“单击选中公式所在单元格，然后单击编辑栏”的方法，这样可以将竖线光标定位在编辑栏中，进入编辑栏的“编辑模式”。

3．公式的复制和填充

当需要使用相同的计算方法时，可以同一般单元格内容一样，通过“复制”和“粘贴”的方法实现，而不必逐个单元格输入和编辑公式。

示例：使用公式计算销售额。参见“第 7 章　认识公式. xlsx”中的“使用公式计算销售额”工作表。

如图 7—71 所示，有小卖部饮料销售情况表，需要根据 C 列的零售价和 D 列的销售量计算各种饮料的销售额。

在 E3 单元格中输入以下公式①：

＝C3 * D3

采用以下 3 种方法，可以将 E3 单元格的公式复制到计算方法相同的 E4：E10 区域。

（1）拖动填充柄。单击 E3 单元格，将鼠标指向该单元格右下角，当鼠标指针显示为黑色“＋”字时，按住鼠标左键向下拖动至 E10 单元格。

---

①　技巧：除了直接在公式中输入单元格引用外，还可以在“输入公式”或“编辑公式”状态下，单击某个单元格（或拖动鼠标选择区域），公式将自动引用该单元格（或区域）。例如，单击选中“销售额”列的 E3 单元格，输入“＝”（进入“输入公式”状态），单击 C3 单元格，再输入乘号“*”，然后单击 D3 单元格。在公式输入和编辑过程中，采用鼠标单击（单元格，行号，列标）或拖动（选择区域）的方法输入引用准确、快捷。

E3 | f_x | =C3*D3

	A	B	C	D	E
1	小卖部饮料销售情况表				
2	饮料名称	单位	零售价	销售量	销售额
3	橙汁	听	￥2.80	156	436.80
4	红牛	听	￥6.50	98	637.00
5	健力宝	听	￥2.90	155	449.50
6	可乐	听	￥3.20	160	512.00
7	矿泉水	瓶	￥2.30	188	432.40
8	美年达	听	￥2.80	66	184.80
9	酸奶	瓶	￥1.20	136	163.20
10	雪碧	听	￥3.00	24	72.00

图 7—71　使用公式计算销售额

（2）双击填充柄。单击 E3 单元格，双击 E3 单元格右下角的填充柄，公式将向下填充到其同一列第一个空单元格的上一行，即 E10 单元格。

（3）选择性粘贴。①单击 E3 单元格，在“开始”选项卡的“剪贴板”组中，单击“复制”按钮（或按 Ctrl＋C 组合键）。②选择 E4：E10 区域，在“开始”选项卡的“剪贴板”组中，单击“粘贴”下拉按钮，在展开的下拉菜单的“粘贴”区域中，单击“公式”按钮，如图 7—72 所示。

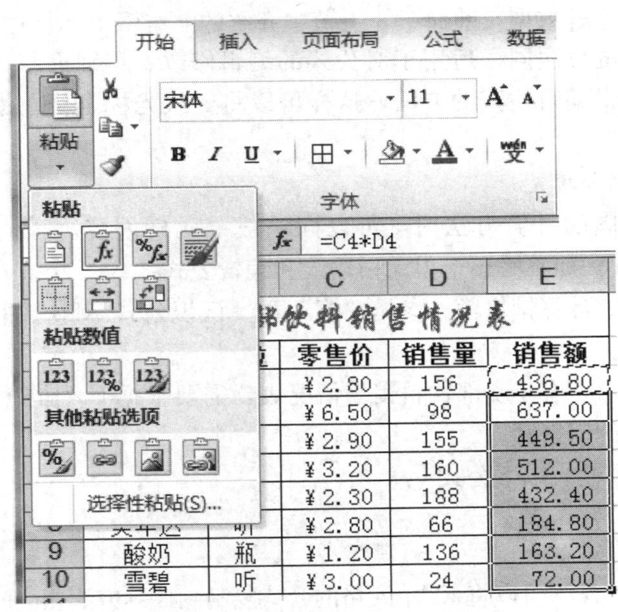

图 7—72　选择性粘贴公式（“开始”选项卡“剪贴板”组的“粘贴”下拉菜单）

使用这 3 种方法复制公式的区别在于：方法（1）和方法（2）是复制单元格操作，源单元格（E3 单元格）的格式、条件格式、数据有效性等属性将被复制到被填充区域（E4：E10 区域）。而方法（3）不会改变被填充区域（E4：E10 区域）的单元格属性。

4. 公式中的运算符

运算符是构成公式的基本元素之一，每个运算符分别代表一种运算。Excel 包含 4

种类型的运算符：算术运算符、比较运算符、文本运算符和引用运算符，如表 7—3 所示。

表 7—3　　Excel 的 4 种类型的运算符

运算符类型	说明
算术运算符	用于加“+”、减“－”、乘“*”、除“/”、百分比“%”以及乘幂“^”等各种常规的算术运算
比较运算符	用于比较数据（文本或数值）的大小，包括等于“＝”、不等于“＜＞”、大于“＞”、小于“＜”、大于等于“＞＝”和小于等于“＜＝”
文本运算符	用于将文本字符或字符串进行连接和合并“&”
引用运算符	Excel 特有的运算符，用于单元格引用，如区间运算符“:”（比号）

7.5.2　认识单元格引用

单元格是工作表的最小组成元素，以左上角第一个单元格为原点，向下、向右分别为行、列坐标的正方向，由此构成单元格在工作表中所处位置的坐标集合。

在公式中使用坐标方式表示单元格在工作表中的“地址”以实现对存储于单元格中的数据的调用，这种方法称为单元格引用。

在默认情况下，Excel 使用 A1 引用样式，即使用字母 A～XFD 表示列标，用数字 1～1 048 576 表示行号，单元格地址由列标和行号组合而成。例如，位于 C 列和第 3 行交叉处的单元格，其单元格地址为“C3”。

在引用单元格区域时，使用引用运算符“:”（比号）将表示左上角单元格和右下角单元格的坐标相连，如引用 D 列第 3 行至 E 列第 10 行之间的所有单元格组成的矩形区域，单元格区域地址为“D3：E10”。如果引用整行或整列，可省去列标或行号，如“3：3”表示工作表中的第 3 行，即 A3：XFD3；“C：C”表示 C 列，即 C1：C1048576。

公式中的引用具有以下关系：如果在 B1 单元格中输入公式“＝A1”，那么 A1 就是 B1 的引用单元格，B1 就是 A1 的从属单元格。从属单元格与引用单元格之间的位置关系为单元格引用的相对性，可分为 3 种不同的引用方式：相对引用、绝对引用和混合引用。

1. 相对引用

当复制公式到其他单元格时，Excel 保持从属单元格与引用单元格的相对位置不变，这种引用称为相对引用。如在 B2 单元格中输入公式“＝A1”，当向右复制公式时，将依次变为“＝B1”、“＝C1”、“＝D1”等；当向下复制公式时，将依次变为“＝A2”、“＝A3”、“＝A4”等；始终保持引用公式所在单元格的左侧 1 列、上方 1 行的位置。

示例：使用相对引用计算总成绩。参见“第 7 章　认识公式.xlsx”中的“使用相对引用计算总成绩”工作表。

如图 7—73 所示，在计算机应用基础成绩表中，C 列、D 列、E 列分别为学生的平时成绩、期中成绩、期末成绩。假设

总成绩＝平时成绩×20%＋期中成绩×50%＋期末成绩×30%

F3 =C3*20%+D3*50%+E3*30%

	A	B	C	D	E	F
1	计算机应用基础成绩表					
2	学号	姓名	平时成绩	期中成绩	期末成绩	总成绩
3	20130001	李英	80	79	88	81.9
4	20130002	李凌	92	91	89	90.6
5	20130003	陈燕	88	62	90	75.6
6	20130004	周羽	76	86	76	81
7	20130005	姜峰	44	60	56	55.6
8	20130006	李静瑶	84	62	80	71.8
9	20130007	张晓京	84	97	82	89.9
10	20130008	凌霞洋	72	79	58	71.3

图 7—73　使用相对引用计算总成绩

在 F3 单元格中输入以下公式并向下复制：

=C3＊20%+D3＊50%+E3＊30%

如图 7—74 所示，利用相对引用特性始终用公式左侧的三个单元格进行加权平均，当复制到 F10 单元格时，公式自动变为：

=C10＊20%+D10＊50%+E10＊30%

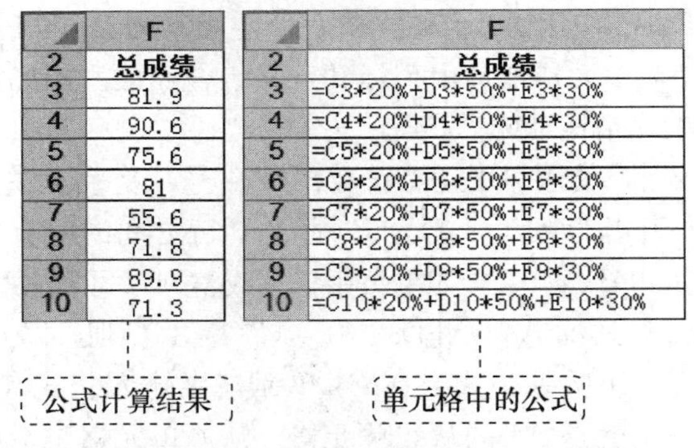

	F
2	总成绩
3	81.9
4	90.6
5	75.6
6	81
7	55.6
8	71.8
9	89.9
10	71.3

	F
2	总成绩
3	=C3*20%+D3*50%+E3*30%
4	=C4*20%+D4*50%+E4*30%
5	=C5*20%+D5*50%+E5*30%
6	=C6*20%+D6*50%+E6*30%
7	=C7*20%+D7*50%+E7*30%
8	=C8*20%+D8*50%+E8*30%
9	=C9*20%+D9*50%+E9*30%
10	=C10*20%+D10*50%+E10*30%

图 7—74　相对引用公式复制后的结果

也就是说，使用相对引用，每位学生的总成绩都是根据自己的平时成绩、期中成绩和期末成绩计算得到的，不会出现"张冠李戴"的情况。

2. 绝对引用

当复制公式到其他单元格时，Excel 保持公式所引用的单元格绝对位置不变，这种引用称为绝对引用。如在 B2 单元格中输入公式"＝$A$3"，则无论公式向右还是向下复制，都始终保持为"＝$A$3"不变。

示例：使用相对引用和绝对引用计算总成绩。参见"第 7 章　认识公式. xlsx"中的"使用相对引用和绝对引用计算总成绩"工作表。

如图 7—75 所示，在计算机应用基础成绩表中，C 列、D 列、E 列分别为学生的平时成绩、期中成绩、期末成绩，并将成绩比例系数设置在 C15、D15、E15 三个单元格中，则

总成绩＝平时成绩×平时比例＋期中成绩×期中比例＋期末成绩×期末比例

在 F3 单元格中输入以下公式并向下复制：

=C3 * $C$15+D3 * $D$15+E3 * $E$15

F3 =C3*$C$15+D3*$D$15+E3*$E$15

	A	B	C	D	E	F
1	计算机应用基础成绩表					
2	学号	姓名	平时成绩	期中成绩	期末成绩	总成绩
3	20130001	李英	80	79	88	81.9
4	20130002	李凌	92	91	89	90.6
5	20130003	陈燕	88	62	90	75.6
6	20130004	周羽	76	86	76	81
7	20130005	姜峰	44	60	56	55.6
8	20130006	李静瑶	84	62	80	71.8
9	20130007	张晓京	84	97	82	89.9
10	20130008	凌霞洋	72	79	58	71.3
11						
12						
13			成绩比例系数设置			
14			平时比例	期中比例	期末比例	
15			20%	50%	30%	

图 7—75 使用相对引用和绝对引用计算总成绩

如图 7—76 所示，利用相对引用和绝对引用，始终引用左侧三个单元格的成绩分别与 C15、D15、E15 三个单元格的成绩比例系数相乘后再相加，得到每位学生的总成绩。当复制到 F10 单元格时，公式自动变为：

=C10 * $C$15+D10 * $D$15+E10 * $E$15

	F
2	总成绩
3	81.9
4	90.6
5	75.6
6	81
7	55.6
8	71.8
9	89.9
10	71.3

公式计算

	F
2	总成绩
3	=C3*$C$15+D3*$D$15+E3*$E$15
4	=C4*$C$15+D4*$D$15+E4*$E$15
5	=C5*$C$15+D5*$D$15+E5*$E$15
6	=C6*$C$15+D6*$D$15+E6*$E$15
7	=C7*$C$15+D7*$D$15+E7*$E$15
8	=C8*$C$15+D8*$D$15+E8*$E$15
9	=C9*$C$15+D9*$D$15+E9*$E$15
10	=C10*$C$15+D10*$D$15+E10*$E$15

单元格中的公式

图 7—76 相对引用和绝对引用公式复制后的结果

也就是说，F3 公式中的 C3、D3、E3 是相对引用，复制公式时，会随着公式位置的变化而变化（对应每位学生的平时成绩、期中成绩和期末成绩）。而 F3 公式中的 $C$15、$D$15、$E$15 是绝对引用，复制公式时，不会随着公式位置的变化而变化（都始终保持平时比例、期中比例和期末比例不变）。

3. 混合引用

当复制公式到其他单元格时，Excel 仅保持所引用单元格的行或列方向之一的绝对位置不变，而另一方向位置发生变化，这种引用称为混合引用，可分为行绝对列相对引用和行相对列绝对引用。如在 C3 单元格中输入公式“＝＄A5”，则公式向右复制时始终保持为“＝＄A5”不变，向下复制时行号将发生变化，即行相对列绝对引用。

示例：使用混合引用制作“九九乘法口诀表”，参见“第 7 章　认识公式. xlsx”中的“使用混合引用制作九九乘法口诀表”工作表。

如图 7—77 所示，A 列中的数为“被乘数”，从第 3 行起顺序为 1，2，…，9（A3∶A11 区域）；第 2 行中的数为“乘数”，从 B 列起顺序为 1，2，…，9（B2∶J2 区域）；中间区域 B3∶J11 为 A 列被乘数与第 2 行乘数的乘积。

由于在整个中间区域 B3∶J11 中，单元格的值均等于所在行的 A 列和所在列的第 2 行的单元格值的乘积。这样，在公式复制时，需要保证作为被乘数的 A 列不变，即列绝对；而作为乘数的第 2 行不变，即行绝对。因此，在 B3 单元格中输入的公式应该为“＝＄A3＊B＄2”，这样，拖动填充柄（可先向下拖动再向右拖动，也可先向右拖动再向下拖动），即可完成“九九乘法口诀表”的计算。

B3　fx　=$A3*B$2

	A	B	C	D	E	F	G	H	I	J
1		九九乘法口诀表								
2		1	2	3	4	5	6	7	8	9
3	1	1	2	3	4	5	6	7	8	9
4	2	2	4	6	8	10	12	14	16	18
5	3	3	6	9	12	15	18	21	24	27
6	4	4	8	12	16	20	24	28	32	36
7	5	5	10	15	20	25	30	35	40	45
8	6	6	12	18	24	30	36	42	48	54
9	7	7	14	21	28	35	42	49	56	63
10	8	8	16	24	32	40	48	56	64	72
11	9	9	18	27	36	45	54	63	72	81

图 7—77　使用混合引用制作“九九乘法口诀表”

这是混合引用的一个典型实例，同时包含行相对列绝对混合引用和行绝对列相对混合引用。B3 单元格公式中的＄A3 是行相对列绝对混合引用（固定 A 列的被乘数），B＄2 是行绝对列相对混合引用（固定第 2 行的乘数）。

如图 7—78 所示，当复制到 J11 单元格时，公式自动变为：

＝＄A11＊J＄2

	A	B	C	D	E	F	G	H	I	J
1		九九乘法口诀表								
2		1	2	3	4	5	6	7	8	9
3	1	=$A3*B$2	=$A3*C$2	=$A3*D$2	=$A3*E$2	=$A3*F$2	=$A3*G$2	=$A3*H$2	=$A3*I$2	=$A3*J$2
4	2	=$A4*B$2	=$A4*C$2	=$A4*D$2	=$A4*E$2	=$A4*F$2	=$A4*G$2	=$A4*H$2	=$A4*I$2	=$A4*J$2
5	3	=$A5*B$2	=$A5*C$2	=$A5*D$2	=$A5*E$2	=$A5*F$2	=$A5*G$2	=$A5*H$2	=$A5*I$2	=$A5*J$2
6	4	=$A6*B$2	=$A6*C$2	=$A6*D$2	=$A6*E$2	=$A6*F$2	=$A6*G$2	=$A6*H$2	=$A6*I$2	=$A6*J$2
7	5	=$A7*B$2	=$A7*C$2	=$A7*D$2	=$A7*E$2	=$A7*F$2	=$A7*G$2	=$A7*H$2	=$A7*I$2	=$A7*J$2
8	6	=$A8*B$2	=$A8*C$2	=$A8*D$2	=$A8*E$2	=$A8*F$2	=$A8*G$2	=$A8*H$2	=$A8*I$2	=$A8*J$2
9	7	=$A9*B$2	=$A9*C$2	=$A9*D$2	=$A9*E$2	=$A9*F$2	=$A9*G$2	=$A9*H$2	=$A9*I$2	=$A9*J$2
10	8	=$A10*B$2	=$A10*C$2	=$A10*D$2	=$A10*E$2	=$A10*F$2	=$A10*G$2	=$A10*H$2	=$A10*I$2	=$A10*J$2
11	9	=$A11*B$2	=$A11*C$2	=$A11*D$2	=$A11*E$2	=$A11*F$2	=$A11*G$2	=$A11*H$2	=$A11*I$2	=$A11*J$2

图 7—78　混合引用复制后的公式

综上所述，如果希望在复制公式时能够固定引用某个单元格，则需要使用绝对引用符号“$”，加在行号或列标前面，其特性如表 7—4 所示。

表 7—4　　单元格引用类型及特性

引用类型	例子	特性
绝对引用	$A$1	向下向右复制公式均不改变引用关系
行绝对列相对混合引用	A$1	向下复制公式不改变引用关系，但向右复制公式改变列的引用关系
行相对列绝对混合引用	$A1	向右复制公式不改变引用关系，但向下复制公式改变行的引用关系
相对引用	A1	向下向右复制公式均会改变引用关系

4. 快速切换 4 种不同的引用类型

虽然使用相对引用、绝对引用和混合引用能够方便地根据复制公式的需要进行设置，但手工输入绝对引用符号“$”是较为烦琐的。Excel 提供 F4 快捷键，可以在 4 种不同引用类型中循环切换。其顺序如下：

绝对引用→行绝对列相对引用→行相对列绝对引用→相对引用

例如，在 A1 单元格中输入公式“=B2”，按 F4 键后依次变为：

$B$2→B$2→$B2→B2

5. 切换显示公式和计算结果

在“公式”选项卡的“公式审核”组（如图 7—79 所示）中，单击“显示公式”按钮，将显示公式本身而不是公式的计算结果（当“显示公式”按钮处于高亮状态时，显示公式本身）。

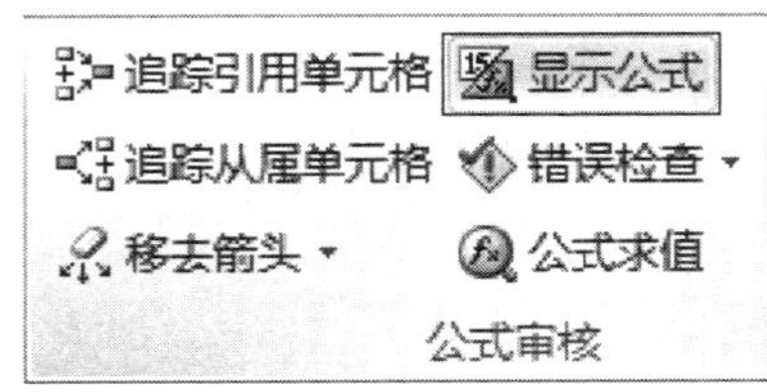

图 7—79　“公式”选项卡的“公式审核”组

再次单击“显示公式”按钮，将显示公式的计算结果。

也就是说，单击“显示公式”按钮，可在普通模式和显示公式模式之间进行切换。

7.5.3 认识函数

Excel 提供了 300 多个函数，在公式中使用函数可以简化复杂的计算过程。每个函数都有特定的功能和用途，在计算时可以根据需要进行选择。

1. 函数的结构

在公式中使用函数时，通常由表示公式开始的等号“=”、函数名称、左括号

“(”、以半角逗号（“,”）分隔的参数和右括号“)”组成，如图 7—80 所示。此外，公式中允许使用多个函数或计算式，通过运算符进行连接。

有的函数可以允许多个参数，例如，SUM（A1：A10，C1：C10）使用了 2 个参数。另外，也有一些函数没有参数（只由函数名称和成对的括号构成），如 TODAY 函数、RAND 函数、PI 函数等没有参数。

函数的参数，可以由数值、日期和文本等元素组成，也可以使用常量、数组、单元格引用或其他函数。当使用函数作为另一个函数的参数时，称为函数的嵌套。

温馨提示：在 Excel 2010 中，一个公式最多可以包含 64 层嵌套（可嵌套层数为 64 层），而在 Excel 2003 中，最多允许 7 层嵌套。

如图 7—80 所示的是常见的使用 IF 函数判断正负数和零的公式，其中，第 2 个 IF 函数是第 1 个 IF 函数的嵌套函数。

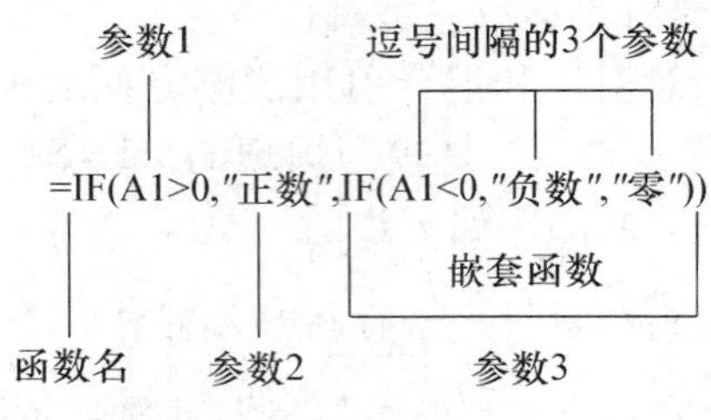

图 7—80　函数的结构和函数的嵌套

2. 可选参数和必需参数

有的函数可以仅使用某部分参数，例如，SUM 函数可支持 255 个参数（Excel 2003 为 30 个），其中第一个参数为必需参数不能省略，而第 2 个至第 255 个参数都可以省略。在函数语法中，可选参数一般用一对方括号“[ ]”括起来。如 SUM 函数语法为：

SUM（参数 1，[参数 2]，…）

其中从“参数 2”开始都为可选参数，可省略。省略参数指的是将参数连同其前面的逗号一同去除。如 SUM（A1：A5）只有 1 个参数，而 SUM（A1，A3，A5）含有 3 个参数。

7.5.4　函数的输入和编辑

为了便于快速地输入函数，Excel 提供了多种方法供用户选择，如：

(1) 使用“自动求和”按钮输入函数；

(2) 使用“函数库”插入已知类别的函数；

(3) 使用“插入函数”向导搜索函数；

(4) 使用“公式记忆式键入”手动输入函数。

1. 使用“自动求和”按钮输入函数

许多用户都是从“自动求和”功能开始接触 Excel 公式计算的。在“公式”选项卡中有一个显示 $\sum$ 字样的“自动求和”按钮（“开始”选项卡的“编辑”组中也有此按钮），其中包括求和、平均值、计数、最大值、最小值和其他函数，如图 7—81 所示。

默认情况下单击该按钮将插入“求和”函数。

示例：使用“自动求和”按钮统计各科平均分和每位学生的总分。参见“第 7 章 输入函数.xlsx”中的“使用自动求和按钮”工作表。

操作步骤如下：

（1）如图 7—81 所示，选择空白单元格区域 C13：G13（或数据所在的 C3：G12 单元格区域），然后在“公式”选项卡的“函数库”组中，单击“自动求和”下拉按钮，在展开的函数列表中单击“平均值”，即可求得各科平均分。也就是说，都可以在 C13：G13 单元格中应用以下公式：

=AVERAGE(C3：C12)

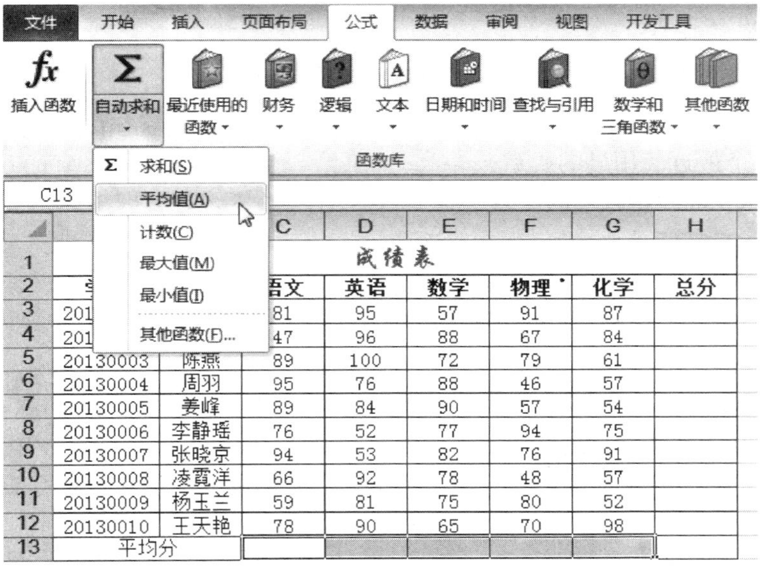

图 7—81 使用“自动求和”按钮统计各科平均分和每位学生的总分（“自动求和”函数列表）

（2）选择空白单元格区域 H3：H12，在“公式”选项卡的“函数库”组中，单击“自动求和”按钮，即可求得每位学生的总分。也就是说，将在 H3：H12 单元格中应用以下公式：

=SUM(C3：G3)

温馨提示：在步骤（2）中，如果选择 C3：G3（一行包含数据的单元格）并单击“自动求和”按钮，则将在其右侧的第 1 个空白单元格 H3 应用求和公式。但如果选择多行包含数据的单元格区域，则只能在下方（而不是右侧）的第 1 行空白单元格应用求和公式。

2. 使用“函数库”插入已知类别的函数

如图 7—82 所示，在“公式”选项卡的“函数库”组中，Excel 提供了财务、逻辑、文本、日期和时间、查找与引用、数学和三角函数、其他函数等多个下拉菜单，在“其他函数”下拉菜单中提供了统计、工程、多维数据集、信息、兼容性等函数。

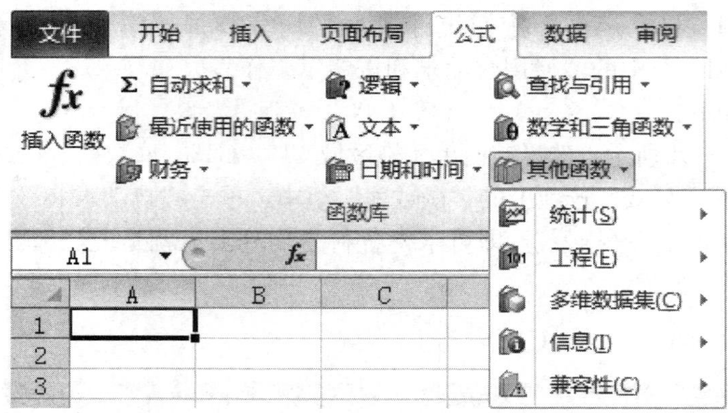

图 7—82　使用“函数库”插入已知类别的函数（“公式”选项卡的“函数库”组）

由此，用户可以根据需要和分类插入函数，还可以从“最近使用的函数”下拉菜单中选取 10 个最近使用过的函数。

温馨提示：在“输入公式”或“编辑公式”状态下，也可以直接从编辑栏最左侧的“名称框”下拉菜单中选取 10 个最近使用过的函数。

示例：如图 7—83 所示，在 C3 单元格中输入“＝”（进入“输入公式”状态），单击编辑栏最左侧的“名称框”下拉按钮，展开最近使用过的 10 个函数列表（每台计算机“最近使用过的 10 个函数”列表可能有所不同，它是个性化的）。

如图 7—84 所示，单击选中 C3 单元格后，在“公式”选项卡的“函数库”组（如图 7—82 所示）中，单击“最近使用的函数”下拉按钮，展开最近使用过的 10 个函数列表。

对比图 7—83 和图 7—84 后，可以看出，最近使用过的 10 个函数是相同的。

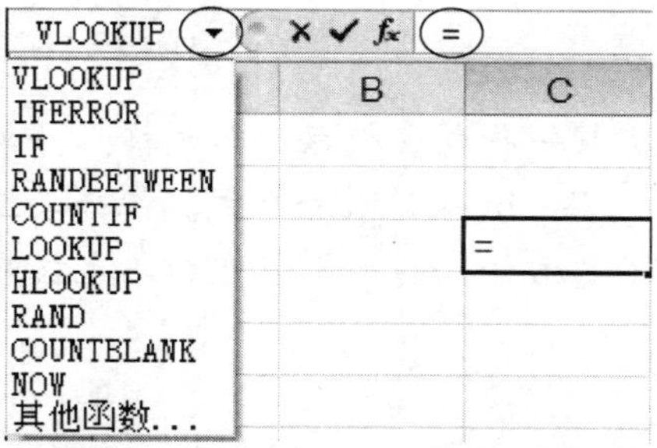

图 7—83　在 C3 单元格中输入“＝”后，“名称框”下拉列表（最近使用过的 10 个函数列表）

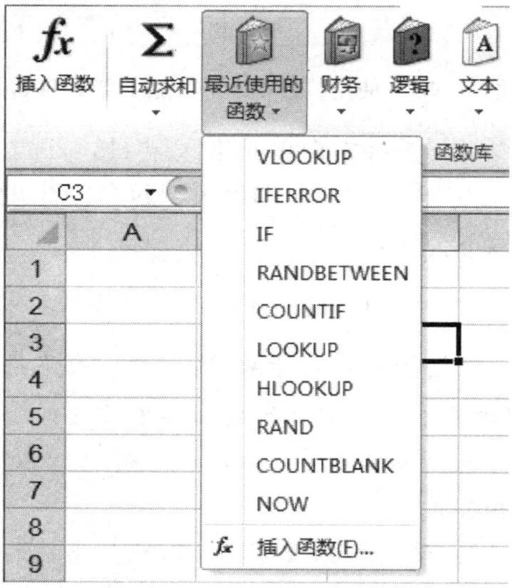

图 7—84　“函数库”组中的“最近使用的函数”下拉菜单（最近使用过的 10 个函数列表）

3. 使用“插入函数”向导搜索函数

如果对函数所归属的类别不太熟悉，还可以使用“插入函数”向导选择或搜索所需函数。以下 3 种方法均可以打开“插入函数”对话框，效果如图 7—85 所示。

(1) 单击编辑栏左侧的“插入函数”按钮 f_x。

(2) 在“公式”选项卡的“函数库”组（如图 7—82 所示）中，单击“插入函数”按钮。

(3) 单击“自动求和”下拉按钮，在展开的函数列表（如图 7—81 所示）中，单击“其他函数”。

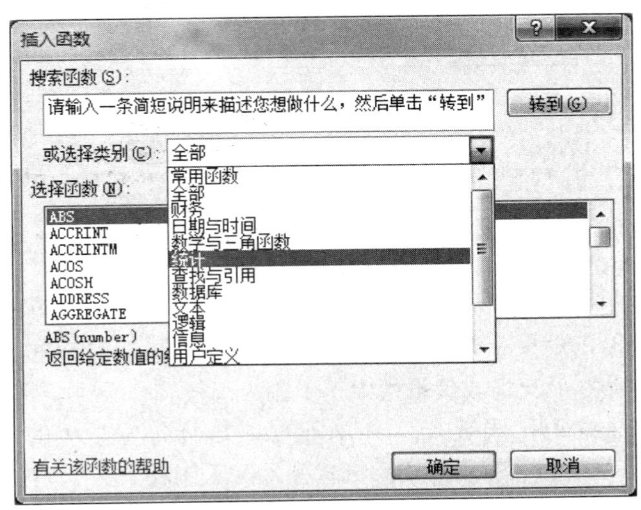

图 7—85　“插入函数”对话框

在“搜索函数”框中输入“平均”，单击“转到”按钮，对话框将显示“推荐”的函数列表，选择具体函数（如 AVERAGE 函数）后，单击“确定”按钮，即可插入该函数并切换到“函数参数”对话框，如图 7—86 所示。

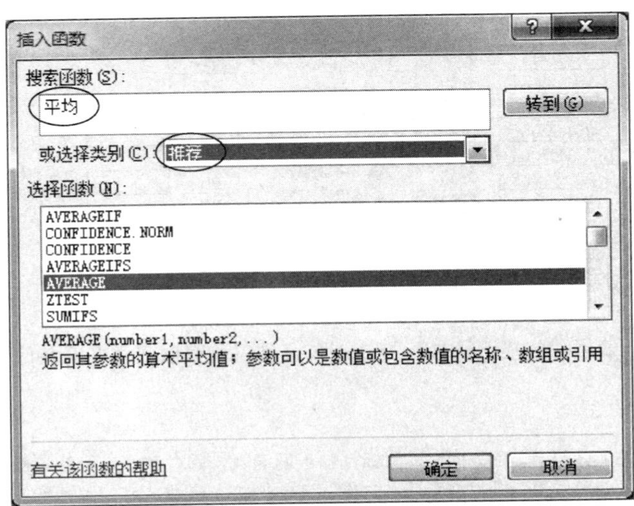

图 7—86　搜索“平均”相关的函数

在“函数参数”对话框中，自上而下主要由函数名、参数编辑框、函数简介及参数说明、计算结果等几部分组成。其中，参数编辑框允许直接输入参数值或单击其右侧折叠按钮以选取单元格区域，其右侧将实时显示所输入参数的值，如图 7—87 所示。

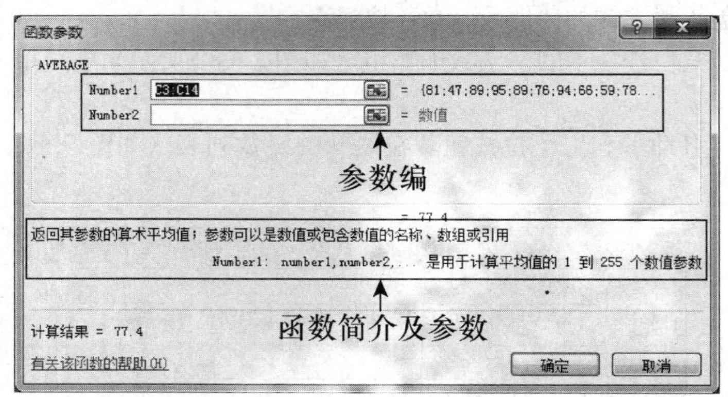

图 7—87　AVERAGE“函数参数”对话框

4. 使用“公式记忆式键入”手动输入函数

自 Excel 2007 开始新增了一项“公式记忆式键入”功能，可以在用户输入公式时出现备选函数，帮助用户自动完成公式。如果知道所需函数的全部或开头部分字母的正确拼写，则可直接在单元格或编辑栏中手工输入函数。

示例：使用“公式记忆式键入”SUM 函数，统计每位学生的总分。参见“第 7 章　输入函数. xlsx”中的“使用公式记忆式键入”工作表。

操作步骤如下：

（1）如图 7—88 所示，在 F3 单元格中输入“＝SU”后，Excel 将自动显示所有以“SU”开头的函数列表。①

VLOOKUP　=SU

SUBSTITUTE
SUBTOTAL
SUM　计算单元格区域中所有数值的和
SUMIF
SUMIFS
SUMPRODUCT
SUMSQ
SUMX2MY2
SUMX2PY2
SUMXMY2

	A	B	C	D	E	F	G
1							
2	学号	姓名			数学	总分	
3	20130001	李英			57	=SU	
4	20130002	李凌			88		
5	20130003	陈燕			72		
6	20130004	周羽			88		
7	20130005	姜峰			90		
8	20130006	李静瑶			77		
9	20130007	张晓京			82		
10	20130008	凌霞洋	66	92	78		
11	20130009	杨玉兰	59	81	75		
12	20130010	王天艳	78	90	65		

图 7—88　使用“公式记忆式键入”SUM 函数（所有以“SU”开头的函数列表）

① 通过在函数列表中移动上、下方向键或鼠标选择不同函数，其右侧将显示此函数的功能简介，双击鼠标可将此函数添加到当前的编辑位置，既提高了输入效率，又确保输入函数名称的准确性。随着进一步输入，函数列表将逐步缩小范围。

（2）选择“SUM”，双击鼠标可将 SUM 函数添加到当前的编辑位置，结果如图 7—89 所示。

VLOOKUP　=SUM(　SUM(**number1**, [number2], ...)

	A	B	C	D	E	F	G
1	成绩表						
2	学号	姓名	语文	英语	数学	总分	
3	20130001	李英	81	95	57	=SUM(	
4	20130002	李凌	47	96	88		

图 7—89　使用“公式记忆式键入”SUM 函数（选择“SUM”，双击鼠标后的结果）

（3）单击编辑栏左侧的“插入函数”按钮 *fx*，打开 SUM“函数参数”对话框。

（4）用鼠标拖动选择区域 C3：E3，作为 SUM 的参数，如图 7—90 所示。

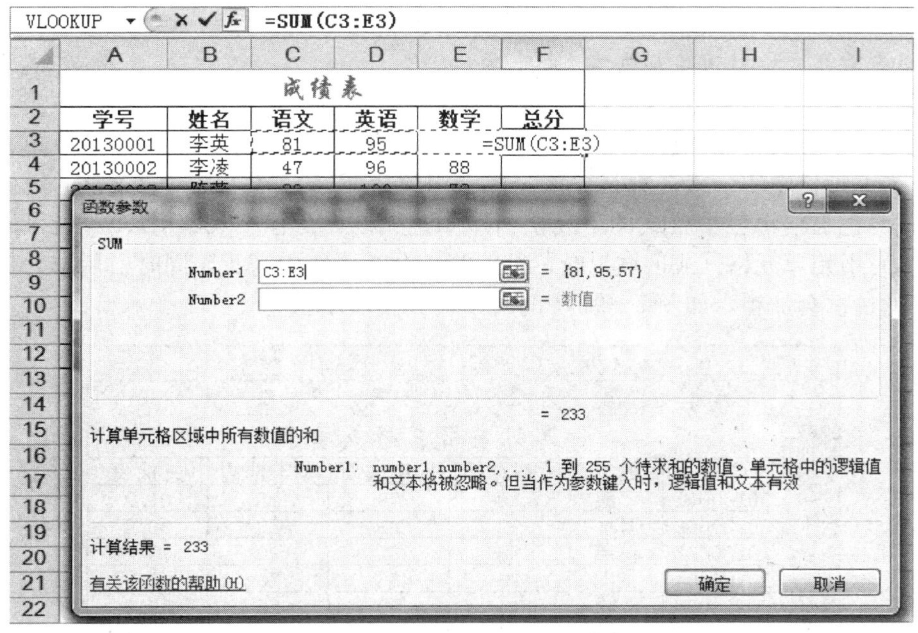

图 7—90　使用“公式记忆式键入”SUM 函数（SUM“函数参数”对话框）

（5）单击“确定”按钮，结束公式输入。在 F3 单元格中输入以下公式（求第 1 位学生的总分）：

=SUM(C3：E3)

（6）双击 F3 单元格的填充柄，即可求得其他学生的总分。

温馨提示：在如图 7—90 所示的“函数参数”对话框中，可以单击左下角的“有关该函数的帮助”链接来获取当前函数的帮助文档。适时地使用函数帮助文档将对理解函数大有帮助。

5. 使用公式的常见错误值

使用公式进行计算时，可能会因为某种原因而无法得到或显示正确结果，而是在单元格中显示错误值信息。常见的错误值及其含义如表 7—5 所示。当公式的结果返回错误值时，应当及时查找错误原因并修改公式来解决问题。

表 7—5　　公式的常见错误值及其含义

错误值	含义
＃＃＃＃＃	列宽不够显示数值，或者使用了负的日期或负的时间
＃VALUE!	使用了错误的参数或运算对象类型
＃DIV/0!	数值被零（0）除
＃NAME?	公式中有不能识别的文本
＃N/A	数值对公式或函数不可用
＃REF!	单元格引用无效
＃NUM!	公式或函数中使用无效数值，如对负数开平方
＃NULL!	引用两个不相交区域的公共部分

6. 查看公式中引用了哪些单元格

要查看某个公式引用了哪些单元格（参见“第 7 章　认识公式. xlsx”中的“使用相对引用和绝对引用计算总成绩”工作表），先选中公式所在单元格（如 F10 单元格），然后单击编辑栏中的公式，所有被该公式引用的单元格，都会以不同颜色的边框显示（且边框颜色与编辑栏中公式的单元格引用颜色相同，请仔细观察 C10）。当鼠标指向（不单击）引用单元格（或区域）时，鼠标箭头会变成四向箭头，同时引用单元格（或区域）的边框会加粗，如图 7—91 中的 C10 单元格所示。

NOW　=C10*$C$15+D10*$D$15+E10*$E$15

	A	B	C	D	E	F
1	计算机应用基础成绩表					
2	学号	姓名	平时成绩	期中成绩	期末成绩	总成绩
3	20130001	李英	80	79	88	81.9
4	20130002	李凌	92	91	89	90.6
5	20130003	陈燕	88	62	90	75.6
6	20130004	周羽	76	86	76	81
7	20130005	姜峰	44	60	56	55.6
8	20130006	李静瑶	84	62	80	71.8
9	20130007	张晓京	84	97	82	89.9
10	20130008	凌霞洋	72	79	58	0*$E$15
11						
12						
13			成绩比例系数设置			
14			平时比例	期中比例	期末比例	
15			20%	50%	30%	

图 7—91　查看公式中引用了哪些单元格

7.5.5　常用函数

Excel 提供了 300 多个函数，根据函数功能和应用领域，分为以下 12 个类别（参见图 7—85 的“选择类别”下拉列表）：财务函数、日期与时间函数、数学与三角函数、统计函数、查找与引用函数、数据库函数、文本函数、逻辑函数、信息函数、工程函数、多维数据集函数、兼容性函数。

下面介绍一些常用函数。

1. 统计函数

统计函数是 Excel 中使用频率最高的一类函数，用户的绝大多数报表都离不开它们。例如，求平均值（AVERAGE 函数）、求最大值（MAX 函数）和最小值（MIN 函数）、计数（COUNT 和 COUNTA 函数）、美式排名（RANK、RANK. EQ 和 RANK. AVG 函数）、条件计数（COUNTIF 和 COUNTIFS 函数）、条件求均值（AVERAGEIF 和 AVERAGEIFS 函数）等。

（1）平均值函数 AVERAGE。

函数语法：AVERAGE（参数 1，[参数 2]，…）

AVERAGE 函数的参数可以是数值、单元格或单元格区域。

函数功能：计算参数的平均值（算术平均值）。

函数示例：统计各科平均分，参见“第 7 章　常用函数（统计）. xlsx”中的“AVERAGE、MAX 和 MIN 函数”工作表。

如图 7—92 所示，在 C14 单元格中输入以下公式并向右复制：

=AVERAGE(C3：C12)

C14　　fx　=AVERAGE(C3:C12)

	A	B	C	D	E	F	G	H	I
1	成绩表								
2	学号	姓名	语文	数学	英语	物理	化学	生物	总分
3	20130001	李英	93	83	88	77	83	89	513
4	20130002	李凌	32	84	89	78	84	90	457
5	20130003	陈燕	46	85	90	79	85	91	476
6	20130004	周羽	65	86	91	80	86	88	496
7	20130005	姜峰	98	87	92	81	87	89	534
8	20130006	李静瑶	88	88	93	82	88	90	529
9	20130007	张晓京	86	89	94	73	77	91	510
10	20130008	凌霞洋	84	90	83	74	78	92	501
11	20130009	赵波	84	91	84	75	79	93	506
12	20130010	孙千山	71	65	83	73	77	88	457
13									
14		平均分	74.7	84.8	88.7	77.2	82.4	90.1	497.9
15		最高分	98	91	94	82	88	93	534
16		最低分	32	65	83	73	77	88	457

图 7—92　统计各科平均分、最高分、最低分（AVERAGE、MAX 和 MIN 函数）

（2）最大值函数 MAX 和最小值函数 MIN。

函数语法：MAX（参数 1，[参数 2]，…）和 MIN（参数 1，[参数 2]，…）

MAX 和 MIN 函数的参数可以是数值、单元格或单元格区域。

函数功能：MAX 函数用于找出参数（一组值）中的最大值，MIN 函数用于找出参数（一组值）中的最小值。

函数示例：统计各科最高分和最低分，参见“第 7 章　常用函数（统计）. xlsx”中的“AVERAGE、MAX 和 MIN 函数”工作表。

如图 7—92 所示，在 C15 单元格中输入以下公式并向右复制：

=MAX(C3：C12)

在 C16 单元格中输入以下公式并向右复制：

=MIN(C3：C12)

（3）计数函数 COUNT 和 COUNTA。

函数语法：COUNT（参数 1，[参数 2]，…）和 COUNTA（参数 1，[参数 2]，…）

COUNT 和 COUNTA 函数的参数可以是数值、单元格或单元格区域。

函数功能：COUNT 函数用于统计单元格区域中的数值个数。而 COUNTA 函数用于统计非空单元格的个数。

函数示例：统计班级参加各科考试人数和班级总人数。参见“第 7 章　常用函数（统计）.xlsx”中的“COUNT 和 COUNTA 函数”工作表。

如图 7—93 所示，在 C14 单元格中输入以下公式并向右复制：

=COUNT(C3：C12)

C14　=COUNT(C3:C12)

	A	B	C	D	E	F	G	H
1	成绩表							
2	学号	姓名	语文	数学	英语	物理	化学	生物
3	20130001	李英	93	83	88	77	83	89
4	20130002	李凌	32	84	89	78	84	90
5	20130003	陈燕	缺考	缺考	缺考	缺考	缺考	缺考
6	20130004	周羽	65	缺考	91	80	86	88
7	20130005	姜峰	98	87	92	81	87	89
8	20130006	李静瑶	88	88	缺考	82	88	90
9	20130007	张晓京	86	89	94	73	77	91
10	20130008	凌霞洋	84	缺考	83	74	78	92
11	20130009	赵波	84	91	84	75	79	93
12	20130010	孙千山	71	65	83	73	77	88
13								
14	班级参加各科考试人数		9	7	8	9	9	9
15								
16		班级总人数	10					

图 7—93　统计班级参加各科考试人数和班级总人数（COUNT 和 COUNTA 函数）

该公式表示统计单元格区域 C3：C12 中的数值个数，“缺考”不统计在内。

在 C16 单元格中输入公式“=COUNTA（A3：A12）”或者“=COUNTA（B3：B12）”，表示统计单元格区域 A3：A12（或者 B3：B12）中非空单元格的个数，即根据学生名单（学号或者姓名）统计班级总人数。

（4）美式排名函数 RANK、RANK. EQ 和 RANK. AVG。

对数据进行排名或者标注成绩名次是统计工作中的典型应用之一。

在 Excel 2010 中，新增了两个函数：RANK. EQ 和 RANK. AVG，它们的名称可以更好地反映出其用途。仍然提供 RANK 函数是为了保持与 Excel 早期版本的兼容性。但是，如果不需要向下兼容，则应考虑从现在开始使用新函数，因为它们可以更加准确地描述其功能。

RANK. EQ 函数与 RANK 函数相同，如果多个值具有相同的排位，则返回该组数值的最高排位。而 RANK. AVG 函数与 RANK 函数的区别是：如果多个值具有相同的排位，则将返回平均排位。

函数语法：

RANK（排名值，数值表，[排名方式]）

RANK. EQ（排名值，数值表，[排名方式]）

RANK. AVG（排名值，数值表，[排名方式]）

① 第 1 个参数（排名值）：要找到排位的数值（要排名的数值，如某人的成绩）。

②第 2 个参数（数值表）：要参与排名的数值表（如全体学生的成绩）。

③第 3 个参数（排名方式）：指明数值排名的方式，如果省略或为 0（零），则对数值的排位是基于降序排序的数值表；如果不为零，则对数值的排位是基于升序排序的数值表。

函数功能：返回一个数值在数值表中的排位，其大小与数值表中的其他值相关。如果多个值具有相同的排位，则返回该组数值的最高排位（或平均排位）。

当有相同值时，会给出相同的名次（名次相同）。如第 2 名有 2 位成绩相同的学生，其排名均为 2（或平均排名为 2.5），而下一位则是第 4 名，无第 3 名。

函数示例：根据各位学生的成绩进行美式排名。参见“第 7 章　常用函数（统计）.xlsx”中的“RANK. EQ 和 RANK. AVG 函数”工作表。

操作步骤如下：

①如图 7—94 所示，在 E3 单元格中输入以下美式最高排名公式并向下复制：

=RANK. EQ(D3, $D$3 : $D$12)

E3 =RANK.EQ(D3,$D$3:$D$12)

	A	B	C	D	E	F
1	计算机应用基础成绩表					
2	序号	学号	姓名	成绩	排名	平均排名
3	1	20130001	李英	93	2	2.5
4	2	20130002	李凌	88	6	6.5
5	3	20130003	陈燕	64	10	10
6	4	20130004	周羽	65	8	8.5
7	5	20130005	姜峰	98	1	1
8	6	20130006	李静瑶	88	6	6.5
9	7	20130007	张晓京	89	5	5
10	8	20130008	凌霞洋	90	4	4
11	9	20130009	赵波	93	2	2.5
12	10	20130010	孙千山	65	8	8.5

图 7—94　根据各位学生的成绩进行美式排名（RANK. EQ 和 RANK. AVG 函数）

该公式表示要根据每位学生的成绩（D3 是第 1 位学生的成绩），在 $D$3 : $D$12 区域的全体学生成绩中，按默认的降序方式进行排位（高分者在前）。

②在 F3 单元格中输入以下美式平均排名公式并向下复制：

=RANK. AVG(D3, $D$3 : $D$12)

③单击“排名”列中的任意一个单元格（如 E3 单元格），然后在“数据”选项卡的“排序和筛选”组中，单击“升序”按钮，结果如图 7—95 所示。此时可以看到“成绩”最高（98 分）的学生排名为 1，而第 2 名有 2 位成绩相同（93 分）的学生，其

排名均为 2（平均排名 2.5），而下一位则是第 4 名，无第 3 名。

E3 =RANK.EQ(D3,$D$3:$D$12)

	A	B	C	D	E	F
1	计算机应用基础成绩表					
2	序号	学号	姓名	成绩	排名	平均排名
3	5	20130005	姜峰	98	1	1
4	1	20130001	李英	93	2	2.5
5	9	20130009	赵波	93	2	2.5
6	8	20130008	凌霞洋	90	4	4
7	7	20130007	张晓京	89	5	5
8	2	20130002	李凌	88	6	6.5
9	6	20130006	李静瑶	88	6	6.5
10	4	20130004	周羽	65	8	8.5
11	10	20130010	孙千山	65	8	8.5
12	3	20130003	陈燕	64	10	10

图 7—95　按学生排名进行升序排序后的结果

④单击“序号”列中的任意一个单元格（如 A3 单元格），然后在“数据”选项卡的“排序和筛选”组中，单击“升序”按钮，恢复原先按“序号”升序排序，结果如图 7—94 所示。

如果某位学生的成绩有所变动，则排名将立即自动调整。除了该位学生的排名自动调整外，其他各位学生的排名也会自动调整。

(5) 单条件计数函数 COUNTIF 和多条件计数函数 COUNTIFS。

随着用户对条件统计的需求增加，Excel 2010 在保留单条件计数函数 COUNTIF 的基础上，新增了多条件计数函数 COUNTIFS。

COUNTIF 函数语法：COUNTIF（单元格区域，指定条件）

①第 1 个参数（单元格区域）：需要计算其中满足条件的单元格区域。

②第 2 个参数（指定条件）：确定哪些单元格将被统计在内的条件，其形式可以为数值、表达式、单元格引用或文本。例如，3、“>=90”、F3、“信息学院”等。

COUNTIF 函数功能：统计“单元格区域”中满足“指定条件”的单元格个数。

COUNTIF 函数示例：单条件计数。在如图 7—96 所示的员工工资表中，统计各部门的人员数。参见“第 7 章　常用函数（统计）.xlsx”中的“员工工资表”工作表。

	A	B	C	D	E	F	G	H	I	J	K
1	2013年8月单位员工工资明细表										
2	员工号	月份	姓名	部门	基本工资	住房补贴	奖金	应发工资	保险扣款	其他扣款	实发工资
3	A0001	2013年8月	李元锴	企划	8,000	3,000	1,000	12,000	760	800	10,440.00
4	A0002	2013年8月	孙春红	销售	6,000	3,000	2,000	11,000	570	600	9,830.00
5	A0003	2013年8月	王娜	销售	6,000	2,000	3,000	11,000	570	500	9,930.00
6	A0004	2013年8月	陈碧佳	销售	6,000	2,200	2,500	10,700	570	600	9,530.00
7	A0005	2013年8月	康建平	销售	6,500	2,000	2,000	10,500	617.5	300	9,582.50
8	A0006	2013年8月	贾青青	企划	8,000	2,200	3,000	13,200	760	600	11,840.00
9	A0007	2013年8月	张亦非	生产	7,500	1,800	2,000	11,300	712.5	600	9,987.50
10	A0008	2013年8月	于晓萌	生产	6,000	2,200	1,500	9,700	570	600	8,530.00
11	A0009	2013年8月	周琳琳	生产	7,000	3,000	2,000	12,000	[illegible]	[illegible]	10,535.00
12	A0010	2013年8月	王明浩	生产	6,000	2,000	2,000	10,000	[illegible]	[illegible]	8,830.00
13	A0011	2013年8月	刘超	设计	6,000	2,200	1,500	9,700	570	600	8,530.00
14	A0012	2013年8月	沙靖松	企划	5,500	3,000	2,000	10,500	522.5	200	9,777.50
15	A0013	2013年8月	魏宏明	设计	6,000	2,000	2,000	10,000	570	600	8,830.00
16	A0014	2013年8月	李洋洋	设计	5,000	2,200	1,800	9,000	475	700	7,825.00
17	A0015	2013年8月	赵杰	设计	9,000	3,000	2,000	14,000	855	600	12,545.00

图 7—96　某公司员工工资表

在员工工资明细表中，每名员工只会在工资表中出现 1 次，因此，统计部门人员数时只需按部门名称统计单元格个数即可达到要求。

如图 7—97 所示，在 N3 单元格中输入以下统计公式并向下复制：

=COUNTIF($D$3：$D$17,M3)

N3　=COUNTIF($D$3:$D$17,M3)

	L	M	N	O	P
1					
2		部门	人员数	工资总额	平均工资
3		企划	3	32,057.50	10,685.83
4		销售	4	38,872.50	9,718.13
5		生产	4	37,882.50	9,470.63
6		设计	4	37,730.00	9,432.50

图 7—97　统计各部门的人员数、工资总额、平均工资（COUNTIF、SUMIF 和 AVERAGEIF 函数）

COUNTIFS 函数语法：COUNTIFS（单元格区域 1，指定条件 1，[单元格区域 2，指定条件 2]，…）。

温馨提示：每一个附加的区域（单元格区域 2，…）都必须与参数“单元格区域 1”具有相同的行数和列数，这些区域无需彼此相邻。

COUNTIFS 函数功能：将条件应用于多个区域的单元格，并统计符合所有条件的单元格个数。

COUNTIFS 函数示例：多条件计数。在如图 7—96 所示的员工工资表中，统计各部门基本工资 6 000 元以上的人员数。参见“第 7 章　常用函数（统计）. xlsx”中的“员工工资表”工作表。

如图 7—98 所示，在 N13 单元格中输入以下统计公式并向下复制：

=COUNTIFS($D$3：$D$17,M13,$E$3：$E$17,">6 000")

N13　=COUNTIFS($D$3:$D$17,M13,$E$3:$E$17,">6000")

	L	M	N	O	P	Q	R
10							
11		基本工资6000元以上					
12		部门	人员数	工资总额	平均工资		
13		企划	2	22,280.00	11,140.00		
14		销售	1	9,582.50	9,582.50		
15		生产	2	20,522.50	10,261.25		
16		设计	1	12,545.00	12,545.00		

图 7—98　统计各部门基本工资 6 000 元以上的人员数、工资总额、平均工资（COUNTIFS、SUMIFS 和 AVERAGEIFS 函数）

公式中使用 COUNTIFS 函数，分别指定“部门”列、“基本工资”列，并针对两列数据分别指定不同的统计条件，再将两个条件按“并且”关系进行统计，从而得出结果。

（6）单条件平均值函数 AVERAGEIF 和多条件平均值函数 AVERAGEIFS。

在实际工作中，计算数值平均数（求均值）的应用非常广泛，如计算某个时期内某商品的平均价格。Excel 2010 新增了单条件平均值函数 AVERAGEIF 和多条件平均值函数 AVERAGEIFS。

AVERAGEIF 函数语法：AVERAGEIF（条件区域，指定条件，[均值区域]）

该函数作为 Excel 2010 的新增函数，结构与后面即将介绍的 SUMIF 函数完全一致。

AVERAGEIF 函数功能：根据“指定条件”对若干单元格求均值。只有在“条件区域”中相应的单元格符合条件的情况下，才对“均值区域”中的单元格求均值。

AVERAGEIF 函数示例：单条件求均值。在如图 7—96 所示的员工工资表中，统计各部门员工平均工资。参见“第 7 章　常用函数（统计）.xlsx”中的“员工工资表”工作表。

如图 7—97 所示，在 P3 单元格中输入以下统计公式并向下复制：

=AVERAGEIF($D$3：$D$17,M3,$K$3：$K$17)

AVERAGEIFS 函数语法：AVERAGEIFS（均值区域，条件区域 1，指定条件 1，[条件区域 2，指定条件 2]，…）。

该函数作为 Excel 2010 的新增函数，结构与后面将要介绍的、也是 Excel 2010 新增函数的 SUMIFS 完全一致。

AVERAGEIFS 函数功能：根据多个条件（满足其指定的所有关联条件时）进行平均值的统计。

AVERAGEIFS 函数示例：多条件求均值。在如图 7—96 所示的员工工资表中，统计各部门基本工资 6 000 元以上的员工的平均工资。参见“第 7 章　常用函数（统计）.xlsx”中的“员工工资表”工作表。

如图 7—98 所示，在 P13 单元格中输入以下统计公式并向下复制：

=AVERAGEIFS($K$3：$K$17,$D$3：$D$17,M13,$E$3：$E$17,">6000")

2．数学与三角函数

在 Excel 中，数学函数应用广泛，诸如求和（SUM 函数）、条件求和（SUMIF 和 SUMIFS 函数）、数值取舍（如 ROUND 函数）以及产生随机数（RAND 和 RANDBETWEEN 函数）等。

（1）求和函数 SUM。

函数语法：SUM（参数 1，[参数 2]，…）

SUM 函数的参数可以是数值、单元格或区域、公式或另一个函数的结果。

函数功能：将参数中的所有数值相加。

函数示例：计算每位学生的总分，参见“第 7 章　常用函数（数学与三角）.xlsx”中的“SUM 函数”工作表。

如图 7—99 所示，在 H3 单元格中输入以下求和公式并向下复制：

=SUM(C3：G3)

温馨提示：可以使用“自动求和”按钮快速插入“求和”函数。选择空白单元格区域 H3：H12，然后在“开始”选项卡的“编辑”组（或在“公式”选项卡的“函数库”组）中，单击“自动求和”按钮，即可求得每位学生的总分。也就是说，将在 H3：H12单元格中应用求和公式“=SUM（C3：G3)”。

H3　=SUM(C3:G3)

	A	B	C	D	E	F	G	H
1	成绩表							
2	学号	姓名	语文	数学	英语	物理	化学	总分
3	20130001	李英	93	83	88	77	83	424
4	20130002	李凌	32	84	89	78	84	367
5	20130003	陈燕	46	85	90	79	85	385
6	20130004	周羽	65	86	91	80	86	408
7	20130005	姜峰	98	87	92	81	87	445
8	20130006	李静瑶	88	88	93	82	88	439
9	20130007	张晓京	86	89	94	73	77	419
10	20130008	凌霞洋	84	90	83	74	78	409
11	20130009	赵波	84	91	84	75	79	413
12	20130010	孙千山	71	65	83	73	77	369

图 7—99　计算每位学生的总分（SUM 函数）

（2）单条件求和函数 SUMIF 和多条件求和函数 SUMIFS。

SUMIF 函数与 COUNTIF 函数用法非常相似。同样地，在 Excel 2010 中也新增了 SUMIFS 多条件求和函数。

SUMIF 函数语法：SUMIF（条件区域，指定条件，[求和区域]）

SUMIF 函数的前两个参数与 COUNTIF 函数完全一致。

①第 1 个参数（条件区域）：用于条件判断的单元格区域。

②第 2 个参数（指定条件）：确定哪些单元格将被相加求和的条件。

③第 3 个参数（求和区域）：需要求和的单元格区域。

SUMIF 函数功能：根据“指定条件”对若干单元格求和（单个条件的统计求和）。只有在“条件区域”中相应的单元格符合条件的情况下，“求和区域”中的单元格才求和。如果省略了“求和区域”（第 3 个参数），则对“条件区域”（第 1 个参数）中的单元格求和。

SUMIF 函数示例：单条件求和。在如图 7—96 所示的员工工资表中，统计各部门的工资总额。参见“第 7 章　常用函数（统计）. xlsx”中的“员工工资表”工作表。

如图 7—97 所示，在 O3 单元格中输入以下公式并向下复制：

=SUMIF($D$3：$D$17,M3,$K$3：$K$17)

SUMIFS 函数语法：SUMIFS（求和区域，条件区域 1，指定条件 1，[条件区域 2，指定条件 2]，…）。

SUMIFS 函数功能：根据多个条件（满足其指定的所有关联条件时）对“求和区域”中相应的单元格求和。

温馨提示：

①SUMIFS 和 SUMIF 函数的参数顺序有所不同。“求和区域”在 SUMIFS 中是第 1 个参数，而在 SUMIF 中则是第 3 个参数。

②SUMIFS函数中每个"条件区域"包含的行数和列数必须与"求和区域"相同。

SUMIFS函数示例：多条件求和。在如图7—96所示的员工工资表中，统计各部门基本工资6 000元以上的工资总额。参见"第7章　常用函数（统计）.xlsx"中的"员工工资表"工作表。

如图7—98所示，在O13单元格中输入以下公式并向下复制：

=SUMIFS($K$3：$K$17,$D$3：$D$17,M13,$E$3：$E$17,">6 000")

（3）数值取舍函数。

在对数值的处理中，经常会遇到将数值进位或舍去的情况。如将某数值去掉小数部分、将某数值按2位小数四舍五入、将某整数保留3位有效数字等。

为了便于处理此类问题，Excel提供了一些常用的取舍函数①，如表7—6所示。参见"第7章　常用函数（数学与三角）.xlsx"中的"数值取舍函数"工作表。

表7—6　　常用数值取舍函数汇总

序号	函数	功能	示例	结果
1	ROUND	将数字四舍五入到指定位数。	=ROUND（89.5，0）	90
2	ROUND-DOWN	将数字朝零的方向舍入到指定位数，即向下（绝对值减少的方向）舍入数字。	=ROUNDDOWN（89.9，0）	89
3	ROUNDUP	将数字朝远离零的方向舍入到指定位数，即向上舍入数字。	=ROUNDUP（89.1，0）	90
4	TRUNC	将数字直接截尾取整，与数值符号无关。	=TRUNC（89.8，0）	89
5	INT	取整函数，将数字向下舍入为最接近的整数。INT函数用于取得不大于原值的最大整数。	=INT（89.8）	89
6	EVEN	将数字朝远离零的方向舍入为最接近的偶数。	=EVEN（89.5）	90
7	ODD	将数字朝远离零的方向舍入为最接近的奇数。	=ODD（89.5）	91

这里介绍在实际应用中最常用的四舍五入函数ROUND。

函数语法：ROUND（数字或单元格，指定位数）。

ROUND函数的第2个参数（指定位数）是小数位数，若为正数，则对小数部分进行四舍五入；若为0，则四舍五入为整数；若为负数，则对整数部分进行四舍五入。

函数功能：将数字四舍五入到指定位数（按指定位数对数字进行四舍五入）。

函数示例：如对于数值123.456，若要四舍五入保留两位小数，取123.46，公式如下：

=ROUND(123.456,2)

又如，对于数值1 234.56，若要四舍五入到百位，取1 200，公式如下：

① 温馨提示：数值取舍函数处理的结果都是对数值进行物理的截位，数值本身的数据精度已经发生改变。

=ROUND(1 234.56,−2)

(4) 随机函数 RAND 和 RANDBETWEEN。

在很多应用中，用户需要得到一个事先不确定的数。例如，学校教师希望在题库中随机抽取试题、随机安排考生座位等应用，都会使用随机数进行处理。

另外，有目的地产生随机数也常用于生成模拟测试数据，就像本章中某些示例一样，为了避免过多的人为输入，使用 Excel 提供的随机函数可将工作变得更加简单、快捷。

Excel 2010 提供了两个用于产生随机数的函数，这两个函数在每次编辑时都会自动重新计算，产生新的随机值。

①产生随机小数函数 RAND。

函数语法：RAND ()

该函数没有参数。

函数功能：用于产生 0～1 之间的均匀分布的随机数，其数值范围是大于等于 0 且小于 1 的，而且产生的随机小数几乎不会重复。

函数示例：随机编排学生考试座位，参见 7.5.7 节中的图 7—123。

②产生随机整数函数 RANDBETWEEN。

函数语法：RANDBETWEEN（下限，上限）

该函数的下限和上限参数，用于确定需要产生随机数的范围，其结果主要用于产生均匀分布的随机整数。

函数功能：产生位于两个指定数值（下限、上限）之间的一个随机整数。每次计算工作表时都将返回一个新的整数。

函数示例：产生 50～100 之间的随机整数成绩。参见“第 7 章　常用函数（数学与三角）.xlsx”中的“RANDBETWEEN 函数”工作表。

如图 7—100 所示，在 C3 单元格中输入以下公式并向下复制：

=RANDBETWEEN(50,100)

利用 RANDBETWEEN 函数来为每位学生产生一个随机整数成绩。

C3　fx　=RANDBETWEEN(50,100)

	A	B	C	D
1	计算机应用基础成绩表			
2	学号	姓名	成绩	
3	20130001	李英	85	
4	20130002	李凌	96	
5	20130003	陈燕	86	
6	20130004	周羽	70	
7	20130005	姜峰	89	
8	20130006	李静瑶	72	

图 7—100　利用 RANDBETWEEN 函数产生 50～100 之间的随机整数成绩

3. 逻辑函数

(1) 条件判断函数 IF。

函数语法：IF（判断条件，结果 1，结果 2）

函数功能：用于根据判断条件的真假，返回不同的结果。如果判断条件为 TRUE

（真），则返回（显示）结果 1，否则（为 FALSE）返回（显示）结果 2。

函数示例：根据成绩计算学分。参见“第 7 章　常用函数（逻辑）.xlsx”中的“IF 函数”工作表。

在如图 7—101 所示的表格中，假设课程是 3 学分的，成绩满 60 分就能获得 3 学分，否则不能得学分。

D3　=IF(C3>=60,3,0)

	A	B	C	D	E
1	计算机应用基础成绩表				
2	学号	姓名	成绩	学分	等级成绩
3	20130001	李英	98	3	优良
4	20130002	李凌	65	3	通过
5	20130003	陈燕	45	0	未通过
6	20130004	周羽	80	3	优良
7	20130005	姜峰	86	3	优良
8	20130006	李静瑶	82	3	优良
9	20130007	张晓京	83	3	优良
10	20130008	凌霞洋	68	3	通过
11	20130009	赵波	75	3	通过
12	20130010	孙千山	63	3	通过

图 7—101　根据成绩计算学分和等级成绩（IF 函数和 IF 函数的嵌套）

操作步骤如下：

①单击选中 D3 单元格，然后在“公式”选项卡的“函数库”组（如图 7—82 所示）中，单击“逻辑”按钮，在展开的函数列表中单击选择“IF”，打开 IF“函数参数”对话框。

②在“Logical _ test”框中输入第 1 位学生成绩满 60 分的条件“C3>=60”，在“Value _ if _ true”框中输入如果成绩满 60 分就能获得的学分“3”，在“Value _ if _ false”框中输入成绩不满 60 分所得的学分“0”，如图 7—102 所示。

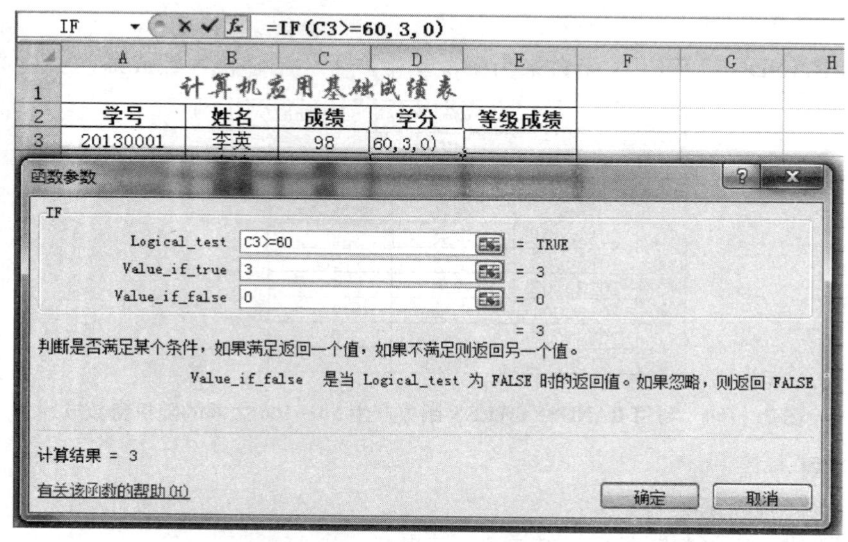

图 7—102　根据成绩计算学分（IF“函数参数”对话框）

③单击“确定”按钮，即可在 D3 单元格中输入以下公式：

=IF(C3>=60,3,0)

④双击 D3 单元格的填充柄，将公式向下复制，计算其他学生的学分，结果如图 7—101 中的 D 列所示。

（2）IF 函数的嵌套。

一个 IF 函数可以通过条件判断实现两种可能的分支，而需要更多分支时可通过多个 IF 函数嵌套实现[①]。

示例：根据成绩计算等级成绩。在图 7—101 所示的表格中，成绩在 80 分及以上为“优良”，在 60 分及以上但不满 80 分（在 60～79 之间）为“通过”，不满 60 分为“未通过”。

操作步骤如下：

①单击选中 E3 单元格，然后在“公式”选项卡的“函数库”组（如图 7—82 所示）中，单击“逻辑”按钮，在展开的函数列表中单击选择“IF”，打开第 1 个 IF“函数参数”对话框。

②在“Logical _ test”框中输入第 1 位学生成绩满 80 分的条件“C3>=80”，在“Value _ if _ true”框中输入成绩满 80 分的等级“优良”[②]，然后单击“Value _ if _ false”框，如图 7—103 所示。

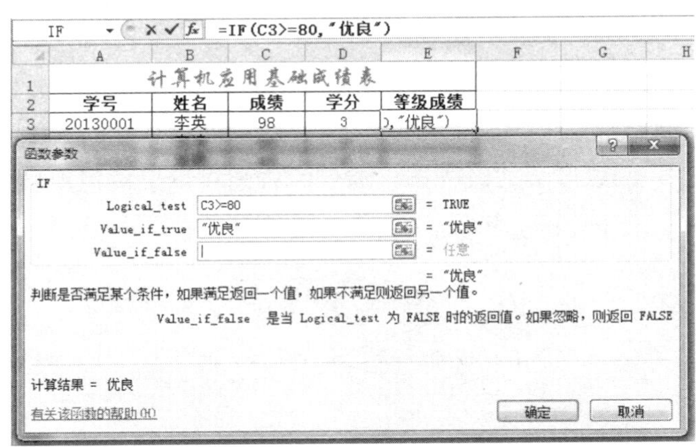

图 7—103　根据成绩计算等级成绩，第 1 个 IF“函数参数”对话框（输入嵌套的函数：在输入第 1 个 IF 函数的第 3 个参数时单击“名称框”中的 IF）

③单击图 7—103 左上角“名称框”中的“IF”，打开第 2 个 IF“函数参数”对话框[③]。

---

① 温馨提示：如果分支更多，可以使用 VLOOKUP 或 LOOKUP 函数实现，具体参阅 7.5.10 节的应用案例 5（根据最终成绩查询等级和绩点）。

② 在输入函数（或公式）的参数时，如果是文本常量参数（如“优良”），则需要有一对半角双引号；如果是数值常量参数（如 3），则不需要。

③ 技巧：对于嵌套的函数，如果只有一个参数是某函数的计算结果，可以单击“名称框”下拉按钮，从中选择相应的函数，并在“函数参数”对话框中输入参数。请仔细观察在输入嵌套函数参数时，“编辑栏”中公式的变化。

④在“Logical_test”框中输入第1位学生成绩满60分的条件“C3>=60”，在“Value_if_true”中输入成绩满60分（但不满80分）的等级“通过”，在“Value_if_false”框中输入成绩不满60分的等级“未通过”，如图7—104所示。

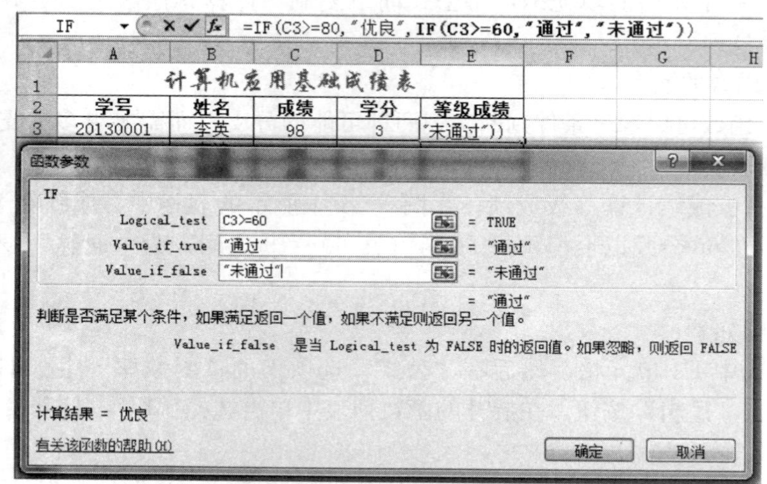

图7—104 根据成绩计算等级成绩（第2个IF“函数参数”对话框）

⑤单击“确定”按钮，即可在E3单元格中输入以下公式：

=IF(C3>=80,"优良",IF(C3>=60,"通过","未通过"))

⑥双击E3单元格的填充柄，将公式向下复制，计算其他学生的等级成绩，结果如图7—101中的E列所示。

图7—105为IF函数嵌套的流程图，通过流程图可以更清楚地理解公式。

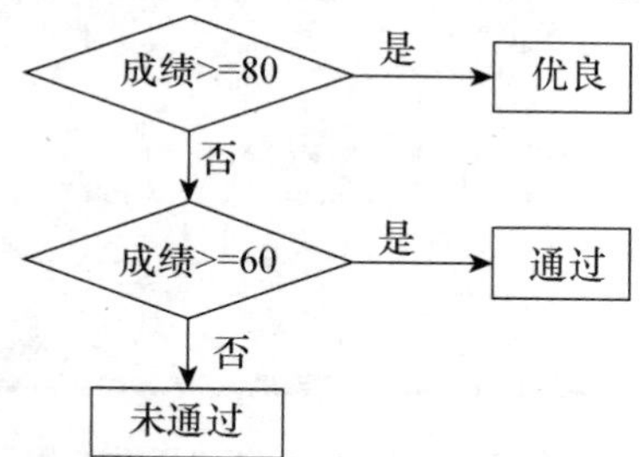

图7—105 根据成绩计算等级成绩（IF函数嵌套的流程图）

（3）AND函数。

函数语法：AND（判断条件1，[判断条件2]，…）

函数功能：每个判断条件都可能得到TRUE（真）或FALSE（假）的结果，AND函数的功能是在所有判断条件都为TRUE（真）时才得到TRUE（真）的结果。也就是说，判断所有的条件是否同时满足。

函数示例：判断年龄与职称条件。参见“第7章 常用函数（逻辑）.xlsx”中的“AND函数”工作表。

如图 7—106 所示，表中 B 列为职工年龄，C 列为职称。

D2　fx　=IF(AND(B2<35,C2="工程师"),"满足","")

	A	B	C	D	E
1	姓名	年龄	职称	35岁以下工程师	
2	李刚智	32	工程师	满足	
3	蒋生华	26	助工		
4	孙展	31	工程师	满足	
5	韩裕文	42	高工		
6	孙国健	33	助工		
7	赵芳燕	27	助工		
8	褚艺德	36	工程师		
9	蒋君芬	31	助工		

图 7—106　判断年龄与职称条件（IF 函数和 AND 函数）

公司拟提拔干部，需要选择年龄在 35 岁以下、职称为工程师的人选。在 D2 单元格中输入以下公式并向下复制，可以将满足条件的显示出来。

=IF（AND（B2<35，C2=" 工程师")，" 满足",）

（4）OR 函数。

函数语法：OR（判断条件 1，[判断条件 2]，…）

函数功能：多个判断条件中有一个为 TRUE（真），则 OR 函数的结果就为 TRUE（真）。

函数示例：判断一行中的 3 个数值是否互不相同。参见“第 7 章　常用函数（逻辑）.xlsx”中的“OR 函数”工作表。

如图 7—107 所示，表中 B 列、C 列、D 列分别为 3 个数值 A、B、C。

在 E3 单元格中输入以下公式并向下复制：

=IF(OR(B3=C3,B3=D3,C3=D3),"有相同","互不相同")

E3　fx　=IF(OR(B3=C3,B3=D3,C3=D3),"有相同","互不相同")

	A	B	C	D	E	F
1	判断一行中的3个数值是否互不相同					
2	序号	A	B	C	是否互不相同	
3	1	9	5	2	互不相同	
4	2	2	9	2	有相同	
5	3	3	4	5	互不相同	
6	4	2	8	4	互不相同	
7	5	6	6	2	有相同	
8	6	7	4	6	互不相同	
9	7	5	6	3	互不相同	
10	8	9	8	3	互不相同	

图 7—107　判断一行中的 3 个数值是否互不相同（IF 函数和 OR 函数）

4. 文本函数

用户常常需要在文本中提取部分字符来做进一步处理，如从学号中提取年级、从身份证号码中提取出生日期、从产品编号中提取字符来判断产品的类别等。Excel 提供了 3 个常用的提取字符函数：LEFT、MID 和 RIGHT 函数。

（1）从左侧提取字符函数 LEFT。

函数语法：LEFT（文本或单元格，[提取位数]）

函数功能：从文本（字符串）的最左侧提取指定位数的字符（一个汉字也算一个字符）。如果只希望提取字符串左侧的第 1 个字符，则可以省略第 2 个参数（提取位数）。

函数示例：从学号中提取前 4 位，作为入学年份，参见“第 7 章　常用函数（文本）.xlsx”。

如图 7—108 所示，在 C2 单元格中输入以下公式并向下复制：

=LEFT(A2,4)

C2　=LEFT(A2, 4)

	A	B	C
1	学号	姓名	入学年份
2	20130601	曹克强	2013
3	20120601	向红	2012
4	20110601	庄文鼎	2011

图 7—108　提取入学年份（LEFT 函数）

（2）从中间提取字符函数 MID。

函数语法：MID（文本或单元格，开始提取的位置，提取位数）

函数功能：从文本（字符串）中间的指定位置开始，提取指定位数的字符。

函数示例：从 18 位身份证号码中提取 8 位生日数字，参见“第 7 章　常用函数（文本）.xlsx”。

如图 7—109 所示，在 G2 单元格中输入以下公式并向下复制：

=MID(F2,7,8)

该函数表示将对 F2 单元格中的 18 位身份证号码进行提取，从第 7 位开始提取 8 个字符，得到出生日期。

G2　=MID(F2, 7, 8)

	E	F	G
1	姓名	身份证号码	出生日期
2	张三	110108199303230025	19930323
3	李四	110108199212260015	19921226
4	王五	310881199002140987	19900214

图 7—109　提取生日（MID 函数）

（3）从右侧提取字符函数 RIGHT。

函数语法：RIGHT（文本或单元格，[提取位数]）

函数功能：从文本（字符串）的最右侧提取指定位数的字符。如果只希望提取字符串右侧的第 1 个字符，则可以省略第 2 个参数（提取位数）。

函数示例：从“中国人民大学”中提取右侧 2 个字“大学”，公式如下：

=RIGHT("中国人民大学",2)

（4）字符长度函数 LEN。

函数语法：LEN（文本或单元格）

函数功能：统计文本（字符串）中的字符个数（注意：空格将作为字符进行计数）。

函数示例：统计字符串“Renmin University of China”字符个数，公式如下：

=LEN("Renmin University of China")

图 7—110 显示的是常用文本函数的应用结果和公式，参见“第 7 章　常用函数（文本）.xlsx”。

	I	J	K
1	函数	中国人民大学	Renmin University of China
2	LEN	6	26
3	LEFT	中国	Renmin
4	MID	人民	University
5	RIGHT	大学	China

	I	J	K
1	函数	中国人民大学	Renmin University of China
2	LEN	=LEN(J1)	=LEN(K1)
3	LEFT	=LEFT(J1,2)	=LEFT(K1,6)
4	MID	=MID(J1,3,2)	=MID(K1,8,10)
5	RIGHT	=RIGHT(J1,2)	=RIGHT(K1,5)

图 7—110　常用文本函数 LEN、LEFT、MID、RIGHT 的应用结果和公式

5. 日期与时间函数

(1) 当前日期函数 TODAY。

函数语法：TODAY()

该函数不需要参数。

函数功能：返回日期格式的当前日期（能够根据系统时间实时更新）。

函数示例：生成当前日期。参见“第 7 章　常用函数（日期与时间）. xlsx”。

如图 7—111 所示，在 B1 单元格中输入生成当前日期的公式：

=TODAY()

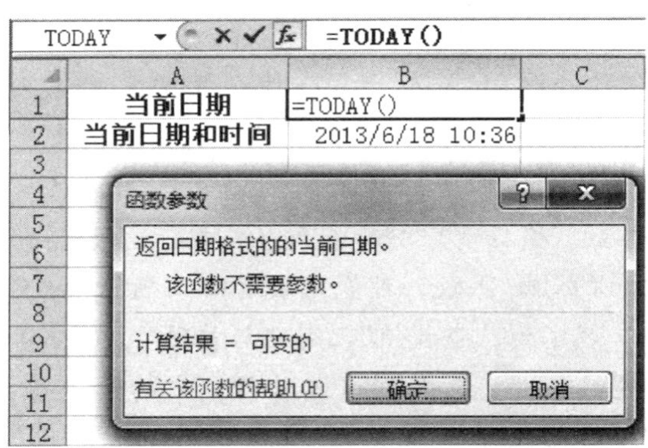

图 7—111　生成当前日期和时间（TODAY 和 NOW 函数）

(2) 当前日期和时间函数 NOW。

函数语法：NOW()

该函数不需要参数。

函数功能：返回日期时间格式的当前日期和时间（能够根据系统时间实时更新）。

函数示例：生成当前日期和时间。参见“第 7 章　常用函数（日期与时间）. xlsx”。

如图 7—111 所示，在 B2 单元格中输入生成当前日期和时间的公式：

=NOW()

6. 查找与引用函数

(1) 查找函数 VLOOKUP 和 HLOOKUP 。

VLOOKUP 函数和 HLOOKUP 函数是用户在查找数据时使用频率非常高的 Excel 函数。利用这两个函数，可以实现一些简单的数据查询，例如，从学生信息表中查询一个学生所属的院系、在电话号码簿中查找某个人的电话号码、从产品档案中查询某个产品的价格等。

VLOOKUP 函数语法：VLOOKUP（查找值，数据表，返回的列号，[查找方式]）

HLOOKUP 函数语法：HLOOKUP（查找值，数据表，返回的行号，[查找方式]）

VLOOKUP 函数和 HLOOKUP 函数的语法非常相似，功能基本相同。这两个函数主要用于根据“查找值”在“数据表”首列（或首行）中查找满足条件的数据，并根据指定的列号（或行号），返回对应的值。唯一的区别在于 VLOOKUP 函数针对列数据按行进行查询，而 HLOOKUP 函数针对行数据按列进行查询。V 表示垂直，H 表示水平。

①第 1 个参数（查找值）：需要在“数据表”首列（或首行）中查找的数值。

②第 2 个参数（数据表）：需要在其中查找数据和返回数据的数据表。

③第 3 个参数（返回的列号或行号）：数据表中要返回的列号（或行号）。为 1 时，返回第 1 列（或第 1 行）中的数据；为 2 时，返回第 2 列（或第 2 行）中的数据，依此类推。

温馨提示：不能理解为工作表中实际的列号（或行号），而应该是用户指定返回值在数据表查找范围中的第几列（或第几行）。

④第 4 个参数（查找方式）：它决定了函数的查找方式[①]。如果为 0 或 FALSE（如 VLOOKUP 函数示例一和 VLOOKUP 函数示例二），函数进行精确查找（如果找不到，则返回错误值“＃N/A”），同时支持无序查找。如果省略或为 1 或为 TRUE（如 VLOOKUP 函数示例三），则使用大致（近似）匹配方式进行查找。

温馨提示：使用大致（近似）匹配方式进行查找（第 4 个参数省略或为 1 或为 TRUE）时，① 第 2 个参数（数据表）中的首列（或首行）数值必须按升序排列，否则，VLOOKUP 函数（或 HLOOKUP 函数）可能无法返回正确的值；② 如果 VLOOKUP 函数（或 HLOOKUP 函数）找不到“查找值”，则它与首列（或首行）中小于“查找值”的最大值匹配；③如果“查找值”小于首列（或首行）中的最小值，则 VLOOKUP 函数（或 HLOOKUP 函数）会返回错误值“＃N/A”。

这里以常用的 VLOOKUP 函数进行介绍。

VLOOKUP 函数示例一：使用 VLOOKUP 函数的“精确查找”，查询学生信息。参见“第 7 章　常用函数（查找与引用）. xlsx”中的“学生信息查询”工作表。

如图 7—112 所示，左侧是学生信息表，右侧是手动输入的学生的学号（在 F3 单元格），在学生信息表（A3：D12 区域）中查询，并返回该名学生的所有信息。

操作步骤如下：

①在 F7 单元格中输入如下公式（根据输入的“学号”在“学生信息表”中查询第

---

① 温馨提示：在 VLOOKUP“函数参数”对话框（如图 7—112 所示）中，第 4 个参数（Range _ lookup）的说明写反了。应该是：如果为 FALSE（0），精确匹配；如果为 TRUE（1）或忽略（省略），大致（近似）匹配。

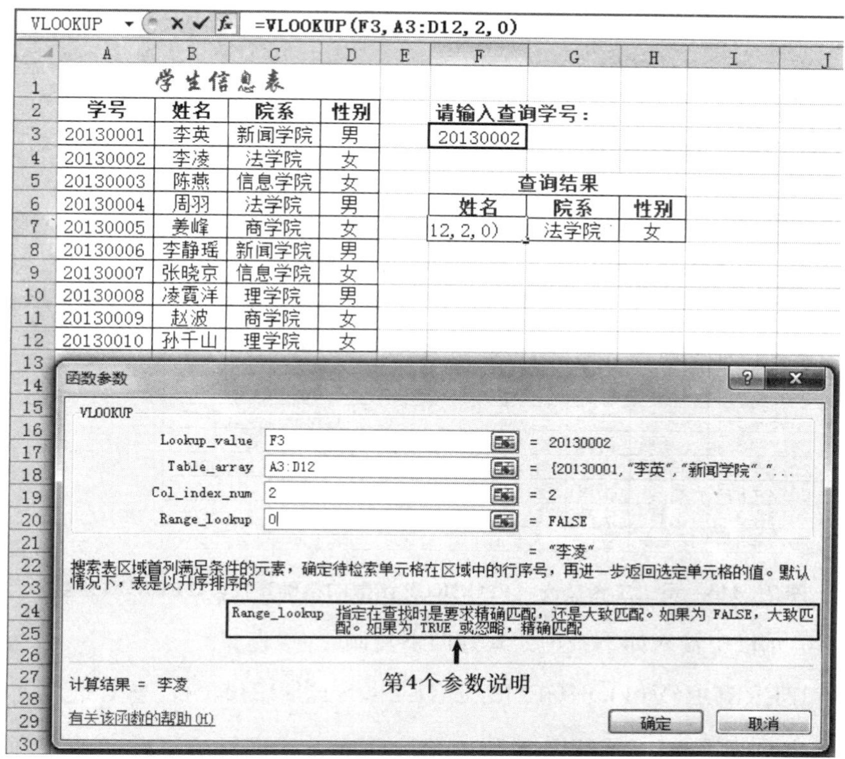

学号	姓名	院系	性别
20130001	李英	新闻学院	男
20130002	李凌	法学院	女
20130003	陈燕	信息学院	女
20130004	周羽	法学院	男
20130005	姜峰	商学院	女
20130006	李静瑶	新闻学院	男
20130007	张晓京	信息学院	女
20130008	凌霞洋	理学院	男
20130009	赵波	商学院	女
20130010	孙千山	理学院	女

姓名	院系	性别
12,2,0)	法学院	女

图 7—112　学生信息查询（VLOOKUP 函数，精确查找，第 4 个参数为 0）

2 列中相应的“姓名”)：

=VLOOKUP(F3,A3：D12,2,0)

或者

=VLOOKUP(F3,A3：B12,2,0)

或者

=VLOOKUP(F3,A3：C12,2,0)

②在 G7 单元格中输入如下公式（根据输入的“学号”在“学生信息表”中查询第 3 列中相应的“院系”)：

=VLOOKUP(F3,A3：D12,3,0)

或者

=VLOOKUP(F3,A3：C12,3,0)

③在 H7 单元格中输入如下公式（根据输入的“学号”在“学生信息表”中查询第 4 列中相应的“性别”)：

=VLOOKUP(F3,A3：D12,4,0)

VLOOKUP 函数示例二：使用 VLOOKUP 函数的“精确查找”，查询员工工资信息。参见“第 7 章　常用函数（查找与引用）. xlsx”中的“员工工资查询”工作表。

如图 7—113 所示，有某项目组的员工工资表，利用函数公式对员工工资进行查询，若该员工存在，则返回其“应发工资”，否则显示“查无此人”。

K3　　fx　=IFERROR(VLOOKUP(J3,$C$2:$H$12,6,0),"查无此人")

	A	B	C	D	E	F	G	H	I	J	K
1	2013年8月单位员工工资明细表									数据查询	
2	员工号	月份	姓名	部门	基本工资	住房补贴	奖金	应发工资		查询姓名	应发工资
3	A0001	2013年8月	李渐新	企划	6,000	2,000	1,000	9,000		张自力	12,500
4	A0002	2013年8月	白成飞	销售	7,500	1,800	3,000	12,300		林丹	查无此人
5	A0003	2013年8月	张自力	设计	8,000	2,000	2,500	12,500			
6	A0004	2013年8月	林彤	企划	5,000	2,500	2,000	9,500			
7	A0005	2013年8月	李敏新	生产	7,000	3,200	1,800	12,000			
8	A0006	2013年8月	王珊珊	销售	6,500	1,500	2,000	10,000			
9	A0007	2013年8月	赵兴家	设计	6,000	2,000	2,000	10,000			
10	A0008	2013年8月	赵秀	销售	6,000	2,200	1,000	9,200			
11	A0009	2013年8月	王辉	生产	8,000	3,000	1,800	12,800			
12	A0010	2013年8月	许庆龙	生产	7,500	2,000	2,000	11,500			

图 7—113　员工工资查询（VLOOKUP 函数的精确查找，IFERROR 函数）

在 K3 单元格中输入如下查询公式并向下复制：

=IFERROR(VLOOKUP(J3,$C$2:$H$12,6,0),"查无此人")

该公式主要使用 VLOOKUP 函数的精确匹配方式进行员工姓名的查询。除此之外，在公式中使用 IFERROR 函数将使公式变得更加简洁。当 VLOOKUP 函数返回错误（即查询不到该员工信息）时，函数将直接返回“查无此人”，否则直接返回 VLOOKUP 函数查询结果。

VLOOKUP 函数示例三：使用 VLOOKUP 函数的“大致（近似）查找”，根据成绩查询等级和绩点。参见“第 7 章　常用函数（查找与引用）. xlsx”中的“等级和绩点查询（VLOOKUP 函数）”工作表。

VLOOKUP 函数可以针对数据表进行大致（近似）查找，因此，通常适用于对分段区间的数据进行查询。

假设某大学的“成绩、等级和绩点对照表”如图 7—114 所示，左侧是学生成绩表，右侧是成绩、等级和绩点对照表（G3：J13 区域），这里需要将对照表中的分数段（成绩）的下限和上限分开。在查表过程中，用的是按升序排序的成绩下限（G3：G13 区域）。也就是说，为了保证查询结果的正确性，需要将对照表（G3：J13 区域）中的第 1 列（G3：G13 区域）按升序排序。

下面使用 VLOOKUP 函数的“大致（近似）查找”，查询学生的等级和绩点。

操作步骤如下：

①在 D3 单元格中输入如下查询公式（根据每个学生的“成绩”在“对照表”的第 3 列中查询相应的“等级”）并向下复制：

=VLOOKUP(C3,$G$3:$J$13,3)

或者

=VLOOKUP(C3,$G$3:$I$13,3)

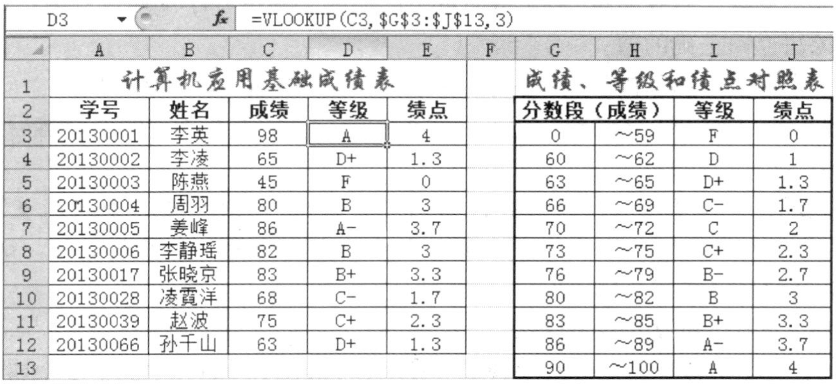

D3 fx =VLOOKUP(C3,$G$3:$J$13,3)

	A	B	C	D	E	F	G	H	I	J
1	计算机应用基础成绩表						成绩、等级和绩点对照表			
2	学号	姓名	成绩	等级	绩点		分数段（成绩）		等级	绩点
3	20130001	李英	98	A	4		0	~59	F	0
4	20130002	李凌	65	D+	1.3		60	~62	D	1
5	20130003	陈燕	45	F	0		63	~65	D+	1.3
6	20130004	周羽	80	B	3		66	~69	C-	1.7
7	20130005	姜峰	86	A-	3.7		70	~72	C	2
8	20130006	李静瑶	82	B	3		73	~75	C+	2.3
9	20130017	张晓京	83	B+	3.3		76	~79	B-	2.7
10	20130028	凌霞洋	68	C-	1.7		80	~82	B	3
11	20130039	赵波	75	C+	2.3		83	~85	B+	3.3
12	20130066	孙千山	63	D+	1.3		86	~89	A-	3.7
13							90	~100	A	4

图 7—114 根据成绩查询等级和绩点（VLOOKUP 函数，大致近似查找，第 4 个参数省略）

该公式使用大致（近似）匹配方式进行查找，在 G 列中查找第 1 位学生的成绩（在 C3 单元格）98，但在“对照表”的首列（G 列）中没有（找不到）98，则它与 G 列中小于 98 的最大值 90 匹配。然后返回同一行中第 3 列（I 列）的等级 A。

又如：第 2 位学生的成绩（在 C4 单元格）65，但在“对照表”的首列（G 列）中没有（找不到）65，则它与 G 列中小于 65 的最大值 63 匹配。然后返回同一行中第 3 列（I 列）的等级 D+。

②同理，在 E3 单元格中输入如下查询公式（根据每个学生的“成绩”查询在“对照表”的第 4 列中相应的“绩点”）并向下复制：

=VLOOKUP(C3,$G$3:$J$13,4)

最终结果如表 7—7 所示。

表 7—7 某大学的成绩、等级和绩点对照表

分数段（成绩）	等级	绩点
0～59	F	0
60～62	D	1
63～65	D+	1.3
66～69	C−	1.7
70～72	C	2
73～75	C+	2.3
76～79	B−	2.7
80～82	B	3
83～85	B+	3.3
86～89	A−	3.7
90～100	A	4

(2) 查找函数 LOOKUP。

LOOKUP 函数具有两种语法形式：向量形式和数组形式。

(a) LOOKUP 函数的向量形式。

单行区域或单列区域称为向量。

向量形式的 LOOKUP 函数语法：LOOKUP（查找值，查找向量，[返回向量]）

①第 1 个参数（查找值）：要在“查找向量”中查找的值。

②第 2 个参数（查找向量）：要求向量中的数值必须按升序排列。否则，LOOKUP 函数可能无法返回正确的值。

③第 3 个参数（返回向量）：可选，要求与“查找向量”大小相同。

向量形式的 LOOKUP 函数功能：在“查找向量”中查找指定的值，然后返回“返回向量”中相同位置的值。

温馨提示：如果 LOOKUP 函数找不到“查找值”，则它与“查找向量”中小于“查找值”的最大值匹配。如果“查找值”小于“查找向量”中的最小值，则 LOOK-UP 函数会返回错误值“#N/A”。

（b）LOOKUP 函数的数组形式。

可以将“数组”理解为 VLOOKUP（或 HLOOKUP）函数中的第 2 个参数“数据表”，即多行多列区域。

数组形式的 LOOKUP 函数语法：LOOKUP（查找值，数组）

①第 1 个参数（查找值）：要在“数组”的首列（或首行）中进行查找的数值。

②第 2 个参数（数组）：要在其中查找数据的数组。要求第 1 列（或第 1 行）必须按升序排列。

数组形式的 LOOKUP 函数功能：在数组的第 1 行或第 1 列中查找指定的值，然后返回数组最后一行或最后一列中同一位置的值。

温馨提示：

①如果 LOOKUP 函数找不到“查找值”，则它与数组第 1 行或第 1 列（取决于数组维度）中小于“查找值”的最大值匹配。

②如果“查找值”小于数组第 1 行或第 1 列（取决于数组维度）中的最小值，则 LOOKUP 会返回错误值“#N/A”。

③LOOKUP 函数的数组形式的查询原理①与 VLOOKUP 函数和 HLOOKUP 函数中当第 4 个参数省略（或为 1 或为 TRUE）时非常相似。区别在于：VLOOKUP 在第 1 列中搜索“查找值”，HLOOKUP 在第 1 行中搜索，而 LOOKUP 根据数组维度进行搜索。

④如果数组是正方的（行数等于列数）或者高度大于宽度（行数多于列数），LOOKUP 会在第 1 列中进行搜索“查找值”，即与 VLOOKUP 相似。

⑤如果数组包含宽度比高度大的区域（列数多于行数），LOOKUP 会在第 1 行中搜索，即与 HLOOKUP 相似。

函数示例：使用 LOOKUP 函数实现成绩、等级和绩点的查询。参见“第 7 章　常用函数（查找与引用）. xlsx”中的“等级和绩点查询（LOOKUP 函数）”工作表。

LOOKUP 函数在很多时候可以代替 VLOOKUP 函数来进行升序查找。题目如 VLOOKUP 函数示例三（如图 7—114 所示）。下面用 LOOKUP 函数代替 VLOOKUP 函数来实现成绩、等级和绩点的查询。

操作步骤如下：

---

① LOOKUP 函数采用“二分法”的原理进行数据查找，因此，运算速度要高于采用“遍历法”的函数。

①如图7—115所示，在D3单元格中输入如下查询公式（根据每个学生的“成绩”在“对照表”的I列中查询相应的“等级”）并向下复制：

=LOOKUP(C3,$G$3：$G$13,$I$3：$I$13)(公式1)

或

=LOOKUP(C3,$G$3：$I$13)(公式2)

D3	=LOOKUP(C3,$G$3:$G$13,$I$3:$I$13)									
	A	B	C	D	E	F	G	H	I	J
1	计算机应用基础成绩表						成绩、等级和绩点对照表			
2	学号	姓名	成绩	等级	绩点		分数段（成绩）		等级	绩点
3	20130001	李英	98	A	4		0	~59	F	0
4	20130002	李凌	65	D+	1.3		60	~62	D	1
5	20130003	陈燕	45	F	0		63	~65	D+	1.3
6	20130004	周羽	80	B	3		66	~69	C-	1.7
7	20130005	姜峰	86	A-	3.7		70	~72	C	2
8	20130006	李静瑶	82	B	3		73	~75	C+	2.3
9	20130007	张晓京	83	B+	3.3		76	~79	B-	2.7
10	20130008	凌霞洋	68	C-	1.7		80	~82	B	3
11	20130009	赵波	75	C+	2.3		83	~85	B+	3.3
12	20130010	孙千山	63	D+	1.3		86	~89	A-	3.7
13							90	~100	A	4

图7—115 根据成绩查询等级和绩点（LOOKUP函数的向量形式，大致近似查找）

公式1使用了LOOKUP函数的标准用法，在“对照表”中，分别针对G列的成绩下限进行升序查找，并返回I列的等级。

而公式2主要利用LOOKUP函数在数组（数据表）中的查找原理，函数在“对照表”$G$3：$I$13区域中的最左列（首列）进行成绩下限查找，并返回最右列的等级。利用这个技巧的优势在于，用户无需像VLOOKUP函数那样必须指定返回数值的列号，公式更为简单。

②同理，在E3单元格中输入如下查询公式（根据每个学生的“成绩”在“对照表”的J列中查询相应的“绩点”）并向下复制：

=LOOKUP(C3,$G$3：$G$13,$J$3：$J$13)

或

=LOOKUP(C3,$G$3：$J$13)

除了前面介绍的常用函数，Excel中的函数还有很多，读者可以根据需要进行选择。

7.5.6 引用其他工作表的单元格或区域

在Excel公式中可以引用其他工作表的数据参与运算。若希望在公式中引用其他工作表的单元格或区域，可以在“公式编辑”状态下，通过鼠标单击相应的工作表标签，然后选取相应的单元格或区域。

跨表引用的表示方式为“工作表名+半角感叹号（!）+引用单元格或区域”。假设在 Sheet1 工作表中的公式引用了 Sheet2 工作表中的 A3 单元格，公式为“＝Sheet2!A3”。

1. 跨表引用其他工作表的单元格

假设有某班学生某学期成绩表，根据学生成绩计算每个学生该学期所取得的总学分。学生成绩表如图 7—116 所示，参见“第 7 章　引用其他工作表. xlsx”中的“成绩表”工作表。其中，标题“成绩表”占两行（1～2 行），目的是为了计算总学分时，学生所在的行号不变。

A1　fx　成绩表

	A	B	C	D	E	F	G
1	成绩表						
2							
3	学号	姓名	英语	数学	统计	会计	计算机
4	20130001	李凌	78	80	71	80	76
5	20130002	陈燕	62	50	91	84	73
6	20130003	周羽	89	77	77	79	85

图 7—116　学生成绩（在“成绩表”工作表）

学分计算结果如图 7—117 所示，参见“第 7 章　引用其他工作表. xlsx”中的“计算学分”工作表。其中，每门课程相应的学分在第 2 行，如英语 6 学分、数学 5 学分等。如果学生的某门课程成绩满 60 分，就能获得该门课程相应的学分，否则该门课程不能得学分。

操作步骤如下：

（1）在“计算学分”工作表中，利用公式引用实现数据（每个学生的学号和姓名）的“复制”。在 A4 单元格中输入“＝”后，单击“成绩表”工作表标签，切换到“成绩表”工作表，单击选中 A4 单元格，并单击编辑栏左侧的“输入”按钮✔（或按 Enter 键）结束公式输入，则在公式中将自动在引用前添加工作表名。即在“计算学分”工作表的 A4 单元格中自动输入公式“＝成绩表！A4”，如图 7—118 所示。

C4　fx　=IF(成绩表!C4>=60,C$2,0)

	A	B	C	D	E	F	G	H
1	学分表							
2	学分		6	5	4	2	3	总学分
3	学号	姓名	英语	数学	统计	会计	计算机	
4	20110001	李凌	6	5	4	2	3	20
5	20110002	陈燕	6	0	4	2	3	15
6	20110003	周羽	6	5	4	2	3	20

图 7—117　计算学分和总学分（在“计算学分”工作表）

A4　fx　=成绩表!A4

	A	B	C	D	E	F	G	H
1	学分表							
2	学分		6	5	4	2	3	总学分
3	学号	姓名	英语	数学	统计	会计	计算机	
4	20130001							

图 7—118　利用公式引用实现数据的“复制”（在“计算学分”工作表）

（2）在“计算学分”工作表中，选中 A4 单元格，先向右拖动填充柄到 B4 单元格（此时 A4 和 B4 两个单元格处于被选状态），再向下拖动 A4：B4 区域的填充柄到 A5：B26 区域。

（3）在“计算学分”工作表中，计算每个学生每门课程取得的学分。单击选中 C4 单元格，然后在“公式”选项卡的“函数库”组中，单击“逻辑”按钮，在展开的函数列表中单击选择“IF”，打开 IF“函数参数”对话框。

（4）单击“成绩表”工作表标签，切换到“成绩表”工作表，再单击 C4 单元格，然后在“Logical _ test”已有内容后面输入成绩满 60 分的条件“>=60”。

（5）单击“Value _ if _ true”框，回到“计算学分”工作表，再单击 C2 单元格（自动输入课程成绩满 60 分时所能获得的相应课程的学分），并按 2 次 F4 键，采用混合引用“C$2”，意思是无论如何复制，IF 函数内的学分会随着不同课程而变化，但都固定在第 2 行。

（6）在“Value _ if _ false”框中输入成绩不满 60 分时所能获得的学分“0”，如图 7—119 所示。

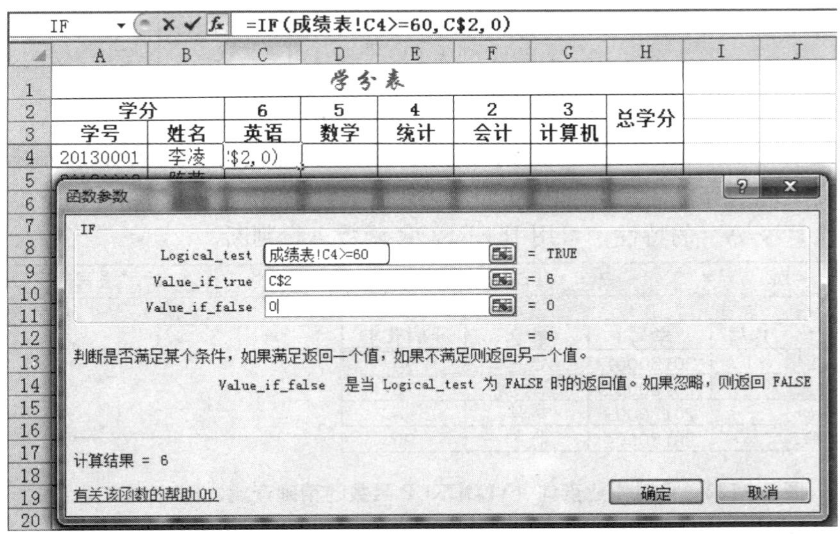

图 7—119　IF“函数参数”对话框（引用“成绩表”工作表中的成绩）

（7）单击“确定”按钮，即可在“计算学分”工作表的 C4 单元格中自动输入公式“=IF（成绩表！C4>=60，C$2，0）”。

（8）在“计算学分”工作表中，选中 C4 单元格，先向右拖动 C4 单元格的填充柄到 G4 单元格（此时 C4：G4 共有 5 个单元格处于被选状态），再双击 C4：G4 区域填充柄，复制公式到 C5：G26 区域。

（9）计算每个学生的总学分。在“计算学分”工作表中，选择空白单元格区域 H4：H26，在“开始”选项卡的“编辑”组中，单击“自动求和”按钮，即可计算每个学生该学期所取得的总学分。

学生学分和总学分的计算结果如图 7—117 所示。

2. 跨表引用其他工作表的区域，以及 VLOOKUP 函数“精确查找”的应用

假设有两个工作表，其中一个工作表是某班级的学生名单（参见“第 7 章　引用其他工作表. xlsx”中的“学生名单”工作表，如图 7—120 所示）；另一个工作表是该班某次平时作业的提交情况（参见“第 7 章　引用其他工作表. xlsx”中的“平时作业”工作表，如图 7—121 所示）。

	A	B	C	D
1	序号	学号	姓名	平时作业
2	1	20120001	张三	
3	2	20120002	李小虎	
4	3	20120003	杨萍	
5	4	20120004	张帅	

图 7—120　学生名单（在“学生名单”工作表）

	A	B	C	D
1	序号	学号	姓名	成绩
2	1	20120001	张三	90
3	2	20120002	李小虎	70
4	3	20120003	杨萍	80
5	4	20120004	张帅	90

图 7—121　平时作业的提交情况（在“平时作业”工作表）

可以使用 VLOOKUP 函数[①]的精确查找（第 4 个参数为 0 或 FALSE）来查看哪些学生没有提交此次作业，结果如图 7—122 所示。针对 VLOOKUP 函数发生错误时返回错误值“＃N/A”的特性，可用 IFERROR 函数进行判断。

D2　　*fx*　=IFERROR(VLOOKUP(B2,平时作业!B:D,3,0),"没有提交")

	A	B	C	D	E	F	G
1	序号	学号	姓名	平时作业			
2	1	20130001	张三	90			
3	2	20130002	李小虎	70			
4	3	20130003	杨萍	80			
5	4	20130004	张帅	90			

图 7—122　平时作业查询（VLOOKUP 函数的精确查找、IFERROR 函数）

操作步骤如下：

(1) 在“学生名单”工作表中的 D2 单元格中输入如下查询公式：

＝IFERROR(VLOOKUP(B2,平时作业！B：D,3,0),“没有提交”)

公式中的“VLOOKUP（B2，平时作业!B：D，3，0)”是根据“学生名单”第 1 名学生的学号（在 B2 单元格），在“平时作业”工作表的 B 列中以精确匹配方式进行查找。如果找不到，则返回错误值“＃N/A”；如果找到，则返回该名学生的平时“成绩”。

除此之外，在公式中使用 IFERROR 函数将使公式变得更加简洁。当 VLOOKUP 函数返回错误（即查询不到该名学生的信息）时，函数将直接返回“没有提交”，否则

① 温馨提示：这里不能用 LOOKUP 函数代替 VLOOKUP 函数，因为 LOOKUP 函数只能实现“大致（近似）查找”，不能实现“精确查找”。

直接返回 VLOOKUP 函数查询结果。

（2）双击 D2 单元格的填充柄，复制公式到 D3：D37 区域。

可以看出，此次作业没有提交的学生有：李辉、王思远、孙千山。

7.5.7　公式和计算的操作技巧——神奇的选择性粘贴和状态栏

1. 用计算结果替换公式

在使用公式得到计算结果后，如果不希望别人看到计算公式（或由于其他原因），希望只保留公式的计算结果而去掉公式，可用计算结果替换公式。

示例：利用随机函数 RAND 产生不重复的随机小数，实现对学生考试座位的随机编排。在学校的考试管理工作中，教务处通常会在考试前进行学生的座位编排，但往往需要随机安排学生的座位号。利用随机函数将会使问题变得简单，也提高了实际的工作效率。参见“第 7 章　选择性粘贴.xlsx”中的“学生考试座位随机编排”工作表。

操作步骤如下：

（1）如图 7—123 所示[①]，在 C3 单元格中输入以下公式并向下复制：

=RAND()

利用随机函数 RAND 来为每位学生产生一个不重复的随机小数（因为 RAND 函数产生的随机值几乎不重复）。

C3　fx　=RAND()

	A	B	C	D
1	考试座位表			
2	学号	姓名	随机数	座位
3	20130001	李英	0.232974946	
4	20130002	李凌	0.997132444	
5	20130003	陈燕	0.936080351	
6	20130004	周羽	0.503550743	
7	20130005	姜峰	0.550126434	
8	20130006	李静瑶	0.638990316	
9	20130007	张晓京	0.115249776	
10	20130008	凌霞洋	0.955855189	
11	20130009	赵波	0.828894119	
12	20130010	孙千山	0.971606683	

图 7—123　利用随机函数 RAND 产生不重复的随机小数

随机函数 RAND 在每次编辑后会自动产生新的随机值。因此，如果在产生随机值后，想将随机值固定下来，避免下次再检查时看到不同的随机值，可用随机值替换公式。

（2）选择 C3：C12 区域，在“开始”选项卡的“剪贴板”组中，单击“复制”按钮（或按 Ctrl+C 组合键），复制公式。

（3）在“开始”选项卡的“剪贴板”组中，单击“粘贴”下拉按钮，展开如图 7—124 所示的下拉菜单。

---

① 温馨提示：由于是产生随机数，因此，该示例各图中产生的随机数值，不同的可能性很大，相同的可能性很小。

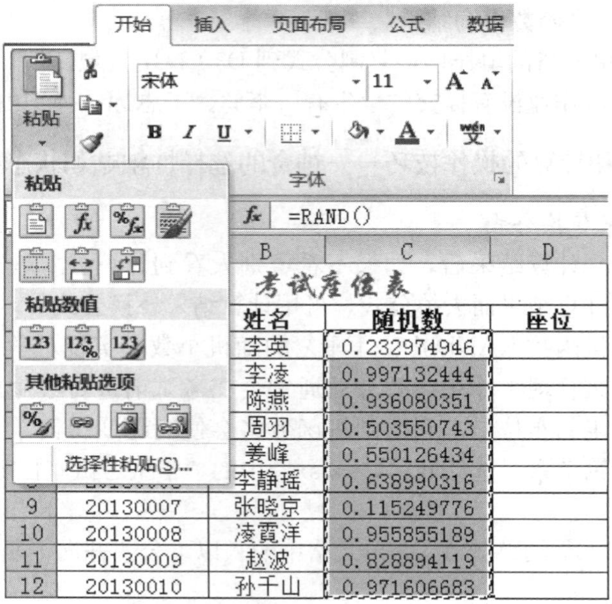

图 7—124　单击“粘贴”下拉按钮，展开的下拉菜单

（4）在“粘贴数值”区域中，单击“值”按钮123，即可在 C3：C12 区域中用随机值替换公式，如图 7—125 中的 C 列所示。对照图 7—124，注意观察编辑栏中 C3 单元格内容的变化（公式→数值，即“公式”被“数值”替换了）。

C3　fx　0.232974945943179

	A	B	C	D
1	考试座位表			
2	学号	姓名	随机数	座位
3	20130001	李英	0.232974946	
4	20130002	李凌	0.997132444	
5	20130003	陈燕	0.936080351	
6	20130004	周羽	0.503550743	
7	20130005	姜峰	0.550126434	
8	20130006	李静瑶	0.638990316	
9	20130007	张晓京	0.115249776	
10	20130008	凌霞洋	0.955855189	
11	20130009	赵波	0.828894119	
12	20130010	孙千山	0.971606683	

图 7—125　用随机数值替换公式

（5）在“随机数”列中选择任意一个单元格（如 C3 单元格），然后在“数据”选项卡的“排序和筛选”组中，单击“升序”按钮，将学生名单由原来按“学号”升序排序变成按“随机数”升序排序，从而实现对学生考试座位的随机编排。

（6）在 D3 单元格中输入“1”，在 D4 单元格中输入“2”。

（7）选中 D3：D4 两个单元格，双击填充柄，即可在 D5：D12 区域中自动填充输入座位号 3～10，结果如图 7—126 所示。

	A	B	C	D
1	考试座位表			
2	学号	姓名	随机数	座位
3	20130007	张晓京	0.115249776	1
4	20130001	李英	0.232974946	2
5	20130004	周羽	0.503550743	3
6	20130005	姜峰	0.550126434	4
7	20130006	李静瑶	0.638990316	5
8	20130009	赵波	0.828894119	6
9	20130003	陈燕	0.936080351	7
10	20130008	凌霄洋	0.955855189	8
11	20130010	孙千山	0.971606683	9
12	20130002	李凌	0.997132444	10

图 7—126　编排好的学生考试座位表

2. 神奇的选择性粘贴

复制和粘贴是 Excel 中最常用的操作之一。粘贴操作实际上是从剪贴板中取出内容存放到新的目标区域中。Excel 允许粘贴操作的目标区域等于或大于源区域。

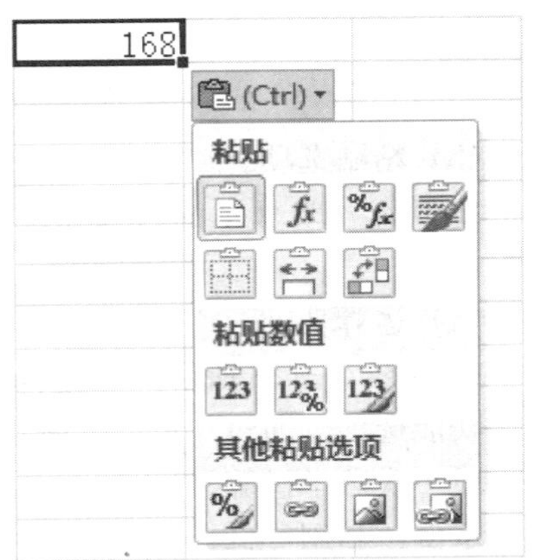

图 7—127　单击“粘贴选项”按钮展开的下拉菜单

（1）借助“粘贴选项”按钮粘贴。

当用户执行复制后再粘贴时，默认情况下在被粘贴区域的右下角会出现“粘贴选项”按钮，单击此按钮，展开如图 7—127 所示的下拉菜单。

此外，在执行了复制操作后，如果在“开始”选项卡的“剪贴板”组中，单击“粘贴”下拉按钮，也会出现相同的下拉菜单，如图 7—124 所示。

在常规的粘贴操作下，默认粘贴到目标区域的内容包括了源区域中的全部内容，包括数据（或公式）、单元格格式、条件格式、数据有效性以及单元格的批注。而通过在“粘贴选项”下拉菜单中进行选择，用户可根据自己的要求进行粘贴。

“粘贴选项”下拉菜单中的大部分选项与“选择性粘贴”对话框中的选项相同。

（2）借助“选择性粘贴”对话框粘贴。

“选择性粘贴”是一项非常有用的粘贴辅助功能，其中包含了许多详细的粘贴选项设置，以方便用户根据需要选择多种不同的复制粘贴方式。要打开“选择性粘贴”对话框，首先需要用户执行复制操作，然后用以下几种操作方式打开“选择性粘贴”对话框。

①在“开始”选项卡的“剪贴板”组中，单击“粘贴”下拉按钮，在展开的下拉菜单（如图 7—124 所示）中，单击选择最后一项“选择性粘贴”。

② 在粘贴目标单元格或区域，单击鼠标右键，在弹出的快捷菜单中，单击“选择性粘贴”。

“选择性粘贴”对话框通常如图 7—128 所示。

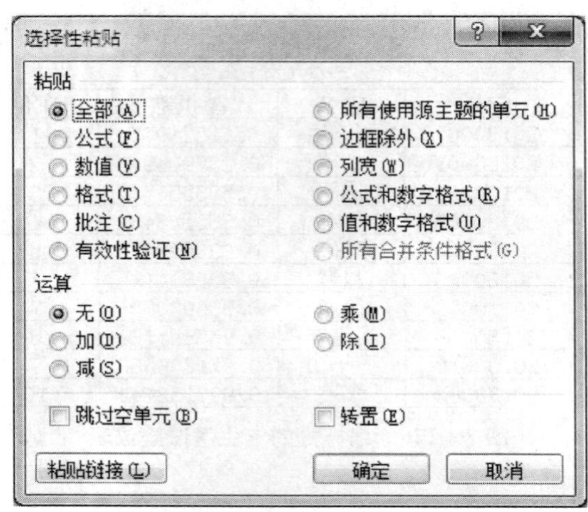

图 7—128　“选择性粘贴”对话框之一

（3）粘贴选项。

如图 7—128 所示的“选择性粘贴”对话框中各个粘贴选项的具体含义如表 7—8 所示。

（4）运算功能。

在如图 7—128 所示的“选择性粘贴”对话框中，“运算”区域中还包含其他一些粘贴功能选项。通过“加”、“减”、“乘”、“除”四个选项按钮，用户可以在粘贴的同时完成一次数学运算。

示例：利用“选择性粘贴”中的“加”运算，将文本型数字批量转换为数值。参见“第 7 章　选择性粘贴. xlsx”中的“选择性粘贴中的加运算”工作表。

例如，某门课程成绩录入到“数字人大”教务系统后，可从“数字人大”导出成绩单（如图 7—129 所示，该成绩单有 90 名学生的成绩）。但导出的成绩单的数字都是文本型的（因为单元格左上角显示绿色三角形符号），需要将文本型数字转换为数值，以便与数值型的课程成绩进行比较，查看是否有录入错误。

	A	B	C	D	E	F	G
1	学号	百分成绩	最终成绩	等级	绩点	学分	学分绩点
2	20120001	90.3	90	A	4	4	16
3	20120002	87.5	88	A-	3.7	4	14.8
4	20120003	92.4	92	A	4	4	16
5	20120004	90.3	90	A	4	4	16
6	20120005	69.5	70	C	2	4	8

图 7—129　从“数字人大”导出的成绩单（文本型数字）

表 7—8　　“选择性粘贴”对话框中粘贴选项的含义

粘贴选项	含义
全部	粘贴源单元格区域中的全部内容，包括数据和公式、格式（包括条件格式）、数据有效性、批注。此选项为默认的常规粘贴方式

续前表

粘贴选项	含义
公式	粘贴数据和公式，不保留格式、批注等内容
数值	粘贴数值、文本及公式运算结果，不保留公式、格式、批注、数据有效性等内容
格式	只粘贴格式（包括条件格式），而不粘贴任何数值、文本和公式，也不保留批注、数据有效性等内容
批注	只粘贴批注，不保留其他任何数据内容和格式
有效性验证	只粘贴数据有效性，不保留其他任何数据内容和格式
所有使用源主题的单元	粘贴所有内容，并且使用源区域的主题，一般在跨工作簿复制数据时，如果两个工作簿使用的主题不同，可以使用此项
边框除外	粘贴数据和公式、格式（包括条件格式）、数据有效性、批注，但其中不包括单元格边框的格式设置
列宽	仅使粘贴目标单元格区域的列宽设置与源单元格列宽相同，但不保留任何其他内容
公式和数字格式	粘贴数据和公式、数字格式，而去除原来所包含的文本格式（如字体、边框、底色填充等格式设置）
值和数字格式	粘贴数值、文本及公式运算结果、数字格式，而去除原来所包含的文本格式（如字体、边框、底色填充等格式设置），也不保留公式
所有合并条件格式	合并源区域与目标区域中的所有条件格式

操作步骤如下：

① 选择一个“常规”格式的空白单元格，如 J2 单元格，然后在“开始”选项卡的“剪贴板”组中，单击“复制”按钮（或按 Ctrl+C 组合键）进行复制，如图 7—130 所示。

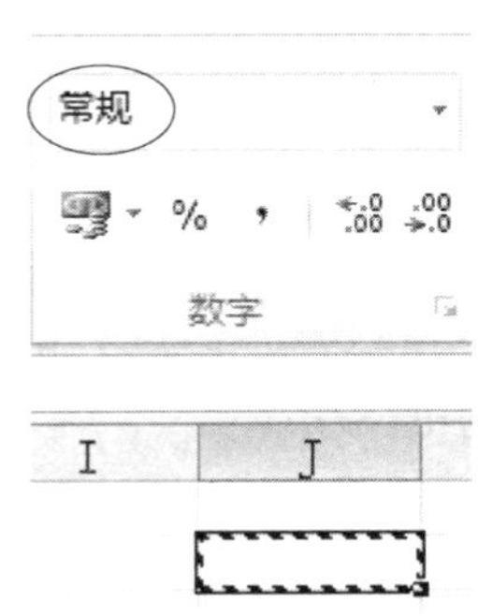

图 7—130　复制“常规”格式的一个空白单元格 J2

②选中 A2：G91 区域，然后在“开始”选项卡的“剪贴板”组中，单击“粘贴”下拉按钮，在展开的下拉菜单（如图 7—124）中，单击“选择性粘贴”，打开如图 7—128 所示的“选择性粘贴”对话框。

③在“运算”区域中，选择“加”，最后单击“确定”按钮。

至此，完成 A2：G91 区域的数据类型转换，结果如图 7—131 所示。

	A	B	C	D	E	F	G
1	学号	百分成绩	最终成绩	等级	绩点	学分	学分绩点
2	20120001	90.3	90	A	4	4	16
3	20120002	87.5	88	A-	3.7	4	14.8
4	20120003	92.4	92	A	4	4	16
5	20120004	90.3	90	A	4	4	16
6	20120005	69.5	70	C	2	4	8

图 7—131　利用“选择性粘贴”中的“加”运算，批量转换文本型数字为数值

（5）转置。

粘贴时使用“选择性粘贴”中的“转置”功能，可以将源区域的行列相对位置互换后粘贴到目标区域，而且自动调整所有的公式以便在转置后仍能继续正常计算。

参见“第 7 章　选择性粘贴. xlsx”中的“转置”工作表。

如图 7—132 所示，表格中的源区域为 6 行 2 列的单元格区域，“转置”粘贴后，目标区域转换为 2 行 6 列的单元格区域，其对应的单元格位置也发生了变化。源区域中位于第 1 行第 2 列的数据“12”（公式为“＝A2＋1”），在转置后变为目标区域中的第 2 行第 1 列（公式为“＝D2＋1”），其行列的相对位置进行了互换。

B2　　=A2+1

	A	B	C	D	E	F	G	H	I
1	源区域			转置后					
2	11	12		11	21	31	41	51	61
3	21	22		12	22	32	42	52	62
4	31	32							
5	41	42							
6	51	52							
7	61	62							

图 7—132　“转置”粘贴的示意图

3. 状态栏的显示计算结果功能

Excel 窗口底部的“状态栏”具有显示计算结果的功能，对于求和、平均值、最大值、最小值、计数、数值计数等简单统计，如果不想通过写公式得到计算结果，可以直接通过“状态栏”的显示计算结果功能实现。

参见“第 7 章　选择性粘贴. xlsx”中的“状态栏的显示计算结果功能”工作表。

如图 7—133 所示，选中要统计的单元格区域（可以是不连续的，按 Ctrl 键实现）后，在“状态栏”中自动显示选中区域数据的平均值、计数、数值计数、最小值、最大值和求和。

用户可以通过自定义状态栏设置所显示的计算结果。操作方法是：右键单击状态栏，在打开的“自定义状态栏”配置面板中，通过勾选或取消勾选来设置是否显示求和、平均值、最大值、最小值、计数和数值计数等 6 个选项。其中，“计数”与 COUNTA 函数的结果相同，“数值计数”与 COUNT 函数的结果相同。

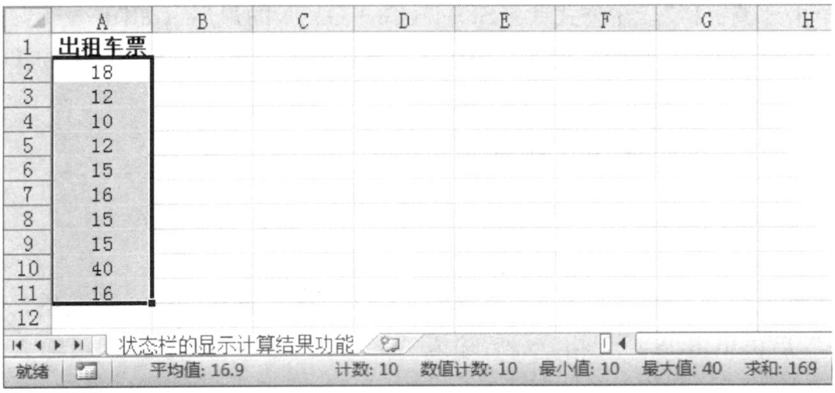

	A	B	C	D	E	F	G	H
1	出租车票							
2	18							
3	12							
4	10							
5	12							
6	15							
7	16							
8	15							
9	15							
10	40							
11	16							
12								

状态栏的显示计算结果功能

就绪　平均值: 16.9　计数: 10　数值计数: 10　最小值: 10　最大值: 40　求和: 169

图 7—133　"状态栏"的显示计算结果功能

7.5.8　应用案例 3：总成绩的计算

对 7.4.7 节（应用案例 2）设置格式后的成绩表进行计算，结果如图 7—134 所示。参见"第 7 章　计算机应用基础成绩计算.xlsx"中的"考试成绩公式"工作表。

	A	B	C	D	E	F	G	H	I	J	K
1	计算机应用基础成绩计算表										
2	学号	姓名	实验 1	实验 2	实验 3	实验 4	实验 5	平时成绩	期中成绩	期末成绩	总成绩
3	20130001	李英	8	6	10	10	6	80	79	88	81.9
4	20130002	李凌	10	8	10	8	10	92	91	89	90.6
5	20130003	陈燕	10	10	10	8	6	88	62	90	75.6
6	20130004	周羽	8	6	6	8	10	76	86	76	81
7	20130005	姜峰	6	4	6	6	0	44	60	56	55.6
8	20130006	李静瑶	10	8	10	6	8	84	62	80	71.8
9	20130007	张晓京	8	8	8	8	10	84	97	82	89.9
10	20130008	凌霞洋	8	6	6	10	6	72	79	58	71.3

图 7—134　在 Excel 中的考试成绩（输入公式后）

"平时成绩"计算公式为：5 次实验成绩相加后转换为百分制。而每次实验成绩的满分是 10 分，这样 5 次实验成绩相加的满分是 50 分，转换为百分制的公式为：

$$平时成绩=\frac{实验1+实验2+实验3+实验4+实验5}{50}\times 100$$

即

$$平时成绩=(实验1+实验2+实验3+实验4+实验5)\times 2$$

而"总成绩"计算公式：平时成绩占 20%，期中成绩占 50%和期末成绩占 30%。即

$$总成绩=平时成绩\times 20\%+期中成绩\times 50\%+期末成绩\times 30\%$$

操作步骤如下：

（1）计算平时成绩。单击选中 H3 单元格，然后在"开始"选项卡的"编辑"组中，单击"自动求和"按钮Σ，即可在 H3 单元格中自动输入求和公式"=SUM（C3：G3）"。

（2）单击“编辑栏”，在公式“＝SUM（C3：G3）”的最后（如图 7—135 所示）输入“＊2”，单击编辑栏左侧的“输入”按钮✔，确认输入公式“＝SUM（C3：G3）＊2”，得到第 1 名学生“平时成绩”的计算结果。

× ✔ fx =SUM(C3:G3)

图 7—135 “编辑栏”中的公式

（3）双击 H3 单元格的填充柄，即可得到其他学生的平时成绩。

（4）计算总成绩。单击选中 K3 单元格，输入“＝”后单击 H3 单元格，然后输入“＊20％＋”后再单击 I3 单元格，最后输入“＊50％＋J3＊30％”，即可输入公式“＝H3＊20％＋I3＊50％＋J3＊30％”。

（5）单击“输入”按钮✔，得到第 1 名学生“总成绩”的计算结果。

（6）双击 K3 单元格的填充柄，即可得到其他学生的总成绩，结果如图 7—134 所示。

7.5.9 应用案例 4：最终成绩的计算和统计

下面对学生成绩进行处理和统计，数据如图 7—136 所示，参见“第 7 章 最终成绩统计. xlsx”中的“平时、期中、期末成绩”工作表。

	A	B	C	D
1	学号	平时成绩	期中成绩	期末成绩
2	20120001	89	91	88
3	20120002	83	78	75
4	20120003	93	95	90
5	20120004	50	45	60
6	20120005	82	80	86

图 7—136 最终成绩统计的原始数据

该数据是 2012 级某计算机应用基础班 68 名学生的成绩（包括平时成绩、期中成绩和期末成绩，假设每名学生各个阶段都有成绩）。因为某大学教务系统对学生的最终成绩有规定：“优秀（90 分及以上）率最好不超过 20％，且一定不能超过 30％，否则成绩无法提交”。因此，录入学生成绩之前，老师们要先统计学生成绩分布情况。

（1）根据学生的平时成绩、期中成绩和期末成绩，计算最终成绩。另外，将不及格（60 分以下）的成绩用“浅红填充色深红色文本”标识出来。

（2）根据最终成绩，统计学生成绩分布情况（各分数段学生人数和百分比）。

1. 计算最终成绩

最终成绩是根据平时成绩、期中成绩和期末成绩，通过加权平均计算得到的。各门课程相应的比例系数（权重）由任课老师根据实际情况和学校的规定来给定（要求总和 100％），如 20％、50％和 30％。因此，

最终成绩 ＝ 平时成绩×20％＋期中成绩×50％＋期末成绩×30％

计算结果如图 7—137 所示，参见“第 7 章 最终成绩统计. xlsx”中的“计算最终

成绩”工作表，由于最终成绩要求为整数，因此对计算结果进行四舍五入。也就是说，先在 E 列计算“百分总成绩”，然后对“百分总成绩”进行四舍五入，存放于 F 列的“最终成绩”。

E2　　f_x　=B2*20%+C2*50%+D2*30%

	A	B	C	D	E	F
1	学号	平时成绩	期中成绩	期末成绩	百分总成绩	最终成绩
2	20120001	89	91	88	89.7	90
3	20120002	83	78	75	78.1	78
4	20120003	93	95	90	93.1	93
5	20120004	50	45	60	50.5	51
6	20120005	82	80	86	82.2	82

图 7—137　计算百分总成绩和最终成绩

操作步骤如下：

(1) 首先，为了便于滚动浏览查看数据，将第 1 行（首行）标题固定在表格顶端。在“视图”选项卡的“窗口”组中，单击“冻结窗格”下列按钮，在展开的下列菜单（如图 7—65 所示）中选择“冻结首行”。

(2) 在 E2 单元格中输入公式“=B2 * 20%+C2 * 50%+D2 * 30%”。

(3) 在 F2 单元格中输入公式“=ROUND（E2，0)”。

(4) 选中 E2 和 F2 两个单元格，在“开始”选项卡的“对齐方式”组中，单击“居中”按钮≡，将计算结果居中对齐显示。

(5) 在 E2 和 F2 两个单元格仍是选取状态（否则选择 E2 和 F2 两个单元格）时，双击 E2：F2 区域的填充柄，将 E2 和 F2 两个单元格的公式复制到 E3：F69 区域。

(6) 将不及格（60 分以下）的成绩用“浅红填充色深红色文本”标识出来。选择成绩区域 B2：F69，在“开始”选项卡的“样式”组中，单击“条件格式”下列按钮，在展开的下拉菜单中，单击选择“突出显示单元格规则”，展开下一级菜单，如图 7—53 所示。

(7) 单击“小于”，打开“小于”对话框。在“小于”对话框中，在左侧的框中输入“60”，右侧则保留默认的“浅红填充色深红色文本”，如图 7—55 所示。

(8) 单击“确定”按钮，完成条件格式的设置。此时，在成绩区域 B2：F69 中，可以看到不及格（60 分以下）的成绩用“浅红填充色深红色文本”标识出来了。

2. 统计学生最终成绩分布（学生最终成绩分段统计）

下面对学生的最终成绩进行分段统计人数和百分比，结果如图 7—138 中的 H1：J8 区域所示，① 参见“第 7 章　最终成绩统计. xlsx”中的“最终成绩分段统计”工作表。

操作步骤如下：

(1) 在最终成绩右侧（间隔 1 列）空白处，输入标题等内容，如图 7—139 中的 H1：J8 区域所示。

---

① 温馨提示：由于百分比采用四舍五入显示，因此经常会看到百分比之和不为 100%的情况，如本例中的各项百分比之和（26.5%+33.8%+27.9%+8.8%+2.9%）为 99.9%，而不是 100%。

I4 fx =COUNTIF(F2:F69,">=80")-COUNTIF(F2:F69,">=90")

	E	F	G	H	I	J	K
1	百分总成绩	最终成绩		最终成绩分段统计			
2	89.7	90		分数段	人数	百分比	
3	78.1	78		>=90	18	26.5%	
4	93.1	93		80～89	23	33.8%	
5	50.5	51		70～79	19	27.9%	
6	82.2	82		60～69	6	8.8%	
7	79.8	80		<60	2	2.9%	
8	89.5	90		合计	68	100%	

图 7—138　最终成绩分段统计（结果，H1：J8 区域）

	E	F	G	H	I	J
1	百分总成绩	最终成绩		最终成绩分段统计		
2	89.7	90		分数段	人数	百分比
3	78.1	78		>=90		
4	93.1	93		80～89		
5	50.5	51		70～79		
6	82.2	82		60～69		
7	79.8	80		<60		
8	89.5	90		合计		

图 7—139　最终成绩分段统计（布局，H1：J8 区域）

（2）利用单条件计数函数 COUNTIF 实现单条件计数。在 I3 单元格中输入如下公式：

=COUNTIF(F2：F69,">=90")

（3）利用单条件计数函数 COUNTIF 实现两个条件计数。虽然 COUNTIF 函数只能针对单个条件的数据进行统计，但通过解法的变通，也可以统计同一区域中由两个边界值所界定的数据个数（最终成绩大于等于 80 分的人数减去最终成绩大于等于 90 分的人数，得出 80～89 分数段的人数）。在 I4 单元格中输入如下公式：

=COUNTIF(F2：F69,">=80")－COUNTIF(F2：F69,">=90")

（4）同理，在 I5 单元格中输入如下公式：

=COUNTIF(F2：F69,">=70")－COUNTIF(F2：F69,">=80")

（5）在 I6 单元格中输入如下公式：

=COUNTIF(F2：F69,">=60")－COUNTIF(F2：F69,">=70")

（6）在 I7 单元格中输入如下公式：

=COUNTIF(F2：F69,"<60")

温馨提示：可以使用 Excel 2010 新增的多条件计数函数 COUNTIFS 实现最终成绩分段人数统计，如表 7—9 所示。

表 7—9　　使用 COUNTIF 和 COUNTIFS 函数实现最终成绩分段人数统计的对比

单元格	使用单条件计数函数 COUNTIF	使用多条件计数函数 COUNTIFS
I3	=COUNTIF (F2：F69," >=90")	=COUNTIFS (F2：F69," >=90")
I4	=COUNTIF (F2：F69," >=80")-COUNTIF (F2：F69," >=90")	=COUNTIFS (F2：F69," >=80", F2：F69," <90")
I5	=COUNTIF (F2：F69," >=70")-COUNTIF (F2：F69," >=80")	=COUNTIFS (F2：F69," >=70", F2：F69," <80")
I6	=COUNTIF (F2：F69," >=60")-COUNTIF (F2：F69," >=70")	=COUNTIFS (F2：F69," >=60", F2：F69," <70")
I7	=COUNTIF (F2：F69," <60")	=COUNTIFS (F2：F69," <60")

(7) 单击选中 I8 单元格，然后在“开始”选项卡的“编辑”组中，单击“自动求和”按钮Σ，将自动输入公式“=SUM (I3：I7)”，单击编辑栏左侧“输入”按钮✔完成求和。

(8) 选中区域 I3：I8，在“开始”选项卡的“对齐方式”组中，单击“居中”按钮☰，将统计人数居中对齐显示。

(9) 计算各分数段人数占总人数的百分比。在 J3 单元格中，输入如下公式：

=I3/$I$8

(10) 选中 J3 单元格，双击 J3 单元格的填充柄，复制公式到 J4：J7 区域。

(11) 单击选中 J8 单元格，然后在“开始”选项卡的“编辑”组中，单击“自动求和”按钮Σ，将自动输入公式“=SUM (J3：J7)”，单击编辑栏左侧的“输入”按钮✔，完成求和。

(12) 选中 J3：J8 区域，然后在“开始”选项卡的“数字”组中，单击“百分比样式”按钮%，将 J3：J8 区域的格式设置为百分比样式。再在“开始”选项卡的“对齐方式”组中，单击“居中”按钮☰，将数值居中对齐显示。

(13) 选中 J3：J7 区域（不包括合计 100%），然后在“开始”选项卡的“数字”组中，单击“增加小数位数”按钮.00，使各分数段的百分比增加 1 位小数。

结果如图 7—138 中的 H1：J8 区域所示。从中可以看出，90 分及以上的占 26.5%，没有超过规定的上限 30%，因此这份学生成绩单可以录入到教务系统中。

7.5.10　应用案例 5：根据最终成绩查询等级和绩点

在 7.5.9 节（应用案例 4）的基础上，根据学生最终成绩查询等级和绩点，并计算学分和学分绩点。请参见“第 7 章　最终成绩统计.xlsx”中的“等级和绩点查询”工作表。

(1) 假设某大学的“成绩、等级和绩点对照表”如表 7—7 所示。根据学生最终成绩查询相应的等级和绩点的方法与 VLOOKUP 函数示例三（如图 7—114 所示）和 LOOKUP 函数示例（如图 7—115 所示）相同，结果如图 7—140 中的 G 列和 H 列所示。

（2）根据最终成绩计算学分。假设课程是 2 学分的，最终成绩满 60 分就能获得 2 学分，否则不能得学分，结果如图 7—140 中的 I 列所示。

（3）根据学分和绩点计算学分绩点，计算公式为“学分绩点＝学分×绩点”，结果如图 7—140 中的 J 列所示。

G2 fx =VLOOKUP(F2,$L$3:$N$13,3)

	F	G	H	I	J	K	L	M	N	O
1	最终成绩	等级	绩点	学分	学分绩点		成绩、等级和绩点对照表			
2	90	A	4	2	8		分数段（成绩）		等级	绩点
3	78	B-	2.7	2	5.4		0	~59	F	0
4	93	A	4	2	8		60	~62	D	1
5	51	F	0	0	0		63	~65	D+	1.3
6	82	B	3	2	6		66	~69	C-	1.7
7	80	B	3	2	6		70	~72	C	2
8	90	A	4	2	8		73	~75	C+	2.3
9	72	C	2	2	4		76	~79	B-	2.7
10	66	C-	1.7	2	3.4		80	~82	B	3
11	77	B-	2.7	2	5.4		83	~85	B+	3.3
12	73	C+	2.3	2	4.6		86	~89	A-	3.7
13	58	F	0	0	0		90	~100	A	4

图 7—140　根据最终成绩查询等级和绩点（VLOOKUP 或 LOOKUP 函数，大致近似查找）

操作步骤如下：

（1）根据每个学生的“最终成绩”在“对照表”中查询第 3 列中相应的“等级”。在 G2 单元格中输入如下查询公式：

=VLOOKUP(F2,$L$3:$O$13,3)

或者

=VLOOKUP(F2,$L$3:$N$13,3)

（2）根据每个学生的“最终成绩”在“对照表”中查询第 4 列中相应的“绩点”。在 H2 单元格中输入如下查询公式：

=VLOOKUP(F2,$L$3:$O$13,4)

温馨提示：可以使用 LOOKUP 函数代替 VLOOKUP 函数来实现等级和绩点查询，如表 7—10 所示。

表 7—10　　使用 VLOOKUP 和 LOOKUP 函数实现等级和绩点查询的对比

	G2 单元格	H2 单元格
使用 VLOOKUP 的大致近似查找	=VLOOKUP（F2，$L$3：$O$13，3）或=VLOOKUP（F2，$L$3：$N$13，3）	=VLOOKUP（F2，$L$3：$O$13，4）
使用 LOOKUP 的向量形式	=LOOKUP（F2，$L$3：$L$13，$N$3：$N$13）	=LOOKUP（F2，$L$3：$L$13，$O$3：$O$13）
使用 LOOKUP 的数组形式	= LOOKUP（F2，$L$3：$N$13）	=LOOKUP（F2，$L$3：$O$13）

（3）根据最终成绩计算学分。在 I2 单元格中输入公式“=IF（F2>=60，2，0）”。

（4）根据学分和绩点计算学分绩点。在 J2 单元格中输入公式“=H2 * I2”。

（5）选取 G2：J2（4 个单元格）区域，在“开始”选项卡的“对齐方式”组中，单击“居中”按钮☰，将查询结果和计算结果居中对齐显示。

（6）在 G2：J2（4 个单元格）区域仍是选取状态时，双击填充柄，将 G2：J2（4 个单元格）区域的公式和格式复制到 G3：J69 区域，结果如图 7—140 所示。

7.6 让数据更直观——迷你图

迷你图是工作表单元格中的一个微型图表，是 Excel 2010 的一个全新功能。在数据表格的旁边显示迷你图，可以一目了然地反映一系列数据的变化趋势，或者突出显示数据中的最大值和最小值。

7.6.1 迷你图的特点

Excel 迷你图与 Excel 传统图表相比，具有其鲜明的特点。

（1）迷你图是单元格背景中的一个微型图表，传统图表是嵌入在工作表中的一个图形对象。

（2）迷你图可以像填充公式一样方便地创建。

（3）迷你图比较简洁，没有纵坐标轴、图表标题、图例、数据标志、网格线等图表元素，主要体现数据的变化趋势或者数据对比。

（4）迷你图仅提供 3 种常用图表类型：折线迷你图、柱形迷你图和盈亏迷你图，并且不能制作两种以上图表类型的组合图。

（5）迷你图可以根据需要突出显示最大值和最小值。

（6）迷你图提供了 36 种常用样式，并可以根据需要自定义颜色和线条。

（7）使用迷你图的单元格可以输入文字和设置填充颜色。

（8）迷你图占用的空间较小，可以方便地进行页面设置和打印。

7.6.2 创建迷你图

创建迷你图的过程非常简单，下面介绍如何为工作表中的一行（或一列）数据创建一个迷你图。

参见“第 7 章　迷你图. xlsx”。

操作步骤如下：

（1）在“插入”选项卡的“迷你图”组（如图 7—141 所示）中，单击“折线图”按钮，打开“创建迷你图”对话框。

（2）选择 B3：E3 区域作为“数据范围”，选择 F3 单元格作为“位置范围”，如图 7—142 所示。

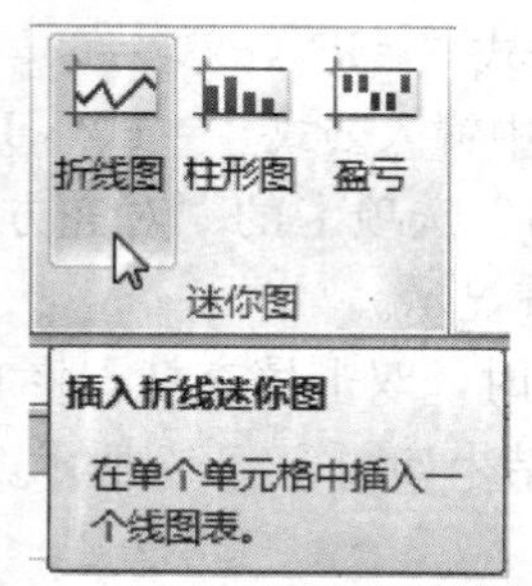

图 7—141 “插入”选项卡的“迷你图”组

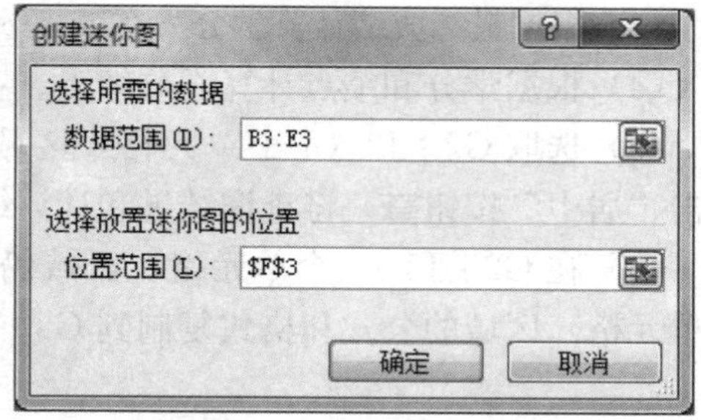

图 7—142 “创建迷你图”对话框

（3）单击“确定”按钮，关闭“创建迷你图”对话框。

此时可以看到在 F3 单元格中创建了一个折线迷你图。迷你图以折线的方式显示了数据源 B3：E3 的数据趋势，并出现了“迷你图工具”选项卡，如图 7—143 所示。

产品	第一季度	第二季度	第三季度	第四季度
硬盘	5625	6574	9735	6987
光驱	6233	5462	5243	3542
显示器	2365	3218	4321	5422
鼠标	3561	5354	2313	2122

图 7—143 在 F3 单元格中创建一个折线迷你图

温馨提示：单个迷你图只能使用一行或一列数据作为数据源，如果使用多行或多列数据，Excel 则会提示位置引用或数据区域无效错误。

7.6.3 编辑迷你图

创建迷你图后，用户可以对其进行编辑，比如更改迷你图类型、在迷你图中显示数据点、应用迷你图样式、设置迷你图和标记的颜色等，以使迷你图更加美观。

操作步骤如下：

（1）显示数据点。选中 F3 单元格，在“迷你图工具”的“设计”选项卡的“显示”组中，勾选“高点”、“低点”、“标记”复选框，如图 7—144 所示。

（2）设置迷你图样式①。选中 F3 单元格，在“设计”选项卡的“样式”组中，单击“样式”展开按钮，在展开的库中选择需要的迷你图样式，如选择“强调文字颜色 2”，如图 7—145 所示。

① 迷你图样式的颜色与 Excel 主题颜色相对应，Excel 提供了 36 种迷你图颜色组合样式。迷你图样式可以对数据点、高点、低点、首点、尾点和负点分别设置不同的颜色。

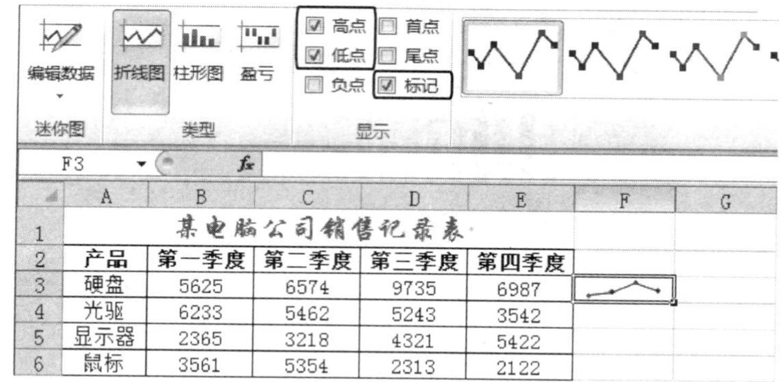

图 7—144　显示数据点（高点、低点、标记）

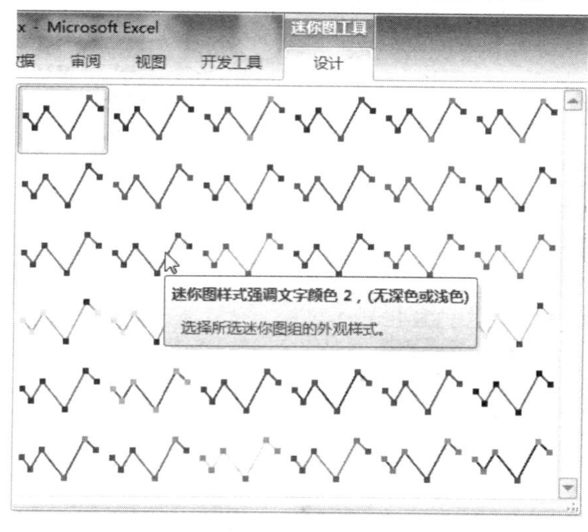

图 7—145　折线迷你图样式库（强调文字颜色 2）

（3）设置迷你图颜色①。选中 F3 单元格，在“设计”选项卡的“样式”组中，单击“迷你图颜色”下拉按钮，在展开的颜色面板（如图 7—146 所示）的“标准色”区域中，单击“红色”，将折线迷你图中的折线设置为红色。再次单击“迷你图颜色”下拉按钮，在展开的菜单中单击“粗细”，在展开的列表中单击选中“2.25 磅”，如图 7—146 所示。

（4）设置标记颜色。选中 F3 单元格，在“设计”选项卡的“样式”组中，单击“标记颜色”下拉按钮，在展开的下拉列表中将光标指向“标记”（或单击“标记”），在展开的颜色面板中选择标记数据点的颜色，如“黑色”，如图 7—147 所示。

（5）设置高点数据颜色。选中 F3 单元格，在“设计”选项卡的“样式”组中，单击“标记颜色”下拉按钮，在展开的下拉列表（如图 7—147 所示）中将光标指向“高点”（或单击“高点”），在展开的颜色面板的“标准色”区域中，单击选择“深红”。

---

① 迷你图颜色在折线迷你图中是指折线的颜色，在柱形迷你图和盈亏迷你图中是指数据点柱形的颜色。

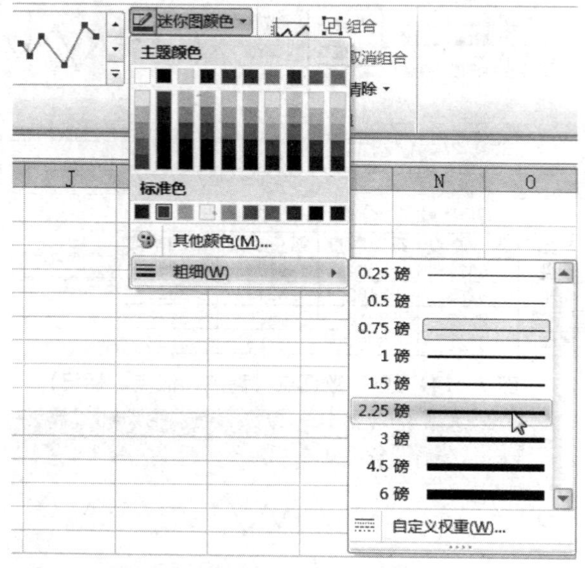

图 7—146　“迷你图颜色”的颜色面板和“粗细”下拉列表

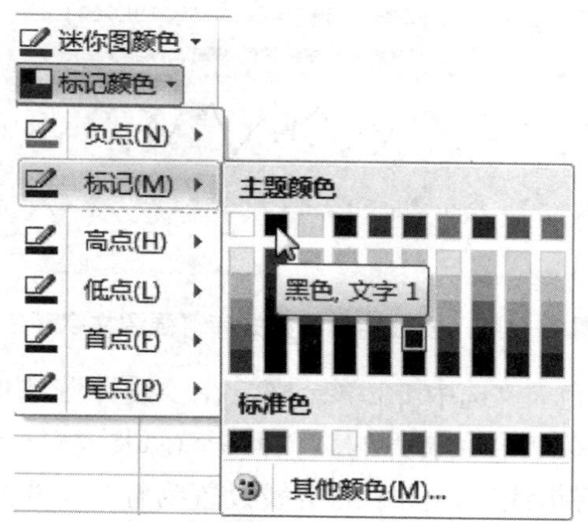

图 7—147　“标记颜色”的下拉列表及颜色面板

（6）设置低点数据颜色。选中 F3 单元格，在“设计”选项卡的“样式”组中，单击“标记颜色”下拉按钮，在展开的下拉列表（如图 7—147 所示）中将光标指向“低点”（或单击“低点”），在展开的颜色面板的“标准色”区域中，单击选择“绿色”。

（7）选中 F3 单元格，向下拖动填充柄，即可得到各产品数据的迷你图。结果如图 7—148 所示。

7.6.4　清除迷你图

选中迷你图所在的单元格，在“设计”选项卡的“分组”组中，单击“清除”按钮，清除所选的迷你图。如果单击“清除”下拉按钮，在展开的下拉菜单（如图

	A	B	C	D	E	F	G
1	某电脑公司销售记录表						
2	产品	第一季度	第二季度	第三季度	第四季度		
3	硬盘	5625	6574	9735	6987		
4	光驱	6233	5462	5243	3542		
5	显示器	2365	3218	4321	5422		
6	鼠标	3561	5354	2313	2122		
7							
8							

图 7—148　选中 F3 单元格，向下拖动填充柄，得到各产品数据的迷你图

7—149 所示）中，单击“清除所选的迷你图组”，则清除所选的迷你图所在的一组迷你图。

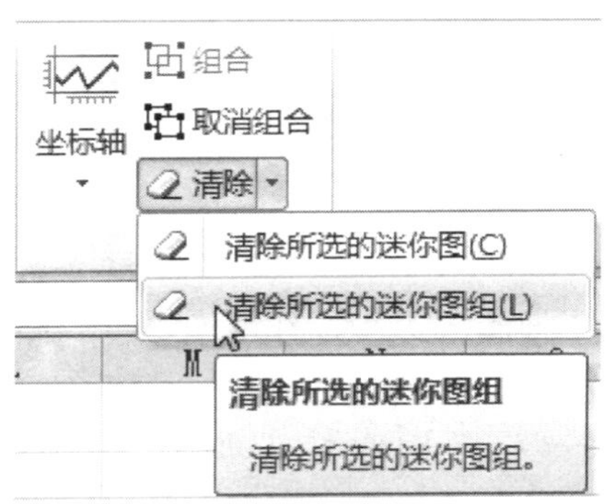

图 7—149　迷你图的“清除”下拉菜单

7.7　让数据更直观——图表

所谓“一图胜千言”，一份精美切题的图表可以让原本复杂枯燥的数据表格和总结文字立刻变得生动起来。

Excel 在提供强大的数据处理功能的同时，也提供了丰富实用的图表功能。Excel 2010 图表以其丰富的图表类型、色彩样式和三维格式，成为最常用的图表工具之一。

7.7.1　图表及其特点

图表是图形化的数据。一般情况下，用户使用 Excel 工作簿内的数据制作图表，生成的图表也存放在工作簿中。图表是 Excel 的重要组成部分，具有形象直观、种类丰富和实时更新等特点。

1. 形象直观

图表最大的特点就是形象直观，能使用户一目了然地看清数据的大小、差异和变化趋势，如图 7—150 所示，参见“第 7 章　图表及其特点. xlsx”。

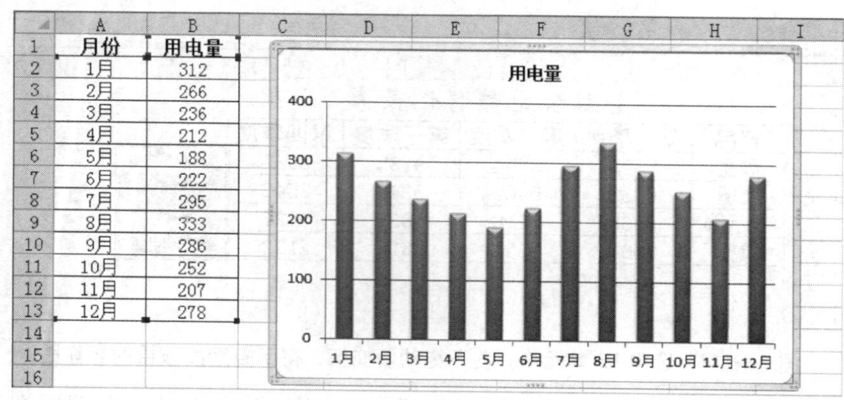

图 7—150　形象直观

如果只是阅读左侧的数据表中的数字，无法得到整组数据所包含的更有价值的信息。而图表至少反映了如下 3 个信息：

（1）8 月份用电量最高。

（2）每个月的用电量大多数在 200～300 之间。

（3）1～5 月的用电量逐月减少，而 5～8 月的用电量逐月增加。

2. 种类丰富

Excel 2010 图表包括 11 种图表类型：柱形图、折线图、饼图、条形图、面积图、XY 散点图、股价图、曲面图、圆环图、气泡图和雷达图。每种图表类型还包括多种子图表类型，总计 73 种图表类型，如图 7—151 所示。

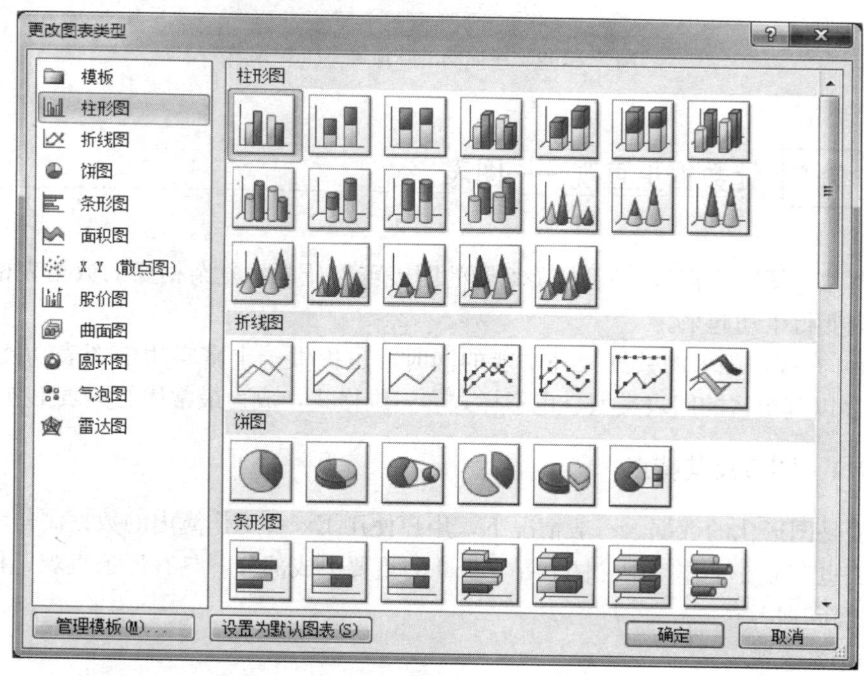

图 7—151　图表种类丰富（“更改图表类型”对话框）

3．实时更新

实时更新是指图表随数据的变化而自动更新。

7.7.2　标准图表类型

Excel 2010 图表包括 11 种图表类型（如图 7—151 所示），下面简要介绍 5 种常用的图表类型：柱形图、折线图、饼图、条形图和 XY 散点图。

参见“第 7 章　图表类型. xlsx”中的相应工作表。

1．柱形图

柱形图是 Excel 2010 默认的图表类型，也是用户经常使用的一种图表类型。通常用来描述不同时期数据的变化情况或者描述不同类别的数据（称作分类项）之间的差异，也可以同时描述不同时期、不同类别数据的变化和差异。例如，描述不同时期的生产指标、各分数段学生人数的分布（如图 7—161 所示）、不同时期多种产品（或多种产品不同时期）销售指标的比较（如图 7—152 所示的三种产品第一季度销售情况），等等。

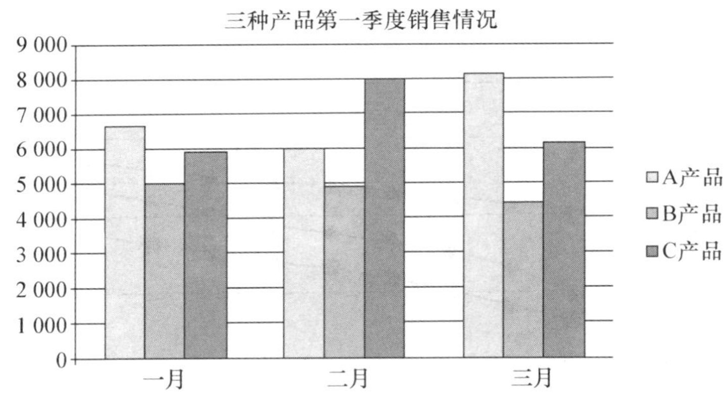

图 7—152　三种产品第一季度销售情况柱形图

柱形图的水平轴（x 轴）用来表示时间或类别；垂直轴（y 轴）用来表示数据的大小。对于相同时期或类别的不同系列，则可用图例和颜色来区分。

2．折线图

折线图是用直线段将各数据点连接起来而形成的图形，以折线方式显示数据的变化趋势。折线图可以清晰地反映出数据是递增还是递减、增减的速率、增减的规律（周期性、螺旋性等）、峰值等特征。因此，折线图常用来分析数据随时间的变化趋势，也可用来分析多组数据随时间变化的相互作用和相互影响。

例如，可用折线图来分析某类商品或者某几类相关的商品随时间变化的销售情况，从而进一步预测未来的销售情况。在折线图中，一般水平轴（x 轴）用来表示时间的推移，并且间隔相同；垂直轴（y 轴）表示不同时刻的数值的大小。

再如：有一组如表 7—11 所示的人均寿命数据①，可以作如图 7—153 所示的折线

① 摘自“孔庆东”新浪博客：http://blog.sina.com.cn/s/blog_476da3610100m2ex.html。

图，以便进行进一步的分析。

表 7—11　人均寿命数据

年份	中国	印度	世界平均	发达国家	发展中国家
1950—1955	40.8	37.9	46.6	66	41
1955—1960	44.6	40.9	49.5	68.3	44.2
1960—1965	49.5	44	52.4	69.8	47.5
1965—1970	59.6	47.3	56.1	70.5	52.2
1970—1975	63.2	50.4	58.2	71.3	54.9
1975—1980	65.3	53.9	60.2	72.1	57.2
1980—1985	66.4	56	61.7	72.9	59
1985—1990	67.4	57.6	63.2	74	60.6
1990—1995	68.8	58.8	64	74.1	61.7
1995—2000	70.4	60.5	65.2	75	63.1
2000—2005	72	62	66.4	75.8	64.4
2005—2010	73	63.5	67.6	77.1	65.6

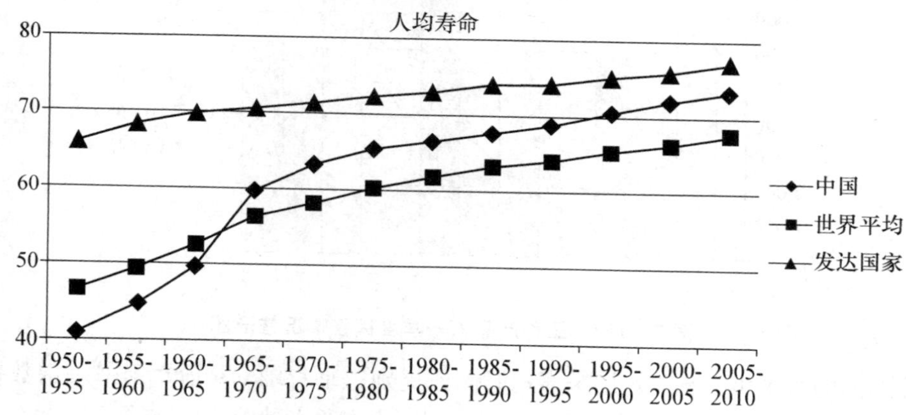

图 7—153　人均寿命折线图

3. 饼图

饼图通常只用一个数据系列作为数据源，它将一个圆划分为若干个扇形，每个扇形代表数据系列中的一项数据值，其大小用来表示相应数据项占该数据系列总和的比例。饼图通常用来描述比例、构成等信息。例如，某基金投资的各金融产品的比例、某企业的产品销售收入构成（如图 7—154 所示的三种产品第一季度在市场中所占的市场份额饼图）、某学校各类人员的结构（如图 7—167 所示的某门课程各分数段学生人数百分比饼图），等等。

4. 条形图

条形图有些类似于水平的柱形图，它使用水平的横条来表示数据的大小。条形图主要用来比较不同类别数据之间的差异情况，一般在垂直轴上标出分类项，而在水平

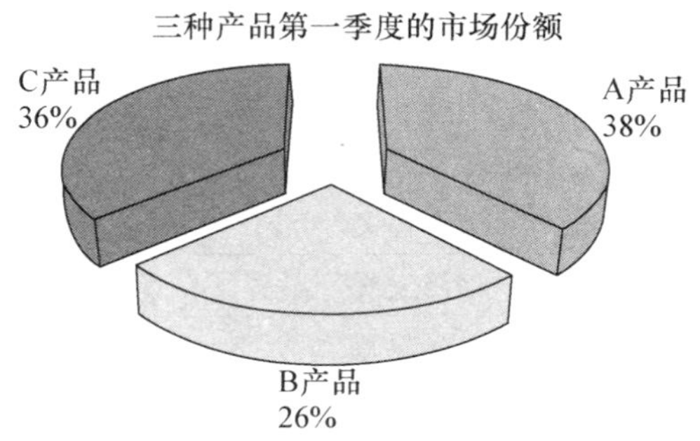

图 7—154　三种产品第一季度的市场份额饼图

轴上标出数据的大小。

例如，在“CCTV 经济生活大调查（2012—2013）问卷”中，多选题【您心目中的“美丽中国”，最重要的三个要素是什么?】的调查结果条形图如图 7—155 所示。本次调查结果显示：百姓心目中“美丽中国”最重要的三个要素是：生活安定、公平正义和经济发展。

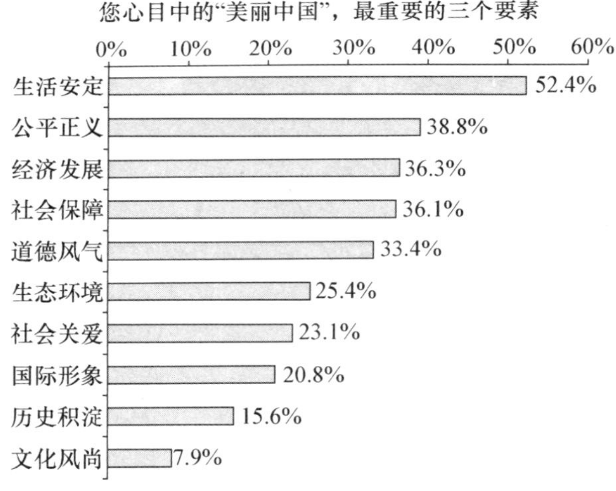

图 7—155　您心目中的“美丽中国”，最重要的三个要素调查结果条形图

5. XY 散点图

XY 散点图显示了多个数据系列的数值间的关系，同时它还可以将两组数字绘制成 xy 坐标系中的一个数据系列。XY 散点图除了可以显示数据的变化趋势外，更多地用来描述数据之间的关系。

在统计学的相关分析研究中，常用 XY 散点图来表示两个变量之间的关系，从散点图中可以简单而又直观地看出这两个变量之间是否相关，是正相关还是负相关，如表 7—12 所示（按百分比排序）。

该调查结果条形图如图 7—155 所示。本次调查结果显示：百姓心目中“美丽中国”最重要的三个要素分别是：生活安定、公平正义和经济发展。

表 7—12　　您心目中的“美丽中国”，最重要的三个要素调查结果

排名	选项	百分比
1	生活安定	52.4%
2	公平正义	38.8%
3	经济发展	36.3%
4	社会保障	36.1%
5	道德风气	33.4%
6	生态环境	25.4%
7	社会关爱	23.1%
8	国际形象	20.8%
9	历史积淀	15.6%
10	文化风尚	7.9%

在数学研究中，对已知代数形式的模型 $y=f(x)$，可以利用XY散点图，绘制模型的曲线。假设代数形式的模型为 $y=0.5x^5-6x^4+24.5x^3-39x^2+19.5x-1$，在 $0\leqslant x\leqslant 5$ 范围内的曲线（XY散点图）如图 7—156 所示。由此可以看出，y 有 2 个极大值、2 个极小值和 4 个 0 值。

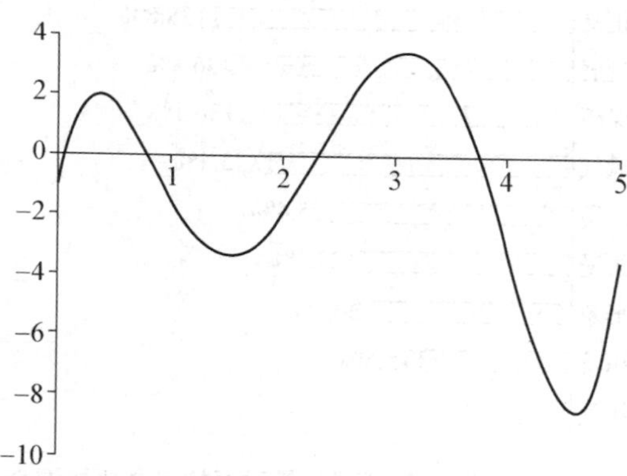

图 7—156　数学模型的曲线（XY 散点图）

7.7.3　图表的组成

认识图表的各个组成部分，有助于正确地选择和设置图表的各种对象。Excel 图表由图表区、绘图区、标题、坐标轴、数据系列、图例、网格线等基本组成部分构成，如图 7—157 所示。此外，图表还包括数据表①和三维背景（由基底和背景墙组成）等特定情况下才显示的对象。

① 在 Excel 2010 中，误翻译为“模拟运算表”。数据表显示图表中所有数据系列的数据源，对于设置了显示数据表的图表，数据表将固定显示在绘图区的下方。如果图表中已经显示了数据表，则一般不再同时显示图例。

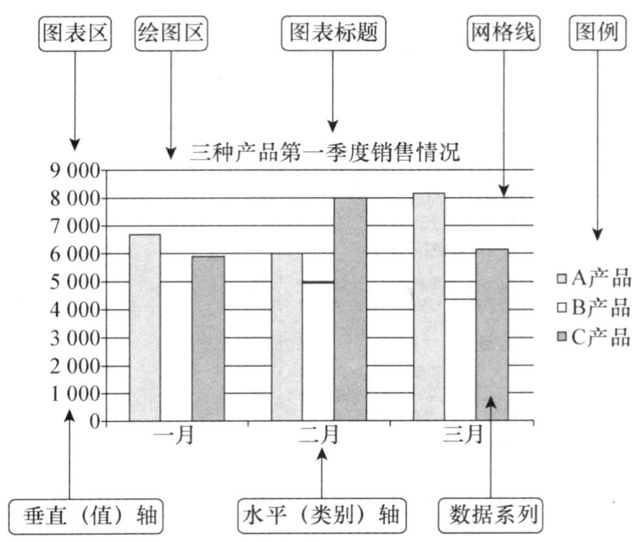

图 7—157　图表的组成（二维簇状柱形图）

7.7.4　创建和修饰图表——绘制各分数段学生人数柱形图

数据是图表的基础，若要创建图表，首先需在工作表中为图表准备数据。

示例：根据 7.5.9 节（应用案例 4）统计的各分数段学生人数情况，绘制如图 7—158 所示的柱形图。请参见“第 7 章　最终成绩统计. xlsx”中的“柱形图”工作表。

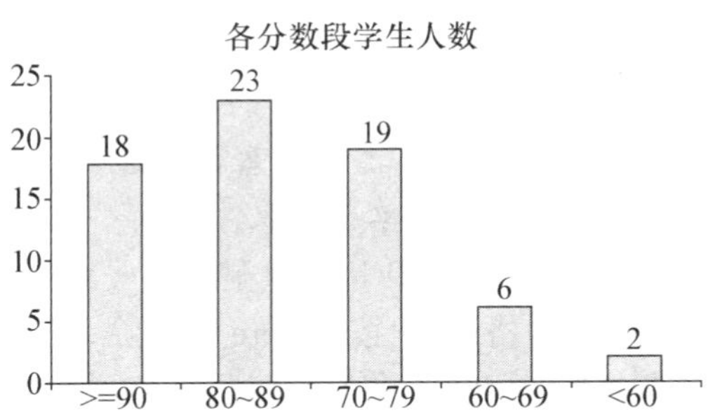

图 7—158　各分数段学生人数柱形图

操作步骤如下：

(1) 选择图表所需的数据 H2∶I7 区域（包括标题“分数段”和“人数”，但不包括“合计”行），如图 7—159 所示。

	H	I	J
1	最终成绩分段统计		
2	分数段	人数	百分比
3	>=90	18	26.5%
4	80～89	23	33.8%
5	70～79	19	27.9%
6	60～69	6	8.8%
7	<60	2	2.9%
8	合计	68	100%

图 7—159　选择柱形图的数据源 H2∶I7 区域

(2) 在“插入”选项卡的“图表”组中，单击“柱形图”，展开柱形图的“子图表类型”，如图 7—160 所示。

(3) 在“二维柱形图”区域中，单击选择“簇状

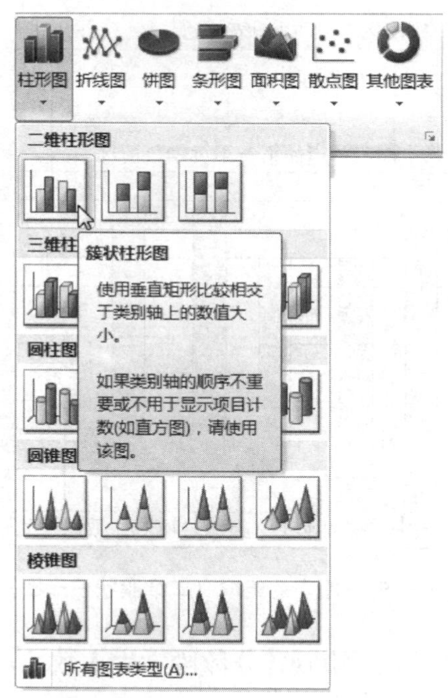

图 7—160 柱形图的子图表类型（“二维柱形图”区域中的“簇状柱形图”）

柱形图”，便可在工作表中插入柱形图，如图 7—161 所示。

在 Excel 中插入的图表，一般使用内置的默认样式，只能满足制作简单图表的要求。如果需要用图表清晰地表达数据的含义，或制作与众不同（或更为美观）的图表，就需要进一步对图表进行修饰。

温馨提示：修饰图表实际上就是修饰图表中的各个元素，使它们在形状、颜色、文字等各方面都更加个性化。在进行修饰之前，需要先选中相应的图表元素。在图表中选中不同图表元素的常用方法是：鼠标单击选取。

（4）不显示图例。选中“图例”，按 Delete 键删除。

（5）不显示网格线。选中“网格线”，按 Delete 键删除。

（6）修饰图表标题。选中图表标题，将图表标题改为“各分数段学生人数”，结果如图 7—162 所示。

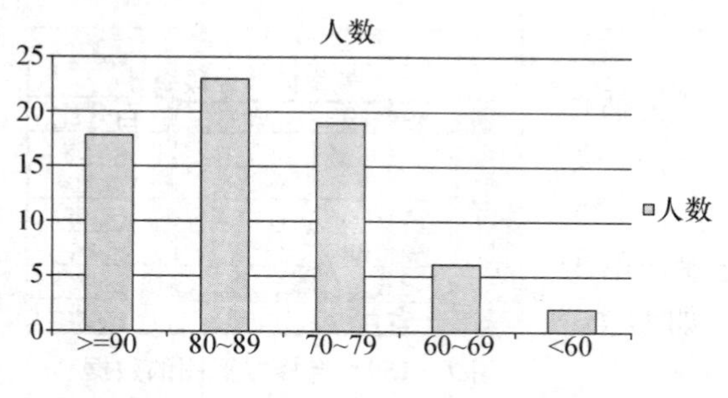

图 7—161 各分数段学生人数柱形图（未修饰）

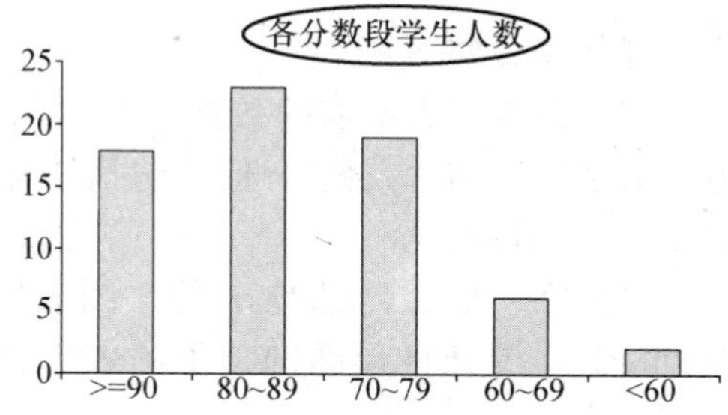

图 7—162 各分数段学生人数柱形图（修饰图表标题）

(7) 显示数据标签。选中图表，在“布局”选项卡的“标签”组中，单击“数据标签”下拉按钮，在展开的下拉菜单（如图 7—163 所示）中，单击选中“数据标签外”。

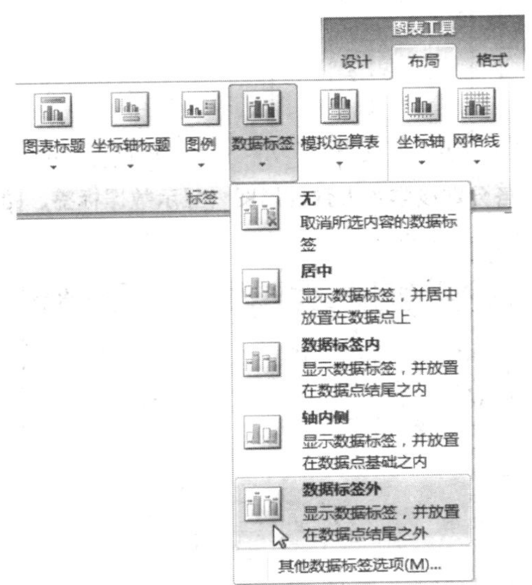

图 7—163 “数据标签”的下拉菜单（二维簇状柱形图，数据标签外）

(8) 设置图表样式。选中图表，在“设计”选项卡的“图表样式”库中，单击右侧的下拉扩展按钮，打开整个“图表样式”库，如图 7—164 所示。

图 7—164 “图表样式”库（二维簇状柱形图，样式 31）

(9) 单击选中“样式 31”图标按钮，结果如图 7—165 所示。

(10) 设置图表区阴影。选中图表后双击，打开“设置图表区格式”对话框，在“阴影”选项卡的“预设”下拉列表中，单击选中“外部”区域中的“右下斜偏移”图标按钮，如图 7—166 所示。

(11) 在“设置图表区格式”对话框中，单击“关闭”按钮。

(12) 设置图表字号。选中图表，在“开始”选项卡的“字体”组中，设置字号为“10”。

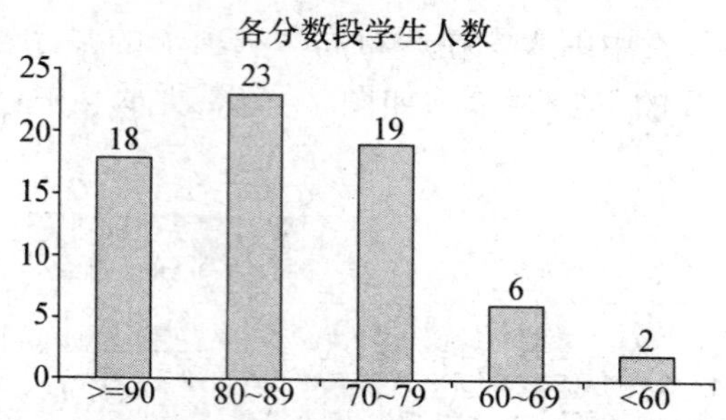

图 7—165　各分数段学生人数柱形图（显示数据标签、图表样式 31）

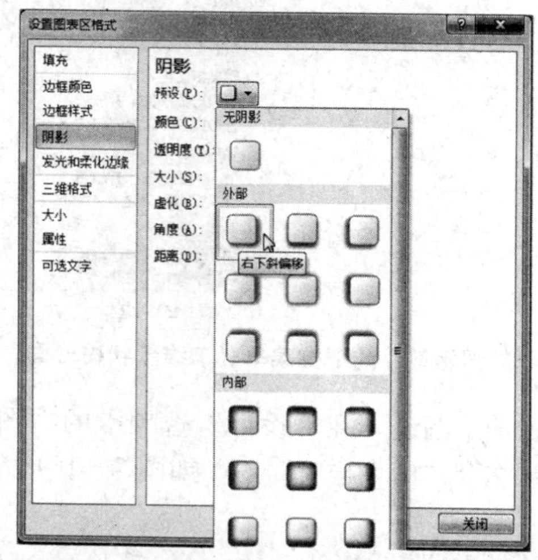

图 7—166　“设置图表区格式”对话框（“阴影”选项卡，“外部”区域中的“右下斜偏移”）

(13) 设置图表标题字号。选中图表标题“各分数段学生人数”，在“开始”选项卡的“字体”组中，设置字号为“10.5”，结果如图 7—158 所示。

7.7.5　应用案例 6：绘制各分数段学生人数百分比饼图

根据 7.5.9 节（应用案例 4）统计的各分数段学生人数百分比情况，绘制如图 7—167 所示的饼图。参见“第 7 章　最终成绩统计.xlsx”中的“饼图”工作表。

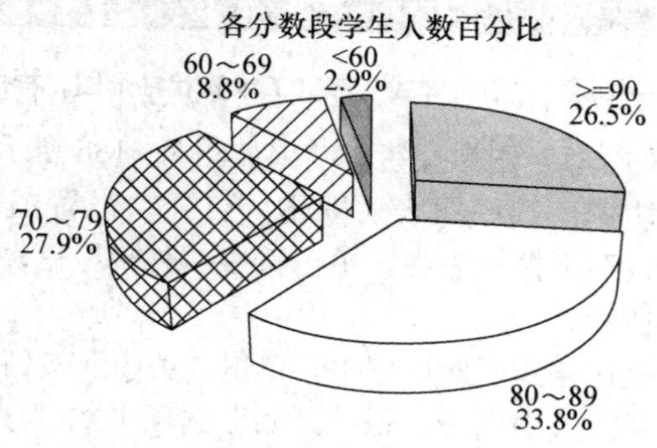

图 7—167　各分数段学生人数百分比饼图

操作步骤如下：

(1) 先选取 H2：H7 区域（分数段），然后在按住 Ctrl 键的同时，再选取 J2：J7 区域（百分比），选取两个不连续的数据区域（包括标题“分数段”和“百分比”，但不包括“合计”行），如图 7—168 所示。

	H	I	J
1	最终成绩分段统计		
2	分数段	人数	百分比
3	>=90	18	26.5%
4	80～89	23	33.8%
5	70～79	19	27.9%
6	60～69	6	8.8%
7	<60	2	2.9%
8	合计	68	100%

图 7—168　选择饼图的数据源（两个不连续的区域：H2：H7 和 J2：J7）

(2) 在“插入”选项卡的“图表”组中，单击“饼图”，展开饼图的“子图表类型”，如图 7—169 所示。

(3) 在“三维饼图”区域中，单击选择“分离型三维饼图”，在工作表中插入饼图，如图 7—170 所示。

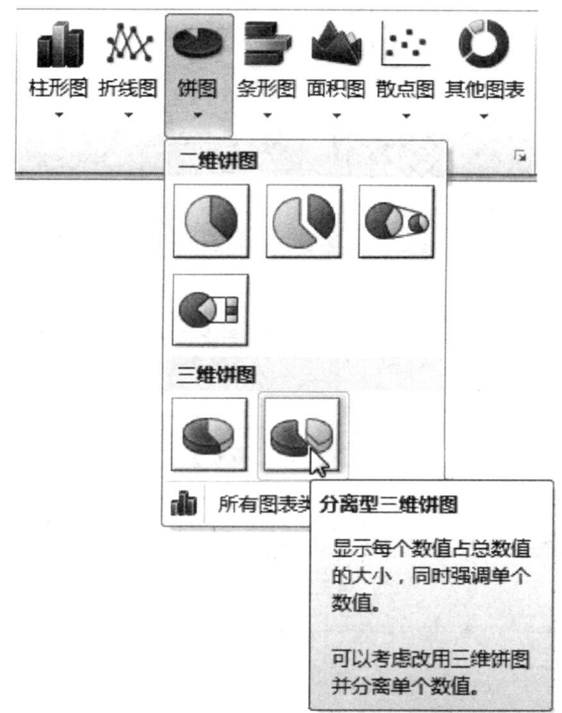

图 7—169　饼图的子图表类型（“三维饼图”区域中的“分离型三维饼图”）

(4) 修饰图表标题。选中图表标题，将图表标题改为“各分数段学生人数百分比”，结果如图 7—171 所示。

(5) 不显示图例。选中“图例”，按 Delete 键删除。

(6) 设置数据标签格式（显示类别名称和值）。选中图表，在“布局”选项卡的“标签”组中，单击“数据标签”下拉按钮，展开如图 7—172 所示的下拉菜单。

(7) 单击“其他数据标签选项”，打开“设置数据标签格式”对话框。在“标签选项”的“标签包括”区域中，单击选中“类别名称”和“值”（注意：标签只包括“类别名称”和“值”）；在“标签位置”区域中，单击选中“数据标签外”；在“分隔符”下拉列表中，单击选中“（分行符）”，如图 7—173 所示。

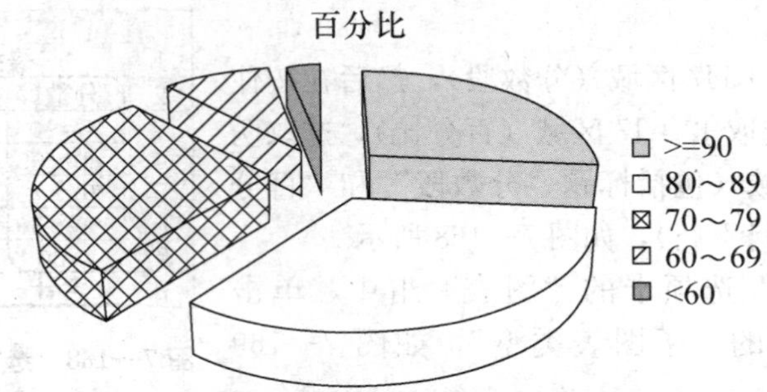

图 7—170　各分数段学生人数百分比饼图（未修饰）

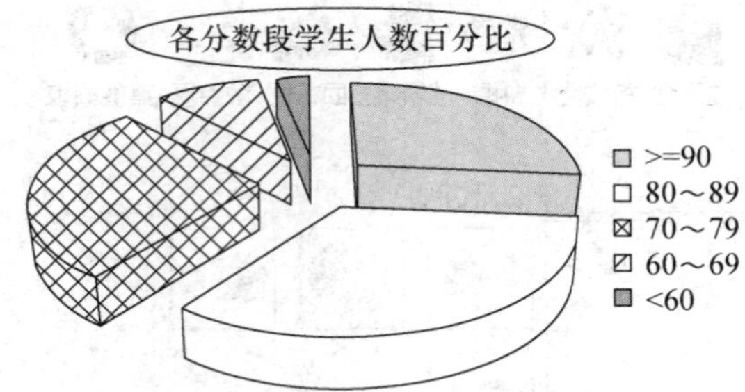

图 7—171　各分数段学生人数百分比饼图（修饰图表标题）

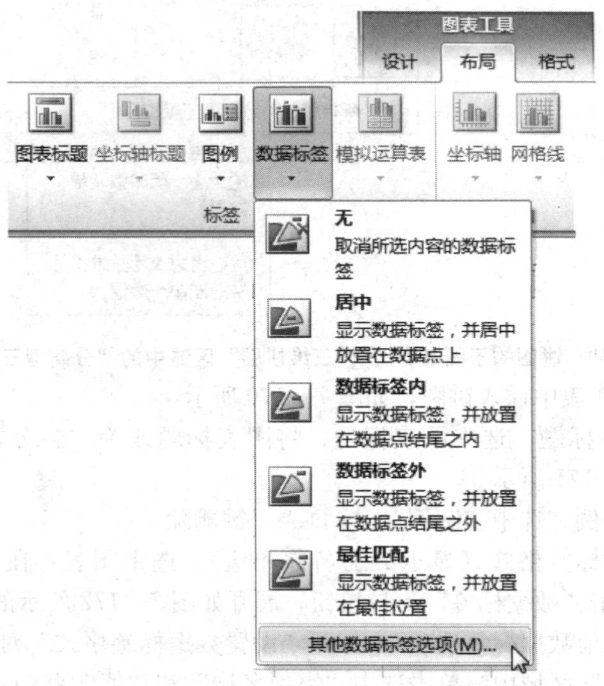

图 7—172　“数据标签”的下拉菜单（分离型三维饼图，其他数据标签选项）

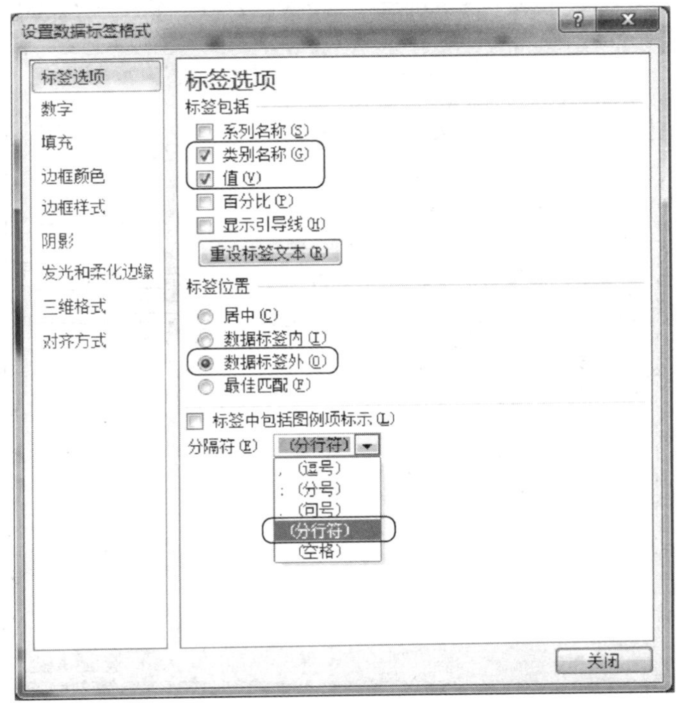

图 7—173 “设置数据标签格式”对话框（分离型三维饼图，标签选项，选中“类别名称”、“值”、“数据标签外”和“（分行符）”）

(8) 在“设置数据标签格式”对话框中，单击“关闭”按钮。结果如图 7—174 所示。

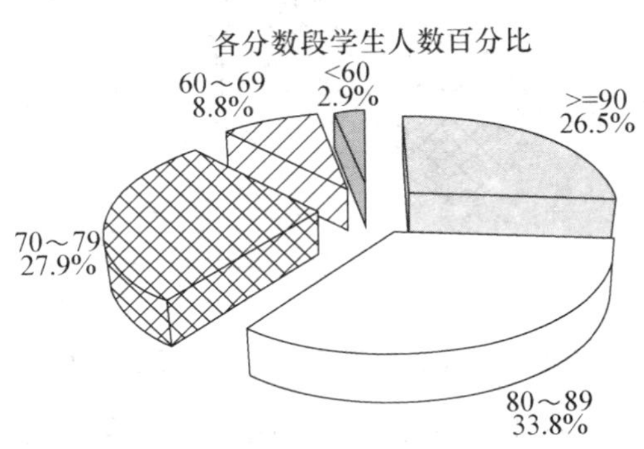

图 7—174 各分数段学生人数百分比饼图（显示数据标签：类别名称和值）

(9) 设置图表区边框样式和阴影。选中图表后双击，打开“设置图表区格式”对话框，在“边框样式”选项卡中，单击选中“圆角”，如图 7—175 所示。

(10) 在“设置图表区格式”对话框中，切换到“阴影”选项卡，在“预设”下拉列表中，单击选中“外部”区域中的“右下斜偏移”图标按钮，如图 7—166 所示。

(11) 在“设置图表区格式”对话框中，单击“关闭”按钮。结果如图 7—176 所示。

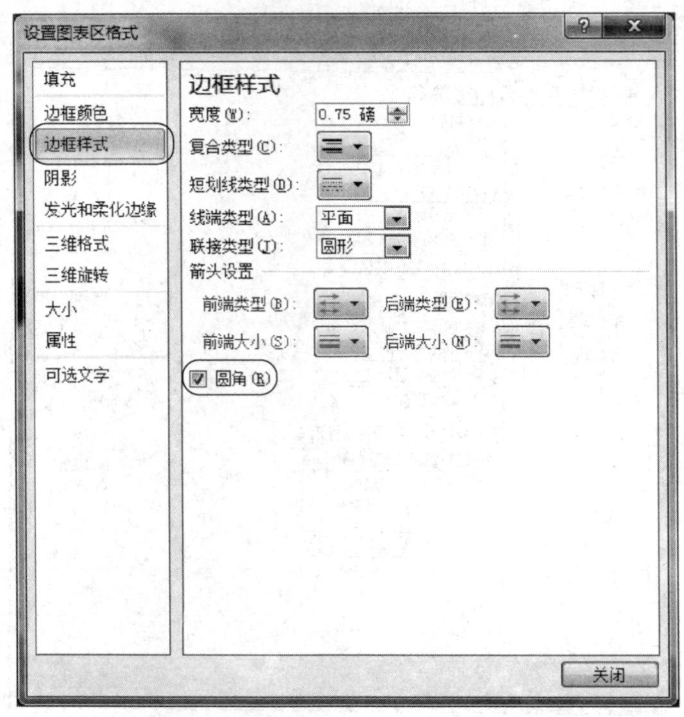

图 7—175 “设置图表区格式”对话框（边框样式，选中“圆角”）

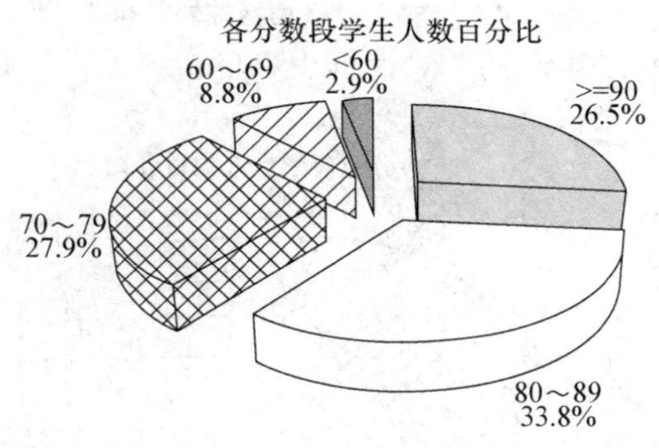

图 7—176 各分数段学生人数百分比饼图（图表区边框：圆角和阴影）

（12）设置图表字号。选中图表，在“开始”选项卡的“字体”组中，设置字号为“10”。

（13）设置图表标题字号。选中图表标题“各分数段学生人数百分比”，在“开始”选项卡的“字体”组中，设置字号为“10.5”，结果如图 7—167 所示。

7.8 让数据管理更方便——数据分析

Excel 提供了强大的数据管理功能，大大简化了分析和处理复杂数据工作的烦琐性，有效地提高了工作的效率。本节将介绍如何在数据列表中使用排序、筛选、数据透视表等基本功能。

7.8.1 数据列表

1. 数据列表的基本概念

Excel 数据列表是由多行多列数据组成的有组织的信息集合，它通常还有位于顶部的一行标题，以及多行数值或文本作为数据行。

图 7—177 展示了一个 Excel 数据列表的示例。参见“第 7 章 数据分析. xlsx”中的“高考成绩排名”工作表。

	A	B	C	D	E	F	G
1	学号	班级	语文	数学	英语	理综	总分
2	20130001	高三（1）	125	127	123	261	636
3	20130002	高三（1）	116	109	105	220	550
4	20130003	高三（1）	130	133	126	239	628
5	20130004	高三（1）	70	63	84	165	382
6	20130005	高三（1）	115	112	120	217	564

图 7—177 一个数据列表示例

该数据列表的第一行是字段标题，下面包含 68 行（注：图中只显示了 5 行）数据信息。它一共包含 7 列，分别由文本类型（B 列）和数值类型（A 列，C～G 列）的数据构成。“总分”则是“语文”、“数学”、“英语”和“理综”的成绩利用求和公式计算得出的。

数据列表中的“列”通常称为“字段”，“行”称为“记录”。

为了保证数据列表能够有效地工作，它必须具备以下特点：

（1）每列必须包含同类的信息，即每列的数据类型都相同。

（2）列表的第 1 行应该包含文字字段，每个标题用于描述下面所对应的列的内容。

（3）列表中不能存在重复的字段标题，因为字段标题是排序、筛选、数据透视表等操作的依据。

（4）在数据列表中不能有空行或空列。为了保证数据列表的完整性和操作的准确性，在数据列表中，不允许有空行或空列，如图 7—178 所示。

不能有空行　不能有空列

	A	B	C	D	E	F	G	H
1	学号	班级		语文	数学	英语	理综	总分
2	20130001	高三（1）		125	127	123	261	636
3	20130002	高三（1）		116	109	105	220	550
4	20130003	高三（1）		130	133	126	239	628
5								
6	20130004	高三（1）		70	63	84	165	382
7	20130005	高三（1）		115	112	120	217	564

图 7—178 数据列表中不能有空行或空列

如果一个工作表中包含多个数据列表，那么列表之间至少空一行或空一列将数据信息分隔开。

2. 数据列表的使用

Excel 最常用的任务之一就是管理一系列数据列表，例如，电话号码簿、客户名单、学生名单、考试成绩表等。这些数据列表都是根据用户需要而命名的。用户可以对数据列表进行如下操作：

（1）在数据列表中输入和编辑数据。

（2）根据特定的条件对数据列表进行排序和筛选。

（3）在数据列表中使用函数和公式达到特定的目的。

（4）根据数据列表创建数据透视表。

7.8.2 数据列表排序

Excel 提供了多种方法对数据列表进行排序，用户可以根据需要按行或列、按升序或降序进行排序。

1. 按单个关键字进行排序（使用“升序”按钮或“降序”按钮进行排序）

在“数据”选项卡的“排序和筛选”组（如图 7—179 所示）中，有“升序”按钮AZ↓和“降序”按钮ZA↓。可以使用这两个按钮，对数据列表中的数据进行快速排序。

图 7—179 “数据”选项卡的“排序和筛选”组

示例：对图 7—180 所示的数据列表（按“学号”升序排序的 68 名学生名单），按“总分”高低进行降序排序（按“总分”进行排名）。参见“第 7 章 数据分析. xlsx”中的“高考成绩排名”工作表。

	A	B	C	D	E	F	G
1	学号	班级	语文	数学	英语	理综	总分
2	20130001	高三（1）	125	127	123	261	636
3	20130002	高三（1）	116	109	105	220	550
4	20130003	高三（1）	130	133	126	239	628

图 7—180 按“总分”降序排序前，在“总分”列中选择一个单元格 G2

操作步骤如下：

（1）如图 7—180 所示，在“总分”列中，选择任意一个单元格，如 G2 单元格。

（2）在“数据”选项卡的“排序和筛选”组（如图 7—179 所示）中，单击“降序”按钮ZA↓，结果如图 7—181 所示。这样就可以以“总分”为关键字对表格进行降序排序。此时可以看到“总分”最高（660 分，学号为 20130038）的学生排在最前面了。

2. 按多个关键字进行排序（使用“排序”对话框进行排序）

在“排序”对话框中的“主要关键字”和“次要关键字”选项区域中设置排序的条件来实现对数据的排序。

温馨提示：在 Excel 2010 的“排序”对话框中可以指定多达 64 个排序条件（64 个排序关键字），而在 Excel 2003 中，最多 3 个。

	A	B	C	D	E	F	G
1	学号	班级	语文	数学	英语	理综	总分
2	20130038	高三（2）	128	130	129	273	660
3	20130021	高三（1）	125	127	125	273	650
4	20130050	高三（2）	130	129	126	265	650

图 7—181　以“总分”为关键字对表格进行降序排序后的结果

按多个关键字进行排序示例一：对图 7—180 所示表格中的数据（按“学号”升序排序的学生名单）进行排序，关键字依次为“总分”、“数学”。也就是说，先按“总分”排名，“总分”相同者再按“数学”成绩排名。参见“第 7 章　数据分析. xlsx”中的“高考成绩排名”工作表。

操作步骤如下：

（1）在需要排序的数据列表中，单击选择任意一个单元格（如 A1 单元格）。

（2）在“数据”选项卡的“排序和筛选”组（如图 7—179 所示）中，单击“排序”按钮，打开“排序”对话框，如图 7—182 所示。

图 7—182　“排序”对话框（同时添加两个排序关键字：先按“总分”再按“数学”）

（3）选择排序的主要关键字。在“主要关键字”下拉列表中选择“总分”，在右侧的“次序”下拉列表中选择“降序”。

（4）选择次要关键字。单击“添加条件”按钮，然后在新添加的“次要关键字”下拉列表中选择“数学”，在右侧的“次序”下拉列表中选择“降序”。

（5）单击“确定”按钮，关闭“排序”对话框，完成排序。

数据列表将会首先按“总分”进行降序排序，对于“总分”相同的学生（记录），再按“数学”成绩进行降序排序，排序结果如图 7—183 所示。

	A	B	C	D	E	F	G
1	学号	班级	语文	数学	英语	理综	总分
2	20130038	高三（2）	128	130	129	273	660
3	20130050	高三（2）	130	129	126	265	650
4	20130021	高三（1）	125	127	125	273	650

图 7—183　按两个关键字（先按“总分”再按“数学”）排序后的结果

对照图 7—181，可以看出，“总分”相同（650 分）的两名学生（学号为 20130021 和

20130050)，再按“数学”排名后，学号为 20130050 的学生就排在 20130021 前面了。

按多个关键字进行排序示例二：对图 7—180 所示表格中的数据（按“学号”升序排序的学生名单）进行排序，关键字依次为“班级”、“总分”、“数学”。也就是说，分“班级”按“总分”排名，“总分”相同者再按“数学”成绩排名。参见“第 7 章　数据分析. xlsx”中的“高考成绩排名”工作表。

操作步骤如下：

（1）在需要排序的数据列表中，单击选择任意一个单元格（如 A1 单元格）。

（2）在“数据”选项卡的“排序和筛选”组（如图 7—179 所示）中，单击“排序”按钮，打开“排序”对话框，如图 7—184 所示。

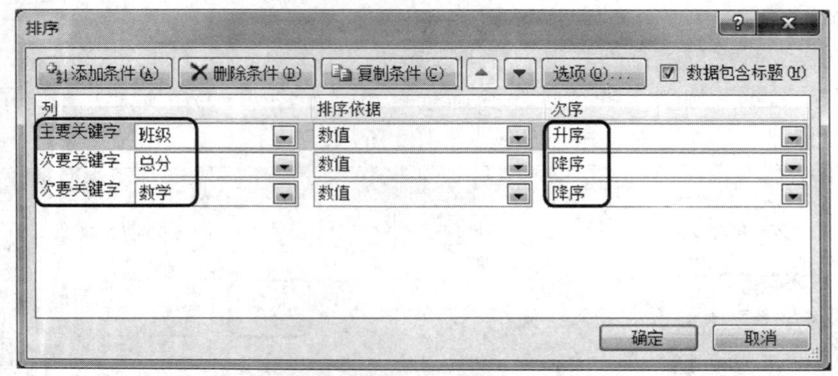

图 7—184　“排序”对话框（同时添加三个排序关键字：班级、总分、数学）

（3）选择排序的主要关键字。在“主要关键字”下拉列表中选择“班级”，在右侧的“次序”下拉列表中选择“升序”。

（4）选择（第一个）次要关键字。单击“添加条件”按钮，然后在新添加的“次要关键字”下拉列表中选择“总分”，在右侧的“次序”下拉列表中选择“降序”。

（5）选择（第二个）次要关键字。单击“添加条件”按钮，然后在新添加的“次要关键字”下拉列表中选择“数学”，在右侧的“次序”下拉列表中选择“降序”。

（6）单击“确定”按钮，关闭“排序”对话框，完成排序。

数据列表将分“班级”按“总分”高低排名，对于“总分”相同的学生，再按“数学”成绩高低排名，排序结果如图 7—185 所示（隐藏了 4～34 行和 40～68 行）。

	A	B	C	D	E	F	G
1	学号	班级	语文	数学	英语	理综	总分
2	20130021	高三（1）	125	127	125	273	650
3	20130007	高三（1）	122	123	123	272	640
35	20130004	高三（1）	70	63	84	165	382
36	20130038	高三（2）	128	130	129	273	660
37	20130050	高三（2）	130	129	126	265	650
38	20130048	高三（2）	110	135	126	269	640
39	20130040	高三（2）	125	125	122	268	640
69	20130067	高三（2）	84	91	84	192	451

图 7—185　按三个关键字（分“班级”按“总分”再按“数学”）排序后的结果

对照图 7—183，可以看出，“总分”相同（650 分）的两名学生（学号为 20130021 和 20130050），分“班级”按“总分”排名后，学号为 20130021 的学生就排在高三

(1) 班的第 1 名，而学号为 20130050 的学生就排在高三（2）班的第 2 名了。另外，在高三（2）班中，“总分”相同（640 分）的两名学生（学号为 20130040 和 20130048）再按“数学”排名后，学号为 20130048 的学生就排在 20130040 前面了。

3. 利用 RANK. EQ 函数实现美式排名

前面利用“排序”按钮进行排序的缺点是：当排名依据的“总分”变化后，其排名并不会自动调整；并且如果有两个总分相同者，也不会将其安排为同一排名。

若交给美式排名函数 RANK. EQ 来处理，则无这些缺点。也就是说，利用 Excel 的 RANK. EQ 函数来协助处理就非常简单。

示例：按“总分”高低进行排名，参见“第 7 章　数据分析. xlsx”中的“用 RANK. EQ 函数排名”工作表。

如图 7—186 所示，在 H2 单元格中输入以下的美式最高排名公式并向下复制：

=RANK. EQ(G2, $G$2 : $G$69)

H2　　=RANK. EQ(G2,$G$2:$G$69)

	A	B	C	D	E	F	G	H
1	学号	班级	语文	数学	英语	理综	总分	排名
2	20130001	高三（1）	125	127	123	261	636	9
3	20130002	高三（1）	116	109	105	220	550	48
4	20130003	高三（1）	130	133	126	239	628	14
5	20130004	高三（1）	70	63	84	165	382	68

图 7—186　按“总分”高低进行排名（利用 RANK. EQ 函数）

如果某名学生的成绩有所变动，则排名将立即自动调整。除了该名学生的排名自动调整外，其他各名学生的排名也会自动调整。

7.8.3　找出需要的数据——数据列表筛选

数据列表筛选的意思是只显示符合用户指定条件的数据行，隐藏不符合条件的数据行。Excel 提供了两种筛选数据列表的命令（如图 7—179 所示，“筛选”和“高级”）。

(1) 筛选：适用于简单的筛选条件，不需要用户设置条件。Excel 2003 以及更早的版本中称为自动筛选。

(2) 高级筛选：适用于复杂的筛选条件，按用户设定的条件对数据进行筛选。

这里只介绍简单易用的“筛选”命令。

1. 筛选

在管理数据列表时，根据某种条件筛选出匹配的数据是一项常见的需求。Excel 提供的“筛选”命令，专门帮助用户解决这类问题。

筛选可以对数据列表中的一列指定筛选条件，也可以对数据列表中的任意多列同时指定筛选条件。

参见“第 7 章　数据分析. xlsx”中的“高考成绩筛选”工作表。

筛选示例一：筛选一列数据。从高考成绩表中筛选出“班级”为“高三（2）”的学生的成绩。

操作步骤如下：

（1）进入筛选状态。单击选中数据列表中的任意一个单元格（如 B1 单元格），在“数据”选项卡的“排序和筛选”组（如图 7—179 所示）中，单击“筛选”按钮。此时，图 7—179 中的“筛选”按钮将呈现高亮显示状态，高考成绩表中所有字段的标题单元格中也会出现下拉箭头按钮，如图 7—187 所示。

	A	B	C	D	E	F	G
1	学号	班级	语文	数学	英语	理综	总分
2	20130001	高三（1）	125	127	123	261	636
3	20130002	高三（1）	116	109	105	220	550
4	20130003	高三（1）	130	133	126	239	628

图 7—187　进入筛选状态，所有字段的标题单元格中出现下拉箭头按钮

温馨提示：数据列表进入筛选状态后，单击每个字段的标题单元格中的下拉箭头按钮，都将弹出下拉菜单，提供有关“排序”和“筛选”的详细选项。如单击“班级”（B1 单元格）的下拉箭头按钮，弹出的下拉菜单如图 7—188 所示。不同数据类型的字段所能够使用的筛选选项也不同（如图 7—188 和图 7—190 所示）。

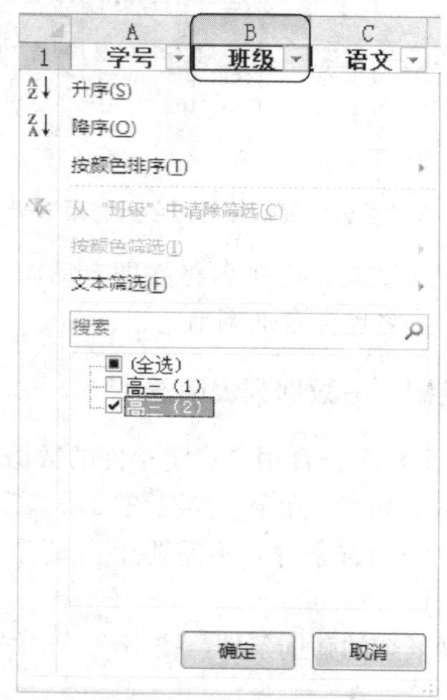

图 7—188　文本型数据字段相关的筛选选项（班级，高三（2））

（2）筛选数据。单击“班级”（B1 单元格中）的下拉箭头按钮，在弹出的下拉菜单中取消（不）勾选“（全选）”，然后勾选“高三（2）”，如图 7—188 所示。

（3）单击“确定”按钮，结果如图 7—189 所示。此时可以看到表中的数据已经进行了筛选，只显示“班级”为“高三（2）”的学生的成绩。

筛选完成后，被筛选字段的下拉按钮形状会发生改变，同时数据列表中的行号颜色也会改变（改用蓝色显示），从其行号可以看出不符合条件的数据行被隐藏了。

筛选示例二：筛选两列数据。在“筛选示例一”筛选出的所有“高三（2）”的学生成绩中，再次进行筛选，将其中总分在 550～600 之间的学生筛选出来。

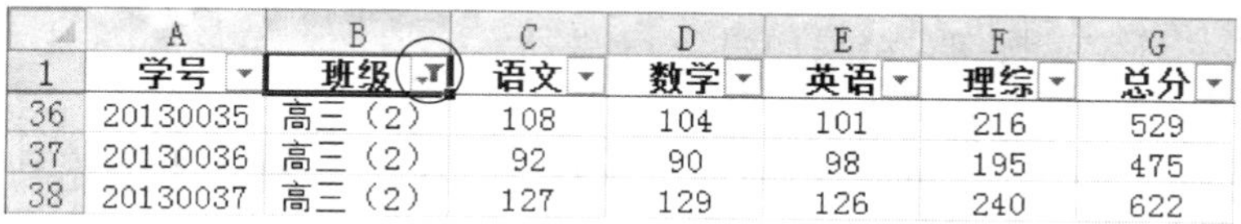

	A	B	C	D	E	F	G
1	学号	班级	语文	数学	英语	理综	总分
36	20130035	高三（2）	108	104	101	216	529
37	20130036	高三（2）	92	90	98	195	475
38	20130037	高三（2）	127	129	126	240	622

图 7—189 被筛选字段的下拉按钮形状发生改变（班级），行号颜色也会改变

操作步骤如下：

（1）在前面“筛选示例一”的基础上，单击“总分”（G1 单元格）的下拉箭头按钮，在弹出的下拉菜单中选择“数字筛选”，再在展开的菜单中选择“自定义筛选”，如图 7—190 所示。

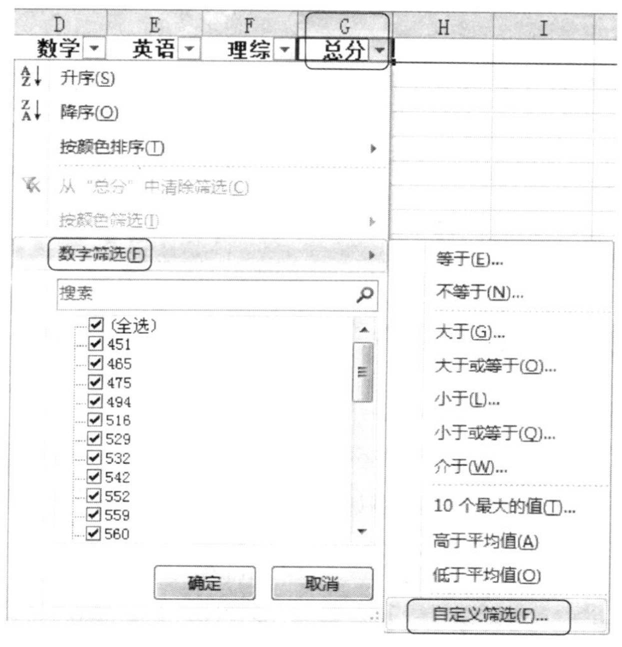

图 7—190 数值型数据字段相关的筛选选项（总分，自定义筛选）

（2）在打开的“自定义自动筛选方式”对话框中，设置如图 7—191 所示的筛选条件。

图 7—191 “自定义自动筛选方式”对话框（总分在 550～600，“与”的关系）

（3）单击“与”单选按钮，表示“大于或等于 550”和“小于或等于 600”两个条件同时满足。如果两个条件只需要满足其中一个即可，就选中“或”单选按钮。

（4）单击“确定”按钮，结果如图 7—192 所示。

	A	B	C	D	E	F	G
1	学号	班级	语文	数学	英语	理综	总分
40	20130039	高三（2）	106	105	122	239	572
42	20130041	高三（2）	112	125	126	237	600
50	20130049	高三（2）	115	115	115	231	576

图 7—192　两个被筛选字段的下拉按钮形状发生改变（班级，总分）

筛选示例三：筛选一列数据。从高考成绩表中筛选“总分”前 5 名的学生。

操作步骤如下：

（1）显示全部数据。如果要取消数据列表中的所有筛选，则可以在“数据”选项卡的“排序和筛选”组（如图 7—179 所示）中，单击“清除”按钮。

（2）单击“总分”（G1 单元格）的下拉箭头按钮，在弹出的下拉菜单中选择“数字筛选”（如图 7—190 所示），再在展开的菜单中选择“10 个最大的值”。

（3）在打开的“自动筛选前 10 个”对话框中，设置如图 7—193 所示的筛选条件（最大的前 5 项）。

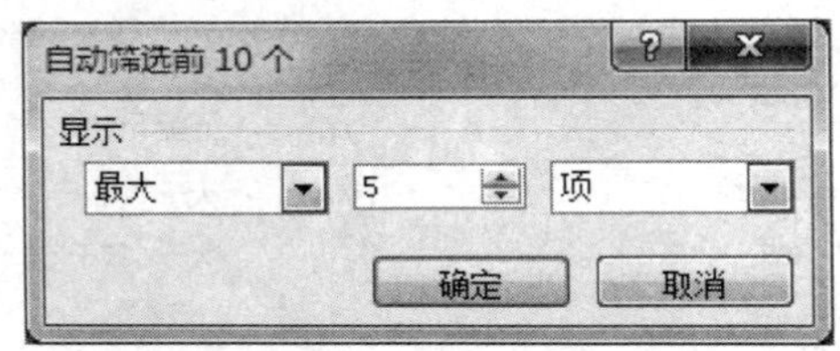

图 7—193　“自动筛选前 10 个”对话框（最大的前 5 项）

（4）单击“确定”按钮，筛选结果如图 7—194 所示。从中可以看出，实际显示了 6 名学生，因为总分 640 的学生有 3 名。

	A	B	C	D	E	F	G
1	学号	班级	语文	数学	英语	理综	总分
8	20130007	高三（1）	122	123	123	272	640
22	20130021	高三（1）	125	127	125	273	650
39	20130038	高三（2）	128	130	129	273	660
41	20130040	高三（2）	125	125	122	268	640
49	20130048	高三（2）	110	135	126	269	640
51	20130050	高三（2）	130	129	126	265	650

图 7—194　“总分”前 5 名的学生

2. 取消筛选

（1）如果要取消对指定列的筛选，则可以在该列的下拉菜单（如图 7—188 所示）中，勾选“（全选）”。

（2）如果要取消数据列表中的所有筛选，则可以在“数据”选项卡的“排序和筛选”组（如图 7—179 所示）中，单击“清除”按钮。

（3）如果要取消所有“筛选”的下拉箭头按钮，则可以在“数据”选项卡的“排序和筛选”组（如图 7—179 所示）中，单击“筛选”按钮。此时，“筛选”按钮将不再呈现高亮显示状态。

3. 复制和删除筛选后的数据

当复制筛选结果中的数据时，只有可见的数据行被复制。同样，如果删除筛选结果，只有可见的数据行被删除，隐藏的数据行不受影响。

7.8.4　方便高效的数据汇总工具——数据透视表

数据透视表是 Excel 中最具特色的数据分析功能，只需几步操作，它就能灵活地以多种不同方式展示数据的特征，变换出各种类型的报表，实现对数据背后的信息透视。

数据透视表是用来从 Excel 数据列表（或外部数据源）中汇总信息的分析工具。它是一种交互式报表（数据透视表最大的特点是交互性），可以快速分类汇总数据，并可根据需要随时改变数据的汇总方式，以快速查看数据源的不同汇总结果，帮助用户从不同的角度观察数据。

合理运用数据透视表进行统计与分析，能使许多复杂的问题简单化并且极大地提高工作效率。

示例：在“第 7 章　数据分析. xlsx”中的“计算机应用基础学生名单”工作表中，有某学期某位老师讲授的“计算机应用基础”课程 2 个班 146 名学生的情况。

对该学生名单中的数据进行汇总统计，并回答问题：

（1）2 个班各有多少名学生？

（2）2 个班各有多少名男生（或女生）？

（3）2 个班各有多少名理科生（或文科生）？

（4）2 个班的学生各来自哪些学院？这些学院各有多少名学生？

1. 创建数据透视表

图 7—195 所示的为一张学生名单，包括教学班、序号、学号、院系、性别、文理等 6 列。下面介绍创建按“教学班”汇总的数据透视表，目的是为了回答问题“（1）2 个班各有多少名学生？”。

	A	B	C	D	E	F
1	教学班	序号	学号	院系	性别	文理
2	01班	1	20130101	公共管理学院	女	文科生
3	01班	2	20130102	公共管理学院	男	理科生
4	01班	3	20130103	公共管理学院	男	文科生

图 7—195　“计算机应用基础”学生名单

操作步骤如下：

（1）单击数据列表中的任意一个单元格（如 A1 单元格）。在“插入”选项卡的“表格”组中，单击“数据透视表”按钮，打开“创建数据透视表”对话框，如图 7—196 所示。

（2）由于创建数据透视表之前，选中了数据列表中的一个单元格，Excel 默认选择整个数据列表（A1：F147 区域）作为数据源。单击选择“现有工作表”，然后单击“位置”右边的文本框，并在工作表中单击 H2 单元格，作为放置数据透视表的起始位置。

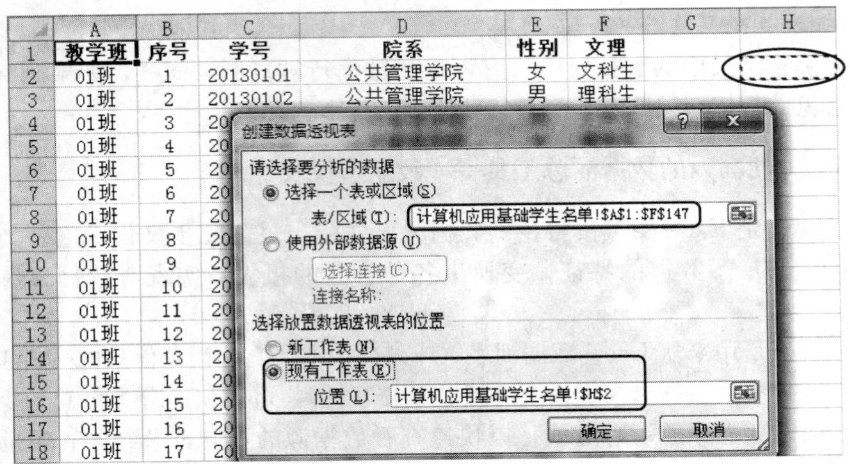

图 7—196　“创建数据透视表”对话框（数据源为 A1：F147 区域，位置为 H2 单元格）

（3）单击“确定”按钮，即可在工作表中创建一张空的数据透视表，如图 7—197 所示。

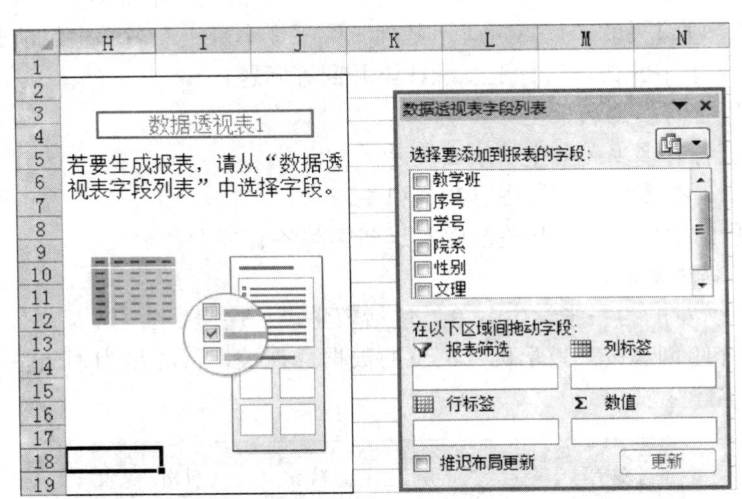

图 7—197　创建空的数据透视表

（4）在“数据透视表字段列表”对话框[①]中，勾选“教学班”和“学号”两个字段的复选框，它们将出现在对话框的“行标签”区域和“数值”区域，同时也被添加到数据透视表中，如图 7—198 所示。

（5）在“数据透视表字段列表”对话框的“数值”区域中，单击“求和项：学号”，弹出的菜单如图 7—199 所示。

（6）在弹出的菜单中选择“值字段设置”命令，打开“值字段设置”对话框。在

① “数据透视表字段列表”对话框中清晰地反映了数据透视表的结构。利用它用户可以轻而易举地向数据透视表内添加、删除、移动字段以及设置字段格式，甚至不动用“数据透视表工具”和数据透视表本身，便能对数据透视表中的字段进行排序和筛选。

图 7—198　向数据透视表中添加两个字段（教学班、学号）

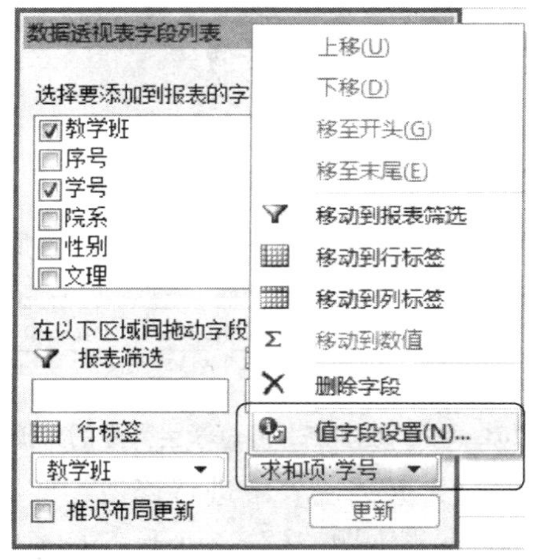

图 7—199　在“数值”区域中，单击“求和项：学号”弹出的菜单

“值汇总方式”选项卡中，将计算类型“求和”改为“计数”，如图 7—200 所示。表示对“学号”进行计数（一个学号计为一名学生），而不是对“学号”进行求和。

（7）单击“确定”按钮，返回“数据透视表字段列表”对话框。

（8）单击“确定”按钮，完成数据透视表的创建。从 H2 单元格开始显示的数据透视表如图 7—201 中的 H2：I5 区域所示。

可以看出，创建完成的数据透视表，按“教学班”汇总了“学号”的计数，此时可以回答问题“（1）2 个班各有多少名学生?”，答案是：01 班有 68 名学生，07 班有 78 名学生。

2. 灵活编辑数据透视表

对于创建好的数据透视表，可以进行灵活的修改。

（1）通过鼠标拖拽添加汇总字段。

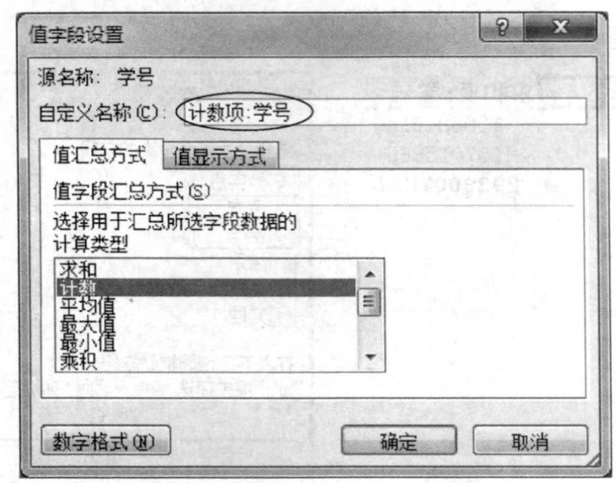

图 7—200 数据透视表的“值字段设置”对话框（学号，计数）

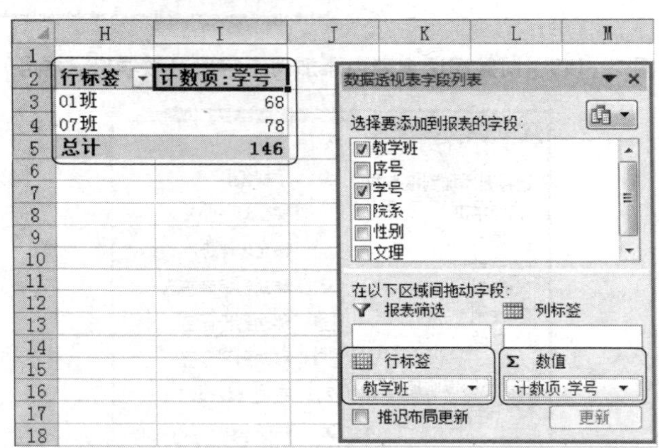

图 7—201 按“教学班”汇总学生人数的数据透视表

如果需要在前面创建好的数据透视表中进行修改，改为按“教学班”和“性别”两个字段进行汇总（也就是要回答问题“(2) 2 个班各有多少名男生（或女生）?”），可以直接通过鼠标拖拽进行操作。

操作步骤如下：

①在图 7—201 中，单击数据透视表中的任意一个单元格（如 H3 单元格），打开“数据透视表字段列表”对话框。①

②在“数据透视表字段列表”对话框中，单击“性别”字段，并按住鼠标左键将其拖拽至“列标签”区域内，同时“性别”字段也作为列字段出现在数据透视表中，拖拽完成后的数据透视表如图 7—202 所示。

从中可以看出，01 班有男生 23 人、女生 45 人；07 班有男生 20 人、女生 58 人；

① 打开和关闭“数据透视表字段列表”对话框的方法：1）在数据透视表中的任意一个单元格（如 A3 单元格），单击鼠标右键，在弹出的快捷菜单中选择“显示字段列表”命令，即可调出“数据透视表字段列表”对话框。“数据透视表字段列表”对话框被调出之后，只要单击数据透视表就会显示。2）如果要关闭“数据透视表字段列表”对话框，直接单击“数据透视表字段列表”对话框右上角的“关闭”按钮即可。

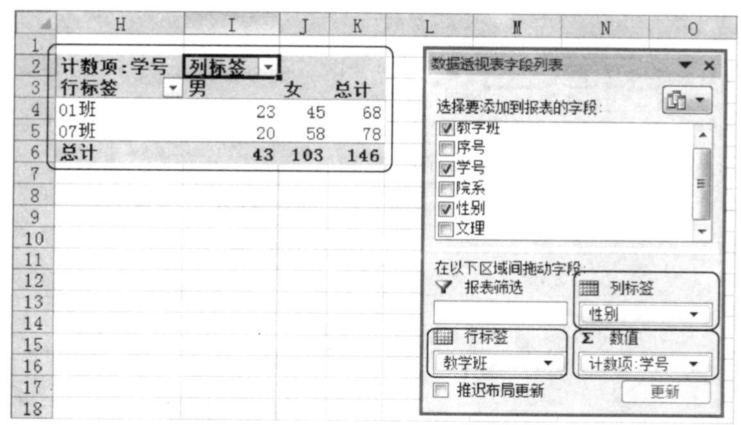

图 7—202　按“教学班”和“性别”汇总学生人数的数据透视表

两个班的女生人数都比男生多。

（2）通过鼠标拖拽修改汇总字段。

如果需要在前面创建好的数据透视表中进行修改，改为按“教学班”和“文理”两个字段进行汇总（也就是要回答问题“（3）2 个班各有多少名理科生（或文科生）?”），可以直接通过鼠标拖拽进行操作。

操作步骤如下：

①在图 7—202 中，单击数据透视表中的任意一个单元格（如 H3 单元格），打开“数据透视表字段列表”对话框。

②在“数据透视表字段列表”对话框中，将“列标签”区域中的“性别”字段向外拖拽出“数据透视表字段列表”对话框（鼠标旁边出现一个大叉“X”）。①

③在“数据透视表字段列表”对话框中，单击“文理”字段，并按住鼠标左键将其拖拽至“列标签”区域内，代替原来的“性别”。拖拽完成后的数据透视表如图 7—203 所示。

从中可以看出，01 班有理科生 21 人、文科生 47 人；07 班有理科生 22 人、文科生 56 人；两个班的文科生人数都比理科生多。

（3）改变数据透视表的布局。

可以在前面创建好的数据透视表中进行修改，改为按“教学班”和“院系”两个字段进行汇总（也就是要回答问题“（4）2 个班的学生各来自哪些学院？这些学院各有多少名学生?”）。

操作步骤如下：

①在图 7—203 中，单击数据透视表中的任意一个单元格（如 H3 单元格），打开“数据透视表字段列表”对话框。

② 在“数据透视表字段列表”对话框中，将“列标签”区域中的“文理”字段向外拖拽出“数据透视表字段列表”对话框（鼠标旁边出现一个大叉“X”）。

---

① 也可以在“数据透视表字段列表”对话框中，单击“列标签”区域中的“性别”字段，在弹出的快捷菜单中选择“删除字段”命令。

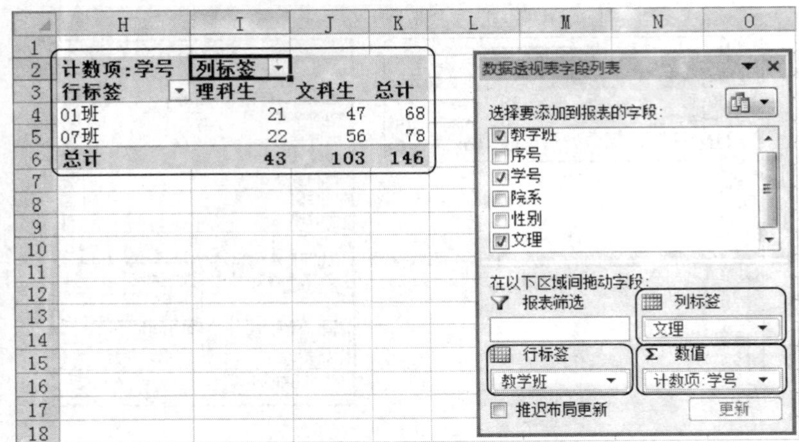

图 7—203　按“教学班”和“文理”汇总学生人数的数据透视表

③ 在“数据透视表字段列表”对话框中，单击“院系”字段，并按住鼠标左键将其拖拽至“列标签”区域内，代替原来的“文理”。拖拽完成后的数据透视表如图 7—204 所示。由于 2 个班的学生来自多个学院，因此数据透视表有多列。

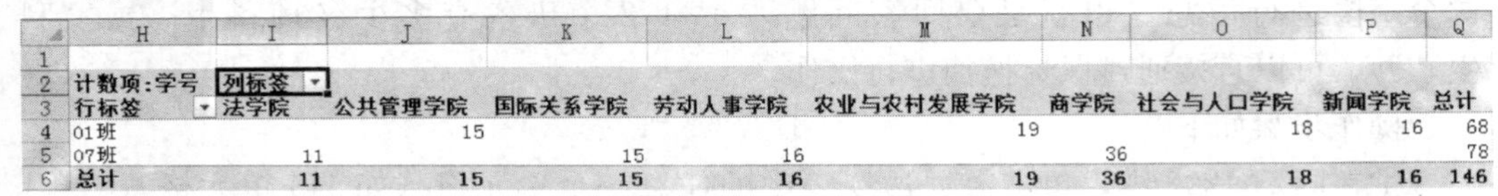

计数项:学号	列标签								
行标签	法学院	公共管理学院	国际关系学院	劳动人事学院	农业与农村发展学院	商学院	社会与人口学院	新闻学院	总计
01班		15			19		18	16	68
07班	11		15	16		36			78
总计	11	15	15	16	19	36	18	16	146

图 7—204　按“教学班”和“院系”汇总学生人数的数据透视表
（“行标签”和“列标签”各有一个字段）

④重新安排数据透视表的布局。在“数据透视表字段列表”对话框中，单击“列标签”区域中的“院系”字段，在弹出的菜单中选择“移动到行标签”，如图 7—205 所示。

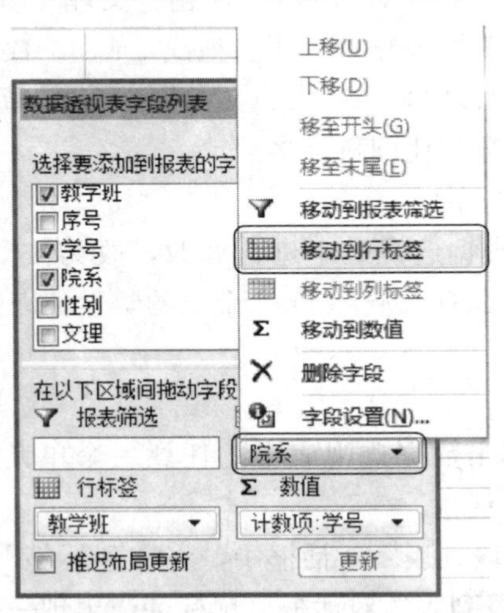

图 7—205　在“列标签”区域中，单击“院系”弹出的菜单

改变布局后的数据透视表如图 7—206 所示（“行标签”区域中有两个字段：教学班和院系，但只显示“教学班”一个字段；而“列标签”区域中无字段）。

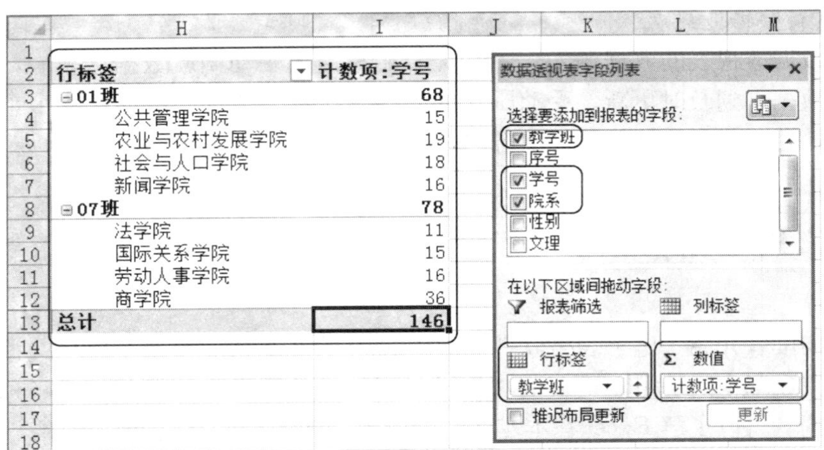

图 7—206 按“教学班”和“院系”汇总学生人数的数据透视表

从中可以看出，01 班的学生来自四个学院：公共管理学院（15 人）、农业与农村发展学院（19 人）、社会与人口学院（18 人）、新闻学院（16 人）；07 班的学生也来自四个学院：法学院（11 人）、国际关系学院（15 人）、劳动人事学院（16 人）、商学院（36 人）。

（4）调整“数据透视表字段列表”对话框的大小。

在如图 7—206 所示的“数据透视表字段列表”对话框中，“行标签”区域内的两个字段（教学班和院系）无法同时显示，只能通过拖动滚动条来选择字段。

这一问题可以通过调整“数据透视表字段列表”对话框的大小来解决。将光标定位到对话框的下边框，光标变成双向箭头形状（如图 7—207 所示），此时利用鼠标向下拖拽即可调整对话框的大小（向下拉长，增加“高度”，而“宽度”不变）。

展开“行标签”区域内所有字段的“数据透视表字段列表”对话框如图 7—208 所示。

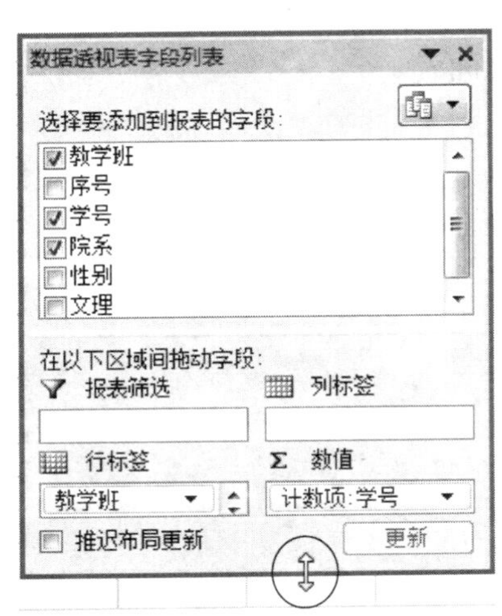

图 7—207 向下拖拽调整“数据透视表字段列表”对话框的大小

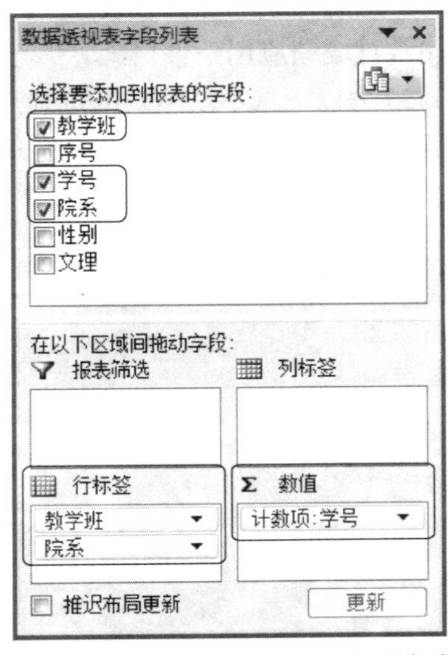

图 7—208 展开“行标签”区域内所有字段的“数据透视表字段列表”对话框

3. *刷新数据透视表*

如果数据透视表的数据源发生了变化，用户需要手动刷新数据透视表，使数据透视表中的数据得到及时更新。手动刷新的方法是在数据透视表的任意一个单元格单击鼠标右键，在弹出的快捷菜单中单击“刷新”命令。

7.9 小结

本章向读者介绍了电子表格软件 Excel 2010 的基本功能及典型应用，读者应熟练掌握，并完成章末的练习。更多的功能可参阅软件的帮助文档及其他参考书籍。更进一步地，读者可以了解 Excel 在本专业中的应用。

7.10 思考与练习

任意选用或编制（用随机函数 RANDBETWEEN 生成）一份成绩单（包括平时成绩、期中成绩和期末成绩等），用 Excel 进行处理。要求用到以下功能：

（1）格式编排；

（2）根据平时成绩、期中成绩和期末成绩，计算总成绩（四舍五入取整）；

（3）根据总成绩，求全体学生的平均成绩、最高成绩、最低成绩；

（4）根据总成绩，统计各分数段（优、良、中、及格、不及格）的学生人数和百分比；

（5）绘制总成绩各分数段学生人数柱形图和各分数段学生人数百分比饼图；

（6）对成绩应用条件格式，90 分及以上（优）的成绩用“绿填充色深绿色文本”显示、60 分以下（不及格）的成绩用“浅红填充色深红色文本”显示。

（7）使用筛选功能，列出成绩介于 60～89 分之间者。

如何注册“教学辅助平台”

1. 针对个人读者：刮开图书封面不干胶标签的覆膜层，取得用户名和密码，访问 http://ruc.com.cn，使用前述用户名和密码登录即可。登录方法如有变更，以网站通知为准。

2. 针对班级用户：请授课教师将全班课本上的用户名和密码采集并保存到 Excel 文件中，将该文件连同以下完整信息一并发送到 reader@ruc.com.cn。

- 邮件标题：申请开通 Internet 教学班
- 学校名称：
- 课程名称：
- 学生专业：
- 学生数量：　　　（限 10~99 人之间）
- 教师信息：
  - 姓名：
  - 电话：
  - 电子邮箱：
  - 通信地址：
  - 邮政编码：

我们将会在用户能够较快访问的服务器上为用户开设远程网络教学班，并以邮件告之使用方法。远程网络教学班可以使用我们系统的大部分功能。

无论是个人读者用户还是班级用户，其使用权限自开通之日起一年内有效。如果到期仍未完成本课程的学习，可以通过系统的站内短信功能申请延期。

对完整版教学辅助系统有兴趣的院校，可通过邮箱 yxd@yxd.cn 及 reader@ruc.com.cn 联系作者以了解详情。

大学计算机基础与应用系列立体化教材书目

大学计算机应用基础(第三版)	(中国人民大学尤晓东等编著)
Internet 应用教程	(中国人民大学尤晓东编著)
多媒体技术与应用	(中国人民大学肖林等编著)
数据库技术与应用(第二版)	(中国人民大学杨小平等主编)
管理信息系统	(中国人民大学杨小平主编)
Excel 在经济管理中的应用(第二版)	(中央财经大学唐小毅等编著)
统计数据分析基础教程——基于 SPSS 和 Excel 的调查数据分析	(中国人民大学叶向编著)
信息检索与应用(面向经管类)	(东华大学刘峰涛编著)
C 程序设计教程(面向经管类)	(河北大学李俊主编)
电子商务基础与应用(面向经管类)	(天津财经大学卢志刚主编)

配套用书书目

大学计算机应用基础习题与实验指导(第三版)	(中国人民大学尤晓东等编著)
Internet 应用教程习题与实验指导	(中国人民大学尤晓东编著)
多媒体技术与应用习题与实验指导	(中国人民大学肖林等编著)
数据库技术与应用习题与实验指导	(中国人民大学战疆等编著)
管理信息系统习题与实验指导	(中国人民大学杨小平等编著)
Excel 在经济管理中的应用习题与实验指导(第二版)	(中央财经大学唐小毅等编著)
统计数据分析基础教程习题与实验指导	(中国人民大学叶向编著)
C 程序设计教程(面向经管类)习题与实验指导	(华北电力大学于会萍主编)
电子商务基础与应用(面向经管类)习题与实验指导	(天津财经大学卢志刚主编)

图书在版编目（CIP）数据

大学计算机应用基础/尤晓东等编著. —3 版. —北京：中国人民大学出版社，2013.10
大学计算机基础与应用系列立体化教材
ISBN 978-7-300-18164-6

Ⅰ.①大… Ⅱ.①尤… Ⅲ.①电子计算机-高等学校-教材 Ⅳ.①TP3

中国版本图书馆 CIP 数据核字（2013）第 235914 号

教育部高等学校文科计算机基础教学指导委员会立项教材
大学计算机基础与应用系列立体化教材
大学计算机应用基础（第三版）
尤晓东 闫 俐 叶 向 吴燕华 等编著
Daxue Jisuanji Yingyong Jichu

出版发行 中国人民大学出版社
社 址 北京中关村大街 31 号 邮政编码 100080
电 话 010－62511242（总编室） 010－62511398（质管部）
010－82501766（邮购部） 010－62514148（门市部）
010－62515195（发行公司） 010－62515275（盗版举报）
网 址 http://www.crup.com.cn
http://www.ttrnet.com(人大教研网)
经 销 新华书店
印 刷 北京溢漾印刷有限公司 版 次 2009 年 9 月第 1 版
规 格 185 mm×260 mm 16 开本 2013 年 10 月第 3 版
印 张 23.75 插页 1 印 次 2018 年 1 月第 4 次印刷
字 数 522 000 定 价 48.00 元